魅力·实践·发现

Fedora 12 Linux 应用基础

郑阿奇　主　编

電子工業出版社
Publishing House of Electronics Industry
北京·BEIJING

内 容 简 介

Fedora是目前Linux最热门的发行版本之一，本书从应用角度系统地介绍Fedora 12 Linux。在介绍Linux和Fedora概述、安装Fedora的基础上，主要介绍Fedora 12的应用和Fedora 12常用服务器的配置。Fedora 12的应用包括Fedora图形界面、Fedora常用应用软件、字符界面操作——shell基础、文件目录操作、用户和组管理、应用程序及软件包管理、文件系统、磁盘管理、Linux进程管理、网络管理。常用服务器的配置包含FTP服务器、NFS与Samba服务器、远程访问服务、DHCP和DNS 服务器、Web服务器Apache2和Mail服务器配置等。所有的内容和命令操作都进行了应用验证。

本书可以作为广大Linux和Fedora用户学习和应用的参考书，也可作为高等学校相关课程的教材，或者作为Fedora的培训教材。

图书在版编目（CIP）数据

Fedora 12 Linux应用基础 / 郑阿奇主编. —北京：电子工业出版社，2011.2
（魅力·实践·发现）
ISBN 978-7-121-12758-8

Ⅰ.①F… Ⅱ.①郑… Ⅲ.①Linux操作系统 Ⅳ.①TP316.89

中国版本图书馆CIP数据核字（2011）第004288号

策划编辑：郝黎明
责任编辑：张云怡　　特约编辑：尹杰康　黄　玲
印　　刷：北京丰源印刷厂
装　　订：三河市鹏成印业有限公司
出版发行：电子工业出版社
　　　　　北京市海淀区万寿路173信箱　邮编100036
开　　本：787×1092　1/16　印张：25.25　字数：642千字
印　　次：2011年2月第1次印刷
印　　数：4000册　定价：47.00元

凡所购买电子工业出版社图书有缺损问题，请向购买书店调换。若书店售缺，请与本社发行部联系，联系及邮购电话：（010）88254888。

质量投诉请发邮件至zlts@phei.com.cn，盗版侵权举报请发邮件至dbqq@phei.com.cn。

服务热线：（010）88258888。

前　言

Linux 最初由芬兰学生 Linus 开发，由于它的开放性而得到迅速发展。随后，Linux 加入了 GNU，GNU 组件可以运行于 Linux 内核之上，并遵循公共版权许可，允许商家在 Linux 上开发商业软件。在 Linux 内核的发展过程中，一些组织或厂商将 Linux 系统的内核与 GNU 外围实用程序及文件封装起来，并提供一些系统安装界面、系统配置、设定与管理工具等，构成了各自的发行版本。

Linux 的发行版本与内核版本号是相互独立的，Linux 的发行版本号随发布者的不同而不同，Fedora 是目前 Linux 操作系统最热门的发行版本之一。因为 Fedora 最初就是在 Red Hat 基础上开发的，所以 Fedora 依然保持了 Red Hat Linux 的性能稳定、功能强大等特性，并且在 Red Hat Linux 的基础上纳入了部分新版本的特性，使得 Fedora 用户可以体验到 Linux 业界最为领先的应用。Fedora Linux 系统允许任何人自由地使用、修改和重新发布，它是 Linux 发行版中更新最快的版本之一，通常每 6 个月发布一个正式的新版本，每一次新版本的发布，总是会给开发者带来很多惊喜。本书系统介绍 Fedora 12 及其应用技术。

本书在介绍 Linux 和 Fedora 概述、安装 Fedora 的基础上，系统介绍了 Fedora 的应用，包括 Fedora 图形界面、Fedora 常用应用软件、字符界面操作——shell 基础、文件目录操作、用户和组管理、应用程序及软件包管理、文件系统、磁盘管理、Linux 进程管理、网络管理等。并详细论述了 Fedora 常用服务器的配置，包含 FTP 服务器、NFS 与 Samba 服务器、远程访问服务、DHCP 和 DNS 服务器、Web 服务器 Apache2 和 Mail 服务器配置等。

目前国内介绍 Fedora 12 的图书比较少，本书从应用的角度进行了详细介绍，书上提供的内容和命令操作都经过应用验证。

本书同步配套的教学课件可从 http://www.hxedu.com.cn 网站上免费下载。

本书由南京师范大学郑阿奇主编，参加本书编写的还有郑进、陶卫冬、邓拼搏、严大牛、韩翠青、王海娇、刘博宇、孙德荣、吴明祥、周何骏、徐斌、孙承龙、陈超、毛风伟等。

由于作者水平有限，书中错误在所难免，欢迎广大读者批评指正！

作者 E-mail：easybooks@163.com

编　者

2010.11

目　录

第 1 章

Fedora Linux 概述

随着计算机技术的飞速发展，计算机操作系统也日趋成熟。在互联网的推动下，开源免费，性能优异的 Linux 操作系统正受到广泛关注。Fedora 作为最优秀的 Linux 的发行版本之一和应用平台，也受到越来越多人的推崇。

1.1 Linux 简介

Linux 操作系统是一款类 Unix 的操作系统，它具有很好的可移植性、稳定性和安全性，广泛应用于各种计算机，如今其流行程度已经超过 Unix 操作系统。

1. 什么是 Linux

1991 年 4 月，芬兰学生 Linus 不满意教学用的 Minix 操作系统，出于爱好，根据 Minix 开发了 Linux。他把 Linux 的源码放到互联网上，很多爱好者自愿地开发其应用程序，通过互联网大家一起修改，这样它的应用程序越来越多，Linux 逐渐发展壮大起来。随后，Linux 加入了 GNU，GNU 组件可以运行于 Linux 内核之上，它遵循公共版权许可，允许商家在 Linux 上开发商业软件。

Linux 操作系统是一款支持多用户、多线程、多进程、实时性好、功能强大的类 Unix 操作系统。它的架构完全沿袭了 Unix 系统架构，具有成熟、稳定的特点，这样用户很容易获得 Unix 的功能。Linux 虽然沿袭了 Unix 的构架，但在很多重要方面与 Unix 不同，它的内核是独立于 BSD 和 System V 实现的，并且由世界各地的精英通过共同努力一步步发展的。Linux 和 Unix 的最大的区别是，前者是开发源代码的自由软件，而后者是对源代码实行知识产权保护的传统商业软件。

2. Linux 流行的原因

目前，Linux 在计算机硬件公司和开发者中颇为流行，越来越多的 IT 界大公司如 Intel、IBM、Oracle 等都宣布支持 Linux 操作系统。这是因为：

(1) 硬件技术的不断提高要求一种能够充分利用硬件功能的操作系统。近年来，随着硬件技术的提高，64 位处理器、高容量低价位的内存以及廉价的硬盘的产生，使得硬件公司能够安装多用户的操作系统。

(2) 随着计算机硬件价格不断下降，硬件制造商已不再提供专有操作系统的开发和支持。

(3) 由于 Linux 可以在不同计算机硬件制造商的不同类型设备上运行，所以硬件制造商使用 Linux 操作系统，只需支付硬件开发费用，而不必为操作系统付费。

(4) 软件开发人员要降低他们软件产品的成本，也需要通用操作系统，否则需要将软件产品进行转换才能在各种不同的专用操作系统上运行。

归根结底，Linux 得到快速发展的主要原因就是开放和自由。基于 Linux 开放源码特性及其可移植性，越来越多的政府也投入大量的资金开发 Linux。如今世界上很多国家政府机构、一些硬件公司及软件开发人员都转移到 Linux 操作系统开发上。Linux 的广泛使用为软件开发人员降低成本，而且相对于封闭源码软件也提高了安全性。

3. Linux 的发行版本

典型的 Linux 发行版包括：Linux 内核、GNU 程序库和工具。在 Linux 内核的发展过程中，一些组织或厂商将 Linux 系统的内核，外围实用程序以及文件封装起来，并提供系统安装界面、系统配置、设定与管理工具等，构成了各自的发行版本。因此可以认为 Linux 的发行版本实际上就是一个 Linux 内核加上外围实用程序的大软件包。

Linux 的发行版本与内核版本号是相互独立的，Linux 的发行版本号随发布者的不同而不同。SUSE、Fedora、Ubuntu、Redhat 等都只是 Linux 的发行版本，所以将它们称为 Linux 是不确切的。不同发行版本的 Linux 使用是不同的，这种不同只是最外层的使用程序的不同，而不是 Linux 内核不统一或不兼容。

Linux 的十大发行版如下：Debian、SUSE、Fedora、Ubuntu、Slackware、Mandirva、Gentoo、PCLinuxOS、KNOPPIX、MEPIS。

1.2 Linux 的结构

Linux 操作系统主要分为 4 个部分：内核（kernel）、shell、文件系统和实用工具。其中，内核是整个系统的核心部位；shell 是用户和计算机交流的接口；文件系统是文件存放在磁盘等存储设备上的组织方法。内核、shell 和文件系统形成了基本的操作系统结构。这样可使用户运行程序、管理文件以及使用系统。此外，Linux 操作系统还有许多称为实用工具的程序，可辅助用户完成一些特定任务。下面简单介绍 Linux 操作系统的这 4 个组成部分。

1. 内核

计算机系统是软件和硬件的共同体，二者相互依赖，缺一不可。计算机硬件是由计算机内部设备及其外围设备组成的。如果没有软件操作和控制，计算机硬件是无法工作的，完成计算机硬件控制工作的软件就是操作系统。内核是 Linux 操作系统最重要的组成部分，它是硬件和软件间通信的桥梁，其主要作用是运行程序和管理硬件，包括：进程管理、内存管理、文件系统驱动、网络管理和进程间通信等部分。

2. shell

shell 是在文本环境下的命令解释器，可提供用户和内核之间交互操作的接口。当用户键入一个命令后，shell 会对该命令进行解释，并将其送入内核执行。shell 中的命令分为内部命令和外部命令。内部命令包含在 shell 之中，如 cd、exit 等，查看内部命令可使用 help

命令，外部命令对应存于文件系统某个目录下的具体可操作程序，如 cp 等，查看外部命令的路径可使用 which 命令。

shell 除了具有解释键盘命令并将其发送到内核的功能外，它还是一种高级的编程语言。shell 命令可以写在一些文件中，作为可执行文件，这些文件在 Linux 系统中称为 shell 脚本，在 DOS 和 Windows 中则称为批处理文件。

同 Linux 本身一样，shell 也有多种不同的版本。目前主要流行的版本有以下几种。

(1) Bourne shell：由贝尔实验室开发的。

(2) bash（Bourne Again shell）：Bourne shell 的增强版，GNU 操作系统默认的 shell，它包含 C shell 和 Korn shell 中最好的功能。

(3) Korn shell：对 Bourne shell 的发展，内容大部分与 Bourne shell 兼容。

(4) zsh（z shell）：该 shell 结合了许多 shell（包括 Korn shell）的特性。

(5) C shell：SUN 公司 shell 的 BSD 版本。

3. 文件系统

在 Linux 系统中，所有的文件都被放在目录中，目录分级相连，组成一个整体的文件系统。文件系统是文件存放在磁盘等存储设备上的组织方法，主要体现在对文件和目录的组织方式上，目录提供了管理文件的一个方便而有效的途径。每个目录包含文件或其他目录；目录包含文件，好像是树枝上的叶子；目录包含其他的目录就好像大树枝又分叉一样。由于与树的情形类似，所以目录结构也被称为树结构。Linux 文件系统，能够从一个目录切换到另一个目录，而且可以设置目录和文件的权限以及文件的共享程度等。

Linux 系统下的所有分支都是从根目录开始，在根目录包含了几个系统目录和/home 目录。其中，系统目录包含系统特有的文件和程序，而/home 目录包含系统中所有用户的目录。每个用户主目录，包含用户自行使用的目录，该主目录还可包含子目录。

4. 实用工具

标准的 Linux 操作系统包含自己的一套实用工具专用程序，例如编辑器等。Linux 包括数百个实用工具程序，这些程序通常称为命令，完成用户需要的功能，实用工具大体可分为 3 类：编辑器、过滤器和交互程序。

(1) 编辑器：用于编辑文件，Linux 下的编辑器主要有 vi、nano 等。

(2) 过滤器：用于接收数据并过滤数据。Linux 过滤器读取从用户文件或其他地方的输入内容，检查和处理数据，然后输出结果。过滤器的输入可以是一个文件，用户通过键盘输入的数据，或者是另一个过滤器的输出。过滤器可以相互连接，因此，一个过滤器的输出可能是另一个过滤器的输入。在有些情况下，用户可以编写自己的过滤器程序。

(3) 交互程序：交互程序是用户与计算机之间的信息接口。

1.3 Fedora 简介

Red Hat Linux 是由 Red Hat 公司开发的产品，Red Hat 是全球最大的开源技术厂商，而 Red Hat Linux 也是世界上应用最为广泛的 Linux 发行版本。它能向用户提供一套完整的服务，特别适应用于公共网络中使用。目前 Red Hat Linux 分为两个系列：Red Hat 公司提供收费技术支持和更新的 Red Hat Enterprise Linux（RHEL，Red Hat 的企业版），以及由社区开发的免费桌面版 Fedora。

Fedora 是在 Red Hat Linux 的基础上开发的。2003 年 9 月，Red Hat 公司宣布将原有的 Red Hat Linux 开发计划和 Fedora 计划整合成一个新的 Fedora Project。以 Red Hat Linux 9 为范本加以改进，原本的开发团队将会继续参与 Fedora 的开发计划，同时也鼓励开放原始码社群参与开发工作。

因为 Fedora 最初就是在 Red Hat 基础上开发的，所以 Fedora 依然保持了 Red Hat Linux 稳定、功能强大等特性，并且在 Red Hat Linux 的基础上纳入了部分更新版本的软件，使得 Fedora 用户可以体验到 Linux 业界最为领先的应用。Fedora Linux 系统允许任何人自由地使用、修改和重新发布，它是 Linux 发行版中更新最快的版本之一，通常每 6 个月发布一个正式的新版本，如图 1.1 所示。Fedora 到现在为止已经走过了 7 个年头，每一次新版本的发布，总是会给开发者带来很多惊喜。本书介绍 Fedora 12 Linux。

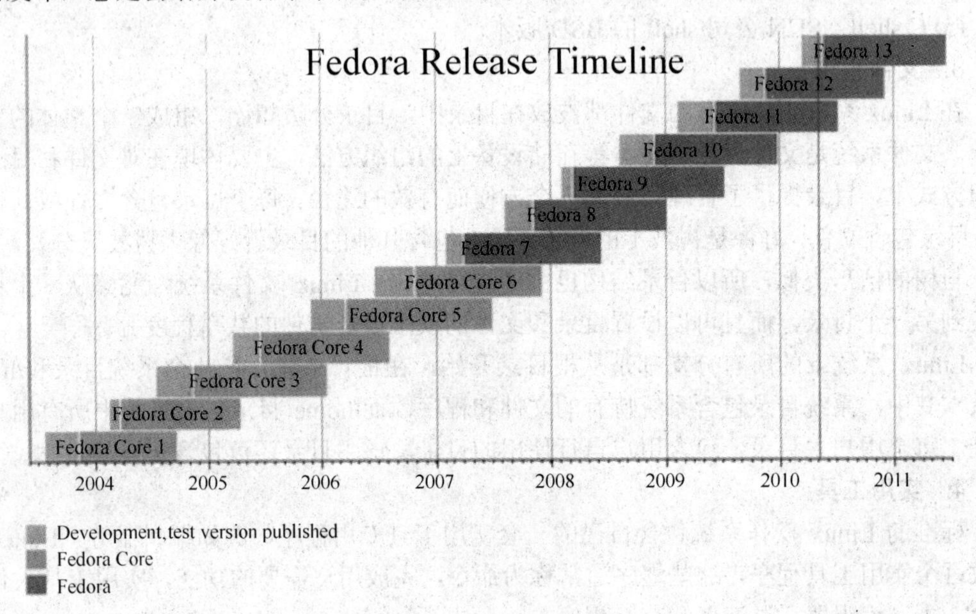

图 1.1 Fedora 成长之路

Fedora 特性如下：

(1) 方便快捷的安装方式。Fedora 的安装程序具有很好的人性化，使得用户可以轻松快捷地完成系统安装。

(2) 完整的办公套件。Fedora 集成了最先进的开放源代码的办公套件 OpenOffice.org、Firefox Web 浏览器、Evolution 电子邮件管理软件、视频会议软件以及即时消息软件等。

(3) 强大的图形界面。Fedora 使用最新版本的 GNOME 和 KDE，使得界面简洁，方便易用，创造出丰富的桌面环境。

(4) 提供多种配置工具组。为许多系统的配置进行设定，包括防火墙、外围设备、Apache 服务器、Samba 服务器和一些小的网络设定等。

(5) 简单的防火墙设置。Fedora 提供了与 Windows XP 类似的简单易用的防火墙设置程序，这对于初学者来说很容易掌握。

在 Fedora 的学习过程中，建议大家最好上网搜索查阅一些 Fedora 的相关资料，特别是相关 Fedora Core 的权威网站，可供参考的信息比较全面，而且信息更新也比较及时。下面是一些对学习 Fedora Core 非常有用的网站，以供大家学习参考。

(1) http://fedoraproject.org

(2) https://fedoraproject.org/wiki/Fedora_Project_Wiki

(3) http://www.fedora.redhat.com

第 2 章

安装 Fedora 12 概述

Fedora 12 系统安装比较简单，通常是套用一套预先准备好的软件。在安装时会自动检测到大多数设备，如网络设备等。Fedora 12 的安装对硬件的要求不高，不会超过 Linux 内核和 GNU 软件工具对硬件的要求标准。

2.1 Fedora 12 安装前准备

1. 安装模式

Linux 系统的安装有文本和图形两种模式，Fedora Linux 也支持这两种安装模式。其中，文本安装模式是 Linux 系统的传统安装模式，目前仍然广泛使用。采用这种模式安装系统，没有图形化窗口，不需要占用很多的主机资源，所以安装速度比较快。而 Fedora 采用图形安装方式是桌面版系统，其安装界面友好，直观、易于操作。

2. 硬件要求

目前市场上的计算机均能够满足 Fedora 12 的硬件要求。

不同构架的处理器和内存要求：

(1) x86 构架。Fedora 12 要求 Intel 奔腾 Pro 级别或更好级别的处理器，并为 i686 及其后续处理器进行优化。Fedora 也可运行于其他处理器厂商（包括 AMD、Cyrix 和 VIA）的兼容产品上。

(2) PPC 构架。Fedora 12 支持 Apple 在 1999 年前后及后续发布的“新生代”Power Macintosh。Fedora 还在 POWER5 和 POWER6 的计算机上进行安装和测试。

(3) x86_64 构架。所有构架的硬盘空间要求：

① 实际需要的空间取决于具体的发布集（Spin）以及安装过程中选择的软件包。

② 安装过程中，安装程序还需要额外的磁盘空间支持安装环境。在实际作业中，最小安装需要 90MB 附加的空间，而完全安装需要 175MB 附加的空间。

除此之外，还需要额外的存储空间存放用户数据。还应保留至少 5%闲置空间为系统正常运作所用。

3. Fedora 12 桌面版（可安装的 Live CD）

该版本是运行 GNOME 桌面系统的 Fedora 12 Linux 操作系统，用户放弃需安装就可以试用 Fedora 系统。

4. 获取 Fedora 12 镜像文件

从网络上下载 Fedora Linux 的镜像安装文件（ISO 文件），然后使用光盘刻录软件将镜像文件刻录成光盘。

下载网址 1：http://www.fedora.redhat.com/zh_CN/get-fedora

下载网址 2：http://fedoraproject.org/zh_CN/get-fedora

用户可以从下载网址 1 和下载网址 2 下载到如下文件：Fedora-12-i686-Live.iso 和 Fedora-12-i386-DVD.iso。下载到 Fedora 12 的镜像文件后将其刻录到 CD 或 DVD，这样用户就可以直接使用刻录好的 Fedora 系统安装盘安装系统。

5. 安装盘的刻录和获取

(1) 在将镜像文件刻录到光盘前，需要先确认刻录程序可以将镜像文件刻录到光盘。尽管大多数刻录软件都是可以的，但也有例外存在。例如：Windows XP 和 Windows Vista 内置的 CD 刻录功能并不能将镜像刻录到 CD，而且早期的 Windows 系统默认并没有 CD 刻录功能。

如果用户使用 Windows 系统，则需要一个刻录软件。用户可以使用 Nero Burning ROM 和 Roxio Creator 等 CD 刻录软件。

当然用户也可以使用虚拟机（比如 VirtualBox 或 VMMare）利用虚拟光驱，直接由镜像文件进行 Fedora 系统的安装。

(2) 申请安装光盘。用户可以到“Fedora 免费光盘计划”申请免费安装光盘，在申请表中如实填写个人信息后，申请者将在几周后收到邮寄的光盘。

申请表网址：https://fedoraproject.org/freemedia/FreeMedia-form.html

2.2　图形模式安装 Fodora

本书实例中使用 Fedora-12-i686-Live.iso 镜像文件刻录的安装光盘安装系统，如果用户使用 Fedora-12-i386-DVD.iso 镜像文件刻录的光盘，安装界面略有不同。当用户通过 BIOS 设置主机由光盘启动，理想情况下，应该很快会看到 Fedora 的启动界面和 10 秒倒计时，如图 2.1 所示。10 秒倒计时后，计算机加载 Fedora live 系统并出现登录界面，单击界面底部灰色栏内的菜单来选择用户语言和键盘。在这里“Language”选择“汉语（中国）”，键盘“Keyboard”选择默认选项“USA”。对于登录方式，用户可以选择“Live System User”方式，也可以选择“Automatic Login”方式，本例中选择“Automatic Login”，如图 2.2 所示。

图 2.1 10 秒倒计时

图 2.2 登录界面

单击“Log In”按钮后，系统将加载 Fedora Live 系统桌面，该系统桌面有 2 个菜单栏分别位于界面顶部和底部，另外默认使用 Gnome 桌面系统，桌面上放置了“计算机”和“安装到硬盘”两个图标，如图 2.3 所示。

(1) 计算机：双击打开“计算机”目录文件，存放有该系统上所有的文件系统。

(2) 安装到硬盘：双击该图标将开始 Fedora 系统的安装。

双击“安装到硬盘”图标以启动安装程序。安装开始进入 Fedora 欢迎界面，欢迎界面不会提示用户做任何输入，如图 2.4 所示。

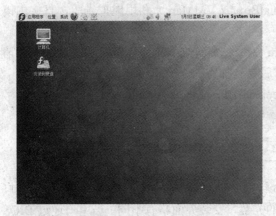

图 2.3 Fedora Live 系统桌面

图 2.4 Fedora 欢迎界面

安装步骤：

双击“安装到硬盘”图标以启动安装程序。安装开始进入 Fedora 欢迎界面。

1. Fedora 欢迎界面

欢迎界面不会提示用户做任何输入。单击“下一步”按钮，进入键盘布局的选择界面。

2. 键盘布局

安装第 2 步提示用户选择键盘布局，如图 2.5 所示。在这里选择默认选项“美国英语式”，单击“下一步”按钮。

3. 初始化硬盘

如果在已有硬盘上未找到可读的分区表，安装程序会要求初始化硬盘。此操作将会使任何已有数据不再可读。如果是一个没装系统的新硬盘，或者删除硬盘的所有分区，那么单击“重新初始化驱动器”按钮，如图 2.6 所示。

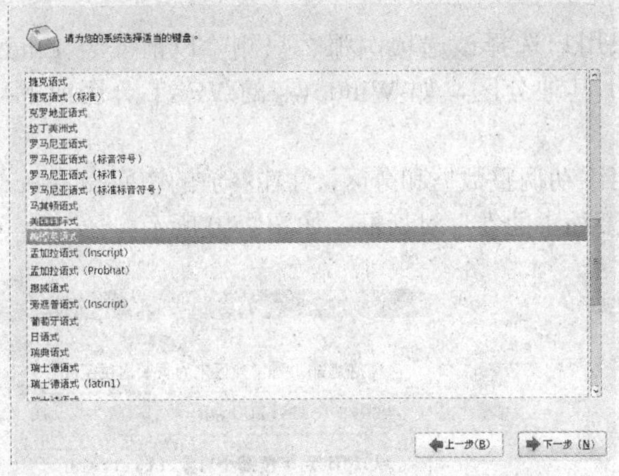

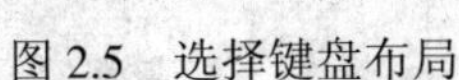

图 2.5　选择键盘布局　　　图 2.6　初始化硬盘驱动器警告

4. 命名计算机

安装第 3 步提示用户命名该计算机，本例中命名该主机名称为“Fedora”，如图 2.7 所示。完成后单击“下一步”按钮。

5. 地区选择

安装直接指向开始所选语言的地区和国家，例如，前面如果选择“汉语（中国）”，安装程序将自动推荐的“选择城市”为“亚洲/上海”，如图 2.8 所示。这一步请选择同一时区中离用户最近的城市，设置系统时钟。

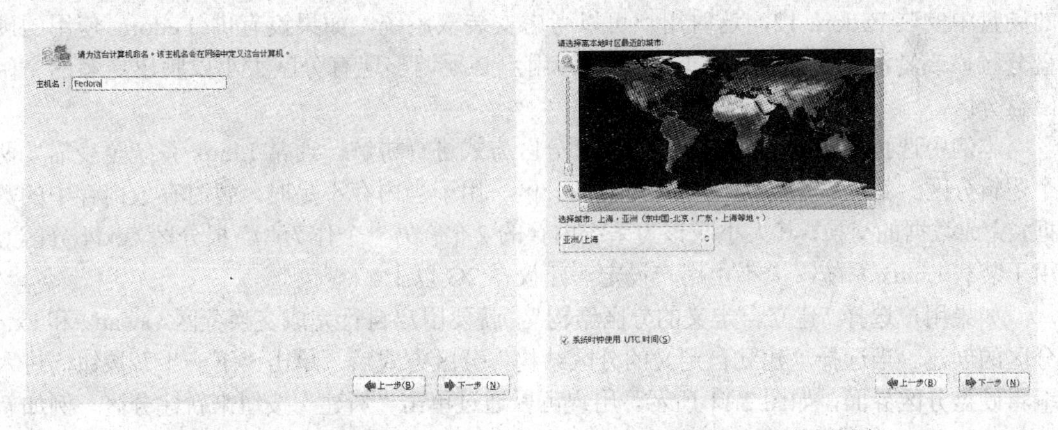

图 2.7　命名主机　　　图 2.8　选择城市

5. 输入 root 用户密码

输入 root（超级用户）密码，然后输入确认密码，如图 2.9 所示。root 用户是系统管理员，所以，最好设置一个复杂的密码，以增强安全性。设置好 root 用户密码后，单击“下一步”按钮。

6. 硬盘分区

Fedora 硬盘分区方式主要有以下几种：

(1) 使用整个驱动。如果用户打算把 Fedora 系统安装在整个盘上，选择“使用整个驱动”。选择这一选项将删除硬盘驱动器上的所有分区，如 Windows VFAT 或 NTFS 分区。

(2) 替换现有 Linux 系统。如果用户选择该选项，那么只删除以前安装 Linux 时创建的分区，不会影响硬盘驱动器上其他分区，如 Windows 的 VFAT 分区或 FAT32 分区。

(3) 缩小当前系统：选择该选项可手动调整数据和分区，并在释放的空间安装 Fedora。如果单击“下一步”按钮，则弹出“要缩小的卷”对话框，如图 2.10 所示。

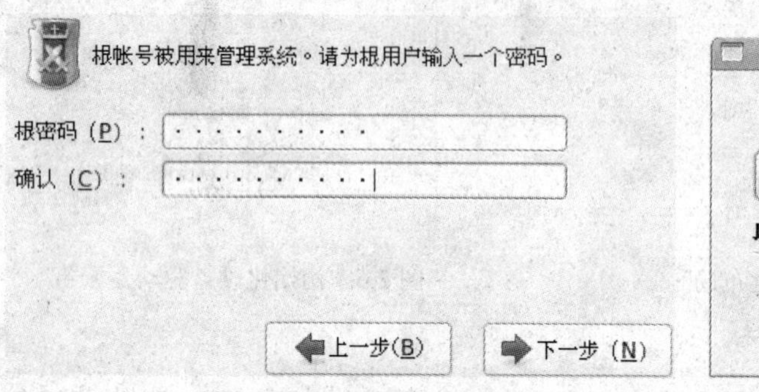

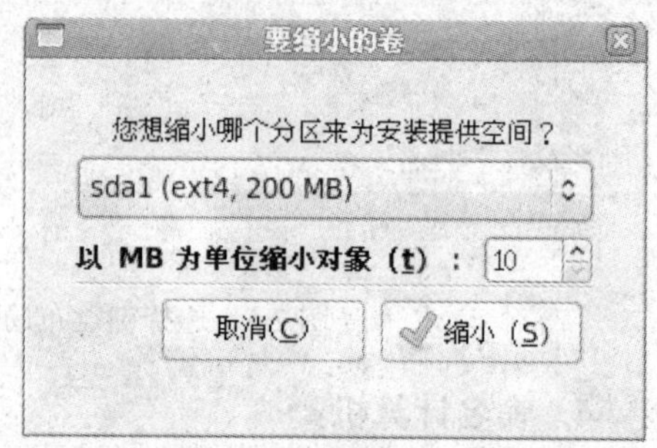

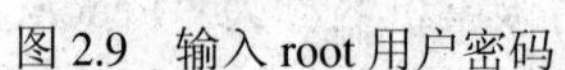

图 2.9　输入 root 用户密码

图 2.10　设置“要缩小的卷”

(4) 使用空闲空间：选择该选项，保留当前的数据和分区，其前提是硬盘有足够的空闲空间。如果用户的主机上有两个或两个以上硬盘驱动器，需要选择其中一个硬盘作为安装驱动器。而未被选择的硬盘驱动器及其存储数据将不会受到影响。

(5) 建立自定义的分区结构。如果用户在已经安装了其他系统（如 Windows 系统）的硬盘中安装 Fedora 12，这时用户可以考虑安装双系统，如果没有供 Fedora 使用的硬盘分区，或者没有其他硬盘安装 Fedora，用户必须调整现有分区大小以腾出更多的空闲磁盘分区。

本例中选择“建立自定义的分区结构”分区方式进行讲解。通常 Linux 系统至少需要两个逻辑分区。其中一个作为交换（swap）分区。用于当内存不足时，暂时存放内存中的数据，完成数据的交换，其大小应该为系统内存的 2 倍；另一个作为“/”根分区（ext4 分区），用于装载 Linux 系统，大小由用户设定，建议在 2G 以上。

如果用户选择“建立自定义的分区结构”，就要用户自行完成交换分区（swap）和 ext4 分区的创建。当选择“建立自定义的分区结构”分区方式后，单击“下一步”按钮，进入编辑硬盘分区界面，如图 2.11 所示。用户可以通过单击“新建”按钮来新建分区，例如新建 ext4 分区，可以选中“空闲”空间选项，单击“新建”按钮，弹出“添加分区”对话框，这里选择挂载点为“/”根目录，文件系统类型选择为“ext4”，大小设为“4000”MB，将其设为“强制主分区”，如图 2.12 所示。添加完成后，单击“OK”按钮，返回编辑硬盘分区界面。

Drive /dev/sda (102399 MB) (Model: ATA VBOX HARDDISK)
Free
102398 MB
新建(W)　编辑(E)　删除(D)　重设(S)　RAID(A)　LVM(L)
设备　挂载点/RAID/Volume　类型　格式化　大小(MB)
硬盘驱动器
/dev/sda
空闲　102398
隐藏 RAID 设备/LVM 卷组成员(G)
上一步(B)　下一步(N)

添加分区
挂载点(M)：/
文件系统类型(T)：ext4
允许的驱动器(D)：sda　102399 MB　ATA VBOX HARDDISK
大小(MB)(S)：4000
其它大小选项
固定大小(F)
指定空间大小(MB)(u)：
使用全部可用空间(a)
强制为主分区(p)
加密(E)
Cancel　OK

图 2.11　编辑硬盘分区界面　　　　图 2.12　添加“ext4”分区

用相同的方法添加“swap”分区，在文件系统类型下拉列表中选择“swap”选项，将其大小设为“3000”MB，添加完成后，单击“OK”按钮，返回到编辑硬盘分区界面。添加结果如图 2.13 所示。

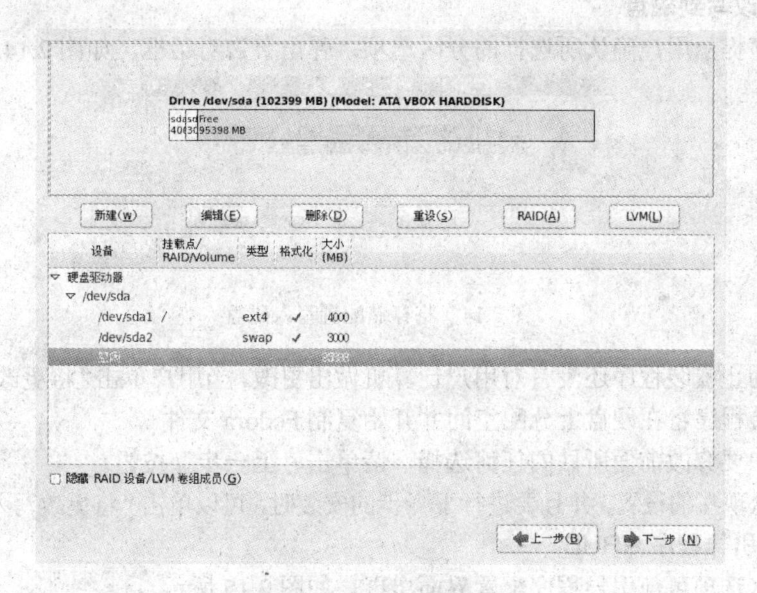

图 2.13　添加分区情况表

说明：硬盘分区共有 3 种：主分区、扩展分区和逻辑分区。扩展分区进一步划分成逻辑分区，所以硬盘分区实际上只有主分区和逻辑分区进行数据存储。在一块硬盘上最多只能有 4 个主分区（序号一般为 1～4），可以另外建立一个扩展分区来代替 4 个主分区中的一个，然后在扩展分区下可以建立更多的逻辑分区。

一般情况下，在 Fedora 系统中，主要还设定/home 挂载点，因为用户所有文件都保存在/home 中，以后安装其他发行版也可以继续使用该分区而不会丢失资料。/home 是用户的主目录所在地，多用户的数据分别单独保存在这个目录里，这个分区的大小取决于有多少用户。如果多用户共同使用一台计算机，这个分区是非常必要的。单用户可以创建/home 分区。

用户在设置挂载点时可以单击下拉列表框选择不同的挂载点，除了“/”和“/home”

分区外，供选择的挂载点还有以下几种：

/boot：存放内核和系统启动时所需要的数据。

/var：存放了大量的系统日志、软件包信息和记账数据，所以最好将其作为一个独立的分区。

/tmp：用来存放临时文件的分区。对于多用户系统或者网络服务器来说是有必要的，这样即使程序运行时生成大量的临时文件，或者用户对系统进行了错误的操作，文件系统的其他部分仍然是安全的。因为文件系统的这一部分仍然随着读写操作，所以它通常会比其他部分更快地发生问题，避免用户的进一步错误操作。

/usr：操作系统存放软件的分区，其大小取决于用户安装的软件包及其数目。

/dev：存放设备文件。

/opt：存放可选的安装软件。

/sbin：存放标准系统管理文件。

用户设置完新分区后，单击“添加分区”对话框右下角的“OK”按钮，则返回到磁盘分区界面。单击“下一步”来继续。

7. 将更改写到磁盘

安装程序提示用户确认所选择的分区选项，弹出警告对话框，如图 2.14 所示。

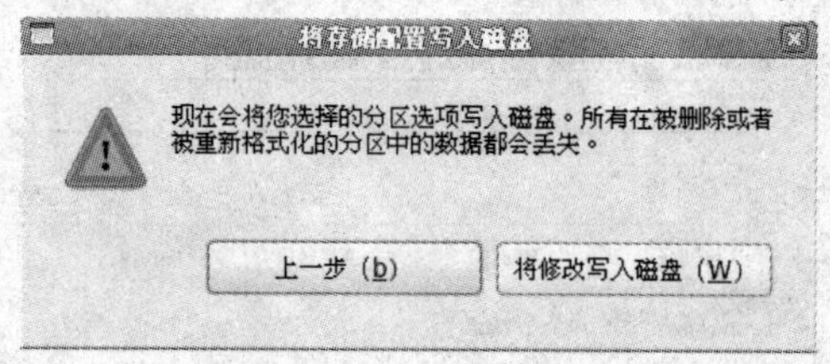

图 2.14　将存储配置写入磁盘

到目前为止安装程序还没有对用户计算机做出更改，当用户单击“将更改写入到磁盘”按钮时，安装程序将在硬盘上分配空间并开始复制 Fedora 文件。

如果用户要修改前面所做的任何选择，请单击“上一步”按钮。

如果确认现在的设置，并且要进行下一步的安装时，可以单击“将更改写入磁盘”按钮。

8. 配置引导程序 GRUB

有些分区选项可使引导程序配置界面出现，如图 2.15 所示。

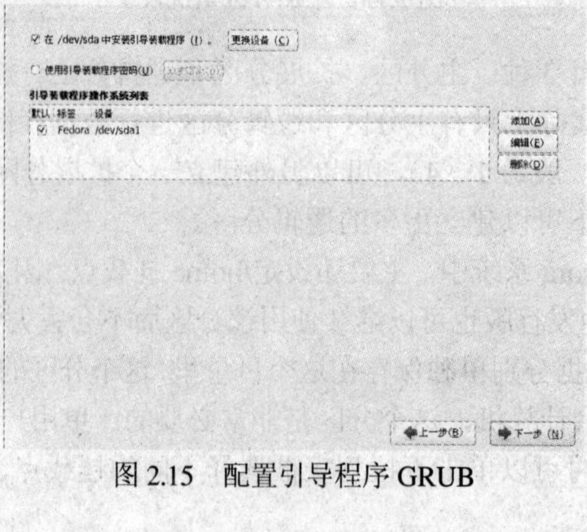

图 2.15　配置引导程序 GRUB

GRUB（GRand Unified Bootloader）是一个功能强大的默认安装引导程序。GRUB 能够引导各种操作系统。

如果用户计算机上没有安装其他操作系统或者打算删除其他系统，安装程序将不受任何干预地安装 GRUB 作为引导程序。

从图 2.15 中可以看出，启动加载器 GRUB 将会安装在/dev/sda 分区。/dev/sda 分区是该计算机第一块硬盘的主引导区。如果用户已经安装了 Windows 操作系统，“引导装载程序操作系统列表”会将其显示出来，用户可以在这一步选中计算机每次启动之后默认进入的操作系统。当然，用户也可以在系统安装完毕后，通过修改配置文件随时更改默认的启动操作系统。

如果该用户计算机已经安装了其他操作系统，Fedora 将尝试自动检测并配置 GRUB 引导这些系统。如果 GRUB 程序没有检测到这些系统的话，用户可以添加、删除或修改已检测到的操作系统设置手动配置它们。其中：

“添加”按钮：是为 GRUB 添加另一个操作系统。在下拉菜单中，选择包含可启动的操作系统的分区，然后为这个项目命名。GRUB 将在启动菜单中显示这个名称。

“编辑”按钮：用来修改 GRUB 启动菜单中选中的项目。

“删除”按钮：用来从 GRUB 启动菜单中删除选中的项目。

9. 安装进程

完成分区的编辑后，单击“下一步”按钮，进入安装进程，如图 2.16 所示。安装完成后，单击安装完成界面中的“关闭”按钮，取出 CD 光盘，如图 2.17 所示。然后重新启动计算机。

图 2.16 安装进程

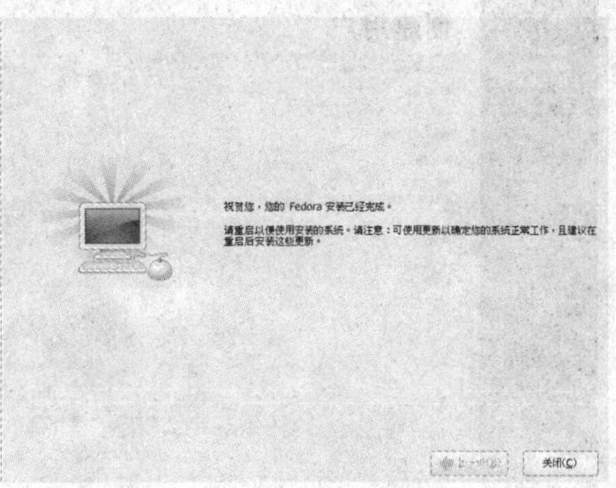

图 2.17 完成安装界面

10. 欢迎界面及许可信息

在成功安装 Fedora 后，第一次启动系统时用户会看到 Fedora 12 的欢迎界面，如图 2.18 所示。

单击“前进”按钮，进入“许可证信息”界面，此界面显示了全部 Fedora 授权条款。每个 Fedora 软件都有各自的许可，如图 2.19 所示。然后单击“前进”按钮。

图 2.18　欢迎界面　　　　图 2.19　许可证信息

11. 创建用户

“创建用户”界面创建一个用户。始终使用该账户登录该 Fedora 系统，而不是用 root 账户。本例中设置“用户名”为“user”，全名为“hcq”，如图 2.20 所示。

图 2.20 中，用户名为用户账户名称，全名登录该计算机时的用户名称。完成用户的创建后，单击“前进”按钮。

12. 设置日期和时间

如果用户系统无法上网，可以手动设置日期和时间，如图 2.21 所示。否则，可以选择“通过网络同步日期和时间”，以保持时钟精度。NTP 为同一网络内的计算机提供时间同步服务。互联网上有很多计算机可提供公共 NTP 服务，如图 2.22 所示。

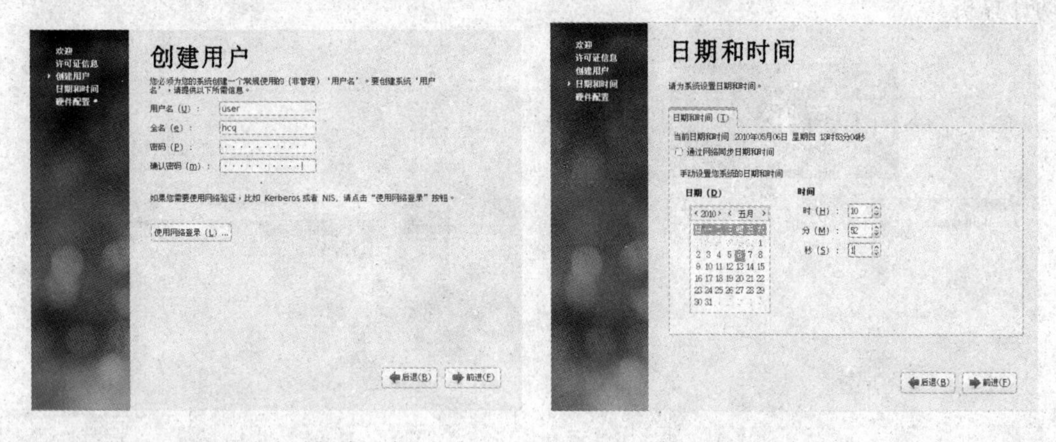

图 2.20　首次启动创建用户　　　　图 2.21　手动设置日期和时间

设置完日期和时间后，单击“前进”按钮。进入下一步。

13. 硬件配置信息

首次启动将出现让用户以匿名形式向 Fedora 项目提交硬件信息的界面。开发人员使用这些硬件信息把握支持效果。要参与这一重要工作，选择发送。如果用户不想提交任何信息，则可以选择默认值。最后单击“完成”按钮，弹出确认是否发送硬件信息的对话框，用户可以根据自己的实际情况选择。

14. 进入登录界面

上面的工作完成后，进入登录界面，如图 2.23 所示。其中用户“hcq”是前面创建用户时的用户全名。

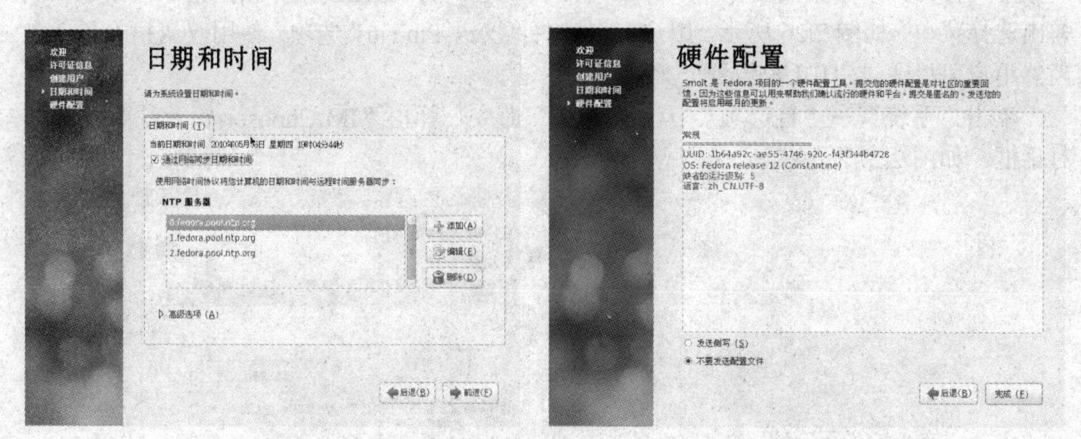

图 2.22　通过 NTP 设置日期和时间　　　　图 2.23　硬件配置

单击用户全名，例如在这里单击用户全名“hcq”后，输入用户密码，如图 2.24 所示。单击“登录”按钮或按回车键。进入 Fedora 12 桌面环境，Fedora 12 默认桌面环境为 GNOME 桌面环境，如图 2.25 所示。

图 2.24　输入用户密码

图 2.25　Fedora 12 桌面环境

2.3　基本系统安装之后的配置

使用镜像文件安装了 Fedora 12 系统后，Fedora 12 的安装并没有完全结束。本节主要讲解安装后的后续配置。

2.3.1　使用 IBus 输入法

在安装 Fedora 12 系统的开始，用户选择安装语言，这个选择决定基本系统安装后的系统语言环境。对于中文用户在改变了系统的语言环境的同时也需要用户提供与系统交互的同种语言的输入法。实际上，使用“汉语（中国）”安装完 Fedora 系统后，当用户在编辑文本文件时，单击桌面右上方（即系统面板右边）的“IBUS 输入法框架”按钮，会弹出选择菜单，如图 2.26 所示。用户可以选择“汉语-PinYin”选项，使用汉语拼音输入法。当然用户可以通过“IBUS 设置”来设置输入法。

单击“系统”→“首选项”→“输入法”命令，弹出“IM Chooser-输入法配置工具”对话框，如图 2.27 所示。

汉语 - PinYin
关闭输入法

图 2.26 输入法选择菜单

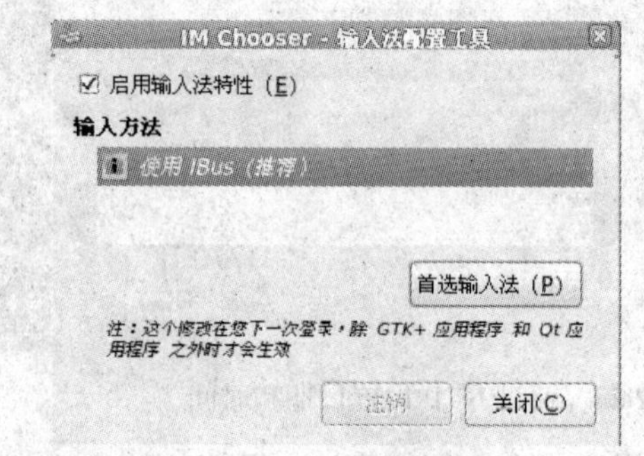

图 2.27 “IM Chooser-输入法配置工具”对话框

勾选“启用输入法特性（E）”选项，单击“首选输入法”按钮，弹出“IBUS 设置”对话框，如图 2.28 所示。在“常规”标签页中“开关”输入法的快捷键默认“Ctrl+space”，选择下一个输入法的快捷键为“Alt+Shift_L”，对于下面的“字体和风格”用户可以按照自己的喜好设置，在这里对于“候选词排列方向”选择“水平”，其他选项都选择系统默认选项。

下面以添加“Chewing”为例，介绍添加 IBus 输入法的的步骤。

选择“输入法”标签页，单击“选择输入法”下拉列表，选择“汉语”→“Chewing”选项，然后单击“IBus 设置”对话框中的“添加”按钮，添加完成后，结果如图 2.29 所示。单击“关闭”按钮后，用户便可以在编辑文本时通过“Ctrl+space”快捷键开启或关闭 IBus 输入法。

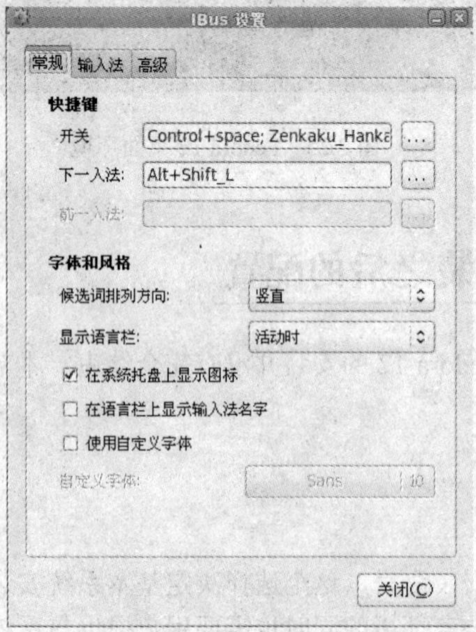

图 2.28 IBUS 设置对话框

图 2.29 添加“Chewing”输入法

2.3.2　网络连接配置

在 Fedora 12 的使用过程中，用户要上网，就应该学会如何配置网络，Fedora 提供了图形界面的网络设置工具，它包括：线网络设置、无线网络设置、移动宽带设置、VPN 设置等功能。

单击“系统”→“首选项”→“网络连接”，启动网络连接。打开“网络连接”对话框，如图 2.30 所示。对话框中包含了“有线”、“无线”、“移动宽带”、“VPN”、“DSL”等 5 个标签页，其中：有线和无线是用户经常用到的，这里主要对这两种网络连接设置进行介绍。如果要配置有线网络，选择“有线”标签页，然后单击“添加”按钮，系统会弹出设置有线连接对话框，如图 2.31 所示。

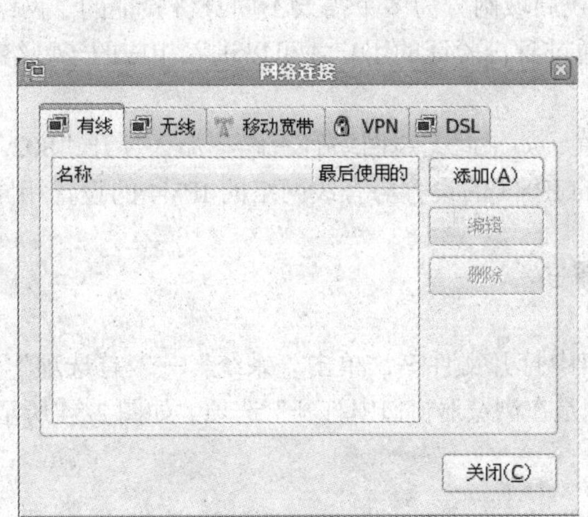

图 2.30　网络连接对话框

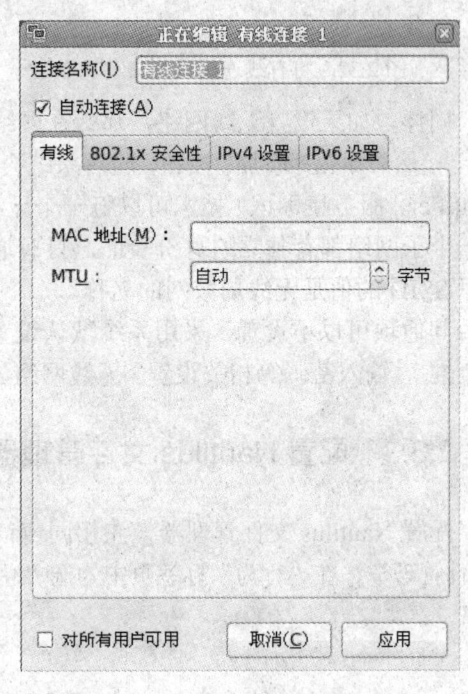

图 2.31　设置有线连接对话框

用户可以根据自己的需要编辑“连接名称”，如果选中连接名称下面的复选框“自动连接（A）”，那么每次开机后，网络会自动连接，否则需要用户手动连接。

接着用户需要设置具体的网络参数，包括：IP 地址、子网掩码、网关地址等。有 IPV4、IPV6 两种设置，这里主要介绍 IPV4 设置。

打开 IPV4 标签页后，用户会看到如图 2.32 所示的界面，如果该主机所在局域网内有 DHCP 服务器，那么可以在“方法（M）：”下拉列表中选择“自动（DHCP）”选项，后续不需要用户设置各参数，单击“应用”按钮，即可完成网络设置。如果没有 DHCP 服务器自动给主机分配 IP 地址，需要用户手动设置网络参数，用户可以选择“手动”选项，然后点击“添加”按钮，在地址栏中输入 IP 地址、子网掩码及网关，在 DNS 服务器内输入正确的 DNS，选择已设置好的 IP 配置信息，单击“应用”按钮，即可完成有线网络设置，如图 2.33 所示。

图 2.32　将有线连接设为自动获取 IP 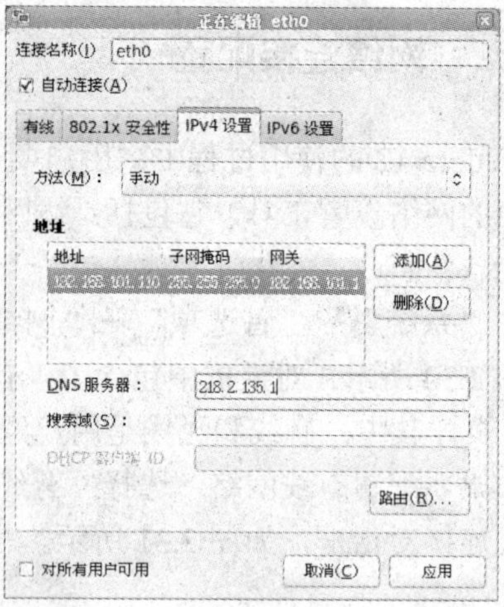　　　　图 2.33　手工设置有线网络连接

同样，如果设置无线网络，那么在网络连接对话框中，单击“无线”标签（如图 2.30 所示）。然后单击“添加”按钮，随后系统会打开设置无线网络的对话框。SSID（Service Set Identifier，服务集标识）技术可以将一个无线局域网分为多个需要不同身份验证的子网络，每一个子网络都有独立的身份验证，只有通过身份验证的用户才可以进入相应的子网络，这里 SSID 的值是无线局域网的名称。

其他项可以不设置，采用系统默认设置。如果此无线网络有密码，那么打开“802.1x 安全性”，输入密码等相关设置。无线网络的 IPV4 的设置与有线网络的 IPV4 的设置相同。

2.3.3　配置 Nautilus 文件管理器

配置 Nautilus 文件管理器，在相同窗口中打开文件夹，单击“系统”→“首选项”→“文件管理”，在“行为”标签页中勾选“总是在浏览器窗口中打开”选项，如图 2.34 所示。

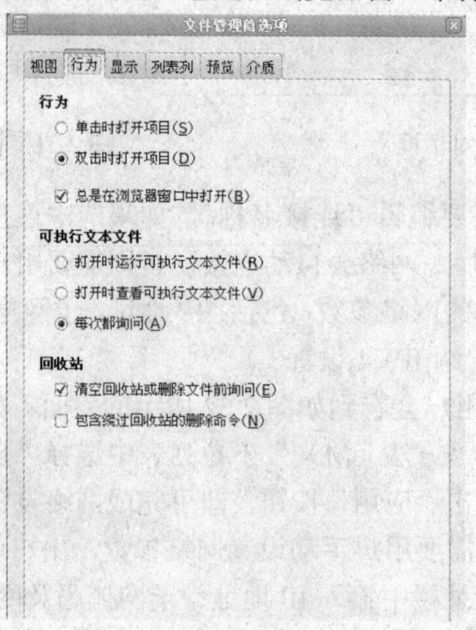

图 2.34　“文件管理首选项”对话框

2.3.4　软件更新

对于 Fedora 系统，无论是初次安装，还是在使用过程中，用户都可以对其进行更新。Fedora 使用“软件更新”为主机升级，保持系统最新，它帮助用户获取更新软件包的基本信息，选择要更新的软件包，在更新系统时检查软件包的依赖关系和安全漏洞，并修复软件包的错误等。

1．图形界面软件更新

单击“系统”→“管理”→“软件更新”，弹出检查更新窗口，如图 2.35 所示。

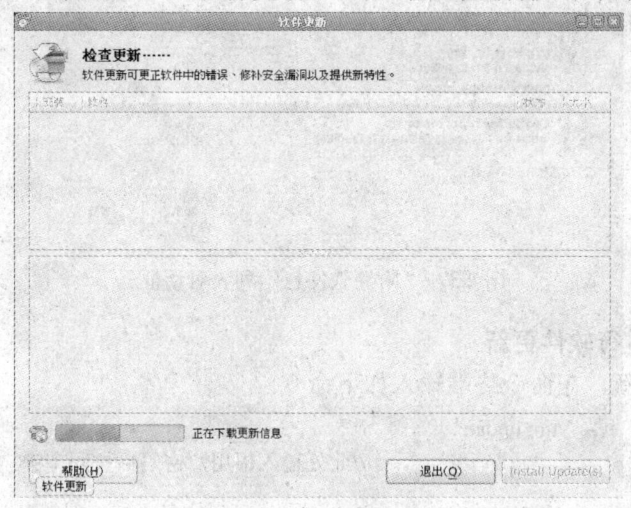

图 2.35　检查更新

检查更新过程可以对最新的更新软件包进行检查。如果检查正常，“软件更新”窗口列表中将显示最新的可供更新的软件包，如图 2.36 所示。如果出现检查失败的警告性提示，请首先检查该主机网络是否正常连接。

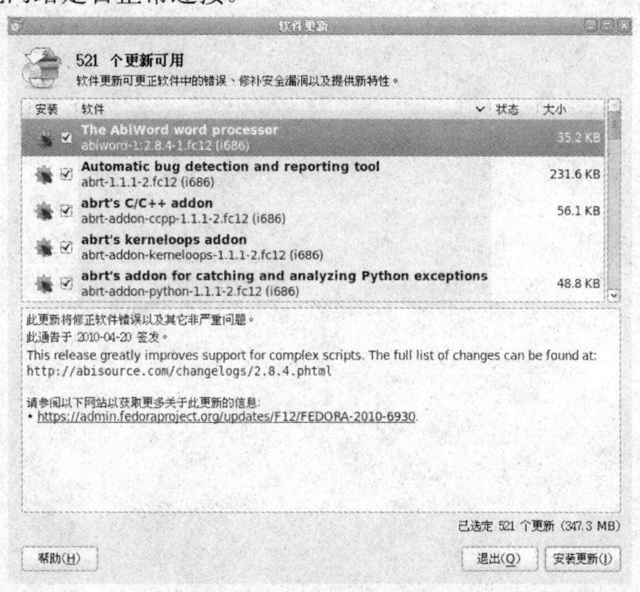

图 2.36　更新软件包列表

在检查更新软件之后，用户可以根据需要，选择需要安装更新的软件包。在安装的软件包前面的复选框中打钩，然后单击“安装更新”按钮。接着检查软件包的依赖关系，弹出要安装“附加软件包”列表对话框，如图 2.37 所示。单击“安装”按钮，开始下载软件包文件。下载完毕后，将更新软件包保存到本地后，系统自动开始安装软件。

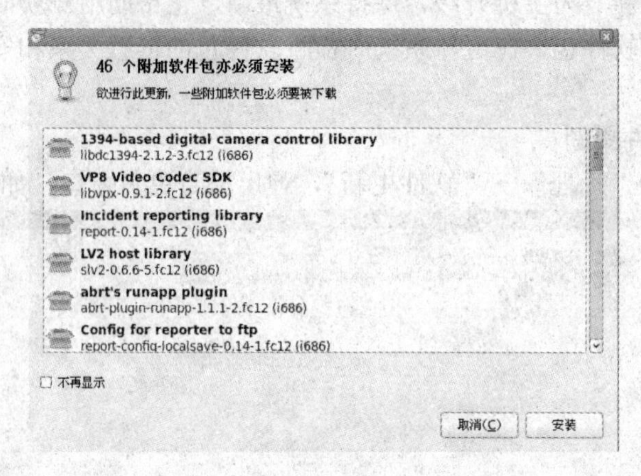

图 2.37 “附件软件包”列表对话框

2. 使用命令进行软件更新

要进行软件更新，在命令终端输入如下命令：

```
[user@Fedora ~]$ su -c 'yum update'
密码:                                   //此处输入根用户密码后按回车键
```

第 3 章

Fedora 12 图形界面

目前，几乎所有的 Linux 发行版本中都包含了 GNOME 和 KDE 两种图形操作环境，在 Fedora 中默认的图形操作界面 GNOME，它具有很好的图形环境并提供编程接口，允许用户自行设置窗口管理器。而 KDE 桌面环境是一个网络透明的桌面环境，除了具有窗口管理器和文件管理器外，该桌面环境基本覆盖了大部分 Linux 任务的应用程序组。

3.1 X Window 系统

早期 Windows 操作系统是一个基于 DOS 的应用程序，用户必须首先进入 DOS 后才能启动 Windows 进程，而在 Windows 2000 以后，DOS 已被彻底清除，Windows 成为一个完全图形化的操作系统，它具有从内核到窗口环境的一切元素。GUI（图形用户接口）主要由图形组成的用户界面，构建图形界面的功能都整合在操作系统里面。这种方法简单，但不灵活，Linux 操作系统都未内建这个功能。

20 世纪 80 年代，出现了 X Window 系统，其目的在于为 UNIX 系统设计一套简单的图形框架，它不是一个直接的图形操作环境，而是作为图形环境与 UNIX 系统内核沟通的中间桥梁，任何厂商都可以在 X Window 系统的基础上开发出不同的图形环境。

Linux 图形操作系统是建立在 X Window 基础上的，它使 Linux 系统的操作更方便、快捷和人性化。严格来讲，X Window 并不只是一个软件，而是一个控制用户使用图形界面的协议（protocol）。任何能满足 X Window 协议的软件系统都可以称为 X Window 系统，而不必理会其编码具体是如何实现的。

KDE 和 GNOME 是基于 X Window 最为流行的集成桌面环境，X Window 只能够负责桌面的管理工作，如打开窗口、菜单，更改窗口大小等，而不包含许多工具程序，如文字处理、多媒体以及网络工具等。

X Window 系统具有很强的可移植性，不仅能运行在 UNIX/Linux 操作系统，而且能运行在 Windows XP 及其他操作系统中。

3.2 GNOME

GNOME（The GNU Network Object Model Environment）GNU 网络对象模型环境是KDE 的替代品。GNOME 计划是 1997 年 8 月由 Miguel de Icaza Amozurita 和 Federico Mena 发起的。它是一种便于用户操作和设定计算机环境的工具，主要由面板、桌面和 GUI 工具组成，为 Linux 操作系统构造一个功能完善、操作简单、界面友好的桌面环境，它是 GNU 计划的正式桌面。

3.2.1 GNOME 的桌面特性

GNOME 比较新的桌面特性如下：

(1) 易于用户使用，甚至还包括残障用户的使用功能；

(2) 自动在/media 目录下加载可移动设备；

(3) GNOME Volume Manager，包含计算机窗口，其中列出了文件系统设备，包含 CD-ROM 以及网络文件系统设备；

(4) 易于使用的文件许可对话框允许为文件夹中的所有文件改变权限；

(5) 提供窗口合成，使用了拖放阴影、随时预览以及透明效果。对位于 Appearance Visual Effects 选项卡中的窗口，提供了 3D 效果的支持；

(6) 主目录中增加了特定数据文件夹设置，包括图片、视频、音乐以及下载等目录文件。

3.2.2 Fedora 的图形桌面

在 Fedora 系统默认安装 GNOME 桌面环境，如图 3.1 所示。从用户的角度来看，Fedora 12 的 GNOME 图形界面可分为 3 个组件：GNOME 桌面、面板和文件管理器。其中，面板是显示在桌面，存放面板对象，该面板又分为系统面板和任务面板。前者默认位于屏幕的顶部，用于启动当前可运行的程序，与 Windows 系统中的“开始”菜单相似。后者默认位于屏幕底部，主要用于管理窗口和桌面空间，可以添加删除面板。可以将它们放置到桌面的顶部或底部，也可以放在桌面的两侧，还可以将两个面板堆叠在桌面的一侧。

1. 面板操作

右击面板的空白部分，就会显示面板上下文菜单，如图 3.1 所示。面板操作菜单有 6 个菜单项，如图 3.2 所示。

面板菜单中的各选项解释如下：

(1) 添加到面板。选择“添加到面板”选项，如图 3.3 所示。从这个窗口中将对象拖动到面板上（可以将选择的对象拖动到任意一个面板上），另一种添加的方法是单击被添加的对象，然后单击“添加”按钮。

图 3.1 Fedora 12 GNOM

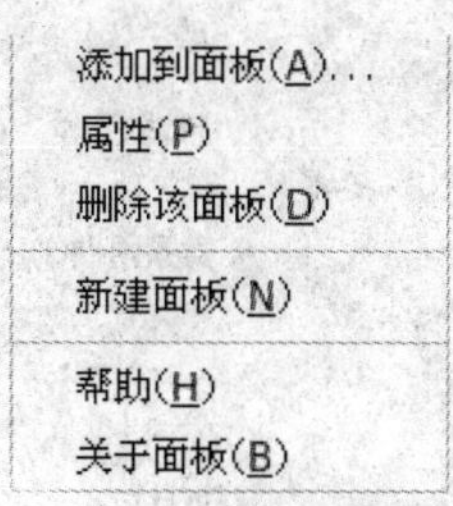

图 3.2 面板操作菜单

图 3.3 “添加到面板”对话框

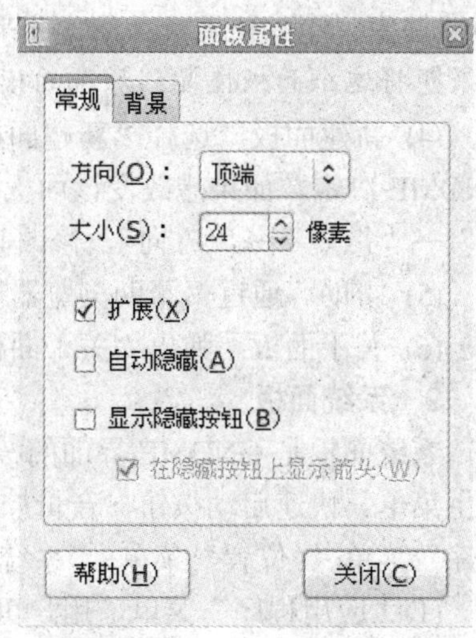

图 3.4 “常规”标签页

(2) 属性。选择“属性”选项，显示“面板属性”对话框，如图 3.4 所示。从图中可以看到，对话框中有两个标签页：“常规”和“背景”。“常规”标签页中的“方向”是用来设置该面板将要显示在桌面的哪个边上。“大小”是用来调整面板的宽度（宽度值介于 23～153 像素之间）。如果选中“扩展”复选框，会让面板扩展到工作区的宽度或高度。选中“自动隐藏”复选框会让面板消失直到鼠标移动到工作区的边缘。选择“显示隐藏按钮”在面板的两端显示按钮。

“背景”标签页用来指定面板的颜色、透明度或者将一幅图片作为背景，如图 3.5 所示。如果用户选中“纯色”单选按钮，单击颜色按钮（或者用快捷键 Alt+l）选择用户喜欢的颜色。通过移动可移动滑块“样式”，增加或减少面板颜色的透明度。如果用户要将面板返回到默认外观，可以选中单选按钮“无”。

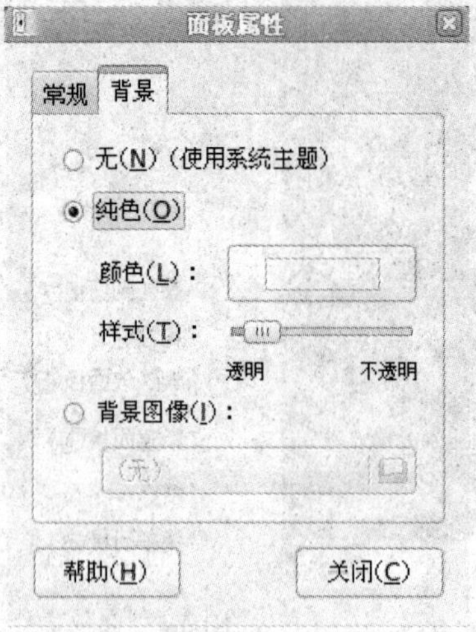

图 3.5 “景”标签页

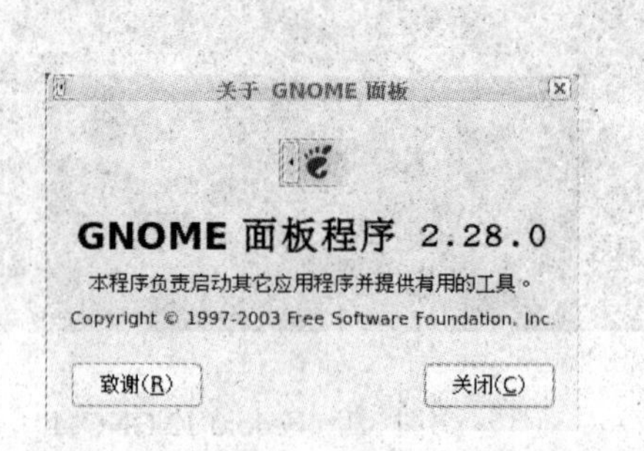

图 3.6 关于 GNOME 面板

(3) 删除该面板。如果选择“删除该面板”按钮，将该面板删除。

注意： 小心使用此功能，如果将某个面板删除，就会将这个面板上的所有对象删除，如果想将这个面板恢复到原来的模式，就需要重新构建。

(4) 新建面板。选择“新建面板”按钮，在桌面上添加新的面板。该面板初始位置由GNOME 决定，如果想改变该面板的位置，还是应该通过右击此面板的空白处，选择“属性”→“常规”→“方向”，修改其他属性跟前面的介绍也是完全一样的。

(5) 帮助。通过“帮助浏览器”查看帮助信息。

(6) 关于面板。弹出“关于面板”对话框，如图 3.6 所示。

2. 系统面板

系统面板是 GNOME 界面的核心，GNOME 用于启动当前所有可以运行的程序，它包含主菜单、快速启动按钮、音量控制、输入法、时钟显示等内容。其中主菜单包含“应用程序”菜单、“位置”菜单、“系统”菜单和几个常用程序的快速启动按钮。

(1)“应用程序”菜单。用户可以从“应用程序”菜单中运行 Fedora 操作系统中绝大多数的应用程序，单击“应用程序”菜单可以看到，它包含了多个子菜单，每个子菜单命名一类应用程序，这些应用程序包括 Internet、办公、附件、图形、影音、其他、游戏等，如图 3.7 所示。在每个子菜单项中，用户可以单击每个菜单项的黑色尖括号按钮级联菜单。其中：

Internet：包括 Web 浏览器、Empathy IM 客户端、下载软件、远程桌面查看器等互联网应用工具。

办公：包括文字处理、电子表格处理、幻灯片处理、Evolution 邮件及日历等办公软件。

附件：包括文本编辑器、计算器、抓图工具、字典等软件工具；图形包括照片管理器、图片编辑器、画图工具以及图像扫描程序等。

系统工具：包括 CD/DVD 创建器、故障排除工具、磁盘实用工具、磁盘使用分析器、文件浏览器、终端、系统监视器等软件工具。

影音：包括光盘刻录器、音乐播放器、电影播放机、音频 CD 播放器等软件工具。

游戏：包括纸牌、“扫雷”等多种趣味小游戏。

(2)“位置”菜单。“位置”菜单包括“主文件夹”、“桌面文件夹”、“计算机”、“文档”、“音乐”、“连接到服务器”、“下载”、“图片”、“视频”、“网络”、“搜索文件”、“最近的文档”等，如图 3.8 所示。如图每个位置都用一个特殊的 URL 指定。菜单项“连接到服务器”是指打开一个窗口，可以连接到不同的服务器，包括 SSH、FTP 和 Windows 共享等。在每个子菜单项中，用户可以单击每个菜单项的黑色尖括号（“>”）按钮级联菜单。

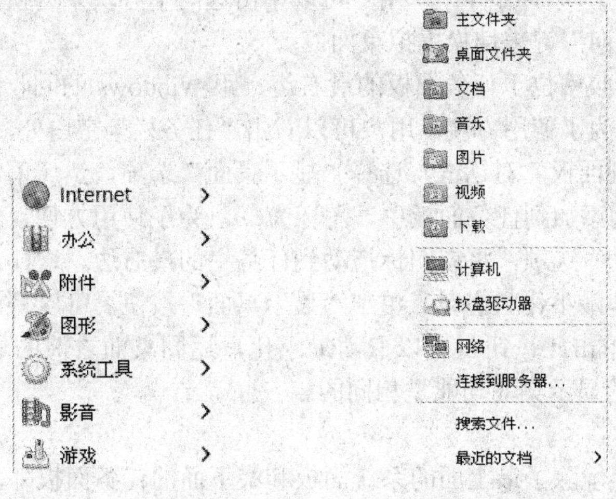

图 3.7 “应用程序”菜单　　　　图 3.8 “位置”菜单

(3)“系统”菜单。“系统”菜单主要包括两个子菜单“首选项”和“管理”。用户可以通过这两个子菜单详细设置系统的硬件、软件。其功能相当于 Windows 操作系统中的控制面板。

(4) 常用程序。系统默认有几个快速启动程序按钮：

Web 浏览器（火狐浏览器）：用于浏览 Web 网页。

电子邮件（Evolution 邮件）：用于收发电子邮件。

音量控制：GNOME 桌面对音量控制进行很大改进，在桌面环境中用户可以像在 Windows 操作系统中一样控制音响设备的音量。用户通过单击图标，弹出“音量控制”滑块调节音量。右击图标，如果选择“静音”选项可以将系统设为静音模式。如果单击“声音首选项”选项，用户可以通过滑动“输出音量”滑块调整系统的输出音量，此处也可以通过选择“静音”选项，将系统设置为静音模式，还可以设置系统的报警声音。

输入法：用于选择不同的输入法，用户单击图标后，在弹出的菜单项中选择不同的输入法。

时钟：用于显示当前系统的日期和时间，用户可以通过单击“日期和时间”按钮，对其进行调整。

3. 任务面板

Fedora 操作系统的 GNOME 桌面环境中，默认最下方为任务面板，它与 Windows 操作系统中的任务栏具有相同作用，所有被打开的窗口或应用程序都会在这里显示，用户可以在任务面板中选择窗口或应用程序，同时在任务面板中也有菜单和工具按钮等。

任务面板是由任务栏、桌面切换工具以及回收站组成。

(1) 任务栏。在任务栏中可以看到当前在前台运行的所有应用程序，当程序最小化时，在桌面上看不到程序的显示，但是在任务栏中仍然显示任务条，可以通过单击任务栏中的任务条选择不同的应用程序。

(2) 桌面切换工具。任务栏的右边是桌面切换工具，在默认情况下，Fedora 12 操作系统的 GNOME 桌面环境提供两个虚拟桌面，每个虚拟桌面可以有不同的程序窗口。虚拟桌面为用户提供了一个多任务环境下的任务组织形式，而桌面切换工具被分成了两个区域。如图 3.1 所示的两个方块“ ”。用户可以单击这两个方块来切换虚拟桌面，或者使用快捷键“Ctl+Alt+方向”键来切换虚拟桌面。

(3) 回收站。回收站位于任务面板的最右边，跟 Windows 的回收站的功能相同。

(4) 显示桌面。为了使用方便，用户可以右击“任务栏”空白处，选择“添加到面板”选项，打开“添加到面板”对话框，选择“显示桌面”选项，然后单击“添加”按钮，这样“显示桌面”成功添加到任务面板中，图标为 。为了使用方便，用户通过右击显示桌面图标，选择“移动”选项，将该图标拖动到任务栏的最右边。这样在当桌面上有任务运行，并且任务处于非最小化状态时，单击“显示桌面”按钮，可以将桌面上所有的任务最小化。当用户再次单击此按钮是可以取消最小化，返回桌面之前的显示状态。此功能跟 Windows 操作系统的显示桌面功能是相同的。

4. 桌面

GNOME 桌面环境除了最上面的系统面板和最下面的任务面板外，还有一部分为桌面，用户可以将需要运行的程序、文件或目录放到桌面上并且通过双击即可运行桌面上的应用程序。

3.2.3 文件管理器

在 GNOME 桌面环境中包括了一个名为 Nautilus 的文件管理器。它是一种操作简单、功能强大的文件管理器，可提供系统文件和用户文件的图形化显示，可用来打开、查看、移动以及复制文件，执行程序和脚本，还可以创建和管理桌面等。

在 2.3.3 节中配置了 Nautilus 文件管理器，在相同窗口中打开文件夹，具体操作是单击“系统”→“首选项”→“文件管理”，在“行为”标签页中勾选“总是在浏览器窗口中打开”选项。经过这样配置的文件管理器，每次在打开文件夹时，都使用文件浏览器打开。

Nautilus 不仅是文件的可视列表，而且它还允许从一个综合界面配置桌面、配置 Linux 系统、浏览照片、访问网络资源等。

启动 Nautilus 可以选择系统菜单中的“位置”→“主文件夹”，如图 3.9 所示。当然用户也可以选择打开其他文件夹启动 Nautilus，例如双击桌面上的“计算机”图标。

1. 文件浏览器窗口组成

GNOME 文件浏览器窗口与 Windows 系统浏览器窗口组成部分基本相同，包括菜单栏、工具栏、查看方式、侧栏、状态栏和浏览窗等内容，如图 3.9 所示。

(1) 菜单栏。用户使用或设置的各种菜单选项都在菜单栏中，包括“文件”、“编辑”、“查看”、“转到”、“书签”、“标签”和“帮助”。

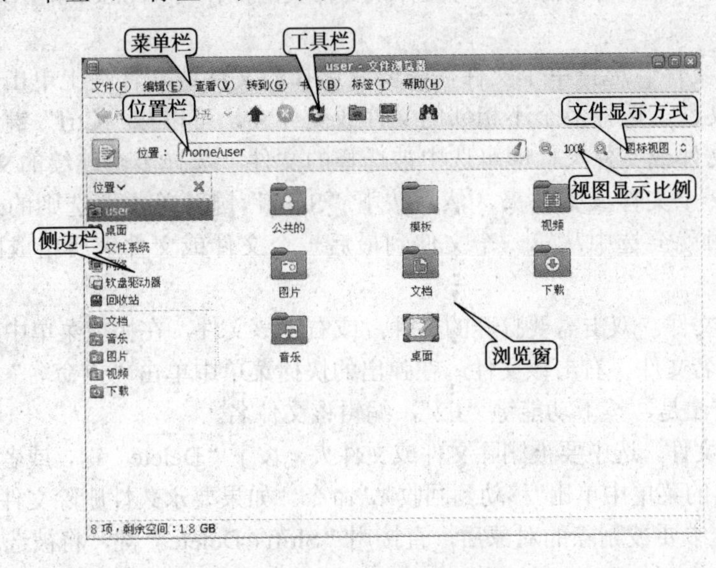

图 3.9　Nautilus 文件管理器

(2) 工具栏。工具栏中有一些常用的工具按钮，如“后退”、“前进”、“刷新”、“向上”、“停止”、“搜索”、“主文件夹”、“计算机”等按钮。

(3) 浏览窗。浏览窗中显示了文件夹下的内容，主要包括文件及属性、文件夹及属性等。

(4) 位置栏。位置栏显示了当前显示文件或文件夹的目录，它同时也是一个编辑框。用户可以在位置栏中输入要浏览的文件或文件夹路径，按回车键后，即可显示该路径下的文件和文件夹。

(5) 显示方式。单击“显示方式”下拉菜单按钮选择图标视图、列表视图和紧凑视图 3 种浏览窗口文件的显示方式。

(6) 侧边栏。侧边栏用于显示目录或文件的相关信息，侧边栏共有 5 种显示方式，可以使用侧边栏上方的下拉菜单进行选择。其中：

位置：包含了各种启动器，这些启动器几乎能打开所有的文件浏览器窗口，每个位置都能用来访问文件管理器功能；

信息：用于显示文件或文件夹的信息；

树：用于显示目录树；

历史：用于显示最近浏览过的文件或文件夹；

备忘：用于查看、编辑文件夹得备忘信息；

徽标：可以选择徽标对浏览窗中的文件或文件夹做标记。用户可以直接拖动左侧的徽标到文件或文件夹上。还可以右击该文件或文件夹选择“属性”，在被选择的徽标前打钩。

(7)“视图比例”按钮。“视图比例”按钮调节浏览窗口的显示比例。用户单击“缩小”和“放大”按钮缩小放大显示比例。

2. 文件的基本操作

在 Fedora 的文件管理器中，对文件或文件夹的操作与 Windows 操作系统中对文件的操作相同。

(1) 选择文件。选择单个文件，需要在选择的文件或文件夹上单击，随后高亮度显示被选中的文件。选择多个不相邻的文件或文件夹，可以按“Ctrl”键，然后逐个单击需要选择的文件或文件夹，即可选中被选择的文件。选择多个连续的文件或文件夹时，需要先选择一个文件或文件夹，然后按下“Shift”键并单击要选则的最后一个文件或文件夹，此时就会选中从第一个文件到最后一个文件或文件夹所组成区域内的所有的文件。

(2) 打开文件。双击需要打开的文件，或右击该文件，在快捷菜单中选择打开命令。

(3) 重命名文件。右击该文件，在弹出的快捷菜单中单击“重命名”选项，编辑文件名。另一种方法是，按下功能键“F2”，编辑该文件名。

(4) 删除文件。选中要被删除文件或文件夹，按下“Delete”键，或者右击要被删除的文件，在弹出的菜单中单击“移动到回收站”命令。如果要永久性删除文件，可以清空回收站，还可以选中要被删除的对象后，直接用“Shift+ Delete”键，将被选中的文件永久性删除。

(5) 复制/剪切文件。右击选中文件，在弹出的菜单中，单击“复制”选项/“剪切”选项，完成文件的复制/剪切功能。或者使用快捷键“Ctrl+C/Ctrl+X”实现文件或文件夹的复制或剪切。

(6) 创建新的文件夹。在文件管理器中选择“文件”→“创建文件夹”或者使用快捷键“Ctrl+Shift+N”来实现创建新的文件夹。

(7) 快捷键。在 GNOME 环境下同样也可以像 Windows 环境下一样使用快捷键，并且几乎所有的快捷键与 Windows 下相同，文件管理器的快捷键表如表 3.1 所示。

表 3.1 GNOME 桌面环境快捷键

快 捷 键	功 能	快 捷 键	功 能
Ctrl+X	剪切	Ctrl+R	刷新
Ctrl+V	粘贴	Alt+Up	打开上级文件夹
Ctrl+C	复制	Ctrl++Shift+N	创建文件夹
Ctrl+W	关闭当前文件夹	Ctrl++Shift+O	打开文件或文件夹
Ctrl+A	选择全部文件	Alt+Home	主文件夹
Ctrl+ +	放大	Alt+Tab	在多个窗口间切换
Ctrl+ -	缩小	F2	重命名
F1	帮助	F10	打开菜单栏

3.2.4 个性化环境设置

在 GNOME 桌面环境下，用户可以根据需要设置桌面的背景、分辨率及主题等。其中，主题是一种重复出现的模式和总体的外观。下面介绍 GNOME 桌面环境的设置。

1. 修改外观

首先，单击主菜单“系统”→“首选项”→“外观”选项，或者右击“桌面”空白处，选择“更改桌面背景”，打开“外观首选项”对话框，如图 3.10 所示。

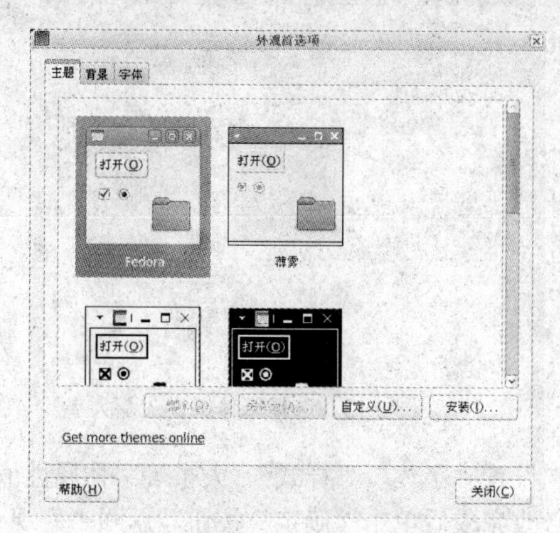

图 3.10 “外观首选项”对话框

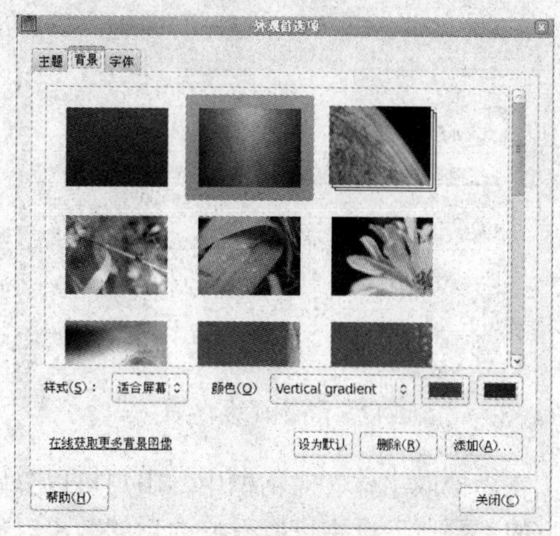

图 3.11 更改桌面背景

(1) 更改主题。选择“主题”标签页，选择主题。Fedora 12 中有多个主题可以选择，用户在自己喜欢的主题上单击选中后，单击“关闭”按钮或单击其他的选项卡，保存已经修改的主题。用户可以通过单击“安装”按钮寻找自己喜欢的主题，这些主题可以从网上下载。用户也可以通过单击“自定义”按钮，按照喜好修改主题。

(2) 更改背景。选择“背景”标签页，如图 3.11 所示。单击其中的某一个背景后，桌面背景即会改变，或者单击“添加”并选择自己想要作为壁纸的文件，同样，单击“关闭”或单击其他的选项卡，保存修改背景。然后可以选择 GNOME 壁纸的样式，可以将壁纸平铺、缩放、居中、适合屏幕等的调整。还可以指定某种颜色作为背景：要么是纯色，要么是在两种颜色之间渐变。在 Fedora 12 GNOME 桌面环境中，要想使用颜色必须先在“壁纸”框中选择最左上方默认的纯色壁纸，然后从“颜色”下拉列表“Solid color”、“Horizontal gradient”或“Vertical gradient”，分别表示选择纯色、水平渐变或是垂直渐变。单击显示颜色的按钮，弹出“拾取颜色”对话框，在圆环中选择用户喜欢的颜色，完成后单击“确定”按钮。

(3) 更改字体。在“外观首选项”对话框中选择“字体”标签页，如图 3.12 所示。用户可以指定 GNOME 在桌面环境的不同地方使用不同的字体，还可以改变 GNOME 渲染字体的方式。

GNOME 默认桌面环境中的字体为“Sans”，字体大小为 10 号，如果用户要更改字体、字体大小、样式等，可以直接修改“应用程序字体”、“文档字体”、“桌面字体”、“窗口标题”等的字体，单击对应按钮，打开“拾取字体”对话框，如图 3.13 所示。

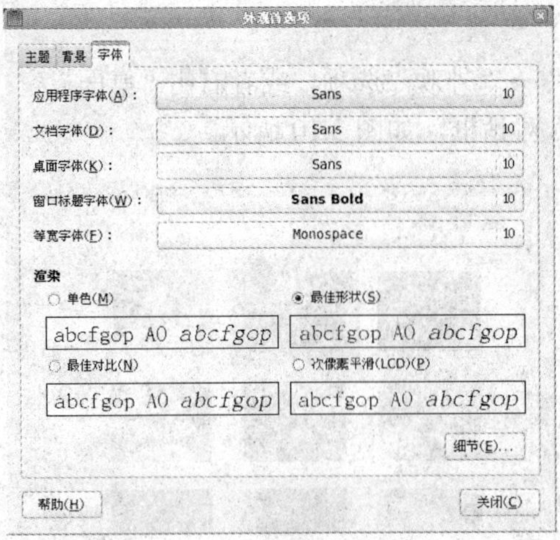

图 3.12 “字体”标签页

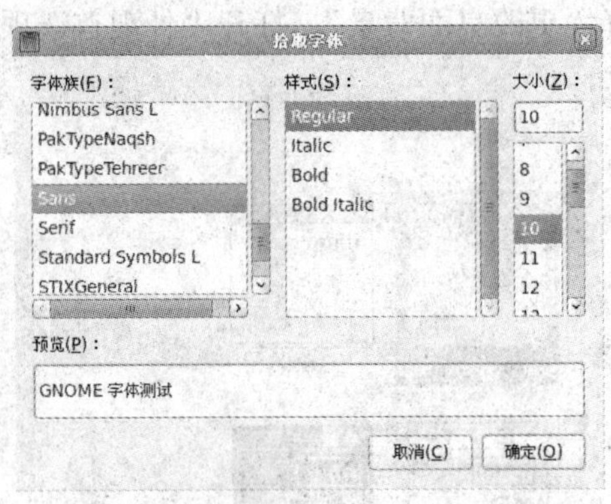

图 3.13　选择字体、样式及大小

在“拾取字体”对话框中，用户可以分别设置“字体”、“样式”、大小等字体属性值，下方的“预览”框中可以看修改后的效果，修改完成后单击“确定”按钮，返回“外观首选项”的“字体”标签页，单击“关闭”按钮，完成字体的设置。

2. 设置屏幕分辨率

在 GNOME 环境下可以修改屏幕的分辨率和刷新率。单击“系统”→“首选项”→“显示”，系统会弹出“显示首选项”对话框，在对话框中用户可以设置分辨率和刷新率，如图 3.14 所示。

在“显示首选项”对话框中，单击“分辨率”列表按钮，选择合适的分辨率，单击“刷新率”列表按钮，选择合适的刷新率。单击“应用”按钮，系统会弹出“显示是否正常？”对话框，如图 3.15 所示。要求用户确认是否保持当前设置。

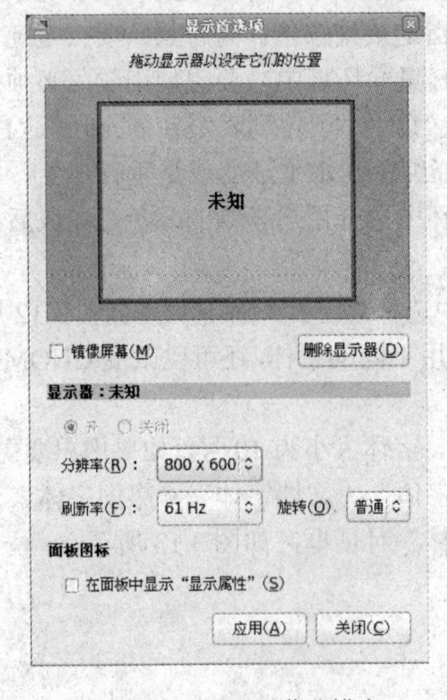

图 3.14　设置屏幕分辨率

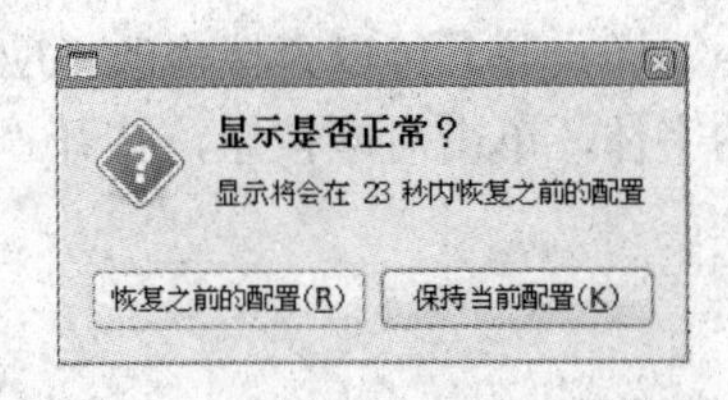

图 3.15　确认屏幕分辨率设置

3. 设置屏幕保护程序

使用屏幕保护程序有利于保护屏幕显示器，在 Fedora 下是可以设置屏幕保护程序的，单击“系统”→“首选项”→“屏幕保护程序”，系统会弹出“屏幕保护程序首选项”对话框，用户可以选择自己喜欢的屏幕保护程序主题。

4. 设置鼠标

用户可以根据个人的习惯修改鼠标的使用方式，比如鼠标的方向、定位指针、指针速度、拖放、双击超时等。用户可以单击“系统”→“首选项”→“鼠标”，系统会弹出“鼠标首选项”对话框。用户可以根据自己的需要，对“常规”和“辅助工具”两个选项进行修改设置。这里不再做详细解释。

3.3 Fedora KDE 桌面环境

KDE (K Desktop Environment) ，又称 K 桌面环境，它是一种可用于 Internet 的系统，它包含了全套集成的网络/Internet 应用程序，例如 Web 浏览器、邮件程序等。KDE 是 KNOPPIX、SUSE 等操作系统的默认桌面环境。

如果用户在 Fedora 安装过程中没有安装 KDE，可以通过 yum 命令很容易地安装，安装命令如下：

```
su -c 'yum install @kde-desktop'
```

安装过程结束之后退出系统，重新登录，单击用户名，从下方的会话管理器中选择 KDE，如图 3.16 所示。然后输入用户密码登录系统，此时 KDE 系统桌面显示如图 3.17 所示。

图 3.16　在登录界面会话中选择“KDE”

图 3.17　Fedora KDE 桌面

在 Fedora GNOME 桌面环境下安装的一切软件都可以在 KDE 下使用，例如原来在 Fedora GNOME 环境下安装的使用 IBUS 的中文输入法，在 KDE 环境下仍然可以使用。

标准 KDE 桌面与其他的 GUI 操作系统具有相同的特征，包括面板、KDE K Menu 按钮和图标。KDE K Menu 按钮的功能与 Microsoft 开始按钮相似，在 GNOME 中为主菜单按钮。

KDE 桌面环境的主要元素说明如下：

KDE 的面板叫做控制面版，默认在桌面的底部，该面板包含启动程序，查看活动的窗口和虚拟桌面等，如图 3.18 所示。

图 3.18　KDE 桌面面板

(1) 设置面板。面板具备高度的可配置性，可以在上面添加和删除快捷程序启动按钮。右击面板空白处，选择“Panel Options”，可以进行添加面板，面板设置等操作。可以配置面板的位置和大小，设置面板“隐藏”配置等。

(2) 主菜单。主菜单是使用 KDE 的中心点。用户可以单击桌面左下角的主菜单按钮，打开 KDE 桌面的主菜单，如图 3.19 所示。可以用它们执行各种任务，如启动程序、寻找文件以及配置桌面。主菜单中还包含许多子菜单，它们把应用程序和工具组成几类，其中包括：图形、互联网、办公、游戏等。用户可以使用主菜单锁住屏幕，还可以在命令行中运行程序或结束 KDE 会话。

Konqueror 文件管理器是 KDE 桌面中一个非常重要的组件，它跟 GNOME 桌面环境中的 Nautilus 文件管理类似。它除了具有文件管理，通用文档查看的功能外，还具有网络浏览功能。

要打开 Konqueror 可以单击桌面左下角的按钮，选择“Internet”→“Web Browser（Konqueror）”，系统会默认打开 Konqueror 浏览器，如图 3.20 所示。

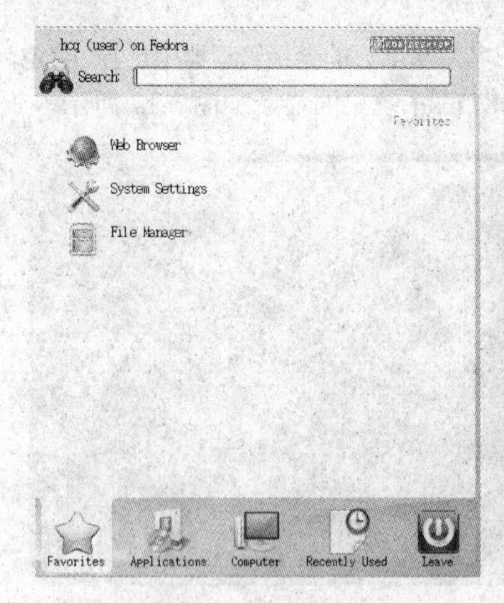

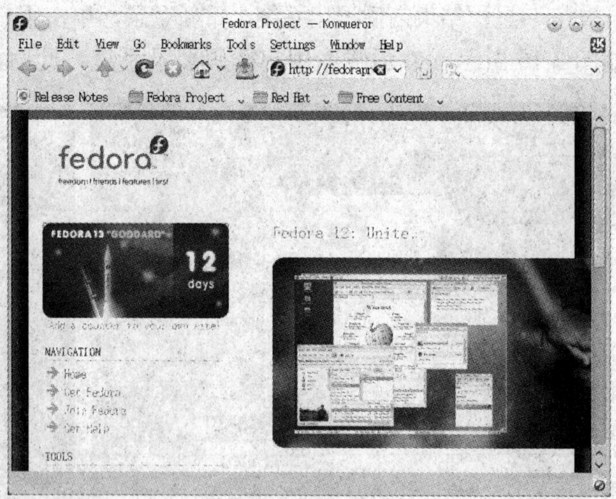

图 3.19　KDE 桌面主菜单　　　　图 3.20　Konqueror 浏览器

(3) 多个桌面。按照默认设置，KDE 提供 4 个虚拟桌面，图标为，在主菜单按钮的右边，如图 3.18 所示。这样在显示多个应用程序时，不必将它们都堆积到一个桌面上。

用户可以通过右击该虚拟桌面图标，添加或删除桌面数量。

(4) 小程序。小程序是指运行在面板上的小型应用程序，执行的功能有输入法选择、显示日期和时间、音量控制程序等，一些小程序在面板上默认运行。

(5) 任务栏。任务栏在桌面上显示所有正在运行的程序，包括最小化的和仍在桌面上显示的程序。

(6) 桌面菜单。右击桌面空白处，可以弹出桌面菜单，如图 3.21 所示。通过该桌面菜单，用户可是利用快捷方式，打开使用命令终端工具“Konsole”、运行命令行、添加面板、锁住屏幕、结束 KDE 会话等操作。

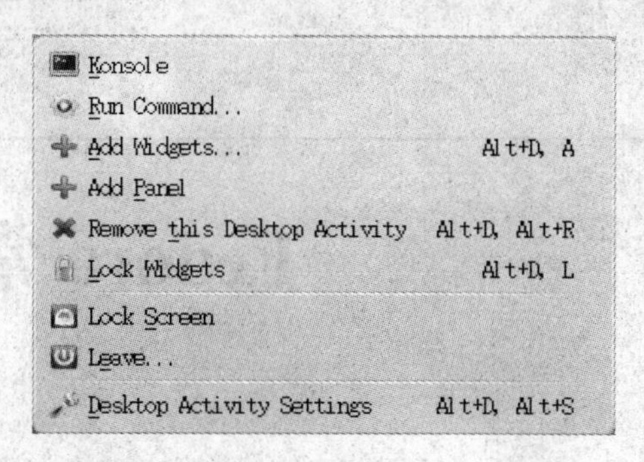

图 3.21　桌面菜单

在安装好 KDE 桌面后，用户可以自己尝试使用该桌面环境，本书主要以 Fedora 12 默认安装的 GNOME 桌面环境进行介绍，KDE 不是本书介绍的重点，这里不再过多介绍。

第 4 章

Fedora 常用应用软件

Fedora 系统中包含了极为丰富的应用程序，包括办公套件、Web 浏览器、即时聊天工具、图形图像查看及处理工具、影音娱乐软件等。本章主要介绍这些应用软件的功能及其使用方法。

4.1 办公应用软件

OpenOffice.org 跟 Microsoft Office 类似，它提供了一整套办公解决方案，如文字处理、电子表格、演示文稿等办公软件，并提供大多数语言的支持。而且 OpenOffice.org 套件与其他主流办公套件（如 Microsoft Office）兼容。本节将简单介绍 OpenOffice.org 的主要套件的功能及各功能软件的基本使用方法。

使用 Fedora-12-i686-Live.iso 镜像文件刻录的安装光盘安装的 Fedora 12 系统，没有默认安装应用广泛的办公套件——OpenOffice.org。所以在使用 OpenOffice.org 办公套件之前，用户需要先安装该办公套件。

打开“应用程序”→“系统工具”→“终端”，在命令终端窗口中输入如下命令：

```
[user@Fedora ~]$ su -c 'yum groupinstall office/productivity'
密码:
...
更新完毕:
  evince.i686 0:2.28.2-2.fc12
作为依赖被升级:
  evince-libs.i686 0:2.28.2-2.fc12

完毕!
```

在 Linux 系统下，安装删除软件，需要 root 权限，所以用户先使用 su 命令，输入 root 用户密码后，具有管理员身份。使用“yum groupinstall office/productivity”命令安装软件包套件。

安装完成之后，默认是英文界面，如果想安装中文语言包，用户可以在命令终端窗口中，输入如下命令：

```
[user@Fedora ~]$ su -c 'yum install openoffice.org-langpack-zh_CN'
```

```
密码：
...
已安装:
  openoffice.org-langpack-zh_CN.i686 1:3.1.1-19.28.fc12
作为依赖被安装:
  autocorr-zh.noarch 1:3.1.1-19.28.fc12
完毕！
```

从上面的信息可以看出，中文界面的 OpenOffice.org3 版本办公套件安装成功，包含文字处理、电子表格、演示文稿等办公软件。

Fedora 12 中包含了 OpenOffice.org 3 版本，该办公套件及其描述如表 4.1 所示。

表 4.1　OpenOffice.org 主要套件

办公组件名称	功 能 描 述
OpenOffice.org Writer	完成文本编写、格式排版、图片表格插入及格式转换等操作，与 Microsoft Office 下的 Word 组件类似。
OpenOffice.org Calc	完成电子表格的制作，并提供数据统计、数据分析的功能，同时还能通过现有的数据生成图表，与 Microsoft Office 的 Excel 软件类似。
OpenOffice.org Impress	完成多媒体演讲文稿的制作，与 Microsoft Office 的 PowerPoint 类似。
OpenOffice.org Draw	完成简单图表的绘制，通常由 OpenOffice 其他软件启动。

4.1.1　文字处理工具 OpenOffice.org Writer

OpenOffice.org Writer 是一个功能强大的文字处理工具，它除了具有文本编辑功能外，还可以对文本进行格式化、排版设计、拼写检查、插入公式以及对文件进行格式转化等操作功能。

1. OpenOffice.org Writer 主界面

启动 OpenOffice.org Writer 的方法有图形界面启动方式和命令启动方式两种。

(1) 图形界面启动方式：单击“应用程序”→“办公”→“OpenOffice.org Writer”，系统会打开“OpenOffice.org Writer”窗口，如图 4.1 所示。

(2) 命令启动方式：单击“应用程序”→“附件”→“终端”，在命令终端输入如下命令。系统也会打开“OpenOffice.org Writer”窗口。

```
[user@Fedora:~]$ oowriter
```

从 OpenOffice.org Writer 的主界面可以看到，该主界面包括标题栏、菜单栏、标准工具栏、格式工具栏、标尺、文档编辑区以及状态栏。其中，标准工具栏一般完成文本的编辑功能，如新建、打开文档、保存文档、复制、剪切、粘贴、转成 PDF 格式、拼写检查、历史命令撤销及插入表格等功能。而格式工具栏用于控制字体样式、字体大小、字体颜色、粗斜体以及对齐方式等功能。

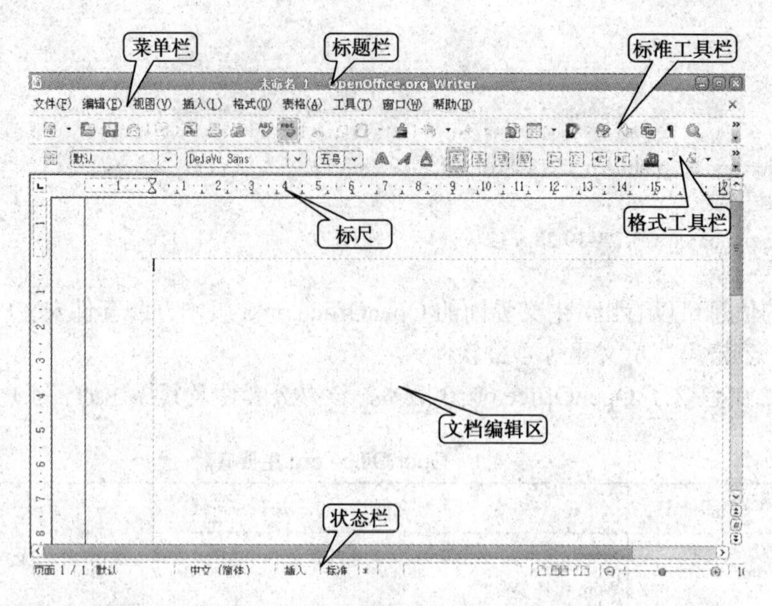

图 4.1 OpenOffice.org Writer 主界面

在启动 Openoffice.org Writer 后，自动创建一个新的空白文档，等待用户进行文档编辑，当然用户也可以通过单击“文件”→“新建”，或单击标准工具栏中的第一个新建按钮手动创建一个空白文档。

新建文档后用户便可以在图 4.1 所示的文档编辑区中进行输入文本、插入表格、图片等操作。

如果用户经常需要编排文档，使用 Writer 定义的快捷键会使用户的操作更加流畅。Writer 下常用的快捷键如表 4.2 所示。

表 4.2 OpenOffice.org Writer 常用快捷键

快 捷 键	说 明
Ctrl+N	创建新文档
Ctrl+O	打开文档
Ctrl+S	保存当前文档
Ctrl+C	复制选定元素
Ctrl+V	从剪贴板粘贴
Ctrl+X	剪切选定元素
Ctrl+Q	退出应用程序
Ctrl+A	全选
Ctrl+Z	撤销上一次操作
Ctrl+Y	重复上一次操作
Ctrl+F	打开和关闭“查找和替换”对话框
Ctrl+P	打印文档
Ctrl+I	使所选元素具有或取消斜体属性
Ctrl+B	使所选元素具有或取消粗体属性
Ctrl+U	使所选元素具有或取消下划线属性

续表

快捷键	说明
Ctrl+F12	打开“插入表格”对话框
F1	打开 OpenOffice.org Writer 的帮助对话框
F2	打开和关闭公式编辑窗口
F7	打开和关闭“拼写检查”对话框
F11	打开和关闭“格式和样式”对话框
Shift+ Ctrl+n	打开模板和文档对话框
Shift+ Ctrl+V	打开选择性粘贴对话框
Shift+ Ctrl+F	搜索上一次输入的搜索项
Shift+ Ctrl+J	在全屏模式和正常模式之间切换视图
Shift+ Ctrl+R	重绘文档视图
Shift+ Ctrl+I	在只读文本中启用或禁用选择光标

2. 添加中英文字体

很多用户已经习惯了使用 Microsoft Office Word 上各种各样中英文字体，例如 TrueType 英文字体 Arial、Andale Mono 等在 OpenOffice.org 上是没有的，同样，如果用户要用 TrueType 中文字体，如华文行楷、华文细黑等字体，在 OpenOffice.org Wirter 中也是找不到的。如果用户要想使用上述字体都需要用户自行手动添加。

TrueType 字体是由 Microsoft 公司和 Apple 公司联合推出的一款新型数学字型描述技术，使用数学函数描述字体的轮廓外形，即由指令控制字体外形。所以，TrueType 字体与输入设置分辨率无关，输出时按照打印机、显示屏幕的分辨率输出，无论显示放大多少倍，字符总是光滑的，不会有锯齿。不足的是，当字体太小时，显示的会不太清楚。下面介绍如何安装 TrueType 字体。

用户可以将 Windows 操作系统中的中文字体添加到 Fedora 系统中，如果用户想将 Windows 系统中“Times New Roman”和“华文行楷”两种字体添加到 Fedora 系统中，具体步骤如下：

(1) “Times New Roman”和“华文行楷”两种字体在 Windows 系统中 C:\WINDOWS\Fonts 文件夹下对应的文件分别为：文件 times.ttf 和文件 STXINGKA.TTF。所以可以将这两个文件拷贝到 USB 磁盘中。

(2) 将 USB 磁盘中的字体文件拷贝到 Fedora 系统中/usr/share/fonts 目录中，将文件写入/usr/share/fonts 目录文件中，需要 root 用户权限。

首先使用 su 命令，切换到 root 用户权限命令及信息显示如下：

```
[user@Fedora ~]$ su
密码:
```

如果使用 USB 磁盘为 U 盘，那么命令如下：

```
[root@Fedora user]# cp /media/USBZIP-BOOT/*.TTF /usr/share/fonts
[root@Fedora user]# cp /media/USBZIP-BOOT/*.ttf /usr/share/fonts
```

重新启动 OpenOffice.org，这样该系统上的用户就都可以使用新添加的这两种 TrueType 中英文字体。当然除了上面两种字体，用户还可以用相同的方法添加其他字体。

3. 拼写检查

跟 Microsoft Office Word 一样，OpenOffice.org Writer 集成了智能化的拼写检查功能。这样可以帮助用户在撰写文档时纠正拼写时所出现的错误。

启动自动检查的功能的方法很简单，单击“工具”→“拼写和语法检查”命令，或直接单击标准工具栏上的“自动检查”按钮。这样就可以开启或关闭自动检查功能，如果系统遇到认为存在拼写错误的单词时，会使用红色的波浪线将单词标出，这样单击红色波浪线标识的单词，用户便可以看到系统推荐的可能正确的拼写词语。

有些词语虽说拼写正确，但是 Writer 可能识别为错误，此时，用户可以将这些单词添加到 Writer 的字典中，具体操作是：右击使用红色线标识的单词，打开右键菜单后，选择“加入”→“Standard.dic”选项，完成新词添加操作，如图 4.2 所示。这样，在 OpenOffice.org 中输入再输入该词语时，OpenOffice.org Writer 将会把它识别为正确单词。

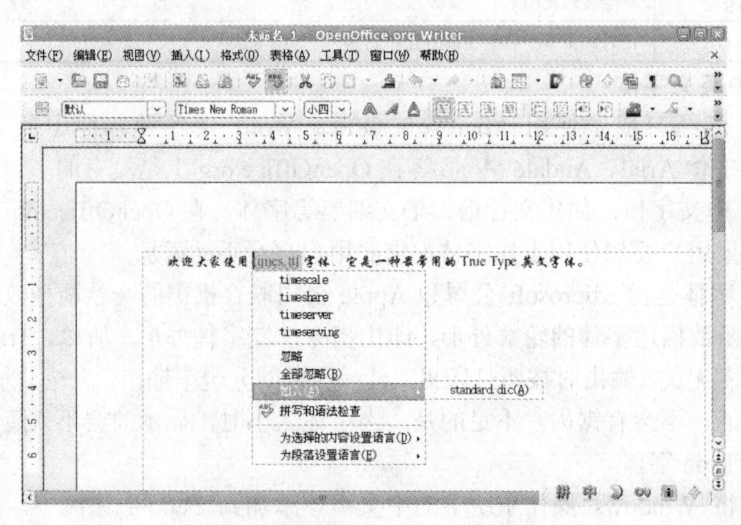

图 4.2 将新词加入 Writer 字典

4. 表格

表格是文档中常见的对象，OpenOffice.org Writer 直接支持表格插入。用户可以选择菜单“插入”、“表格”，或者按快捷键“Ctrl+F12”，或者直接单击工具栏中“表格”按钮即可打开“插入表格”对话框，如图 4.3 所示。

在“插入表格”对话框中编辑行数和列数，如果需要在表格显示标题，勾选“标题”。OpenOffice.org Writer 还提供了预设的表格格式，点击“插入表格”对话框的“自动格式”按钮，在格式栏中选择一个合适的表格格式，然后单击“确定”按钮，返回“插入表格”对话框，最后单击“确定”按钮完成表格的插入。

另外，OpenOffice.org Writer 还提供了一种更为便捷的插入表格方式，在工具栏的“表格”按钮右边有个向下箭头，点击后出现非常直观的表格单元选择框，移动鼠标选择要插入的表格的行数和列数，如图 4.4 所示，选好后单击鼠标左键就直接插入表格。但是这样插入表格是不带标题的，并且无法在插入后添加标题。

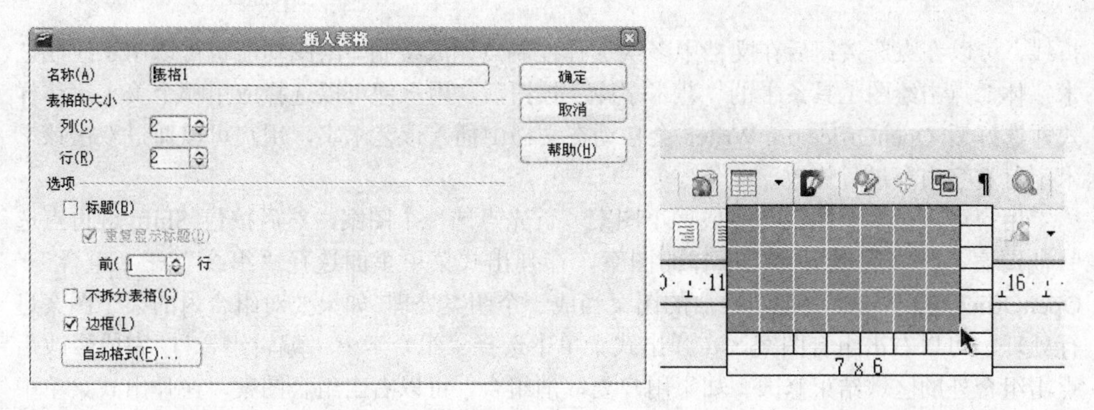

图 4.3“插入表格”对话框　　　　图 4.4 快速插入表格

插入表格后，当光标处于表格中，OpenOffice.org Writer 会自动弹出表格工具栏如图 4.5 所示。

通过该表格工具栏，用户可以对表格做一系列的操作，如删除某行或某列，拆分某个单元格，编辑表格颜色，边框类型等。当然用户也可以通过右击“表格”，在弹出式菜单中进行一些快速操作。

如果用户要修改表格的属性，那么可以单击表格工具栏中的“表格属性”按钮，或者右击表格，在弹出式菜单中选择“表格”，弹出“表格格式”对话框，如图 4.6 所示。在“表格格式”对话框中有“表格”、“换行和分页”、“列”、“边框”、“背景”共 5 个设置页面，可以在这 5 个页面中设置不同的选项。

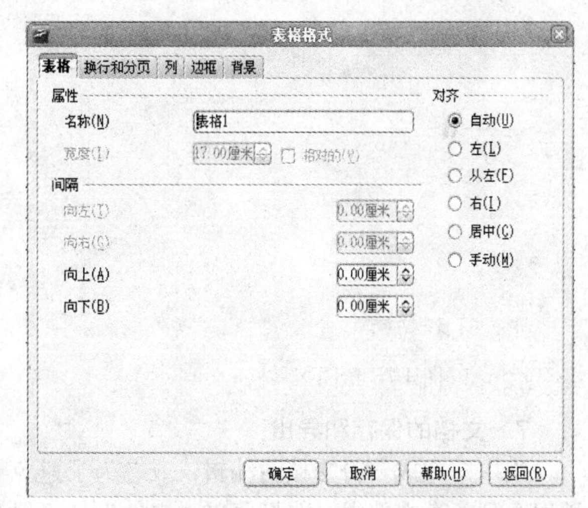

图 4.5　表格工具栏　　　　图 4.6　表格格式设置

5. 绘图

OpenOffice.org Writer 自带绘图功能，可以方便、直接地在文档中进行绘图。勾选菜单“视图”→“工具栏”→“绘图”，或者在工具栏中点击“绘图功能”按钮，OpenOffice.org Writer 会弹出一个绘图工具栏。在绘图工具条中有多个绘图的类型，如线条、椭圆、曲线、竖排文字以及一些常用的形状等，如图 4.7 所示。

对于如直线、具体形状的，可以点选按钮后在文档中直接拉出所需大小，对于曲线或折线，可以在点选按钮后在文档中多次选择控制点完成绘制，绘图功能也可以用于绘制艺术字体，点击绘图工具条上的“艺术字库”按钮后，用户便可以选择应用哪个美工字体样式，选好后 OpenOffice.org Writer 会自动在文档中插入该艺术字，用户可以通过双击该艺术字对文字内容进行修改。

用户可以把多个图案合并成一个图案。首先点选一个图案，然后按住 Shift 键再点选其他图案，选择完成后右击选择的图案，在弹出式菜单里面选择“组合”→“组合”。OpenOffice.org Writer 会把组合后的图案当成一个图案处理。如果要对组合内的某个图案进行处理，可以右击组合图案，在弹出式菜单中选择“组合”→“编辑组合”，完成修改后点击组合外的区域结束修改。如果用户要取消组合，可以右击组合图案，在弹出式菜单中选择“组合”→“取消组合”。

6. 插入公式

如果用户要在文档中插入一些数学公式，可以选择菜单“插入”→“对象”→“公式”，OpenOffice.org Writer 会在文档中插入一个空的区域，同时显示公式工具栏，公式的编辑区域及其选择对话框。如果没有出现选择对话框，可以通过选择菜单“视图”→“选择”打开。

用户可以在公式选择对话框的上方选择公式类型，然后在下方选择具体公式。选了具体的公式后，OpenOffice.org Writer 会在公式编辑区域显示公式的样例文法，为用户提供可以修改的地方，在该地方填入具体数值或变量名。OpenOffice.org Writer 将公式即时显示到文档中，完成后点击文档其他地方退出编辑，如图 4.8 所示。

图 4.7 绘图工具栏

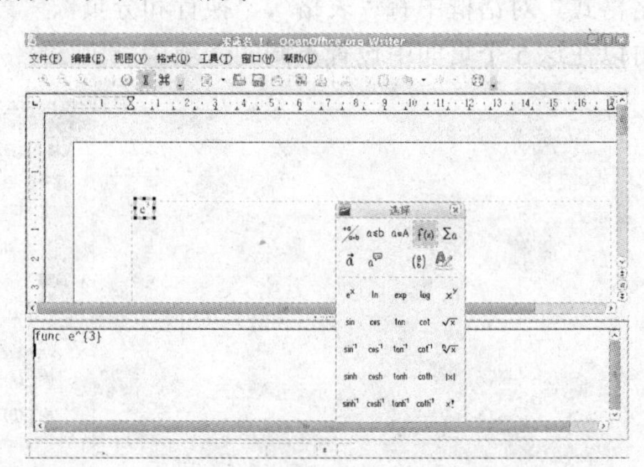

图 4.8 编辑公式

7. 文档的保存和导出

当用户完成一份文档的编辑，或者为了避免异常关机带来的文档数据丢失，可以把文档保存到一个文件中。选择菜单“文件”→“保存”，或者点击工具栏中的“保存”按钮，或者使用快捷键“Ctrl+S”，OpenOffice.org Writer 会弹出“保存”对话框。在对话框中输入文件名，然后选择保存路径，点击“保存”按钮保存到目标路径中。

Writer 默认把文件保存为 OpenDocument 定义的 ODT 格式，用户可以展开“文件类型”，在列表中选择其他文件格式，如 MS Word 定义的 doc 格式，甚至可以保存为 HTML 文件。

OpenOffice.org 每隔一段时间自动把文件保存到硬盘上。OpenOffice.org 的预设时间是 15 分钟，修改这个值可以选择菜单“工具”→“选项”，在“选项”对话框中选择“装入/

保存”→“一般”，然后修改“保存自动恢复信息的时间间隔”的值。

OpenOffice.org Writer 可以把文档直接导出为 PDF 文件。选择菜单“文件”→“输出成 PDF”，或单击标准工具栏中的“直接输出为 PDF”按钮 ，OpenOffice.org Writer 会弹出“导出”对话框。在对话框中输入目标文件名，选择目标路径，然后单击“保存”按钮完成文件输出。

4.1.2　电子表格工具 OpenOffice.org Calc

OpenOffice.org Calc 可以帮助用户实现电子表格的制作、可视化图表的创建、数据统计的处理等工作，如果用户需要，也可以与 Microsoft Excel 进行数据交互。

OpenOffice.org Calc 能够完成多种函数的计算，提供方便的计算方式，对数据进行排列、存储和筛选，数据分类，以及制作动态图表等功能。

1. 启动 OpenOffice.org Calc

启动 OpenOffice.org Calc 的方法有图形界面打开方式和命令打开方式两种。

(1) 图形界面打开方式：单击“应用程序”→“办公”→“OpenOffice.org Calc”后，系统会打开“OpenOffice.org Calc”窗口，如图 4.9 所示。

(2) 命令打开方式：

```
[user@Fedora:~]$ oocalc
```

Calc 的主界面包括标题栏、菜单栏、标准工具栏、格式工具栏、标尺、表格编辑区以及状态栏等。其中，标准工具栏一般完成文本的编辑功能，如新建、打开文档、保存文档、复制、剪切、粘贴、转成 PDF 格式、拼写检查、历史命令撤销及绘图等功能。而标准工具栏下面的格式工具栏用于控制字体样式、字体大小、字体颜色、粗斜体及对齐方式等功能。

在启动 Calc 后，它将自动创建一个新的电子表格文档，等待用户进行文档的编辑，当然用户也可以通过单击“文件”→“新建”，或单击在标准工具栏中的第一个新建按钮来手动创建一个空白文档。新建文档后用户便可以在图 4.9 所示的选中的表格编辑区中输入数据、制作表格和创建直方图表等操作。

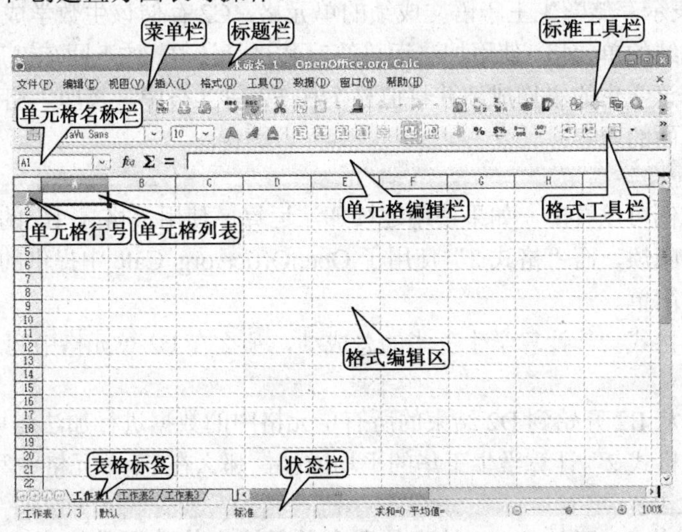

图 4.9　OpenOffice.org Calc 主界面

2. 操作数据

单元格处于激活状态时才可以输入，输入时用户通过鼠标定位单元格，也可以通过使用“Tab”键实现。

数据计算是 OpenOffice.org Calc 重要的作用，它提供了很多数学公式及其他函数，使用户可方便地计算数值，如图 4.10 为某班级的学生成绩情况。

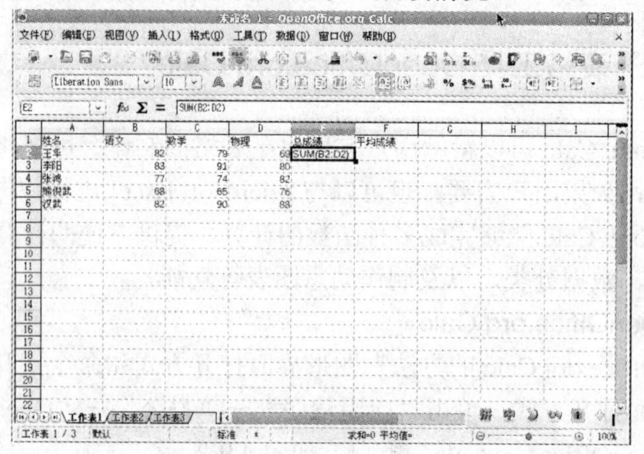

图 4.10 学生成绩情况

从图 4.10 中可以看到，在该表中需要每个学生的总成绩和平均成绩。使用 OpenOffice.org Calc 提供的数学公式可以轻松地完成上面的两个计算任务。如果用户希望将计算结果显示在某个单元格中，可以在该单元格中使用公式，计算结果会显示在这里，公式的使用格式为：

```
格式 1：=单元格坐标　　运算符号　　单元格坐标
格式 2：=函数（单元格起始坐标：单元格结束坐标）
```

如果用户要计算学生王华的总成绩，并将结果显示在 E2 单元格中，按照“格式 1”可以在 E2 单元格中写入下面的内容：

```
=B2+C2+D2
```

其中，B2 表示存储学生王华语文成绩的单元格，C2 存储该生数学成绩的单元格，D2 存储该生物理成绩的单元格，使用加法运算符对其进行计算，按下回车键后就会显示结果。

如果要计算该学生的平均成绩并将值显示在 F2 单元格中，按照“格式 1”可以在 F2 单元格中写入下面的内容：

```
=(B2+C2+D2)/3
```

从上面的实例可以看出，如果使用连续加法运算，使用“格式 1”的方法，在处理大型数据时会非常麻烦，而“格式 2”使用了 OpenOffice.org Calc 中提供的公式，在处理大型数据时就非常简单。

如果按照“格式 2”计算学生王华的总成绩，那么在 E2 单元格中写入下面的内容：

```
SUM(B2:D2)
```

该语句含义是对从 B2 开始到 D2 结束的所有单元格中的数据进行加法运算。

如果按照“格式 2”计算学生王华的平均成绩，那么在 F2 单元格中写入下面的内容：

```
AVERAGE(B2:D2)
```

该语句含义为对从 B2 开始到 D2 结束的所有单元格中的数据进行求平均数的运算。

实际上对于 OpenOffice.org Calc 中使用的公式或计算方法，用户可以选择“插入”→“函数”命令，或直接单击 Calc 主界面上的“f（x）”按钮，此时系统弹出“函数向导”对话框，在这里用户可以选择各种函数公式完成计算，如图 4.11 所示。

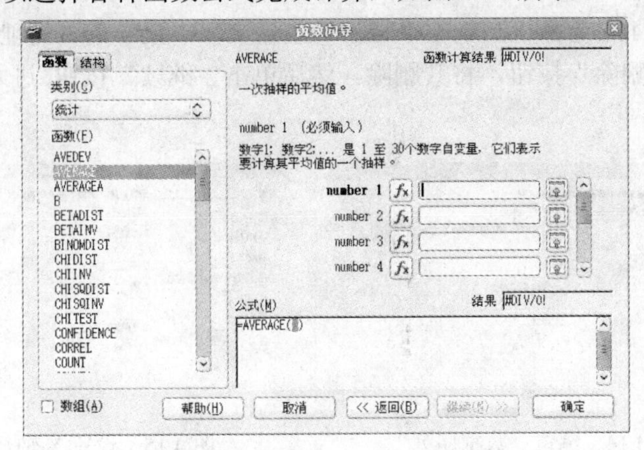

图 4.11 “函数向导”对话框 1

对话框中有两个选项卡，“函数”和“结构”。在“函数”选项卡的“分类”下拉列表框中选择不同的函数类别，可选的有多种选项，如“数据库”、“信息”、“数学”、“财务”或“逻辑”等。当选中某个类别时，在“函数”列表框中就会列出可用的函数，当用户选中某个函数时，会在“函数”列表框右侧显示该函数的使用方法及功能介绍。

例如上面的实例中求解学生“李华”的平均成绩，在“函数”列表框中选择“AVERAGE”函数，即双击“AVERAGE”函数选项，此时会在“函数”列表框右侧显示该函数的使用方法及功能介绍，还有需要用户填写“AVERAGE()”函数的参数，如图 4.11 所示。

在“AVERAGE()”的括号中输入“B2:D2”，即计算单元格 B2 到 D2 中数值的平均值，如图 4.12 所示。

3. 使用图表

在 OpenOffice.org Calc 中，用户可以使用图表表示数据的明细关系，使用户对表中的数据一目了然。下面通过实例介绍图表的使用方法。

如果在上述实例中，用户只想看到每个学生的总成绩和平均成绩统计图表，实现步骤如下：

(1) 选择“插入”→“图表”命令，系统弹出“图表向导”对话框，如图 4.13 所示。

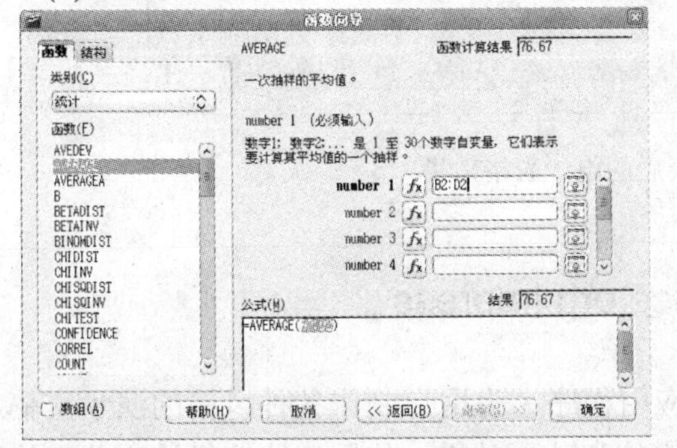

图 4.12 “函数向导”对话框 2

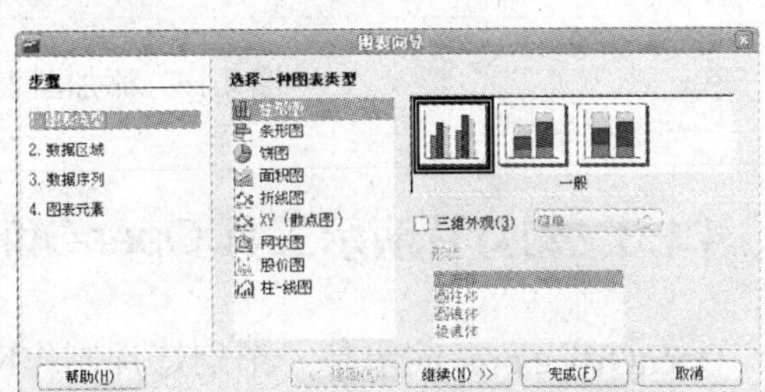

图 4.13 “图表向导”对话框

(2) 在对话框（图 4.13 所示）中，选择一种图表类型，这里选择默认类型“柱形图”，然后单击对话框左边步骤栏中的“数据序列”按钮，进入“数据序列”步骤，如图 4.14 所示。

(3) 在图 4.14 中选择将图表不予显示的“语文”、“数学”、“物理”列，分别选中这些列，然后单击“删除”按钮，将其删除。然后单击“继续”按钮，进入如图 4.15 所示的对话框。

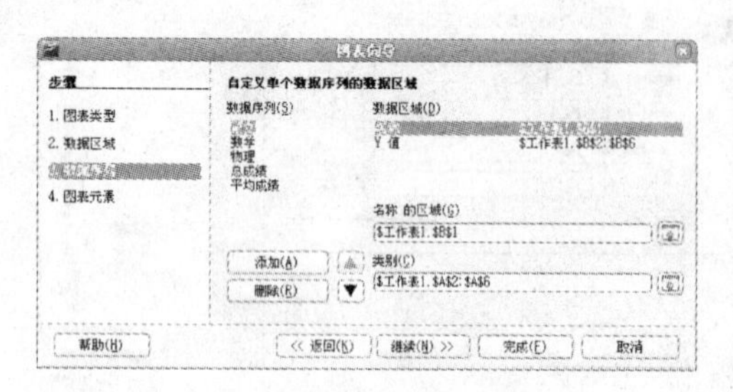

图 4.14 编辑“数据序列”

图 4.15 设置 X 轴与 Y 轴内容

(4) 在图 4.15 所示的对话框中设置 X 轴与 Y 轴的显示内容。例如在“轴标题”选项区域中，选中“X 轴”复选框并在其后面的文本框中输入 X 轴标题，这里输入“学生姓名”，类似地为 Y 轴添加标题，这里输入“学生成绩”，最后单击“完成”按钮完成图表的添加操作，完成后的效果如图 4.16 所示。

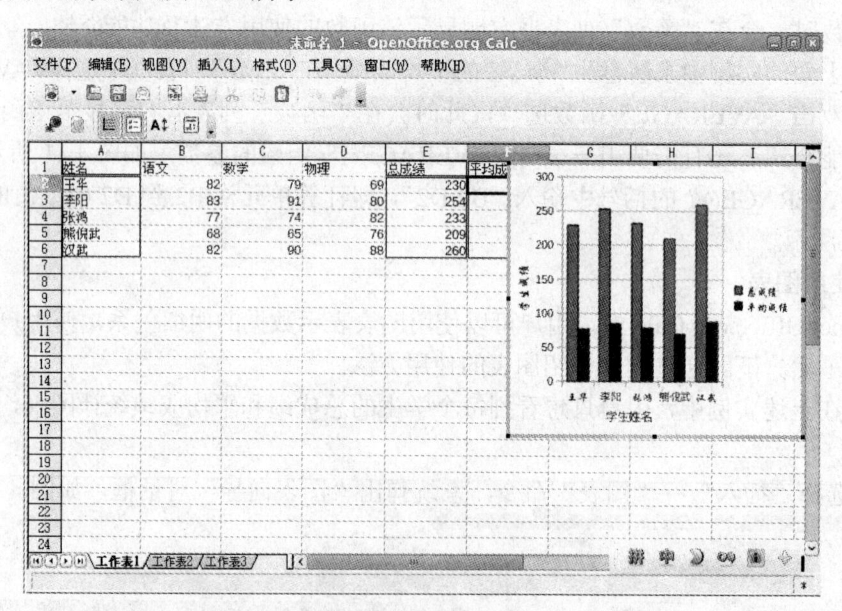

图 4.16 添加图表后的电子表格效果

4.1.3 幻灯片演示工具 OpenOffice.org Impress

OpenOffice.org 演示是一个幻灯片制作应用程序，为用户制作各种风格的演示文稿，提供丰富的表现手段，包括图表、绘图、多媒体和动画效果，使用户能够轻松充分表达观点和展现研究成果。

1. 启动 OpenOffice.org Impress

启动 OpenOffice.org Impress 的方法有图形界面启动方式和命令启动方式两种。

(1) 图形界面方式：单击“应用程序”→“办公”→“OpenOffice.org 演示”后，弹出“演示文稿向导”对话框，如图 4.17 所示。在该对话框中，用户可以选择创建空白演示文稿、选择模板，或者打开一个现有的演示文稿。如果用户不打算每次启动 Impress 时，启动该向导，那么可以在该向导对话框中勾选“不再显示此向导”。在这里单击“创建”按钮，打开“OpenOffice.org Impress”窗口。

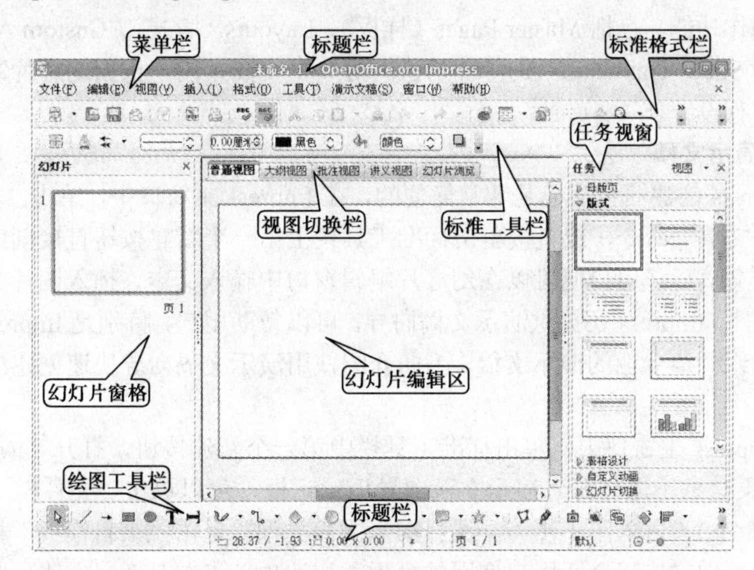

图 4.17 Impress 主界面

(2) 命令打开方式：

```
[user@Fedora:~]$ ooimpress
```

从 OpenOffice.org Impress 的主界面可以看到，OpenOffice.org Impress 的主界面包括标题栏、菜单栏、标准工具栏、格式工具栏、幻灯片视窗、任务视窗、幻灯片编辑区、视图切换标签、绘图工具栏、状态栏等。

标准工具栏：一般完成文本的编辑功能，如新建、打开文档、保存文档、复制、剪切、粘贴、转成 PDF 格式、拼写检查、历史命令撤销等功能。

标准格式栏：用于控制字体样式、字体大小、字体颜色、粗斜体及对齐方式等功能。

绘图工具栏：用于绘制图形。

幻灯片编辑窗口：用于编辑幻灯片的内容，包括添加文本、插入图表/图片、编排字体、调整版面等。

视图切换栏：包含普通视图、大纲视图、批注视图、讲义视图和幻灯片浏览五种视图浏览模式。用户可以通过单击视图标签，切换到相应的视图模式，并对演示文稿进行特定方面加工。

任务视窗：包含常用的幻灯片设计功能，并分门别类地放置在母版页、版式、表格设计、自定义动画、幻灯片切换等 5 个视图中。

在启动 Impress 后，它将自动创建一个新的电子表格文档，等待用户进行文档编辑，当然用户也可以通过单击“文件”→“新建”，或单击在标准工具栏中的第一个新建按钮来手动创建一个空白文档。

默认情况下，Impress 的主界面包含标题栏、菜单栏、工具栏、幻灯片浏览窗口、幻灯片编辑窗口、任务窗口、绘图工具栏、状态栏和视图切换栏。其中视图切换栏包括 5 种类型：Normal（普通视图）、Outline（大纲视图）、Notes（批注视图）、Handout（讲义视图）和 Slide Sorter（幻灯片浏览）。

用户可以单击视图标签，进入到相应的视图模式进行编辑查看。而任务窗口中包含常用的幻灯片制作功能，包括 Master Pages（样板）、Layouts（版式）、Custom Animation（自定义动画）和 Slide Transition（幻灯片切换）等 4 个视图，用户根据幻灯片制作需要，进入相应视图进行设置。

2. 创建演示文稿

使用 Impress 创建演示文稿是非常简便的，在 Impress 主窗口中，单击“文件”→“新建”→“演示文稿”命令，或直接单击标准工具栏上第一个新建按钮直接创建一个新的文稿。新建一个文稿后，用户便可以在幻灯片编辑窗口中输入文本、插入图片、设置动画效果等。除此之外，Impress 还提供演示文稿向导，可以帮助用户，特别是 Impress 的新用户，快速新建和组织一篇专业的演示文稿。下面介绍使用演示文稿向导快速创建演示文稿的操作方法。

(1) 在 Impress 主窗口中，单击标准工具栏中第一个新建按钮，打开“演示文稿向导”对话框，（如果这里不能打开“演示文稿向导”对话框，可以单击“文件”→“向导”→“演示文稿”命令），进入第 1 步——选择演示文稿类型。单击“来自模板”按钮，然后在演示文稿列表框中，选择合适用户使用的模板类型选项，将在对话框右侧预览框中立即显示相应的模板缩略图。此处选择“推荐介绍策略”选项，如图 4.18 所示，单击“继续”按钮。

(2) 进入演示文稿向导第 2 步——选择演示文稿背景，在演示文稿背景列表框中，选择背景类型，在对话框右侧预览框中立即显示相应的背景缩略图。此处选择“冰海”选项，如图 4.19 所示，单击“继续”按钮。

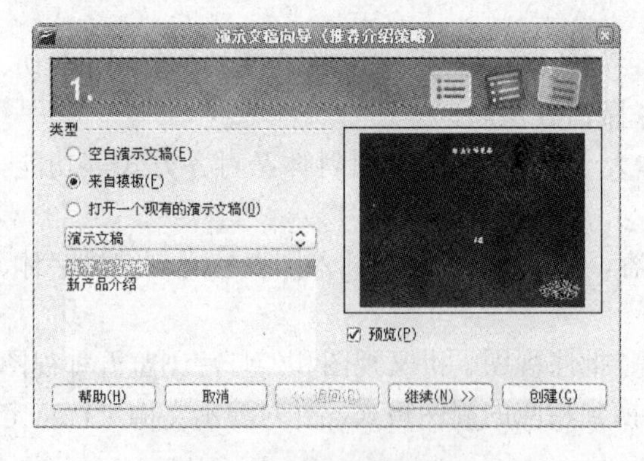

图 4.18 选择模板类型

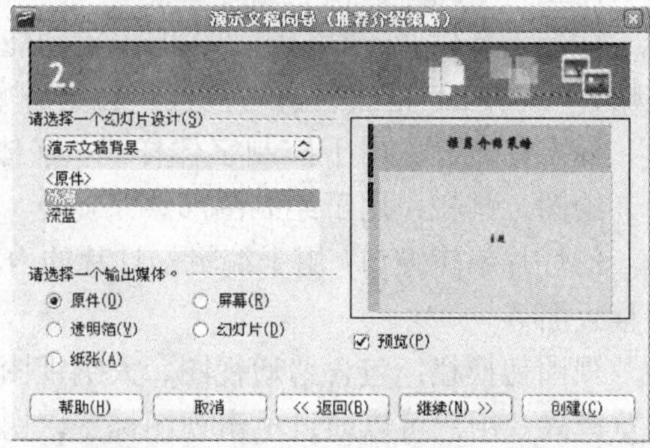

图 4.19 选择演示文稿背景

(3) 进入演示文稿向导第 3 步——选择幻灯片切换方式和演示文稿类型。单击“效果”下拉列表，选择幻灯片的切换效果。当用户单击每个切换效果时，在对话框右侧预览框中立即演示相应的切换效果。单击“速度”下拉按钮，选择幻灯片的放映速度。此处演示效果选择“水平活动百叶窗”，速度选择“中等”，演示文稿类型选择“默认”单选按钮，如图 4.20 所示，单击“继续”按钮。

(4) 进入演示文稿向导第 4 步——输入基本信息。参照对话框中的提示，在各个文本框中分别输入基本信息，这些信息将出现在演示文稿的第一页，如图 4.21 所示，单击“继续”按钮。

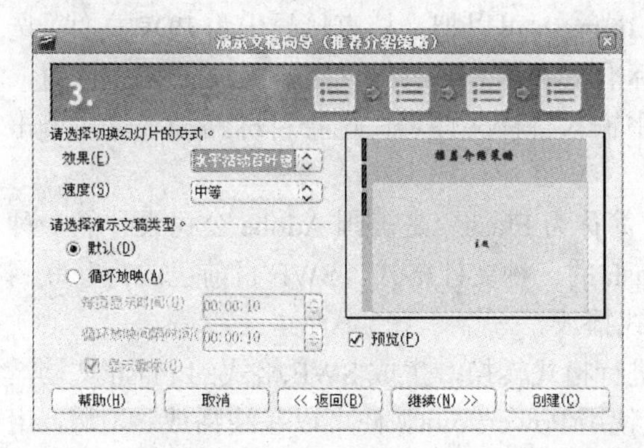

图 4.20 设置演示文稿切换方式

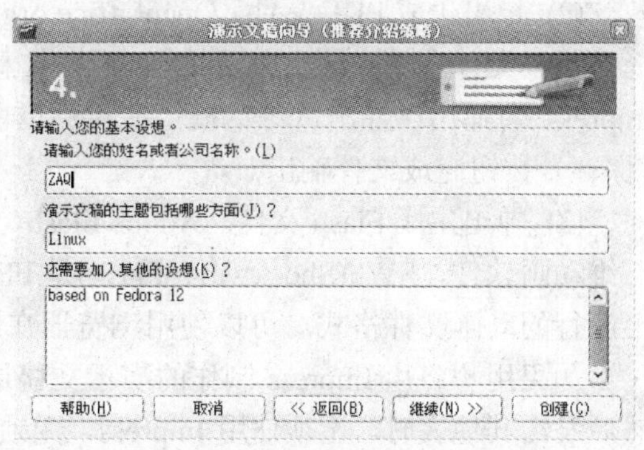

图 4.21 输入基本信息

(5) 进入演示文稿向导第 5 步——输入选择演示文稿页面。对话框左侧栏中显示模板页面大纲，用户可以对其进行裁剪。右侧预览框中显示演示文稿第一页内容，如图 4.22 所示。

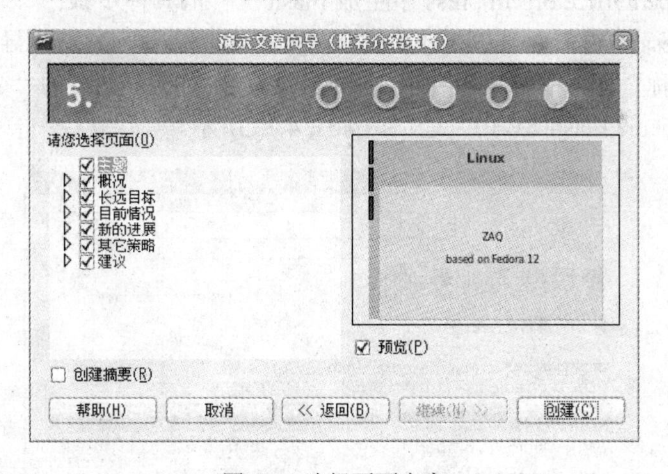

图 4.22 选择页面内容

(6) 单击图 4.22 中的“创建”按钮，返回 Impress 主窗口，利用向导提供的模板初步完成演示文稿的创建。用户接下来便可以在模板大纲的基础上，进一步填充内容、完善整个演示文稿。

在完成创建演示文稿后，用户便可以在创建的文稿上添加内容，完成文稿后，单击“演示文稿”→“幻灯片放映”或按“F5”键，便可开始全屏播放幻灯片。幻灯片结束后，单击鼠标左键结束放映，或在放映过程中按下“ESC”键结束放映。

3. 演示文稿的保存与导出

当用户完成一份演示文稿的编辑，可以把文档保存到一个文件中。选择菜单“文件”

→“保存”，或者单击工具栏中的“保存”按钮，或者使用快捷键“Ctrl+S”，OpenOffice.org Impress 会弹出“保存”对话框。在对话框中输入文件名，然后选择保存路径，单击“保存”按钮保存到目标路径中。

(1) 保存演示文稿。OpenOffice.org Impress 默认把该文件保存为 OpenDocument 定义的 ODP 格式，用户可以展开“文件类型”，在列表中选择其他文件格式，如 MS PowerPoint 定义的 PPT 格式等。

(2) 导出生成 PDF 文件。OpenOffice.org Impress 可以把文档直接导出为 PDF 文件，选择菜单“文件”→“输出成 PDF”，或单击标准工具栏上面的“直接输出成 PDF”按钮，Impress 会弹出“导出”对话框。在对话框中输入目标文件名，选择目标路径，然后单击“保存”按钮完成文件输出。

(3) 导出生成 Flash 文件。Adobe Flash，简称为 Flash，是美国 Adobe 公司设计的一种二维动画软件，SWF(Shockwave Flash)是 Flash 的一种文件格式。SWF 目前已成为互联网上流行的动画文件格式，可以使用浏览器在线播放。

如果用户将由 Impress 制作的演示文稿进行格式转换，生成 SWF 格式的 Flash 文档，然后发给其他人时，无须使用 Impress，无须使用 PowerPoint，便可以在线播放。当然，用户也可以将演示文稿转换成 PDF 文件，发送给其他人浏览。但是 PDF 文件毕竟是静态文件，无法重现原有演示文稿的动画效果。因此，生成演示文稿的 Flash 文件，是最佳的选择。

下面介绍 OpenOffice.org Impress 中生成 Flash 文件的具体步骤：

(1) 在 Impress 主窗口中，单击“文件”→“导出”命令，打开“导出”对话框。

(2) 在“名称”文本框中输入导出文件的名称，在对话框下方的“文件类型”列表框中选择“Macromedia Flash(SWF)”选项，如图 4.23 所示。

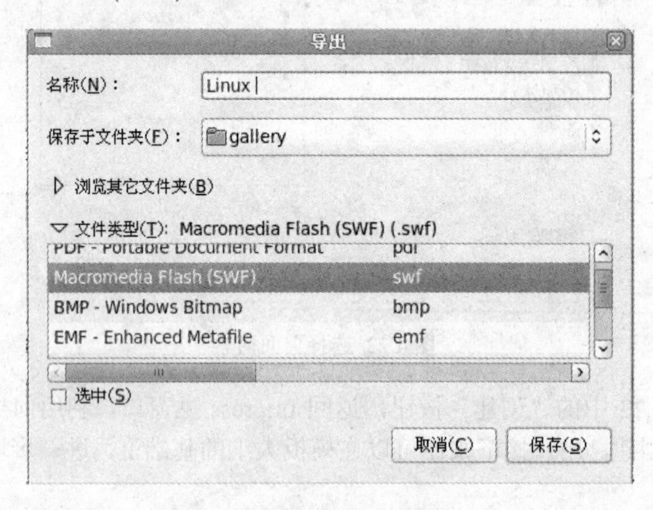

图 4.23 导出 Flash 格式文件

(3) 单击“保存”按钮，经过导出过程，生成以 SWF 为后缀的 Flash 文件。生成的 Flash 文件可以使用 Firefox 或 IE 等浏览器播放。不过，目前大多网页浏览器都安装了 Adobe Flash 插件，即使没有安装相应的插件，用户也能在 Adobe 公司网站上找到相应资源，下载并安装。

4.2 图形处理工具

Fedora 12 操作系统提供了图形工具，这些工具包括图像浏览器、抓图工具等，这里主要介绍几种常用图形处理工具的使用方法。

4.2.1 常见图像文件格式

目前常见的图像文件格式如下：

(1) BMP(Bitmap)：标准图像文件格式，它是独立于设备的方法描述位图，可用非压缩格式存储图像数据，其解码速度快，支持多种图像的存储，常见的各种图形图像软件都能对其处理。

(2) JPG/JPEG (Joint Photographic Expert Group)：24 位的图像文件格式，它也是一种高效率的压缩格式。由于该图像文件格式具有高效的压缩效率和标准化要求特点，可广泛用于彩色传真、静止图像、电话会议、印刷及新闻图片的传送等领域。

(3) GIF(Graphics Interchange Format)：是一种能在各种平台的图形处理软件上均能够处理的、经过压缩的一种图形文件格式，多用于网络传输。

(4) PNG (Portable Network Graphics)：一种能存储 32 位信息的位图文件格式，其图像质量远胜过 GIF，PNG 也使用无损压缩方式来减少文件的大小。

(5) TIF/TIFF(Tag Image File Format)：TIFF 支持的色彩数最高可达 16M，虽然它存储图像质量高，但占用的存储空间非常大，细微层次的信息较多，有利于原稿阶调与色彩的复制。

(6) CDR(CorelDraw)：是 CorelDraw 中的一种图像文件格式，并且是所有 CorelDraw 应用程序均能使用的图像文件格式。

(7) WMF(Windows Metafile Format)：Windows 中常见的一种图形文件格式，具有文件小、图案造型化的特点，整个图形常由各个独立的组成部分拼接而成，但其图形较粗糙，并且只能在 Office 中调用编辑。

(8) PCD(Kodak Photo CD)：PCD 是一种由 Kodak 公司开发的 Photo CD 文件格式，Photo CD 图像质量极高。该文件格式主要用于存储只读光盘上的彩色扫描图像，使用 YCC 色彩模式定义图像中的色彩。

(9) PSD(Adobe Photoshop Document)/PDD：Photoshop 中使用的一种标准图形文件格式，可以存储为 RGB 或 CMYK 模式，还能够自定义颜色数并加以存储。PSD 文件能够将不同的物件以层（Layer) 的方式分离保存，便于修改和制作各种特殊效果。

4.2.2 图像查看器

Fedora 系统中很多图片浏览器如 Nautilus、gThumb、F-spot 等，一般的图片浏览用户可以使用 Nautilus 和 gThumb 查看，如果用户寻求更多的图片浏览和管理功能，可以选用 F-spot，本节只介绍 Nautilus 和 gThumb 浏览图片的使用方法。

1. 使用 Nautilus 查看图像

Nautilus 是 GNOME 桌面环境的文件管理器和浏览器。按照默认设置，当用户双击主目录图标时，图像文件显示为缩略图标，双击所要查看的图像图表，Nautilus 将会在浏览窗口内打开这个图像文件。

2. 使用 gThumb 查看图像

gThumb 是一款运行在 GNOME 桌面环境下的功能强大的图像浏览器，允许用户浏览磁盘中存在的图像，并显示不同格式图像的具体内容。它支持的图像文件有 JPG/JPEG、GIF、PGM、PNG、TIF/TIFF、BMP 等。gThumb 支持所有格式的图像，包括 GIF 动画。

gThumb 还可以为用户提供多种其他功能，如为图像添加组件，使用编目组织不同的图像，以幻灯片的形式浏览图片，设置桌面环境背景图片等。

启动 gThumb 程序很简单，在系统中选择“应用程序”→“图形”→“gThumb 图像浏览器”命令，或者在字符界面下输入“gThumb”命令。

在图形界面下该图像浏览器同样具有标题栏、菜单栏、工具栏以及显示区域，单击工具栏中的“文件夹”按钮，可以浏览磁盘中所有的目录并查找相应的图像信息，如图 4.24 所示。当找到图像后，双击该图像图标便可以显示该图像，如图 4.25 所示。

图 4.24 gThumb 图像浏览器主界面

图 4.25 使用 gThumb 浏览选择图片

gThumb 中提供了查询功能，方便查找磁盘中的图像。在主界面中，单击工具栏中的查找按钮，系统弹出“查找”对话框，在该对话框中用户可以快速查找需要的图像。

4.2.3 抓图工具 Gnome-Screenshot

用户在日常的应用中，经常需要保存屏幕上显示的图案，这就需要屏幕抓图，而 Fedora 系统默认安装有 Gnome-Screenshot 屏幕抓图工具，该工具使用方法非常简单。

1. 启动抓图程序 Gnome-Screenshot

该抓图工具的启动方式有 3 种。

(1) 从系统主菜单启动。单击“应用程序”→“附件”→“抓图”命令，打开“抓图”对话框，在该对话框中用户选择抓取画面的范围：抓取整个桌面、抓取当前窗口和选择一个截取区域 3 种方式。用户还可以设置“抓取前的延迟”，如图 4.26 所示。

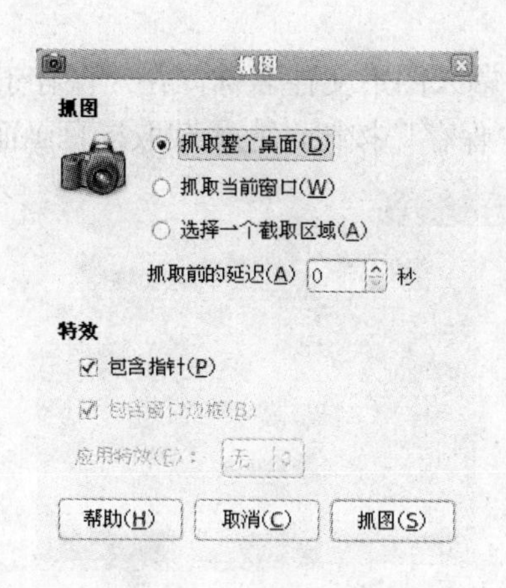

图 4.26 Gnome-Screenshot 抓图界面

(2) 快捷键启动。如果用户，则需选择截取区域需要使用快捷键是最好的选择，抓取整个屏幕的快捷键是“Print Screen”；而抓取当前激活窗口图像的快捷键为“Alt+Print Screen”。

(3) 从命令终端启动。启动抓图程序 Gnome-Screenshot 的命令如下：

```
[user@Fedora:~]$ gnome-screenshot -i
```

使用上面命令同样可以打开如图 4.26 所示的“抓图”窗口。

说明：在命令终端，使用“gnome-screenshot”命令加上适当的选项参数，便可实现更多功能，命令格式如下：

```
gnome-screenshot ［-选项参数］
```

选项参数

-i：以图形界面方式与用户交互。

-w：抓取当前激活窗口。

-d：在指定的时间段后抓图，以秒为单位。

-e：为抓取的画面添加特效，shadow 表示加阴影，border 表示添加边框。

-b：抓取的窗口包含窗口标题栏。

-?：显示帮助信息。

2. 抓图实例

使用 Gnome-Screenshot 可以抓取整个屏幕画面、当前激活窗口画面，以及有选择的抓取窗口画面。

【实例 4.1】 截取屏幕上部分矩形区域的画面。

步骤如下：

(1) 单击“应用程序”→“附件”→“抓图”命令，打开“抓图”对话框，在该对话框中用户可以选中“选择一个截取区域”单选按钮，如图 4.27 所示。

(2) 单击“抓图”按钮。

(3) 当光标由“箭头”变为“十字”后，在要截取的图像的左上角单击鼠标，然后拖动鼠标直到被截取图像的右下角后，最后单击鼠标，此时系统会弹出如图 4.28 所示的“保存抓图”对话框。

(4) 在“名称”文本框中输入图形文件名称，在“保存于文件夹”下拉列表中选择该文件被存放的位置后，单击“保存”按钮，完成截取屏幕画面的抓取。

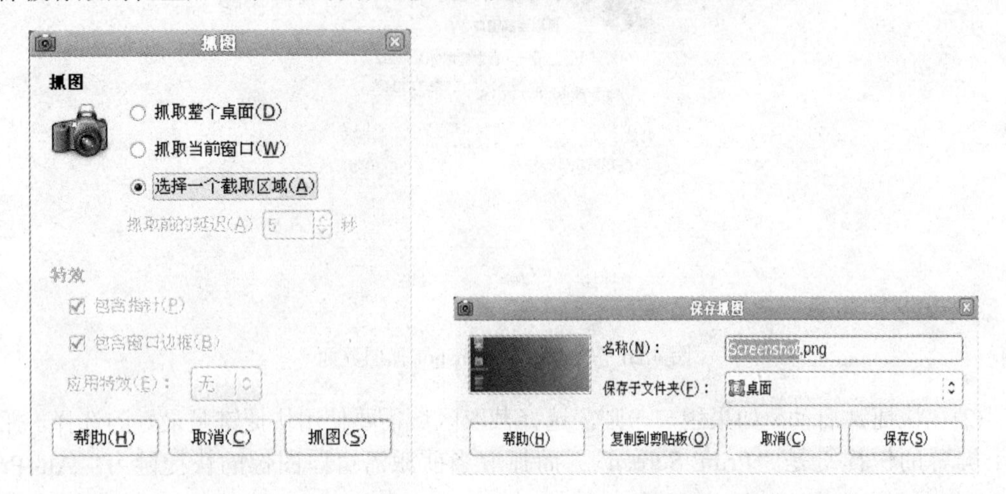

图 4.27　选择截取区域　　　　图 4.28　保存截取屏幕画面界面

【例 4.2】　抓取“系统”→“首选项”菜单画面。

分析：在抓取菜单画面时，由于菜单本身已处于激活状态，此时无法使用键盘快捷键了。因此，需要给出一段延迟时间，进入目标菜单，才能够截取菜单画面。步骤如下：

(1) 单击“应用程序”→“附件”→“抓图”命令，打开“抓图”对话框，在该对话框中用户可以选择“抓取整个桌面”单选按钮。

(2) 在“抓取前的延迟”微调框，填写 5 秒的延时时间，并单击“抓图”按钮。

(3) 进入到目标子菜单“系统”→“首选项”后，等待延迟时间结束，自动弹出“保存抓图”对话框，如图 4.29 所示。

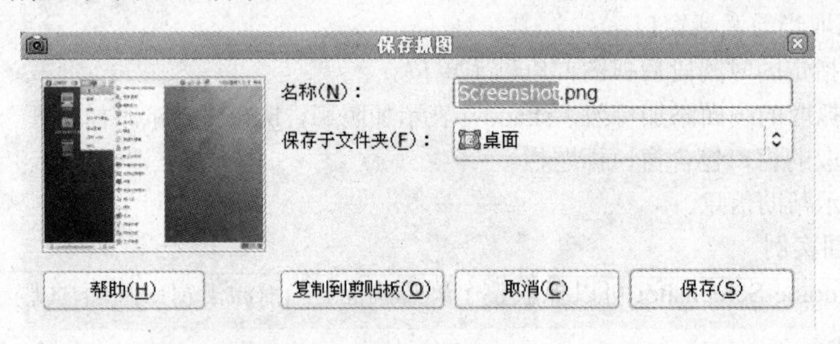

图 4.29　抓取菜单画面

(4) 在“名称”文本框中输入图形文件名称，在“保存于文件夹”下拉菜单中选择该文件被存放的位置后，单击“保存”按钮，完成菜单的抓取。

另外，在命令终端执行以下命令，在 5 秒延时时间内，最小化命令终端，进入到目标子菜单，可以完成菜单画面的抓取 ，命令如下：

```
[user@Fedora:~]$ gnome-screenshot  -d 5
```

4.3 影音工具

Feora 12 为用户提供了丰富的影音娱乐功能软件，为用户听音乐、看电影、收听网络广播等都提供了各种各样的软件。这一节主要介绍在 Fedora 12 中如何使用音频播放器听音乐和用视频播放器看电影。

4.3.1 音视频文件常见格式

无论是音频还是视频，计算机都把它们的物理特征，如频率、振幅、相位、色彩、亮度等，处理成 0 和 1 的电信号。其中的数据量是相当巨大的，为了减少多媒体文件的大小，实现不同应用场合下的媒体播放功能，很多软件开发商都设计了自己的文件格式，从而形成了常见的多种媒体文件格式，下面分别介绍音视频文件常见的格式。

1. 常见音频文件格式

目前流行的音频文件是 MP3、RAM 等，然而它们都存在版权问题。

(1) MP3(MPEG Audio Layer-3)：压缩格式文件。由于具有压缩程度高、音质好的特点，MP3 成为目前最为流行的一种音乐文件。

(2) RAM/RA(Real Audio)：是由 RealNetworks 公司开发，主要适用于网络实时数字音频流技术的文件格式。由于其目标是网上实时传播，所以在高保真方面远不如 MP3，但在只需要低保真的网络传播方面却无人能及。

(3) WAV(Wave form Audio File)：存放数字声音的标准格式，目前成为通用性的数字声音文件格式。但是，由于 WAV 格式存放的是未经压缩处理的音频数据，所以体积较大。

(4) MID/RMI (MIDI)：MIDI 是数字乐器接口的国际标准，它定义了电子音乐设备与计算机的通信接口，规定了使用数字编码来描述音乐乐谱的规范。计算机根据 MIDI 文件中存放的对 MIDI 设备的命令，即每个音符的频率、音量、通道号等指示信息进行音乐合成。MID 文件的优点是短小，缺点是播放效果因软、硬件而异。

(5) ASF/WMA：ASF (Advanced Stream Format) 和 WMA 都是微软公司针对 Real 公司开发的新一代网络流式数字音频压缩技术。这种压缩技术的特点是同时兼顾了保真度和网络传输需求，具有一定的先进性。

(6) FLAC (Free Lossless Audio Codec) ：一种无损音频压缩格式，它能够将音频文件压缩到原来的一半大小，而不会丢失音频流中的任何信息。 FLAC 是世界上第一个开放和免费的无损音频压缩格式。

(7) Ogg VorbiS：一种有损音频压缩格式，完全开放源码的多媒体系统，通常在相对较低的数据速率下能提供比 MP3 提供更好的音质和更高的压缩比。

2. 常见视频文件格式

随着媒体压缩技术的发展和网络中媒体应用的需求，出现了 RMVB 和 AFS 等流媒体格式。常见的视频文件格式如下：

(1) AVI (Audio Video Interleaved) ：AVI 格式允许视频和音频交错在一起同步播放，支持 256 色和 RLE 压缩。但 AVI 文件并未限定压缩标准，因此，AVI 文件格式只是作为控制界面上的标准，不具有兼容性，用不同压缩算法生成的 AVI 文件，必须使用相应的解压缩算法才能播放。

(2) RM/RMVB：RealNetworks 公司开发的一种新型流式视频文件格式，主要用来在低速率的广域网上实时传输活动视频影像，可以根据网络数据传输速率的不同而采用不同的压缩比率，从而实现影像数据的实时传送和实时播放。

(3) MOV/QT：即 QuickTime 音频、视频文件格式。它是 Apple 公司开发的一种音频、视频文件格式，用于保存音频和视频信息，支持 JPEG 等领先的集成压缩技术，提供 150 多种视频效果，并配有提供了 200 多种 MIDI 兼容音响和设备的声音装置。

(4) MPEG/MPG：MPEG 文件格式是运动图像压缩算法的国际标准，它采用有损压缩方法减少运动图像中的冗余信息，同时保证每秒 30 帧的图像动态刷新率。MPEG 标准包括 MPEG 音视频和 MPEG 系统 3 个部分，MP3 音频文件就是 MPEG 音频的一个典型应用，而 Video CD (VCD)、Super VCD (SVCD)、DVD 则是全面采用 MPEG 技术产生的新型消费类电子产品。

(5) ASF：ASF 是微软为了与 Real Player 竞争而开发的一种可以在网上观看实时视频流的文件压缩格式。由于它使用了 MPEG4 的压缩算法，所以压缩率和图像的质量都很高。

4.3.2 安装解码器 GStreamer

在播放音视频文件时，每一种文件都需要特定的编码/解码工具才能把媒体文件中的内容读出来，这种编码/解码工具统一称为解码器。而解码器和播放器的区别是什么呢？读取各式媒体文件时，需要一个工具统一调用和管理各种解码器，这个工具就是播放器。播放器和解码器总是配合使用而分别安装的。

Fedora 中的播放器可以使用 GStreamer 开源解码器，GStreamer 是一个功能非常强大的解码器，包含了很多媒体文件的解码器。安装 GStreamer 解码器及起相关软件包的命令如下：

```
[user@Fedora:~]$ su  - c 'yum install   gstreamer*'
```

4.3.3 音频播放

Fedora 12 默认安装音乐播放器 Rhythmbox，这个播放器支持广泛的音频格式，如 MP3、OGG、WAV 和 RM 等格式文件。Rhythmbox 具有播放音乐文件、收听 Internet 电台广播、收看网络播客等很多功能。

启动 Rhythmbox 的方式有两种：一是从系统主菜单启动，单击“应用程序”→“影音”“Rhythmbox 音乐播放器”命令，打开如图 4.30 所示的主窗口。二是从命令终端启动命令如下：

```
[user@Fedora:~]$ rhythmbox
```

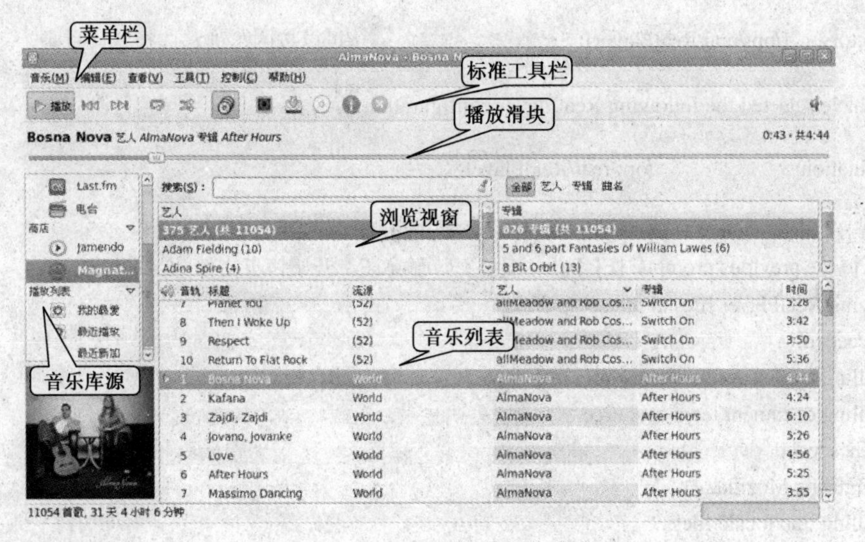

图 4.30 Rhythbox 播放器主窗口

4.3.4 RealPlayer 视频播放器

RealPlayer 播放器是一款优秀的媒体播放器，它具有支持多种格式、内存占用率极低的特点。该播放器可播放 RMVB，RM 等格式的视频文件，同时也可以播放 MP3、RA、WMA、WMV、OGG 等音频格式的文件。

安装 RealPlayer 播放器的步骤如下：

(1) 从 http://www.real.com/realplayer/linux 下载 RealPlayer11GoLD.rpm 安装包到本地目录。

(2) 为了便于安装软件包用户可以在命令终端输入 su-s 命令，从普通用户变为超级用户，命令如下：

```
[user@Fedora:~]$ su -s
root@Fedora ~]#
```

值得注意的是，在使用了"su-s"命令后，提示符从普通用户的以"$"结尾变为超级的用户用"#"结尾，关于普通用户和超级用户后面的第 7 章将有详细的介绍。

在命令终端使用下面的命令安装 RealPlayer11GoLD.rpm 软件包：

```
[root@Fedora ~]# rpm -ivh RealPlayer11GOLD.rpm
```

Fedora 12 系统在安装上面的 rpm 软件包时，会出现下面的错误信息：

```
postinst called with unknown argument '1'
warning: %post(realplay-11.0.2.1744-1.i386) scriptlet failed, exit status 1
```

用户可以执行下面的命令，解决上述问题：

```
[root@Fedora ~]# /opt/real/RealPlayer/Bin//setup
Welcome to the RealPlayer (11.0.2.1744) Setup for UNIX
Setup will help you get RealPlayer running on your computer.
Press [Enter] to continue...                    //按回车键继续
Enter the complete path to the directory where you want
RealPlayer to be installed.  You must specify the full
pathname of the directory and have write privileges to
the chosen directory.
```

```
Directory:  [/opt/real/RealPlayer]:                    //可以按回车键，选择默认目录

You have selected the following RealPlayer configuration:

Destination:            /opt/real/RealPlayer

Enter [F]inish to begin copying files, or [P]revious to go
back to the previous prompts: [F]: F             //输入F，开始拷贝文件
Copying RealPlayer files...Path setup done.
.Succeeded.
installing application icons resource...
installing document icons resource...
......Succeeded.
Configuring Mozilla...
Installing .mo locale files...
Setting selinux context...
Succeeded.

RealPlayer installation is complete.
Cleaning up installation files...
Done.
```

(3) 安装完成后，通过单击“应用程序”→“影音”→“RealPlayer11”。

(4) 在第一次进入 RealPlayer11，RealPlayer 将启动设置助理，按照提示完成设置后进入 RealPlayer11。

使用 RealPlayer11 播放器的方法如下：

(1) 单击“文件”→“打开文件”打开“选择文件”窗口，选中要播放的视频文件。

(2) 单击“打开”按钮（或双击要播放的视频文件）返回 RealPlayer 播放器主窗口，并自动开始播放所选的视频文件。RealPlayer 播放 RMVB 格式视频文件，如图 4.31 所示。

图 4.31 使用 RealPalyer 播放 RMVB 格式视频文件

实际上，RealPlayer11 播放器还可以打开并播放 MP3 音频文件。

(3) 在播放视频过程中，单击“播放”→“暂停”/“播放”/“停止”命令，执行暂停/播放/停止的操作。

(4) 如果需要全屏显示，单击“视图”→“全屏”命令，也可以使用“Ctrl + F”键。

(5) 在视频播放完毕后，或在播放过程中，单击“文件”→“退出”命令，可以结束播放，也可以使用“Ctrl+Q”组合键。

4.4　即时通信

即时通信（Instant Messaging，简称 IM）是一种终端联网实时通信服务，允许两人或多人在网络上即时传递文字信息、文件、语音和视频。目前，国内流行的即时通信服务是 MSN 和腾讯 QQ 等服务。在不断出现各式即时通信工具软件的同时，却存在一个问题：由于各种即时通信程序具有独立的协议，无法彼此互通，因而逐渐出现可以支持多协议的终端软件，如 Pidgin 等，这种软件可以将多种即时通信协议整合在一个平台上，给用户带来极大方便。

本节重点介绍如何安装和使用即时通信工具 aMSN、Pidgin 和腾讯 QQ 等互联网通信工具。

4.4.1　通过 aMSN 使用 MSN

MSN Messenger 是微软公司推出的即时通信软件，用户使用 MSN Messenger 可以与联系人进行文字聊天、语音对话、视频会议等即时交流。用户使用已有的 E-mail 地址，即可免费注册一个 MSN Messenger 账号。

1. 安装 aMSN 软件

安装 aMSN 软件包的命令及信息显示如下：

```
[root@Fedora ~]# yum install amsn
已加载插件：presto, refresh-packagekit
设置安装进程
解决依赖关系
...
已安装:
  amsn.i686 0:0.98.3-1.fc12

作为依赖被安装:
  bwidget.noarch 0:1.8.0-5.fc12          tcl.i686 1:8.5.7-5.fc12
  tcl-snack.i686 0:2.2.10-12.fc12        tcl-tclxml.i686 0:3.2-6.fc12
  tcllib.noarch 0:1.11.1-3.fc12          tclsoap.noarch 0:1.6.7-7.fc12
  tcltls.i686 0:1.6-6.fc12               tk.i686 1:8.5.7-3.fc12
  tkdnd.i686 0:1.0a2-14.fc12

完毕！
```

这样 aMSN 工具就安装好了，用户可以使用该工具登录 MSN 账户。

2. 使用 aMSN 登录 MSN

安装完 aMSN 工具后，首次启动 aMSN 工具，单击“应用程序”→“Internet”→“aMSN”，打开 aMSN 登录窗口以及“About aMSN”对话框。单击“close”按钮，关闭“About aMSN”对话框。在 aMSN 登录窗口中，输入一个有效的 MSN 账户及其密码，如图 4.32 所示。然后单击“Sign In”按钮。登录后，界面如图 4.33 所示。此时用户已经成功登录 MSN 账户，并且可以进行聊天等操作。

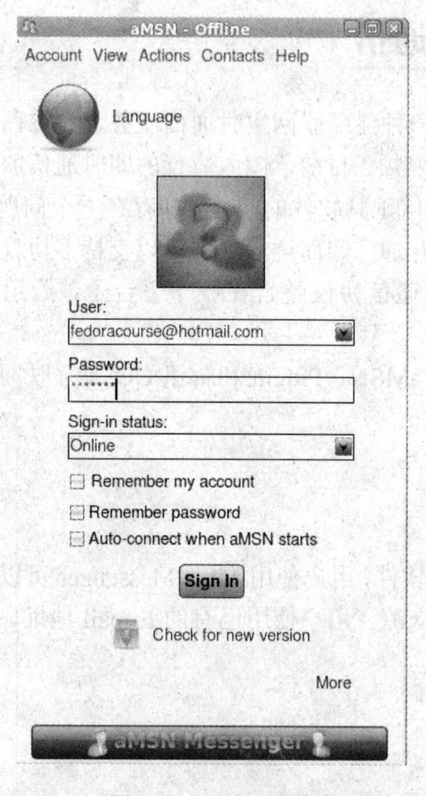

图 4.32 aMSN 登录窗口

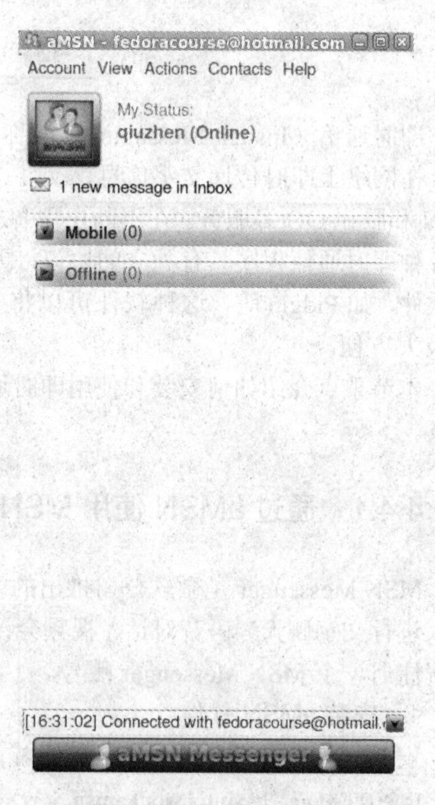

图 4.33 已登录的 MSN 界面

4.4.2 通过腾讯 Linux 版使用 QQ

用户可以从腾讯官方网站（http://im.qq.com/qq/linux）下载 Linux 版安装包，QQlinuxqq_v1.0.2-beta1_i386.tar.gz 或 QQlinuxqq_v1.0.2-beta1_i386.rpm 安装包。这里下载 linuxqq-v1.0.2-beta1.i386.rpm 安装包到本地目录。

双击 linuxqq-v1.0.2-beta1.i386.rpm 图标，输入管理员密码后，按照安装流程完成 RealPlayer11 的安装，或者在命令终端使用下面命令：

```
[root@Fedora ~]# rpm -ivh linuxqq-v1.0.2-beta1.i386.rpm
Preparing...                ########################################### [100%]
1:linuxqq                   ###########################################[100%]
```

安装完成后，单击“应用程序”→“Internet”→“腾讯 QQ”启动 QQ，便可以使用。

4.4.3 在 Pidgin 下使用 MSN

要在 Pidgin 下使用 MSN，必须正确设置账号信息。Pidgin 为用户提供了多种途径创建、配置即时通信账号的方法。在初次使用 Pidgin 时，启动安装向导，引导用户一步一步新建一个即时通信账号。当然，用户也可以通过账号管理器来管理账号信息。在安装 Pidgin 软件包前，首先需要更新系统软件。以避免因为软件包版本冲突导致安装失败。

1. 更新系统软件

更新系统软件命令如下：

```
[root@Fedora ~]# yum update
```

2. 安装 Pidgin 软件

安装 Pidgin 软件包的命令及信息显示如下：

```
[root@Fedora ~]# yum install pidgin
已加载插件：presto, refresh-packagekit
设置安装进程
解决依赖关系
--> 执行事务检查
---> 软件包 pidgin.i686 0:2.7.3-1.fc12 将被 安装
--> 完成依赖关系计算
...

已安装:
  pidgin.i686 0:2.7.3-1.fc12

完毕!
```

3. 添加账号

下面以添加 fedoracourse@hotmail.com 的 MSN 账号为例介绍。

(1) 单击“应用程序”→“Internet”→“Pidgin 互联网通信程序”命令，打开 Pidgin 主窗口，并启动安装向导第一步，如图 4.34 所示。

(2) 单击“账号”按钮，弹出“账号”对话框，单击“添加”按钮，此时系统弹出“添加账户”对话框，在“基本”标签页中设置账号的基本信息，如单击“协议”微调按钮，选择 MSN 选项，在“用户名”文本框中输入 MSN 账号，例如 fedoracourse@hotmail.com，在密码文本框中输入密码，如果用户希望每次登录时不必再次输入密码，可以勾选“记住密码”复选框，在“本地别名”文本框中输入用户希望对方看到的自己的名字。如果用户想设置账户头像，那么勾选“用作当前账户头像”复选框，单击图片位置，弹出“用户头像”对话框，选择合适的图片，单击“打开”按钮（或双击要选择图片文件）返回“添加账户”主界面，如图 4.35 所示。

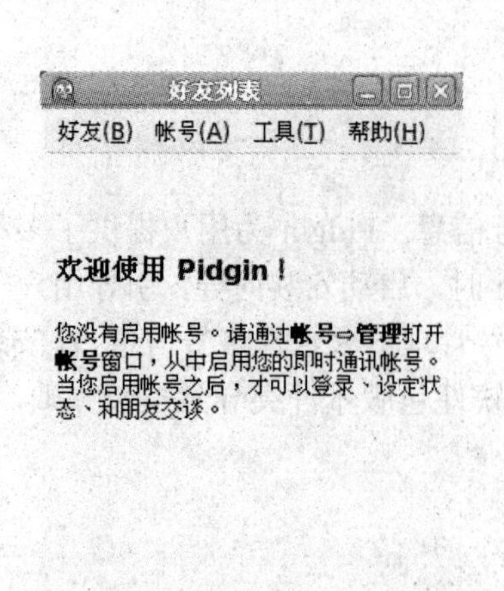

图 4.34 首次启动 Pidgin 界面

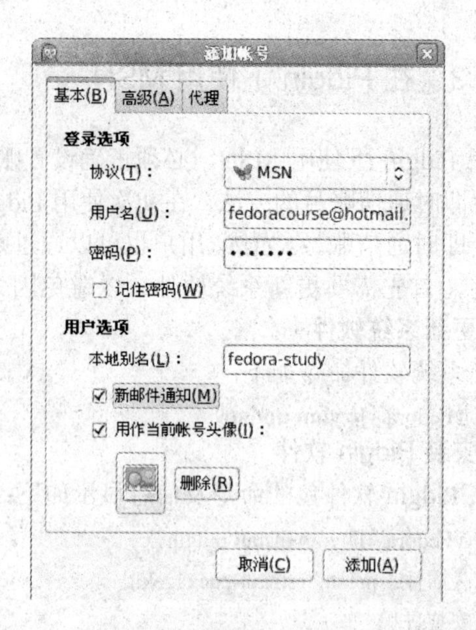

图 4.35 添加 MSN 账户的基本信息

(3) 单击“高级”标签页，进入高级设置，Pigdin 会根据用户选择的协议自动的配置 MSN 相关信息，包括服务器名称、使用的端口号等，这里使用默认值不加任何修改。

(4) 单击“代理”标签页，本例中选用默认的“使用 GNOME 代理设置”。

(5) 在“添加账号”对话框中单击“添加”按钮，弹出“账户”对话框中增加了刚才添加的 MSN 账号。同时 Pidgin 自动连接到 MSN 服务器尝试登录，登录成功后，将看到好友列表，如图 4.36 所示。

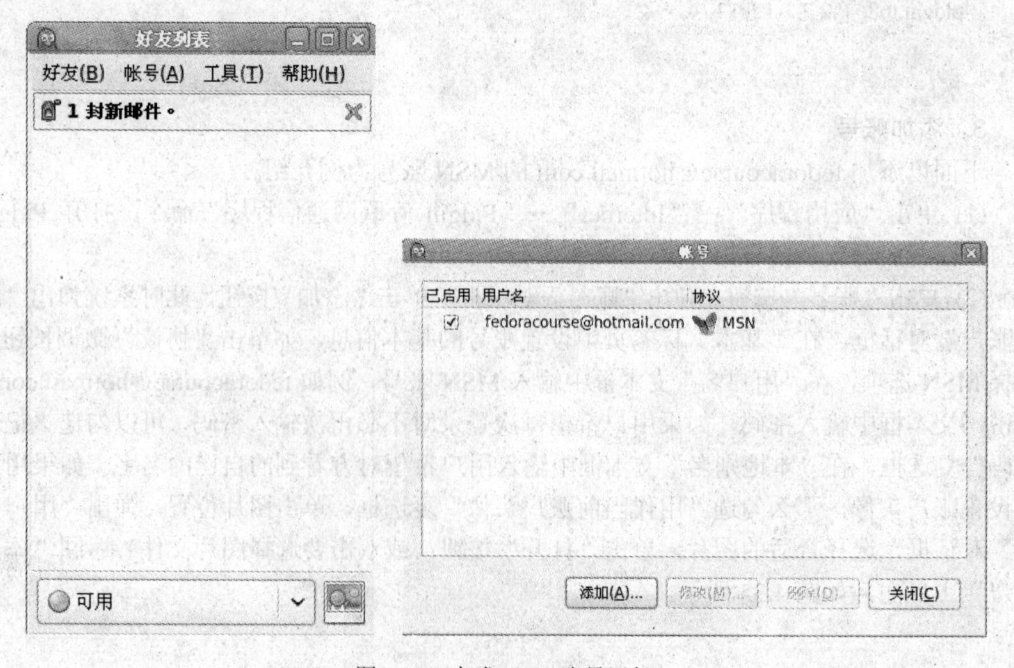

图 4.36 完成 MSN 账号添加

4. 与好友聊天

当成功登录 MSN 账号后，用户可以通过 MSN 与好友聊天，在 Pidgin 的好友列表中，双击希望与其聊天的一个或多个联系人，打开如图 4.37 所示的对话框即可进行聊天。

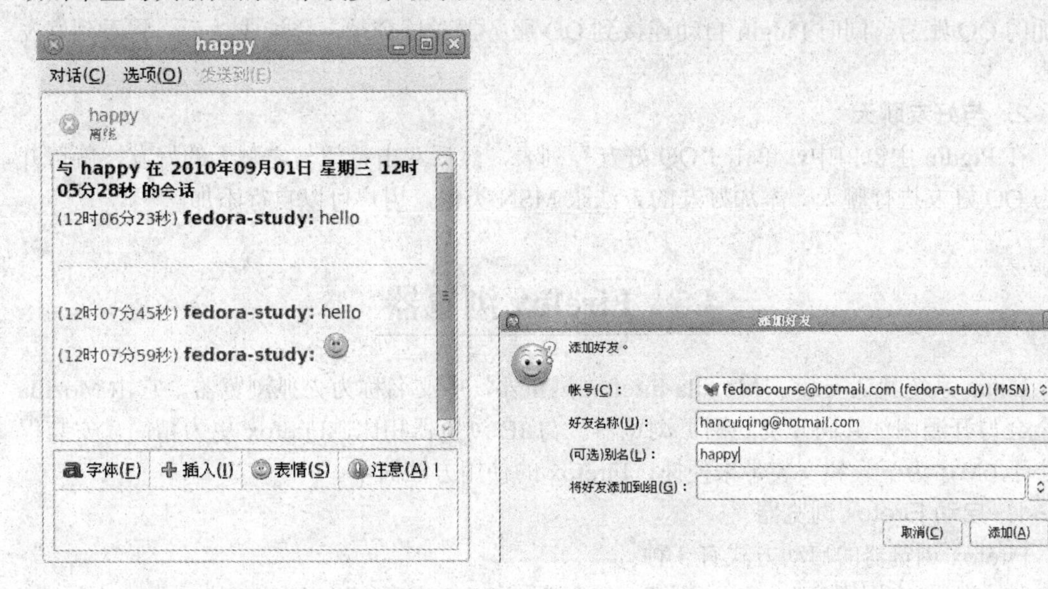

图 4.37 聊天标签页　　图 4.38 添加好友

5. 添加好友

单击“好友”→“添加好友”命令，弹出“添加好友”窗口，就可添加好友，如图 4.38 所示。在“好友名称”文本框中输入好友的 MSN 账号，在“别名（选项）”文本框中输入好友的别名，在“将好友添加到组”文本框中直接输入或单击“微调”按钮指定好友所属的组群。最后单击“添加”按钮完成添加好友的设置，这时用户就可以在好友列表中查看到新添加的好友。

6. 管理账号

管理账号就是单击“账号”→“管理账号”命令，弹出“账号”对话框，此时可以通过单击“添加”、“修改”、“删除”按钮完成对账户的相应操作。

4.4.4 在 Pidgin 下使用 QQ

QQ 是国内使用最广泛的互联网即时通信工具，用户主要在 Windows 下使用该软件，而在 Linux 下 Pidgin 也支持 QQ 功能。

1. 添加 QQ 账号

添加 QQ 账号的方法跟前面介绍的添加 MSN 账号的方法基本相同。

(1) 用户只需选择“账号”→“管理账号”命令，在弹出“账号”对话框中，单击“添加”按钮，打开“添加账户”对话框。单击“基本”标签页的“协议”微调按钮，选择 QQ 选项。在“用户名”文本框中输入 QQ 账号，在“密码”文本框中，输入账号密码，如果用户希望每次登录时不必再次输入密码，可以勾选 “记住密码”复选框。

(2) 单击“高级”标签页，进入高级设置，Pigdin 根据用户选择的协议自动配置 QQ

相关信息，在这里可以选择最新客户端版本，其他均使用默认值不加任何修改。单击“代理”标签页，选用默认的“使用 GNOME 代理设置”。

(3) 在“添加账户”对话框中单击“添加”按钮，在弹出的“账户”对话框中有刚才添加的 QQ 账号。同时 Pidgin 自动连接到 QQ 服务器尝试登录，登录成功后，将看到好友列表。

2. 与好友聊天

在 Pigdin 主窗口中，单击“QQ 好友”列表，然后双击希望与之聊天的好友，就可开始与 QQ 好友进行聊天。添加好友的方法跟 MSN 类似，用户可以自行添加。

4.5 Firefox 浏览器

Linux 系统默认安装了 Mozilla Firefox 浏览器，中文名称为火狐浏览器。它由 Mozilla 基金会与开源团体共同开发的网页浏览器。与 IE 浏览器相比，Firefox 更为精简，安装程序小于 6M，为下载和安装带来便捷，Firefox 的使用方法简单。

1. 启动 Firefox 浏览器

Firefox 浏览器的启动方式有 3 种：

(1) 单击“应用程序”→“Internet”→“Firefox Web Browser”命令，打开“Mozzia Firefox”浏览器窗口，如图 4.39 所示。

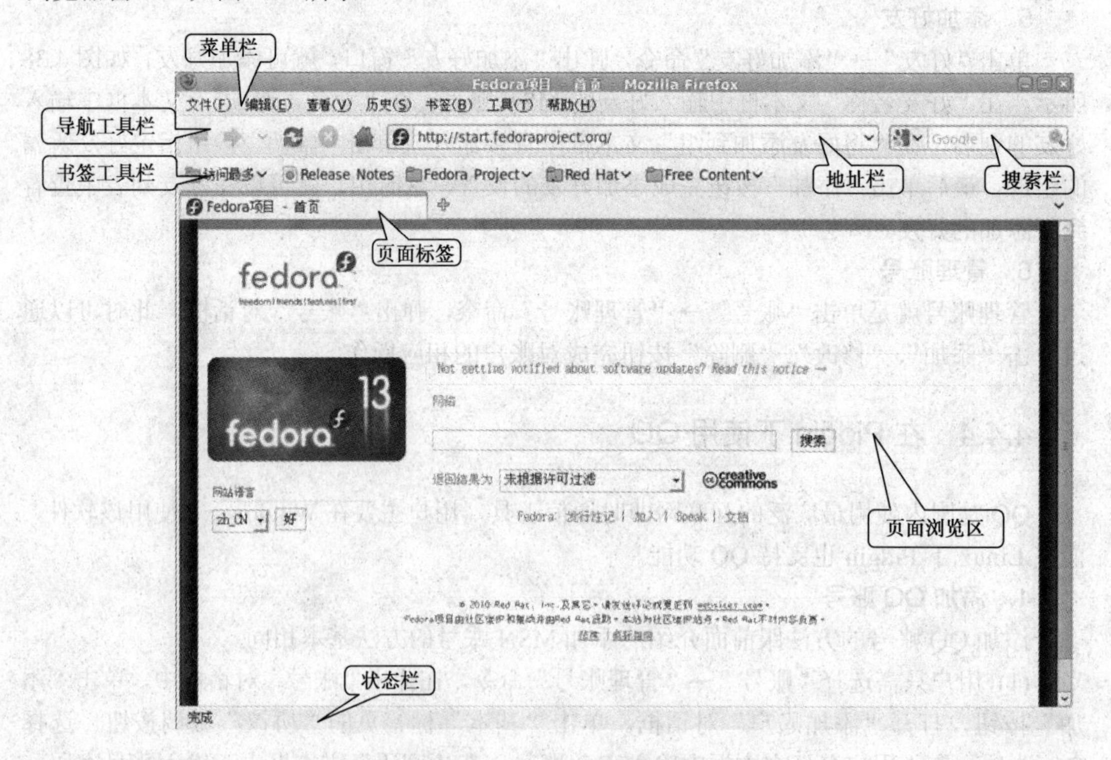

图 4.39 Firefox 浏览器窗口

(2) 单击系统面板上默认的“Firefox Web Browser”快速启动程序按钮，打开“Mozzia Firefox”浏览器窗口。

(3) 单击“应用程序”→“附件”→“终端”，打开命令终端窗口，输入“firefox”命令，打开“Mozzia Firefox”浏览器窗口。

Firefox 主界面大体是由菜单栏、导航工具栏、书签工具栏、地址栏、搜索栏、页面浏览区和状态栏等几个部分组成。

菜单栏：能够完成页面浏览的所有功能。

导航工具栏：提供常用的页面浏览导航功能，包括转到上一页，转到下一页，重新载入当前页，停止载入当前页和打开默认主页。

书签工具栏：将用户最常访问的网址添加到工具栏，例如用户可以单击“Most Visited”列表按钮，就可以直接访问最近访问最多的网址。

搜索栏：是在搜索栏中输入关键字，就开以直接调用 Firefox 集成的搜索引擎，当用户按下回车键后，显示结果将显示在页面浏览区中。

2. 多标签页浏览

Firefox 支持标签页浏览，可以在一个浏览窗口中开启多个标签页面，如图 4.40 所示。这样就解决了旧版 IE 浏览器因同时打开的浏览窗口过多，很多窗口都堆在任务栏中，显得很杂乱不容易分辨的问题。

图 4.40　分页浏览网页

使用标签页进行分页浏览的方法很简单，单击“文件”→“新建标签页”命令，或者直接单击页面标签后面的绿色“+”号图标，然后在地址栏中输入网址。

如果要在浏览网页打开新的链接，那么右击链接，在弹出的菜单中选择“在新标签中打开”即可。

3. 添加/删除书签

在浏览网页的过程中，如果用户需要将正在浏览的页面网址作为书签添加到收藏夹，具体操作为：单击“书签”→“将本页加入书签”命令，系统会弹出“编辑此书签”对话框，在该对话框中输入书签名称、选择书签的位置以及标签后，单击“完成”按钮。

如果不再需要书签中保存的网址，可以将它们删除。具体操作为：单击“书签”→“管理书签”命令，打开“我的足迹”对话框。在“我的足迹”对话框下方书签列表中选中需要删除的标签或网址，按右键选择“删除”选项将其删除。

第 5 章

字符界面操作——shell 基础

虽然图形桌面环境操作方便，但是 X Window 系统相当耗费系统资源，大大降低 Linux 系统性能。如果用户希望更好地享受 Linux 所带来的高效性及稳定性，建议用户尽可能地使用 Linux 的命令行界面，也就是 shell 环境。用户在提示符下输入的命令都由 shell 先解释，然后再传给 Linux 内核。

5.1 shell 简介

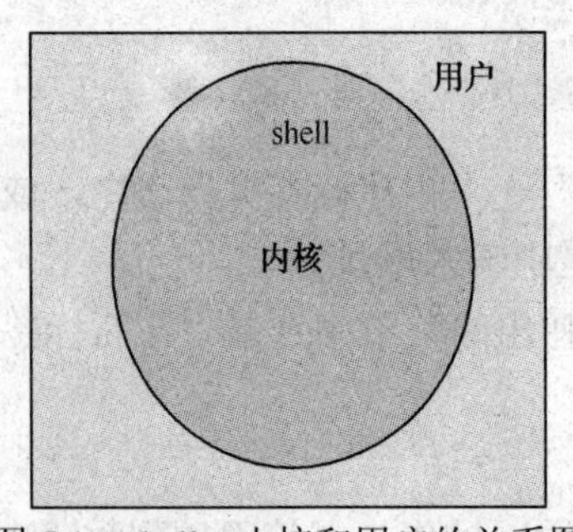

图 5.1　shell、内核和用户的关系图

shell 既是提供用户和内核交互接口的解释器，又是一种高级的编程语言。用户在命令行下工作，不是直接同操作系统内核交互信息，而是由命令解释器接受命令，分析后再传给相关的程序。Linux 内核、shell 和用户之间的关系如图 5.1 所示。

1. 进入 shell

在 Fedora 中，用户可以通过终端进入 shell 命令行界面。打开终端的方法是单击“应用程序”→“附件”→“终端”。这时屏幕显示类似“[user@Fedora ~]$”的信息。这是访问 shell 最常用的方法，一旦终端打开便可以输入 shell 命令。

用户在非图形界面下可以直接启动命令行界面，它是一个使用 bash shell 的命令行界面。

终端窗口能支持其他桌面程序与其进行相关的复制、剪切和粘贴。在终端窗口单击右键就可以选择并完成这些功能，也可以用快捷键方式完成，即“Shift+Ctrl+C/X/V”分别完成拷贝/剪切/粘贴功能。

用户可以随意打开任意终端窗口，每一个终端窗口都工作在自己的 shell 下。这样，用户就可以同时运行多个命令操作。当然也可以不必为每一个新的 shell 都打开一个独立的窗口，而是在同一个窗口中打开多个 shell，打开方法是：单击 shell 窗口中的“文件”，选择“打开标签页选项”；还可以使用快捷键“Shift +Ctrl +T”打开一个新的 shell。每个标签页都会运行一个单独的 shell，用户可以在每个 shell 中输入不同的命令，也可以将多条命令放入一个脚本文件中，像程序一样执行。

2. shell 脚本

在 Linux 中利用文本编辑器事先将一系列的 Linux 命令或可执行程序放到文件中，然后修改文件的访问权限，使之能够像系统命令一样执行，这样的文本文件就是 shell 脚本或叫做 shell 程序。实际上，shell 脚本就是由 Linux 命令或可执行程序组成的文本文件。

shell 脚本可以由任意的 Linux 命令组成。当执行 shell 脚本命令时，除了脚本的控制结构语句外脚本命令都是从上到下顺序执行。同其他的编程语言一样，shell 脚本除了包含普通的 Linux 命令和一般的可执行程序外，还可以包含控制结构和变量，也可以带有参数。

5.2 帮助命令

Linux 为用户提供了方便的系统文档帮助信息。例如 help 命令、man 命令工具和 info 等。如果 Linux 的初学者能够使用这些帮助工具，那么对后续 Linux 的学习是大有裨益的。

5.2.1 man 命令

man 命令工具可以显示系统手册页中的内容，这些内容基本上都是对命令的解释信息。通过查看系统文档中的 man 页，可以得到程序的更多相关主题信息和 Linux 的更多特性。因为 man 为每个命令都提供详细信息，所以无论是对于熟悉还是不熟悉 Linux 命令的用户来说，man 都是一种非常实用的工具。

格式

man ［选项参数］ 命令名称

选项参数

-a：强制 man 命令显示所有与之匹配的帮助文件。

-c：即使已存在排版过的帮助文件（即以前曾经查询过此主题），仍会再执行一次排版的动作。

-C file：“file”指定 man 的环境设置文件，默认的文件为/etc/man.config。

-d：仅显示排错信息，不显示帮助内容。

-f：显示系统命令与工具程序的简单帮助。

-h：显示 man 的语法与参数帮助。

-M path：指定搜索 man 手册页的路径，通常这个路径有环境变量 MANPATH 预设，如果在命令行上指定另外的路径，则覆盖 MANPATH 的设定。

-K：在所有的 man 手册页中，查找包含关键字的帮助文件。

-P pager：指定浏览的方式。若不指定此参数，则使用 MANPAGER 或 PAGER 环境变量中的设置。

-w：仅显示命令手册页文件位置，并不显示手册页内容。

-W：功能与“-w”相同，各个文件分行显示。

【例 5.1】 显示 ls 命令的 man 手册页。

命令及显示信息如下：

```
[user@Fedora ~]$ man ls
LS(1)                    User Commands                    LS(1)
NAME
       ls - list directory contents
SYNOPSIS
       ls [OPTION]... [FILE]...
DESCRIPTION
       List  information  about  the FILEs (the current directory by default).
       Sort entries alphabetically if none of -cftuvSUX nor --sort.
       Mandatory arguments to long options are  mandatory  for  short  options
       too.
       -a, --all
              do not ignore entries starting with .
       -A, --almost-all
              do not list implied . and ..
       --author
              with -l, print the author of each file
:
```

用户按下空格键“space”将显示下一屏的文本信息，也可以利用“pageup”和“pagedown”键滚动浏览。按下“q”键则会退出 man 命令并返回到 shell 的提示符下。

【例 5.2】 显示 ls 命令的功能，而不显示详细的说明文件。

命令及显示信息如下：

```
[user@Fedora ~]$ man -f ls
ls                   (1)  - list directory contents
```

【例 5.3】 显示 pwd 命令 man 手册页，并指定以 more 命令浏览其手册页。

命令及信息显示如下：

```
[user@Fedora ~]$ man -P /bin/more pwd
PWD(1)                   User Commands                    PWD(1)



NAME
       pwd - print name of current/working directory

SYNOPSIS
       pwd [OPTION]...

DESCRIPTION
       Print the full filename of the current working directory.

       -L, --logical
              use PWD from environment, even if it contains symlinks
```

```
        -P, --physical
                avoid all symlinks

        --help display this help and exit

        --version
                output version information and exit
--More—
```

【例 5.4】　显示 diff 命令手册页文件位置。

命令及结果显示如下：

```
[user@Fedora ~]$ man -w diff
/usr/share/man/man1/diff.1.gz
```

5.2.2　help 命令选项

help 命令主要用来显示 shell 内部命令的说明或列出全部 shell 内部命令。

格式

```
help    [shell 内部命令]
```

说明：如果 help 命令后面不加选项参数，则列出全部的 shell 内部命令。

【例 5.5】　显示所有 shell 内部命令。

命令及结果显示如下：

```
[user@Fedora ~]$ help
GNU bash, version 4.0.33(1)-release (i386-redhat-linux-gnu)
These shell commands are defined internally.  Type `help' to see this list.
Type `help name' to find out more about the function `name'.
Use `info bash' to find out more about the shell in general.
Use `man -k' or `info' to find out more about commands not in this list.

A star (*) next to a name means that the command is disabled.

 job_spec [&]                      history [-c] [-d offset] [n] or hist>
 (( expression ))                  if COMMANDS; then COMMANDS; [ elif C>
 . filename [arguments]            jobs [-lnprs] [jobspec ...] or jobs >
 :                                 kill [-s sigspec | -n signum | -sigs>
 [ arg... ]                        let arg [arg ...]
 ...
```

【例 5.6】　显示 set 命令的说明。

命令及结果显示如下：

```
[user@Fedora ~]$ help set
set: set [--abefhkmnptuvxBCHP] [-o option-name] [arg ...]
    Set or unset values of shell options and positional parameters.
```

```
Change the value of shell attributes and positional parameters, or
display the names and values of shell variables.

Options:
  -a   Mark variables which are modified or created for export.
  -b   Notify of job termination immediately.
...
```

5.2.3 info 显示命令信息

info 命令是一个基于菜单的超文本系统，由 GNU 项目开发并由 Linux 发布。info 工具包括一些关于 Linux shell 工具、GNU 项目开发程序的说明文档。

与 man 命令相比，info 工具可显示更完整的最新的 GNU 工具信息。若 man 页包含的某个工具的概要信息在 info 中也有介绍，那么 man 页中会有“请参考 info 页更详细内容”的字样。

格式

```
info [选项参数] 命令
```

选项参数

-d DIR： 将目录“DIR”加入到 info 搜寻的路径中。

-f FILENAME：指定要读取的 info 文件。

-n NODENAME：指定 info 文件中的主题。若主题包含空格符，则必须在主题的前后加上双引号。

-h：显示帮助信息并退出。

-o FILENAME：将所选主题输出指定的文件。

-O：显示所有 info 说明文件。

--dribble = FILENAME：将执行 info 过程所输入的按键，记载到指定的文件中。

--subnodes: 输出所有主题。

--index-search = STRING： 根据选项中的字符串，在索引中寻找参照的主题，并显示该主题。

--restore = FILENAME：开启说明文件之后，先执行文件所记录的按键。

--version：显示版本信息并退出。

【例 5.7】 显示 ls 命令的 info 信息。

命令如下：

```
[user@Fedora ~]$ info ls
```

信息显示如下：

```
File: *manpages*,   Node: ls,   Up: (dir)

LS(1)                    User Commands                    LS(1)
```

```
NAME
        ls - list directory contents

SYNOPSIS
        ls [OPTION]... [FILE]...

DESCRIPTION
        List   information   about   the FILEs (the current directory by default).
        Sort entries alphabetically if none of -cftuvSUX nor --sort.

        Mandatory arguments to long options are   mandatory   for   short   options
        too.

        -a, --all
                do not ignore entries starting with .

-----Info: (*manpages*)ls, 253 lines --Top-------------------------------------
Welcome to Info version 4.13. Type h for help, m for menu item.
```

按下空格键“Space”键滚动浏览。

5.3 shell 基本命令的体验

作为 shell 基本命令的入门，本节将简单介绍最常用的命令 pwd、cd、ls 和 ps 的功能及其使用方法。

1. 进入 shell

Fedora 的标准提示符包括用户名、登入的主机名（没有设置的话，默认为 localhost）、当前所在的目录和提示符号。如果用户名为 user，主机名为 Fedora 的主机，当前所在用户主目录为/home/user 中，提示符如下：

```
[user@Fedora ~]$
```

根据 Bourne shell 的传统，普通用户的提示符以“$”结尾，而超级用户则以“#”结尾，关于普通用户和超级用户将在第 7 章详细介绍。

要运行命令的话，只要在提示符后输入命令，然后按回车键。shell 将在其路径中搜索该命令，找到该命令后就运行，并在终端输出相应结果。执行命令结束后，系统将会给出新的提示符。例如：

```
[user@Fedora ~]$ ls
公共的  模板  视频  图片  文档  下载  音乐  桌面
[user@Fedora ~]$
```

2. 查看当前路径命令 pwd

pwd（Print Working Directory），打印当前工作目录的命令。如果用户想知道当前所处的目录，可以用 pwd 命令，该命令显示整个路径名，此路径名为绝对路径名。

【例 5.8】　显示当前路径。

命令及显示信息如下：

```
[user@Fedora ~]$ pwd
/home/user
```

上面的实例表明，当前用户目录是 user，全路径为/home/user。

3. 改变目录命令 cd

cd 命令主要实现将当前用户的当前工作目录更改至 cd 命令中指定的目录或文件夹。如果未指定目标目录名（即只输入“cd”），则返回到当前用户的主工作目录。为了能够进入指定的目录，用户必须拥有对指定目录的执行和读权限。

【例 5.9】 用 cd 命令进入/user/local/bin/目录下，然后查看当前工作目录。

命令及显示结果如下：

```
[user@Fedora ~]$ cd /usr/local/bin/
[user@Fedora bin]$ pwd
/usr/local/bin
```

上面的实例中，第一行命令使用 cd 命令进入/user/local/bin/目录下，然后用 pwd 命令查看当前工作目录。从命令执行结果可以看出当前工作目录已经变为/usr/local/bin。

【例 5.10】 使用 cd 命令进入根目录“/”。

命令及显示结果如下：

```
[user@Fedora bin]$ cd /
[user@Fedora /]$ pwd
/
```

用“cd /”命令进入根目录后，然后用 pwd 命令查看当前目录，由命令执行结果看出当前工作目录为根目录。

【例 5.11】 将当前目录切换到用户主目录。

命令如下：

```
$ cd
```

5.4 shell 应用技巧

Linux 在命令行下诞生，所以 Linux 中的命令行有许多应用技巧，使用这些技巧能够大大提高工作效率，本节将介绍 Tab 自动补全等技巧。

5.4.1 Tab 自动补全命令

在 Linux 下有很多的命令和配置文件，而且有些名字不容易记忆，此时用户怎么才能快速的写出文件名称呢？例如，需要快速的从当前所在的用户主目录/home/user 跳转到/usr/local/bin/目录，可以执行下面的操作：

```
[user@Fedora ~]$ cd /u<Tab>/lo<Tab>/b<Tab>
```

其中：

<Tab>是按下“Tab”键的意思，使用“Tab”键可以将命令自动补全，这在 Linux 命令的日常应用中是不可缺少的。

注意：使用“Tab”按键，是根据前几个字母来查找匹配文件或子目录的。如果一个

命令没有写完，按下“Tab”键后没有出现匹配的命令行，此时说明在当前目录下跟这几个字母匹配的文件或子目录不只一个，用户可以输入下一个字母，再按Tab键，依次类推。

5.4.2　命令记忆功能

在shell环境下，有些命令是需要反复使用的，shell提供了几个命令记忆功能。下面介绍一下完成记忆功能的常用命令和功能键。

1. 上下方向键

Linux用户通过向上方向键可以向后遍历最近在该控制台下输入的命令，通过向下方向键可以向前遍历命令。

2. 历史记录命令history

history命令是用于读取、显示或清除命令历史记录的shell内置命令。

【例5.12】　用history命令列出命令历史缓冲区或文件记录中记录的所有命令。

命令及结果显示如下：

```
[user@Fedora ~]$ history
        1  cd ..
        2  cd /usr/
        3  ls
        4  cd local/
        5  ls
        6  cd bin/
        …
```

上面的信息显示了该shell终端在缓冲区中暂存的历史记录，如果用户只是想查看最近执行的n条命令，那么可以用history n 命令实现。

【例5.13】　假设用户想列出最近执行的10条命令。

命令及显示结果如下：

```
[user@Fedora ~]$ history 10
       43  cd
       44  cd ..
       45  cd /usr/
       46  cd bin/
       47  ls
       48  pwd
       49  history
       50  history 10
       51  cd
       52  history 10
```

从上面的信息可以看出，history 10命令显示的是包括history 10在内的最近执行的10条命令。

【例5.14】　用户想清除历史缓冲区中的命令。

命令及运行结果如下：

```
[user@Fedora ~]$   history -c
```

```
[user@Fedora ~]$  history
1  history
```

从上面的信息可以看到，执行完“history -c”命令后，再用 history 命令查看历史记录，发现历史命令记录已被清除。

3. 重复执行先前命令“!”

在 shell 中为了重复执行先前的命令，用户可以用“!”引用命令实现。“!”表示引用命令历史缓冲区或文件中的命令。用户想要重复执行刚执行过的前一条命令，除了用向上方向键实现外，还可以直接用“!!”命令实现。常用的“!”命令，如表 5.1 所示。

表 5.1 常用“!”的命令

命　令	命令功能
!	表示引用历史缓冲区或文件中的命令
!!	重复执行前面刚执行的命令
!n	重复执行命令历史缓冲区或文件中序号为 n 的命令
!-n	重复执行从当前命令位置开始倒计数的 n 个命令
!string	重复执行以给定的部分字符 string 为起始字符的最近一次执行的命令
!?string [?]	重复执行包含给定的字符串 string 的最近一次执行的命令
!!string	引用前一条刚执行完的命令，附加给定的字符串 string，然后重新执行组合后的命令
!#	引用迄今为止已经输入的所有字符
!$	引用前一个命令的最后一个参数

【例 5.15】 使用“!!”命令，重复执行刚执行的 ls 命令。

命令及结果如下：

```
[user@Fedora ~]$ ls
EIOffice          EIOffice_Personal_Lin   公共的   视频   文档   音乐
EIOfficelog.txt   tmp                     模板     图片   下载   桌面
[user@Fedora ~]$ !!
EIOffice          EIOffice_Personal_Lin   公共的   视频   文档   音乐
EIOfficelog.txt   tmp                     模板     图片   下载   桌面
```

【例 5.16】 重复执行最近一次执行的 history 5 命令。

分析：可以使用表 5.1 中的“!string”命令，即使用“!”+“history 5”命令字符串的一部分，这里使用“! h”命令，命令及执行结果如下：

```
[user@Fedora ~]$ history 5
   58  cd
   59  ls /
   60  ls /usr/
   61  history
   62  history 5
[user@Fedora ~]$ !h
history 5
   58  cd
   59  ls /
```

```
60  ls /usr/
61  history
62  history 5
```

从上面执行的结果可以看出，使用“！ h”命令执行了最后一次执行的“history 5”命令。

【例 5.17】　用 mkdir 在当前用户目录新建一个目录文件 han，然后使用“cd !$”，完成进入目录文件 han 的功能。

命令及结果显示如下：

```
[user@Fedora ~]$ mkdir han
[user@Fedora ~]$ cd !$
cd han
[user@Fedora han]$
```

从上面的命令及显示结果可以看出，shell 将前一个命令 mkdir 的参数“han”添加到了 cd 命令的后面，这样使用“cd !$”命令，相当于执行了“cd han”命令。

4. 编辑命令行快捷键

为了方便对命令行的编辑，用户可以通过光标和 Home、End 等功能键对命令行进行操作，用户还可以通过键盘的快捷方式对命令行进行编辑，常用的快捷键及功能，如表 5.2 所示。

表 5.2　编辑命令行快捷键

主要功能键	按键功能
[CTRL+a]	将光标移到行首
[CTRL+e]	将光标移到行尾
[CTRL+k]	删除从光标到行尾的部分
[CTRL+u]	删除从光标到行首的部分
[CTRL+w]	删除从光标到当前单词开头的部分
[CTRL+y]	插入最近删除的单词
[ATL+a]	将光标移到当前单词头部
[ATL+e]	将光标移到当前单词尾部
[ALT+d]	删除从光标到当前单词结尾的部分

5.4.3　多条命令的执行

在 Linux 中，shell 允许用户一次执行多条命令，用户可以在不同的命令之间放上特殊的排列字符，例如最常用的“;”和“&&”等。下面介绍“;”和“&&”的使用方法。

1. “;”的使用

格式

```
命令 1;命令 2
```

命令执行是先执行“命令 1”，不管“命令 1”是否出错，接下来再执行“命令 2”。

【例 5.18】　使用一次执行多次命令符号“;”，先查看当前路径然后再列出目录中的所有内容。

命令及显示信息如下：

```
[user@Fedora ~]$ pwd;ls
/home/user
公共的   模板   视频   图片   文档   下载   音乐   桌面
```

2. “&&”的使用

格式

```
命令 1 &&  命令 2     && ...
```

使用一次执行多次命令符号“&&”，先查看当前路径，然后列出目录中所有内容。命令及显示信息如下所示：

```
[user@Fedora ~]$ pwd && ls
/home/user
公共的   模板   视频   图片   文档   下载   音乐   桌面
```

从上面两个命令执行的结果可以看出，两个命令符号“;”和“&&”，其执行结果完全相同。

5.4.4 命令别名

在需要执行某一冗长或者不容易记忆的命令时，由于输入所有命令及命令选项参数比较烦琐，而且也容易出错，用户可以用比较简单的命令别名定义烦琐的命令以解决这个问题。别名相当于再给命令起一个名字，原来的命令名还是存在的。别名定义格式如下：

格式

```
alias [别名] = [需要定义别名的命令]
```

注意：如果命令中有空格的话，需要有引号。

【例 5.19】 将“cd /usr/local/bin”命令行另起别名为 bin，并且验证结果。

命令及运行结果如下：

```
[user@Fedora ~]$ alias bin='cd /usr/local/bin'
[user@Fedora ~]$ bin
[user@Fedora bin]$ pwd
/usr/local/bin
```

上面命令行的第二行是执行命令行的别名 bin 命令，由最后一行 pwd 命令的执行结果可以看出，bin 别名命令行“cd /usr/local/bin”成功。

5.4.5 管道

管道是 Linux 中信息通信的重要方式，在 Linux 系统中，管道是一种先进先出的单向数据通路。利用管道线“|” 把一个程序的输出直接连接到另一个程序的输入，而不经过任何中间文件。用户可以灵活地运用管道机制来提高工作效率。

 格式

```
命令 1 | 命令 2
```

【例 5.20】　使用命令 more 分页显示/usr/bin 目录的内容。

命令及系统显示信息如下：

```
[user@Fedora bin]$ ls /usr/bin/ | more
[
a2p
ab
abiword
abrt-applet
abrt-debuginfo-install
abrt-gui
abrt-pyhook-helper
ac
aconnect
activation-client
addftinfo
addr2line
aiksaurus
alsa-info
alsa-info.sh
alsamixer
amidi
amixer
amuFormat.sh
anthy-agent
anthy-dic-tool
anthy-morphological-analyzer
--More--
```

5.4.6　通配符

用户可以在 shell 的命令行中使用通配符作为特殊结构的字符串模式操作。shell 模式串既可以简单，也可以复杂。用于 shell 模式匹配的一些常用的通配字符及其功能如表 5.3 所示。

表 5.3　常用通配字符及其功能

字　符	功　能
*	用于匹配任意字符
?	用于匹配一个字符
[x-y]	用于匹配字符范围，例如[0-9]
[!x-y]	用于匹配不在字符范围，例如[!a-z]，表示除了“a-z”之间的字符

【例 5.21】　查找当前目录中所有以.sh 结尾的文件。

可以使用以下命令：

```
[user@Fedora ~]$ ls *.sh
```

【例 5.22】 查找当前目录中所有以.s?结尾的文件。其中“?”是任意一个字符的意思。

可以使用以下命令：

```
[user@Fedora ~]$ ls *.s?
```

【例 5.23】 查找一个目录中名字中包含数字的所有文件及目录文件。

可以使用以下命令：

```
[user@Fedora ~]$ ls *[0-9]*
```

【例 5.24】 查找一个名字中包含问号“?”的文件。

可以使用以下命令：

```
[user@Fedora ~]$ ls *\?
```

5.5 环境变量

环境变量实际上就是用户运行的参数集合。Linux 是一个多用户的操作系统，而且在每个用户登录系统后，都会有一个专有的运行环境。通常每个用户默认的环境都是相同的，而这个默认环境实际上就是一组环境变量的定义。用户可以设置自己的运行环境，即修改相应的系统环境变量，常见的环境变量如表 5.4 所示。

表 5.4 常见环境变量

系统环境变量	环境变量的含义
PATH	系统路径
HOME	系统根目录
HISTSIZE	保存历史命令记录的条数
LOGNAME	当前用户的登录名
HOSTNAME	主机的名称，若应用程序要用到主机名的话，通常是从这个环境变量中来取得的
SHELL	指当前用户用的是哪种 shell
LANG/LANGUGE	和语言相关的环境变量，使用多种语言的用户可以修改此环境变量
MAIL	当前用户的邮件存放目录

5.6 shell 内部命令

Linux 系统提供了大量命令供用户使用，但是出于性能方面的考虑，shell 还提供了很多具有同样功能的内部命令。在执行外部命令时需要创建单独的新进程，从而加大了系统的成本。由于内部命令在被解释执行时，不需要创建子进程，所以内部命令的执行要比外部命令快得多。

虽然有些 shell 的内部命令与外部命令名相同，功能也相同，但是其实现方式却不同。

例如 shell 内部命令 echo 与系统命令/bin/echo 的命令名完全相同，功能也相同，但是内部命令的执行效率要比系统命令高得多。

本节只介绍最常用内部命令，例如 echo、export、set/unset。

1. echo 命令

echo 命令是 Linux 系统中应用最广泛的命令之一，主要显示各种信息，也可以显示文件列表。如果要显示字符串，可以直接将字符串写到 echo 命令语句后面或在字符串前后加单引号。

echo 命令会将输入的字符串送到标准输出。输出的字符串间以空白字节隔开，并在最后加上换行符号。

格式

```
echo [选项参数]
```

选项参数

-n：不在最后自动换行。

-e：若字符串中出现以下字节，则加以特别处理，而不会将其当成一般文字输出。

\a：发出警告声。

\b：删除前一个字符。

\c：最后不加上换行符号。

\f：换行但光标仍旧停留在原来的位置。

\n：换行且光标移到行首。

\r：光标移到行首，但不换行。

\t：插入 tab。

\v：与\f 相同。

\\：插入\字节。

\nnn：插入 nnn（八进制）ASCII 码所表示的字符。

--help：显示帮助信息。

--version：显示版本信息。

【例 5.25】　使用 echo 命令，显示字符串信息“hi, this is a test!”。

命令及结果显示如下：

```
[user@Fedora ~]$ echo hi, this is a test!
hi, this is a test!
[user@Fedora ~]$ echo hi, 'this is a test!'
hi, this is a test!
```

第 1 行是用 echo 语句后面直接加要被显示的字符串。第 3 行是在要显示的字符串信息上加单号的，这两种方法的功能是相同的。

【例 5.26】　显示扩展名为“.c”的文件名。

命令及结果显示如下：

```
[user@Fedora ~]$ echo *.c
file2.c file.c
```

【例 5.27】 使用 echo 命令显示字符串，利用-n 参数使显示结果不要在最后自动换行。

命令及结果显示如下：

```
[root@Fedora ~]# echo -n "do you like Linux"
do you like Linux[root@Fedora ~]#                    //此处出现提示符号，并不会自动换行
```

【例 5.28】 使用 echo 命令显示字符串“Warning message”，并在最后发出警告声。

命令及结果显示如下：

```
[root@Fedora ~]# echo -e "Warning message\a"
Warning message
```

【例 5.29】 使用 echo 显示字符串“Hanx is a kind person.”，并删除该字符串中的单词“Hanx”中的字符“x”。

命令及结果显示如下：

```
[root@Fedora ~]# echo -e "Hanx\b is a kind person."
Han is a kind person.
```

【例 5.30】 显示变量$PATH 的内容。

命令及结果显示如下：

```
[root@Fedora ~]# echo $PATH
/sbin:/bin:/usr/sbin:/usr/bin
```

2. let 命令

let 命令用于计算和测试整数算术表达式，执行整数运算。下面的实例是利用 let 命令计算整数表达式。

```
[user@Fedora ~]$ n=1
[user@Fedora ~]$ let "n=n"
[user@Fedora ~]$ let "n=n+2"
[user@Fedora ~]$ echo "$n"
3
```

上面命令行的第一行给变量 n 赋初值为 1，第二行用 let 命令将 n 的值 1 赋值给 n，第三行用 let 命令将 n+2 的值赋给 n，即 1+2=3。第四行命令用 echo 显示 n 变量的值。变量的值要用$符号，最后一行是显示了变量 n 的值。

3. set 命令与 unset 命令

格式

```
set    [选项参数]
```

set 命令主要用来查询和设定环境变量。它可以按照不同的需求，设定要使用 shell 的执行方式，也可以将变量导出成为环境变量（使用 export 命令），让所有的命令都可以存取环境变量。

选项参数

-a：标示已修改的变量，以供输出至环境变量。

-b：使被挂起的后台程序立刻返回执行情况。

-d：shell 默认会用哈希表(bash table)记忆使用过的命令，以加速指令的执行。使用“-d”参数可取消此功能。

-e：若命令返回值不等于 0，则立即退出 shell。

-f：取消使用通配字符。 shell 有 3 种通配字符："*"、"?"及"[x-y]"。

-h：自动记录函数的所在位置。

-k：命令所给的参数都被视为该命令的环境变量。

-l：记录 for 循环的变量名称。

-m：在该模式下，如果后台执行的程序执行结束，就显示执行结果。

-n：只读取命令，而不实际执行。通常用来测试 shell script 是否正确。

-t：执行完该命令，则退出 shell。

-u：当执行时使用到未定义过的变量，则显示错误信息。

-v：显示 shell 所读取的输入值。

-x：执行命令时，会先显示该命令然后及其参数，再显示执行结果。

说明：如果 set 命令不带任何选项参数，set 命令将会列出所有的环境变量和其他已经声明或设置的变量。

【例 5.31】 使用 set 命令列出所有的环境变量和其他已经声明或设置的变量。

命令及结果显示如下：

```
[user@Fedora ~]$ set
BASH=/bin/bash                                          //bash 主程序放置路径
BASH_ALIASES=()
...
GDMSESSION=gnome                                        //使用 GNOME 会话方式
GDM_KEYBOARD_LAYOUT=us                                  //键盘布局为美国英语方式
GDM_LANG=zh_CN.UTF-8                                    //系统语言为汉语
GNOME_DESKTOP_SESSION_ID=this-is-deprecated
GNOME_KEYRING_PID=1585
GNOME_KEYRING_SOCKET=/tmp/keyring-kMtY03/socket
GROUPS=()
GTK_RC_FILES=/etc/gtk/gtkrc:/home/user/.gtkrc-1.2-gnome2
G_BROKEN_FILENAMES=1
HISTCONTROL=ignoreboth
HISTFILE=/home/user/.bash_history                       //存放命令历史记录的文件
HISTFILESIZE=1000                                       //记录命令历史文件最大数
HISTSIZE=1000                                           //记录命令历史文件存放命令最大数
HOME=/home/user                                         //当前用户目录为/home/user
HOSTNAME=Fedora                                         //主机名为 Fedora
HOSTTYPE=i386                                           //主机类型为 i386 系列
...
```

使用 set 除了将系统的环境变量列出外，所有用户设定的变量也被列出。

【例 5.32】 当执行到未定义的变量 delta 时，显示错误信息。

命令及结果显示如下：

```
[user@Fedora ~]$ echo $delta              //显示没有定义过的 delta 变量
                                          //不显示任何信息
[user@Fedora ~]$ set -u
```

```
[user@Fedora ~]$ echo $delta          //显示没有定义的变量"$delta"
bash: delta: unbound variable         //出现错误信息
```

格式

unset [选项参数] [变量或函数名]

unset 命令用于删除变量或函数。

选项参数

-f：仅删除函数。

-v：仅删除变量。

【例 5.33】 使用 unset 命令清除 shell 变量 v="a+b"，然后查看清除结果。

命令及结果显示如下：

```
[user@Fedora ~]$ v=a+b
[user@Fedora ~]$ echo "$v"
a+b
[user@Fedora ~]$ unset v
[user@Fedora ~]$ echo "$v"
[el]
[user@Fedora ~]$
```

上面命令行的意思分别为：第一行将字符串"a+b"的值赋值给变量 v，第二行使用 echo 命令显示变量 v 的值，第三行显示的是变量 v 的值，第四行用 unset 命令将变量 v 的值清空，第五行用 echo 命令显示变量 v 的值，从第六行的空白处可以看到变量 v 的值已被清空。

【例 5.34】 删除 HISTFILESIZE 变量。

命令如下：

```
[user@Fedora ~]$ unset HISTFILESIZE
```

4. export 命令

export 命令用于将变量设置成能够用于正在运行的脚本或 shell 所有子进程。shell 可以用 export 命令将变量向下带入子 shell，从而让子进程继承父进程中的环境变量。但子 shell 不能用其变量向上带入父 shell。

格式

export ［选项参数］[变量名［=变量设置值］]

选项参数

-f：表示［变量名］中为函数名。

-n：删除指定的变量。实际上，变量并没有被真正删除，只是不会输出到后续命令的执行环境中。

-p：列出所有 shell 赋予的环境变量。

不带任何变量名的 export 语句将显示出当前所有的 export 变量。

【例 5.35】 显示并修改 HISTFILESIZE 变量的设置值，最后查看修改结果。

命令及结果显示如下：

```
[root@Fedora ~]# echo $HISTFILESIZE
1000
[root@Fedora ~]# export   HISTFILESIZE=1200
[root@Fedora ~]# echo $HISTFILESIZE
1200
```

【例 5.36】　列出 shell 赋予的所有环境变量。

命令及结果显示如下：

```
[root@Fedora ~]# export -p
declare -x COLORTERM="gnome-terminal"
declare -x DISPLAY=":0.0"
declare -x G_BROKEN_FILENAMES="1"
declare -x HISTFILESIZE="1200"
declare -x HISTSIZE="1000"
declare -x HOME="/home/user"
declare -x HOSTNAME="Fedora"
...
```

【例 5.37】　使用 export 命令显示当前所有的 export 变量。

命令及结果显示如下：

```
[user@Fedora ~]$ export
declare -x COLORTERM="gnome-terminal"
declare-x DBUS_SESSION_BUS_ADDRESS="unix:abstract=/tmp/dbus-HHQNJtbw9a,guid=
1d86ce09f378834bef1100a04be8a576"
declare -x DESKTOP_SESSION="gnome"
declare -x DISPLAY=":0.0"
...
```

5.7　vi 编辑器

在 Linux 系统下，文本编辑器有很多，图形模式下有 gedit、emacs、kwrite 等编辑器，文本模式下有 vi、vim 和 nano 等编辑器。其中，vi 和 vim 是 Linux 系统中最常用的编辑器。vim 是 vi 的增强版本。

vi 编辑器是所有 Linux 系统的标准编辑器，它可以编辑任意的 ASCII 文本，对于编辑源程序尤其有用。vi 编辑器功能强大，该编辑器可以对文本进行创建、查找、替换、删除、复制和粘贴等操作。

vi 编辑器有 3 种基本工作模式：命令行模式、插入模式和末行模式。使用时，一般将末行模式也算入命令行模式。

(1) 命令行模式。该模式下可以控制屏幕光标的移动，字符、字或行的删除，移动、复制、粘贴，切换到插入模式，或切换到末行模式等操作。

(2) 插入模式。尽管在命令行模式下，用户可以进行移动、删除、复制和粘贴等操作，但对于文件是仍然无法编辑，这需要用户在命令行模式下，按下相关命令键，如 i、I、a、A、o 或 O 等，屏幕上出现“INSERT”或“REPLACE”时，用户便可进入插入模式进行文字的输入操作，按“ESC”键可返回到命令行模式。

(3) 末行模式。在命令行模式中输入“:”或“?”，光标就会移到屏幕的最下方，此时便进入命令行模式。在该模式下可以将文件保存或退出 vi 编辑器，也可以设置编辑环境，如寻找字符串、列出行号等。

5.7.1 vi 的基本操作

1. 进入 vi 编辑器

在命令终端输入 vi 及文件名称后，就进入 vi 编辑界面。如果系统不存在该文件，就要创建；如果存在，就要对该文件进行编辑。例如要创建并编辑文件名为“filename”的文本文件，那么在命令终端输入以下命令：

```
[user@Fedora ~]$ vi filename
```

按下回车键，进入 vi 编辑器界面后，系统处于命令行模式，如图 5.2 所示。

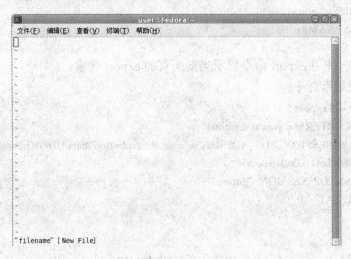

图 5.2 vi 编辑器界面

如果想在该界面中输入文字，则需要切换到插入模式。

2. 进入插入模式编辑文件

在命令行模式下，按字母键“i”就可以进入插入模式，此时便可以输入文字。当输入完毕后，可以按下“ESC”键从插入模式切换到命令行模式。

3. 退出 vi 并保存文件

在命令行模式下，按冒号键“:”可以进入末行模式。例如，在冒号“:”后，输入“wq”，保存并退出 vi 编辑器；输入“q!”，不保存强制退出 vi；输入“w filename2”将文件内容保存到指定的文件名 filename2 中。

5.7.2 命令行模式操作

1. 进入插入模式

(1) 按“i”键：从光标当前位置开始输入文字。

(2) 按“I” 键：在光标所在行的行首输入文字。

(3) 按“a” 键：从光标当前所在位置的下一个位置开始输入文字。

(4) 按“A” 键：在光标所在行的行末输入文字。

(5) 按“o” 键：从光标所在位置的下面插入新的一行，并且从行首开始输入文字。

(6) 按“O” 键：在光标所在行的上面插入新的一行，并且从行首开始输入文字。

(7) 按“s” 键：删除光标所在位置的一个字符，然后进入插入模式。

(8) 按“S” 键：删除光标所在的行，然后进入插入模式。

2. 从插入模式切换到命令行模式

按“ESC”键，完成从插入模式到命令行模式的切换。

3. 移动光标快捷键

(1) 在命令行模式下，用户可以直接使用键盘的方向键移动光标，但 vi 编辑器规定使用小写英文字母“h”、“j”、“k”、“l” 键分别控制光标向左、下、上、右移一格。

(2) 按“Ctrl+b”键：屏幕向上移动一页。

(3) 按“Ctrl+f”键：屏幕向下移动一页。

(4) 按“Ctrl+u”键：屏幕向上移动半页。

(5) 按“Ctrl+d”键：屏幕向下移动半页。

(6) 按“Ctrl+g”键：列出光标所在行的行号。

(7) 按“G”键：将光标移动到文本的最后。

(8) 按“nG”键：将光标移动到该文本的第“n”行行首。例如：“20G”，表示移动光标至该文本的第 20 行行首。

(9) 按“^”键：将光标移动到其所在行的行首。

(10) 按“$”键：将光标移动到其所在行的行尾。

(11) 按“w”键：将光标移动到下一个单词的开头。

(12) 按“e”键：将光标移动到下一个单词的结尾。

(13) 按“b”键：将光标移动到上一个单词的开头。

(14) 按“nl”键：将光标移动到该行光标所在位置后的第“n”个字符。例如：“6l”表示移动到该行光标所在位置后的第 6 个字符。

4. 删除文字

(1) 按“x”键：每按一次该键，向后删除光标所在位置的一个字符。

(2) 按“nx”键：每按一次该键，删除光标所在位置后面“n”个字符。例如，“6x”表示删除光标所在位置后面 6 个字符。

(3) 按“X”键：每按一次该键，向前删除光标所在位置的一个字符。

(4) 按“nX”键：每按一次该键，删除光标所在位置前面的“n”个字符。例如，“6x”表示删除光标所在位置前面 6 个字符。

(5) 按“dd”键：删除光标所在行。

(6) 按“ndd”键：从光标所在行开始删除“n”行。例如，“3dd”表示删除从光标所在行开始的 3 行字符。

5. 复制粘贴

(1) 按“yw”键：复制光标所在位置到该单词结尾的字符。

(2) 按“nyw”键：复制光标所在位置到其后面第“n”个字符。

(3) 按“yy”键：复制光标所在行。

(4) 按“nyy”键：复制从光标所在行开始的“n”行字符。例如：“3yy”表示复制从光标所在行开始的3行字符。

(5) 按“p”键：将复制到缓冲区内的字符粘贴到光标所在位置。

6. 替换更改

(1) 按“r”键：替换光标所在位置的字符。

(2) 按“R”键：替换光标所到位置的字符，直到按下“ESC”键为止。

(3) 按“cw”键：更改光标所在位置的该单词的结尾处。

(4) 按“cnw”键：更改光标所在位置到其后“n”个单词的结尾处。例如：“c3w”表示更改光标所在位置到其后“3”个单词的结尾处。

7. 撤销上一次操作

按“u”键：撤销前一个操作。按多次“u”键，可以执行多次撤销操作。

8. 保存文件并退出

按“ZZ”键：保存文件并退出。

9. 不保存文件退出

按“ZQ”键：不保存文件，退出。

5.7.3 末行模式操作

按“ESC”键以确保在命令行模式下，然后按冒号“：”即可进入末行模式。

1. 列出行号

“set nu”：输入“set nu”命令后，按回车键，即可在文件中的每一行前面列出行号。

2. 取消列出行号

“set nonu”：输入“set nonu”命令后，按回车键，即会取消在文件中的每一行前面列出的行号。

3. 查找字符

(1) “/要查找的关键字”：先按“/”键，再输入想查找的字符，如果第一次查找的关键字不是想要的，可以一直按“n”，向下查找下一个关键字。

(2) “？关键字”：先按“？”键，再输入想查找的字符，如果第一次查找的关键字不是想要的，可以一直按“n”向上查找下一个关键字。

4. 搜索时忽略大小写

“set ic”：输入“set ic”命令后，按回车键，即在搜索时忽略大小写。

5. 取消搜索时忽略大小写

“set noic”：输入“set noic”后，按回车键，即取消在搜索时忽略大小写。

6. 跳到文件中的某一行

“n”：其中“n”表示一个行数，在冒号后输入一个数字，再按回车键，就会跳到该行，例如，输入数字10，再按回车就会跳到文本的第10行。

7. 运行 shell 命令

“! cmd”：运行 shell 命令“cmd”。

8. 替换字符

(1) “s/word1/word2/g”：把当前光标所处的行中的“word1”单词替换成“word2”。

(2) “%s/word1/word2”：把文档中所有 word1 替换成 word2。

(3) “nl, n2 s/word1/word2/g”：n1、n2 是两个数字，表示从 nl 行到 n2 行，把 word1 替换成 word2。

9. 保存文件

“w”：输入“w”后，按回车，即可以将文件保存起来。

“w file”：输入“w file”后，按回车，即将文件另存为文件“file”。

10. 退出 vi

(1) “q”：输入“q”后，即可退出 vi，如果无法退出 vi，输入“q!”，按回车键强制退出 vi。

(2) “wq”：建议用户在退出 vi 时，与“w”搭配使用，这样退出时可以保存文件。

第 6 章

文件目录操作

文件管理是 Linux 操作系统的重要组成部分，Linux 操作系统通过目录组织文件。

6.1 Linux 文件介绍

文件具有文件名、文件权限等属性，不同类型的文件可以用扩展名加以区分。本节主要介绍文件名、文件类型、文件访问权限等相关文件信息。

6.1.1 文件名

文件名是用来标识文件的字符串。Linux 操作系统是区分英文字符大小写的，文件名也一样，比如 myfile、Myfile 和 MYFILE 是 3 个不同的文件，同样，目录名也区分英文字符大小写。除非有特别原因，否则用户创建的文件和目录名都使用小写英文字符，大多数 Linux 命令也是小写英文字符。

通常情况下，文件名的字符包括：字母、数字、.（点）、_（下划线）和-（连字符）。Linux 允许文件名中使用除上述符号之外的其他符号，但并不建议用户这样使做命名文件名。有些转意字符（即该字符被系统借用，表示某种特殊含义）在 Linux 的命令解释器（shell）中有特殊的含义，其转意字符有：?（问号）、*（星号）、（空格）、$（货币符）、&、()（括号）等，在文件名中应尽量避免使用这些字符。文件名中可以有（空格），但建议用户采用“_”（下划线）替代。“/” 既可代表目录树的根，也可作为路径名中的分隔符，因此“/”不能出现在文件名中。和 DOS 一样，“.” 和 “..” 分别用来表示“当前目录”和“父目录”，因此它们也不能作为文件名。Linux 系统下的文件名长度最多可为 256 个字符，但文件名应该尽量简单，并且应反映文件内容。除斜线(“/”)和空字符(ASCII 字符“\0”)以外，文件名可以包含任意的 ASCII 字符，因为斜线和空字符这两个字符被操作系统当做表示路径名的特殊字符。

总的来说，应避免使用以下字符，因为这些字符对系统 shell 有特殊含义。这些字符分别是：“;”、“|”、“<”、“>”、“ ”（空格）、“$”、“!”、“%”、“&”、“*”、“?”、“\”、“(”、“)”、“[”和“]”。

6.1.2 文件类型

Linux 将目录和设备都当做文件进行处理，这样可简化对各种不同类型设备的处理，提高效率。Linux 操作系统中主要支持 4 种文件类型：普通文件、目录文件、连接文件、设备文件。下面分别讲解这 4 种文件类型。

1. 普通文件

普通文件跟 Windows 文件类似，是用户日常使用最多的文件。它通常是流式文件，包括文本文件、程序源代码、shell 脚本、二进制可执行程序、图片、声音图像等文件。Linux 操作系统不会区别以上文件，只会将它们当做字节流而不会对文件内容附加任何的结构或赋予任何含义。

说明：字节流是文件逻辑结构的一种，由字节流（字节序列）组成的文件是一种无结构文件或流式文件，不考虑文件内部的逻辑结构，只把该文件简单地看做是一系列字节序列。很多操作系统采用这种形式，如 Unix/Linux、DOS 和 Windows 等。

2. 录文件

Linux 系统中目录也是文件，目录文件用于表示和管理系统中的全部文件，它包含文件名和子目录以及指向这些文件和子目录的指针。在 Windows 操作系统中使用文件夹表示目录。

在 Linux 系统中每个文件都赋予唯一数值，这个数值称为索引节点。索引节点存储在索引节点表（Inode Table，该表在磁盘格式化时进行分配）中。每个实际的磁盘或分区都有自己的索引节点表。一个索引节点包含文件的长度、创建以及修改时间、权限、所属关系、磁盘中的位置等信息。

文件系统给每个索引节点分配一个号码，即该索引节点在索引数组中的索引号，称为索引节点号。Linux 文件系统将文件索引节点号和文件名同时保存在目录中，所以目录的作用只是将文件的名称及其索引节点号相结合在一起，而目录中每一对文件名称和索引节点号称为一个连接。

Linux 文件系统把索引节点号 1 赋予根目录，即 Linux 的根目录文件在磁盘上的地址为节点号 1。根目录文件包括文件名、目录名及它们各自的索引节点号的列表，Linux 可以通过查找从根目录开始的一个目录链查找系统中的任何文件。

对于一个文件，有唯一的索引节点号与之对应；对于一个索引节点号，却有多个文件名与之对应。因此，在磁盘上的同一个文件可以通过不同的路径进行访问。

如果将一个文件从一个目录转到另一个目录时，文件系统会将文件原先的磁盘索引号删除，并在新磁盘上建立相应的索引节点，例如将目录/etc 下的文件名为“a”的文件移动到目录/home 下，变化过程如图 6.1 所示。

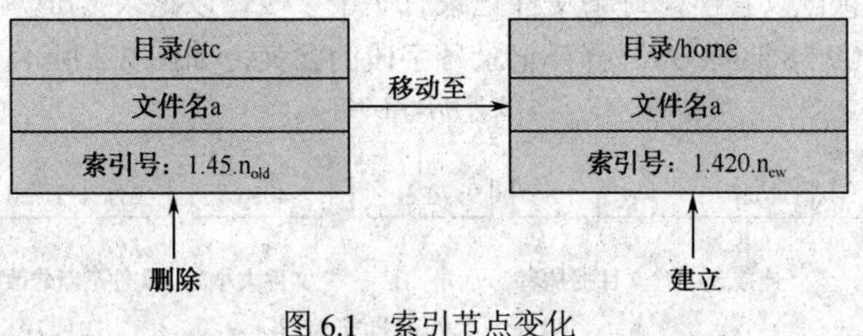

图 6.1 索引节点变化

3. 链接文件

链接文件分为符号链接文件和硬链接文件，类似于 Windows 系统的快捷方式，链接是指向文件的指针，该指针将文件名和磁盘的某个位置建立关联。当命令指明此文件名时，文件指针就指向存放该文件的磁盘位置。

4. 设备文件

Linux 把设备当做文件来处理有利于用户在 Linux 中编程。所有的设备文件都被放在/dev 目录下，该目录下可以访问各种系统设备。设备文件用来管理硬件设备，包括键盘、光驱、DVD 和打印机等。每个硬件都至少与一个设备文件相关联，设备文件包括块设备文件和字符设备文件。其中，块设备文件是指以块为单位读写数据的设备，如磁盘等；而字符设备文件主要是指串行端口的接口设备，是按照字符操作的终端、键盘等设备。

Linux 操作系统中，每个连接到计算机的外围设备至少有一个相应的设备文件，因为应用程序和命令读写外围设备文件的方式和读写普通文件的方式相同，所以 Linux 操作系统称为与设备无关的操作系统。

6.1.3 文件访问权限

由于 Linux 是多用户操作系统，所以同一文件有可能被其他用户操作。文件的访问权限对文件所有者来说具有至关重要的作用，它决定了哪些用户能够对文件进行访问或修改，以及避免非法用户访问该文件等。

1. 文件访问权限及属性概述

与 Windows 系统不一样的是，在 Linux 系统中，每一个文件都增加很多属性概念，尤其是用户组的概念，主要是为了增强安全性。在 Linux 系统下，通常只有 root 用户才能读写或执行系统服务文件，例如/etc/shadow 账号管理的文件，该文件记录了系统中所有账号的数据，一般用户禁止读取，只有超级用户 root 才能读取。Linux 文件基本命令 ls，用于列出目录内容。从 Linux 的登录界面以 root 的身份登入 Linux 后，输入“ls -al”命令，其中选项参数-al 列出所有文件详细信息，包括文件的访问权限。命令及系统显示信息如下：

```
[user@Fedora ~]$ ls -al
总用量 432
drwx------. 35 user user    4096   5 月  12 08:46 .
drwxr-xr-x.   3 root root    4096   5 月  10 18:38 ..
drwxr-xr-x.   2 user user    4096   5 月  11 15:20 aa
-rw-------.    1 user user    1294   5 月  11 17:47 .bash_history
...
```

从上面的信息可以看出，每条文件记录有 7 个字段，以记录“drwxr-xr-x 2 root root 4096 2009-11-26 09:58 aaa”为例解释记录各字段的含义，如图 6.2 所示。

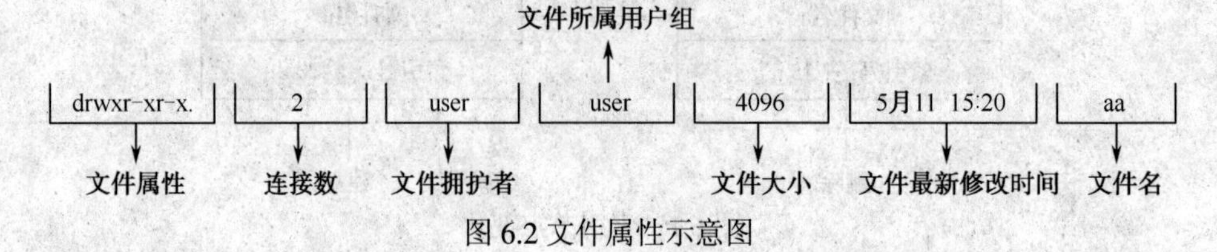

图 6.2 文件属性示意图

从图6.2可以看出，记录的第一个字段表示文件的属性，文件属性包括10项属性，如图6.3示。Linux系统中文件的拥有者可以把文件的访问属性设置成3种不同的访问权限：可读（r）、可写（w）和可执行（x）。

可读（r）：对文件而言，该用户具有读取文件内容的权限；对目录来说，该用户具有浏览目录的权限。

可写（w）：表示对文件而言，该用户具有新增、修改文件内容的权限；对目录来说，该用户具有删除、移动目录内文件的权限。

可执行（x）：表示对文件而言，该用户具有执行文件权限；对目录来说，该用户具有进入目录的权限。文件又有 3 个不同的用户级别：文件拥有者（u）、所属的用户组（g）和系统中其他用户（o）。

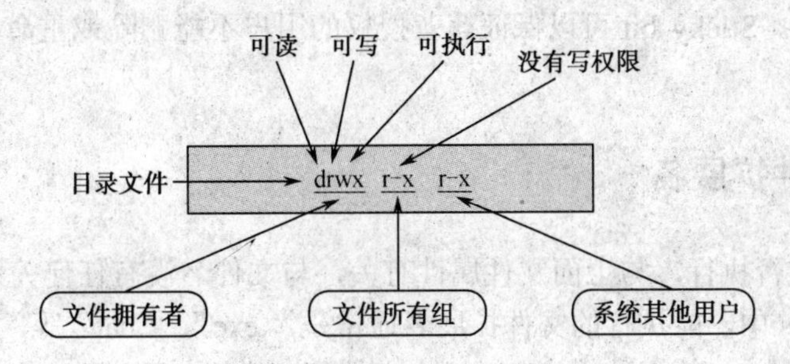

图6.3　Linux属性表示方法

图6.3中的第一个字符显示文件的类型，文件类型有以下几种：

“d”：目录文件，例如上面实例记录中的第一列“d”就是表示此文件是目录文件（windows中所说的文件夹）；

“-”：普通文件；

“l”：为连接文件（link file）；

“c”：字符设备；

“b”：块设备；

“p”：命名管道如FIFO文件（First In First Out，先进先出）；

“f”：堆栈文件如LIFO文件（Last In First Out，后进先出）。

第一个字符之后有3个三位字符组：

(1) 第1个三位字符组表示文件拥有者（u）对该文件的权限；

(2) 第2个三位字符组表示文件用户组（g）对该文件的权限；

(3) 第3个三个字符组表示系统其他用户（o）对该文件的权限；

如果该用户组对此文件没有权限，一般显示“-”字符。每个用户都拥有自己的宿主目录，通常集中放置在/home目录下，这些宿主目录的默认权限为“drwx------”，可以使用如下命令查看宿主目录：

```
[root@Fedora user]# ls -l /home
总用量 4
drwx------. 37 user user 4096   5月  12 09:18 user
```

关于文件访问权限的设置将在后面的6.7节中讲解。

2. 特殊权限

Linux 系统中的文件权限除了上述常见的读写执行权限外，还有所谓的特殊权限，如果用户没有特殊需求，不要启用这些权限，避免出现安全漏洞。一般特殊权限有：SGID(set-group-ID)、SUID(set-user-ID)、Sticky bit。

(1) SUID(set-user-ID)。具有 SUID 特殊权限的文件，表示运行这个程序时是以该文件拥有者的身份进行的，如果可执行文件的用户是 root，那么就能任意存取该 root 用户使用的全部资源，如果设置不当，很容易造成安全隐患。

(2) SGID(set-group-ID) 。SGID 与 SUID 是一样的，唯一不同是，运行时是以该文件的所有组身份进行。SUID 可简写为 S 或 s，如果文件启用这个权限，该文件就可以任意存取整个用户组中所有可以使用的系统资源。

(3) Sticky bit。Sticky bit 可以保证违背授权的用户不能删除或重命名某个目录下其他用户的文件。

6.1.4 文件扩展名

Linux 文件能否执行，与上面文件属性有关，与文件名没有任何关系，这与 Windows 不同。在 Windows 中，能执行的文件扩展名通常是“.exe”、“.bat”等，而在 Linux 中，只要属性中有 x，例如，[-rwx-r-xr-x]表示这个文件可以执行。不过，x 表示这个文件具有可执行的能力，但执行是否成功，要看该文件的内容。

虽然扩展名对文件的执行没有多大关系，但是通常还是会以适当的扩展名表示该文件是什么类型。用户在使用操作系统时可能会用到各种文件，如压缩包、shell 脚本、图片等，用户可以根据扩展名了解 Linux 文件，因此扩展名对用户来说还是很有作用的，特别是当用户自己创建一些文件时建设加扩展名，这样在应用时能够根据扩展名了解文件类型。下面列举了 Fedora 中一些常见的文件扩展名及其所代表文件的类型，如表 6.1 所示。

表 6.1 常见 Linux 文件扩展名及其文件类型

扩 展 名	文 件 类 型	扩 展 名	文 件 类 型
.bz2	使用 bzip2 命令压缩的文件	.jpg	jpeg 图像文件
.gz	使用 gzip 命令压缩的文件	.png	png 图像文件
.zip	使用 zip 命令压缩的文件	.conf	配置文件
.rar	使用 rar 命令压缩的文件	.c	C 语言源文件
.tar	使用 tar 命令打包的文件	.cpp	C++程序语言源文件
.tar.bz2	先用 tar 命令打包，再 bzip2 命令压缩的文件	.h	C、C++等语言的头文件
.tar.gz	先用 tar 命令打包，再 gzip 命令压缩的文件	.py	Python 语言脚本文件
.au	音频文件	.so	库文件
.gif	gif 图像文件	.sh	shell 脚本文件

6.2 目录

目录是文件系统中组织文件的形式，它可为管理文件提供一个方便而有效的途径。Linux 使用标准的目录结构，安装时，安装程序就已经为用户创建了文件系统和完整而固定的目录，并指定了每个目录的作用及其目录的文件类型。

6.2.1 目录结构

Linux 文件系统将文件组织在若干目录及其子目录中，最上层的目录称为根（root）目录，用“/”表示，其他的目录都是从根目录出发而生成的。这种目录结构类似于一个倒置的树状，所以又称为树状结构。下面以 Fedora 12 为例介绍 Linux 的目录结构，Fedora 12 目录结构如图 6.4 所示。

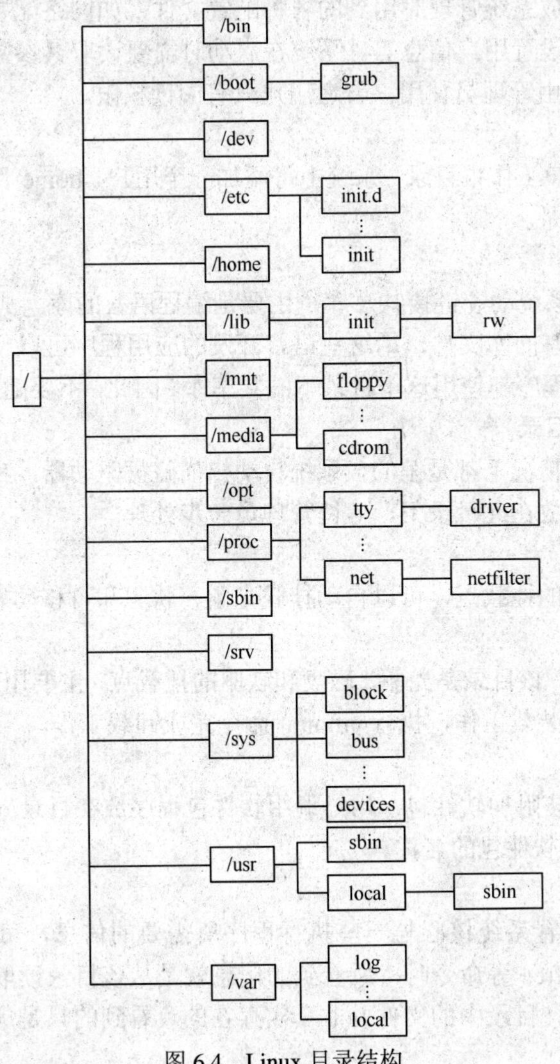

图 6.4 Linux 目录结构

以 Fedora 12 为例，Linux 文件系统中各主要目录的存放内容及功能如下：

1. “/”根目录

根目录位于目录结构的最上级，相对于其他子目录，根目录用“/”表示。

2. /bin 目录

bin 是二进制(binary)的英文缩写。这个目录存放 Linux 常用的操作命令，如 ls、mkdir、kill、echo 等，该目录下还可以存放一般用户使用的可执行文件等。

3. /boot 目录

该目录用于存放操作系统启动时用到的程序，例如启动 grub 就用到/boot/grub 文件。

4. /dev 目录

该目录包含所有的 Linux 系统中使用的外围设备。需要注意的是，该目录不是存放外部设备的驱动程序，而是一个访问外部设备的端口。Linux 中所有设备都当做文件进行处理，比如：/dev/cdrom 代表光驱，这样用户就可以方便访问这些外部设备了。

5. /etc 目录

/etc 目录主要存放系统管理时用到的各种配置文件，如网络配置文件、x 系统配置文件、设备配置信息、设置用户信息等。系统在启动时需要读取其参数进行相应配置，该目录下的所有文件主要由管理员使用，普通用户只有阅读权限。

6. /home 目录

/home 目录是用户工作根目录，系统中每添加一个用户，home 目录下就为该用户账号建立一个同名的主目录。

7. /lib 目录

/lib 目录下存放系统动态链接共享库，主要是编程语言的库。典型的 Linux 操作系统中包含 C、C++等语言的库文件，用这些语言开发的应用程序可以使用这些编程语言库文件。几乎所有的应用程序都使用这个目录下的共享库。因此，不要随便对该目录进行操作。

8. /lost+found 目录

该目录在大多数情况下都是空的，系统自动扫描磁盘驱动器，当系统产生异常时，则会将一些遗失的片段放在此目录下，等待管理员一步处理。

9. /media 目录

该目录下是光驱的挂载点，可以自动挂载光驱、软驱和可移动硬盘。

10. /mnt 目录

在 Linux 系统中，该目录是光驱、磁盘和软驱的挂载点，主要用来临时装载文件系统，执行 mount 命令完成装载工作，执行 umount 命令完成卸载工作。

11. /opt 目录

/opt 目录用于安装附加软件包，用户调用软件包程序放在目录/opt/package_name 下，package_name 是安装软件包的名称。

12. /proc 目录

该目录是用于放置系统核心与一些执行程序所需要的信息，可提供有关系统信息文件，比如，执行 ps、free 等命令时，所看到的信息就是从该目录读取的。而这些信息是在内存中由系统产生的，目录中的文件并非真实存在的，看到的只是虚拟文件，故不占用硬盘空间。

13. /root 目录

该目录是超级用户登录时的主目录，即 root 用户专属目录，普通用户无权访问该目录。

14. /sbin 目录

/sbin 目录主要放置一些系统管理的必备程序，如管理工具、应用软件和通用的根用户权限命令等内容，包括文件系统管理工具，如 fdisk、mkfs 等，以及网络命令，如 ifconfig、route 等。

15. /selinux 目录

selinux 是 Linux 的安全子系统，默认安装在 Fedora 和 Redhat Enterprise Linux 上。

16. /srv 目录

该目录存放一些服务启动后所需要提取的数据。

17. /sys 目录

这是 Linux 2.6 内核的一个巨大变化。该目录下安装了在 Linux 2.6 内核中新出现的文件系统 sysfs。文件系统 sysfs 集成了针对进程信息的文件系统 proc、针对设备的文件系统 devfs 以及针对伪终端的文件系统 devpts 等 3 种文件系统信息。该文件系统是内核设备树的一个直观反映，当创建一个内核对象时，对应的文件和目录也在内核对象子系统中创建。

18. /tmp 目录

该目录用来存放不同程序执行时产生的临时文件。默认所有用户都可以读取、写入和执行文件。定时删除该目录下所有文件，以避免临时文件占满整个磁盘。/tmp 目录下的文件的生命周期可由系统管理员设定，不同系统中各不相同。

19. /usr 目录

/usr 是一个非常重要的目录，是 Linux 文件系统中最大的目录之一，也是 Linux 操作系统中使用最频繁的目录。用户的很多应用程序和文件都在放在这个目录下。与 Windows 下的 Program Files 文件夹相似，该目录中包含很多子目录，各子目录的功能与作用如下：

/usr/bin：存放系统用户可以执行的命令程序，如 find、free 及 gcc 等。

/usr/games：存放如国际象棋、gnome 方块等有趣游戏。

/usr/include：存放 C 开发工具的头文件。

/usr/lib：存放许多程序和子系统所需的函数库。

/usr/local：存放供用户放置自行安装的应用程序。

/usr/sbin ：存放超级用户使用的比较高级的管理程序和系统守护程序。

/usr/share：存放结构独立的数据。

/usr/src：存放内核源代码。

20. /var 目录

该目录也是一个非常重要的目录，主要用于存放易变的数据，这些数据在系统运行过程中不断改变，它们被分存在几个子目录下，如打印机、邮件等，很多服务的日志信息都存放在该目录下（包括系统日志、服务器日志和邮件日志等）。

6.2.2 路径概述

使用当前目录下的文件时可以直接引用文件名；如果要使用其他目录下的文件，就必须指明该文件在哪个目录中。一个文件或目录在文件系统中的位置被称为路径。Linux 操作系统中路径是以字符“/”和目录名组织在一起的，如/usr、/etc、/var 等。

在 Linux 下按查找文件的起点不同，路径可分为两种：绝对路径和相对路径。与 DOS 相同，每个目录下都有代表当前目录的“.”文件和代表当前目录父目录的“..”文件，相对路径名一般就是从“..”开始的。

Linux 操作系统中一个路径可以有 3 种表示方式：从根目录开始、从当前目录开始和从用户主目录开始。从根目录开始表示的路径称为绝对路径，可以被所有用户在任何一个目录下使用，如/etc/init.d/network 就是一个绝对路径。从当前工作目录或用户主目录开始表示的路径称为相对路径，相对路径是随着用户工作目录的变化而改变的。

6.3 文件和目录的基本操作命令

文件和目录的操作在每个系统中都是必不可少的，Linux 系统提供大量文件和目录处理的命令与工具，用于创建、显示、移动、删除、复制和维护文件与目录。本节主要介绍 Linux 系统中的文件和目录操作命令的功能及其使用方法。

6.3.1 显示工作目录命令 pwd

pwd（Print Working Directory），显示当前工作目录的命令。pwd 命令可以显示整个路径名，此路径名为绝对路径名。

格式

```
pwd [选项参数]
```

选项参数

--help：显示帮助信息。

--version：显示版本信息。

【例 6.1】 先用 cd 命令进入/usr/local/目录，然后用 pwd 命令查看当前目录。

命令及结果显示如下：

```
[user@Fedora ~]$ cd /usr/local
[user@Fedora local]$ pwd
/usr/local
```

从上述实例的执行结果可以看出，用户当前工作目录为 /usr/local。

6.3.2 更改工作路径命令 cd

cd 命令是 Linux 系统中最基本的命令，而 Linux 字符界面操作，基本都是建立在使用 cd 命令之上的。只要知道当前所在位置与目标位置间的关系，要改变所在目录使用 cd 命令是很容易实现的，要转换到其他目录中，需要一个路径名，可以使用绝对路径或相对路径名。绝对路径从“/”开始，然后进入到所需的目录，相对路径从当前的路径开始，当前目录可以是任何地方。

格式

```
cd    [路径名]
```

【例 6.2】　使用 cd 命令进入/usr/local/bin/目录，并从当前目录退回到上一级目录。

分析：使用“cd .. ”实现退回上级目录。需要注意的是 cd 后面有空格，命令及信息显示如下：

```
[user@Fedora ~]$ cd /usr/local/bin/
[user@Fedora bin]$ cd ..
[user@Fedora local]$ pwd
/usr/local
```

从上述实例的前两行命令可以看出：使用 cd 命令进入/user/local/bin/目录，然后用 cd .. 命令退回到上级目录，从最后一行信息 pwd 命令执行结果可以看出，已成功退回到上级目录。

【例 6.3】　使用 cd 命令实现进入当前目录父目录的父目录。

分析：使用“cd ../..”命令实现，命令“cd ../..”中的 cd 后面也必须有空格。命令及显示信息如下：

```
[user@Fedora ~]$ cd /usr/local/bin/
[user@Fedora bin]$ cd ../..
[user@Fedora usr]$ pwd
/usr
```

从上面实例的第二行信息可以看出，当前工作目录的路径是/usr/local/bin，使用“cd ../..”命令后，从 pwd 命令执行结果（最后一行信息）可以看出已经成功退到原目录父目录的父目录。

【例 6.4】　使用 cd 命令进入系统根目录。

分析：进入系统根目录可以使用“cd ..”一直后退，就可以到达根目录。当然也可以直接使用“cd /”命令。注意：cd 命令后有空格。命令及结果显示如下：

```
[user@Fedora usr]$ cd /
[user@Fedora /]$ pwd
/
```

上面实例中，用“cd /”命令进入根目录后，从最后一行 pwd 命令执行结果，可以看出用户当前工作目录为根目录。

【例 6.5】　进入当前用户主目录。

分析：进入当前用户主目录有两个方法，一种是使用 cd 命令，另一种是使用“cd ~”命令。注意：命令“cd ~”中 cd 后面要加空格。命令及显示信息如下：

```
[user@Fedora /]$ cd /usr/local
[user@Fedora local]$ cd
[user@Fedora ~]$ pwd
/home/user
[user@Fedora ~]$ cd /usr/local/
[user@Fedora local]$ cd ~
[user@Fedora ~]$ pwd
```

```
/home/user
```

6.3.3 列出子目录和文件信息命令 ls

对于每个目录使用 ls 命令列出其中所有子目录和文件。对于每个文件，ls 命令输出其文件名以及所要求的其他信息。默认情况下，输出条目按字母顺序排序。当未给出目录名或是文件名时，就显示当前目录的信息。

格式

```
ls[选项参数] ［目录或文件］...
```

选项参数

-1：每行仅显示一个文件或目录名。

-a：显示指定目录下所有子目录与文件，包括以“.”作为开始字符的隐藏文件、当前目录“.”和上层目录“..”。

-A：显示指定目录下的所有目录，包含隐藏文件，但不列出当前目录“.”与上层目录“..”。

-b：当文件名包含不可打印的特殊字符时，以八进制数字形式列出文件名。

-c：按文件的修改时间排序，显示文件和目录。

-d：将目录名像一般文件一样列出，而不列出该目录下的内容。

-i：显示文件和目录的索引节点（inode）号。

-l：显示长格式，包括权限标识、硬链接数目、文件所有者与组名称、文件或目录大小及修改时间等。

-C：以由上至下、从左到右的方式显示文件和目录名，同一列对齐。

-B：不显示以“~ ”结尾的备份文件或目录。

-D：产生适合 Emacs 的 dired 模式使用的结果。

-f：不排序目录内容，按在磁盘上的存储顺序列出。

-F：在每个文件名后附上一个字符以说明该文件的类型。目录名后面标记“/”，可执行文件后面标记“*”，符号链接后面标记“@”，管道（或 FIFO）后面标记“|”，soket 文件后面标记“=”。

-g：为兼容 UNIX，该参数忽略。

-G：不显示用户组名称。

-h：与“-l”等参数一同使用，系统以 KB、MB 和 GB 的形式显示文件的大小。

-H：效果和指定“-h”参数类似，但计算单位是 1000 字节，而非 1024 字节。

-I pattern：不显示符合模式“pattern”的文件或目录名。

-k：以 KB 为单位列出文件大小。

-L：如果遇到符号链接的文件或目录，直接列出该链接所指向的原始文件或目录，而非符号链接本身。

-m：文件名或目录名紧挨着输出，并以“,”作分格符。若配合参数“-l”或“-o”使用，将以放置在后面的参数为主。

-n：以用户识别码（UID）和用户组识别码（GID）替代其名称。该参数需搭配“-l”、“-o”等参数使用。

-N：直接列出文件和目录名称（包括标识字符）。

-o：以长格式列出目录内容，但不显示用户组识别码或名称。

-q：将文件名或目录中的不可输出字符用“?”代替。

-Q：用双引号引用文件名或目录名。

-r：逆向排序。用相反的顺序列出文件和目录名。

-R：递归地列出指定（或当前）目录及其子目录下所有文件。

-s：以块为单位显示文件和目录的大小。

-S：以文件和目录的大小排序显示。

-t：按修改时间排序显示。

-T：cols：指定输出时每个制表符宽度是“cols”，默认值为 8。

-u：按文件最近访问时间排序显示。

-U：按在磁盘上存储的顺序输出。与参数“-f”不同的是-U 不启动或禁止相关的选项。

-v：以版本进行排序。

-w cols：设置输出时每行的最大字符数为“cols”。

-x：以从左到右、由上至下的横列方式显示文件和目录名称。

-X：按文件扩展名（由最后的 “.” 之后的字符组成）排序。没有扩展名的先列出。

--color= [when]：指定使用颜色区别文件类别。“when” 可以是以下几项之一：

none：不显示颜色。

auto：仅当标准输出是终端（TTY）时，才能有效使用。

always：总是使用颜色。省略 when 时，等价于 --color=always 。

--full-time：列出完整时间，而非标准缩写。

--help：显示帮助信息并退出。

--version：显示版本信息并退出。

【例 6.6】　列出当前目录所包含的文件和目录的名称。

命令及结果显示如下：

```
[user@Fedora ~]$ ls
EIOffice            EIOfficelog.txt~   公共的   视频   文档   音乐
EIOfficelog.txt   tmp                  模板     图片   下载   桌面
```

【例 6.7】　以每列一个文件或目录的方式，列出当前目录所包含的文件和目录的名称。

命令及结果显示如下：

```
[user@Fedora ~]$ ls -1
EIOffice
EIOfficelog.txt
EIOfficelog.txt~
tmp
公共的
模板
视频
图片
```

```
文档
下载
音乐
桌面
```

从上面命令执行的结果可以看出，每行只列一个文件。

【例 6.8】 以逆向顺序，列出当前目录所包含的文件和目录的名称。

命令及结果显示如下：

```
[root@Fedora ~]# ls -r
桌面   下载   图片   模板     tmp                    EIOfficelog.txt
音乐   文档   视频   公共的   EIOfficelog.txt~       EIOffice
```

【例 6.9】 列出当前目录所有的文件和子目录的名称，并用逗号“，”将文件或目录隔开。

命令及结果显示如下：

```
[root@Fedora ~]# ls -m
EIOffice, EIOfficelog.txt, EIOfficelog.txt~, tmp, 公共的, 模板, 视频, 图片,
文档, 下载, 音乐, 桌面
```

【例 6.10】 列出当前目录除备份文件和目录的所有文件和目录名。

命令及结果显示如下：

```
[user@Fedora ~]$ ls -B
EIOffice          tmp      模板   图片   下载   桌面
EIOfficelog.txt   公共的   视频   文档   音乐
```

从执行结果可以看出，没有列出备份文件 EIOfficelog.txt~。

【例 6.11】 列出当前目录下所有文件或目录（包括以“.”作为开始字符的隐藏文件、当前目录“.”和上层目录“..”）的大小，创建时间等详细信息。

命令及显示信息如下：

```
[user@Fedora ~]$ ls -al
总用量 576
drwx------. 31 user user    4096  8月 20 10:09 .
drwxr-xr-x.  3 root root    4096  8月  7 12:09 ..
drwx------.  2 user user    4096  8月  7 13:49 .AbiSuite
-rw-------.  1 user user   20124  8月 20 09:47 .bash_history
-rw-r--r--.  1 user user      18  9月 16 2009 .bash_logout
-rw-r--r--.  1 user user     176  9月 16 2009 .bash_profile
-rw-r--r--.  1 user user     124  9月 16 2009 .bashrc
drwxr-xr-x.  4 user user    4096  8月  9 15:34 .cache
drwxr-xr-x.  5 user user    4096  8月  7 12:49 .config
drwx------.  3 user user    4096  8月  7 12:49 .dbus
drwxrwxr-x.  8 user user    4096  8月 11 17:36 EIOffice
-rw-rw-r--.  1 user user   48663  8月 20 10:21 EIOfficelog.txt
-rw-rw-r--.  1 user user   31436  8月 20 09:10 EIOfficelog.txt~
...
```

【例 6.12】 以详细格式但不包括组名称信息，列出当前目录下的所有文件和目录，不包括以“.”作为开始字符的隐藏文件和目录。

命令及结果显示如下：

```
[user@Fedora ~]$ ls -o
总用量 128
drwxrwxr-x. 8 user   4096   8 月  11 17:36 EIOffice
-rw-rw-r--. 1 user 48663   8 月  20 10:21 EIOfficelog.txt
-rw-rw-r--. 1 user 31436   8 月  20 09:10 EIOfficelog.txt~
drwxrwxr-x. 3 user   4096   8 月   7 13:53 tmp
drwxr-xr-x. 2 user   4096   8 月   7 12:49 公共的
drwxr-xr-x. 2 user   4096   8 月   7 12:49 模板
drwxr-xr-x. 2 user   4096   8 月   7 12:49 视频
drwxr-xr-x. 2 user   4096   8 月   7 12:49 图片
drwxr-xr-x. 2 user   4096   8 月   7 12:49 文档
drwxr-xr-x. 2 user   4096   8 月  20 09:32 下载
drwxr-xr-x. 2 user   4096   8 月   7 12:49 音乐
drwxr-xr-x. 3 user   4096   8 月  20 09:44 桌面
```

上面命令执行结果与上例的比较，少列了组名这一列。

【例 6.13】 以详细格式列出当前目录所有的文件和目录，并显示完整的日期与时间。

命令及结果显示如下：

```
[user@Fedora ~]$ ls --full-time
总用量 128
drwxrwxr-x. 8 user user   4096 2010-08-11 17:36:51.336922453 +0800 EIOffice
-rw-rw-r--. 1 user user 45462 2010-08-20 10:33:52.073045661 +0800 EIOfficelog.txt
-rw-rw-r--. 1 user user 31436 2010-08-20 09:10:38.351920038 +0800 EIOfficelog.txt~
drwxrwxr-x. 3 user user   4096 2010-08-07 13:53:01.353927439 +0800 tmp
drwxr-xr-x. 2 user user   4096 2010-08-07 12:49:22.769398953 +0800 公共的
drwxr-xr-x. 2 user user   4096 2010-08-07 12:49:22.769398953 +0800 模板
drwxr-xr-x. 2 user user   4096 2010-08-07 12:49:22.770399330 +0800 视频
drwxr-xr-x. 2 user user   4096 2010-08-07 12:49:22.769398953 +0800 图片
drwxr-xr-x. 2 user user   4096 2010-08-07 12:49:22.769398953 +0800 文档
drwxr-xr-x. 2 user user   4096 2010-08-20 09:32:13.096921844 +0800 下载
drwxr-xr-x. 2 user user   4096 2010-08-07 12:49:22.769398953 +0800 音乐
drwxr-xr-x. 3 user user   4096 2010-08-20 09:44:32.495921263 +0800 桌面
```

从上面显示信息可以看出，显示的时间为“年月日时分秒”。

【例 6.14】 以详细格式并以可读性较高的方式，列出当前目录所有的文件和目录。

命令及结果显示如下：

```
[user@Fedora ~]$ ls -hl
总用量 128K
drwxrwxr-x. 8 user user 4.0K   8 月  11 17:36 EIOffice
-rw-rw-r--. 1 user user   48K   8 月  20 10:38 EIOfficelog.txt
-rw-rw-r--. 1 user user   31K   8 月  20 09:10 EIOfficelog.txt~
drwxrwxr-x. 3 user user 4.0K   8 月   7 13:53 tmp
drwxr-xr-x. 2 user user 4.0K   8 月   7 12:49 公共的
drwxr-xr-x. 2 user user 4.0K   8 月   7 12:49 模板
drwxr-xr-x. 2 user user 4.0K   8 月   7 12:49 视频
```

```
drwxr-xr-x. 2 user user 4.0K   8 月   7 12:49  图片
drwxr-xr-x. 2 user user 4.0K   8 月   7 12:49  文档
drwxr-xr-x. 2 user user 4.0K   8 月  20 09:32  下载
drwxr-xr-x. 2 user user 4.0K   8 月   7 12:49  音乐
drwxr-xr-x. 3 user user 4.0K   8 月  20 09:44  桌面
```

从上面显示文件大小的信息可以看出，文件的大小是以易读方式的 K（M、G）等单位表示。

【例 6.15】 以详细格式列出当前目录所有的文件和目录，并以用户识别码和组识别码代替其名称。

命令及结果显示如下：

```
[user@Fedora ~]$ ls -nl
总用量 128
drwxrwxr-x. 8 500 500    4096   8 月  11 17:36 EIOffice
-rw-rw-r--. 1 500 500 48542   8 月  20 11:07 EIOfficelog.txt
-rw-rw-r--. 1 500 500 31436   8 月  20 09:10 EIOfficelog.txt~
drwxrwxr-x. 3 500 500    4096   8 月   7 13:53 tmp
drwxr-xr-x. 2 500 500    4096   8 月   7 12:49  公共的
...
```

【例 6.16】 显示当前目录所有文件和子目录的 inode。

命令及结果显示如下：

```
[user@Fedora ~]$ ls -i
82158 EIOffice              82162 tmp          82025  视频    82019  下载
19332 EIOfficelog.txt     82021  公共的     82024  图片    82023  音乐
81133 EIOfficelog.txt~   82020  模板         82022  文档    82018  桌面
```

【例 6.17】 以变动时间为顺序，并用详细格式列出当前目录所有文件和目录。

命令及结果显示如下：

```
[user@Fedora ~]$ ls -tl
总用量 140
-rw-rw-r--. 1 user user 61346   8 月  20 11:21 EIOfficelog.txt
drwxr-xr-x. 3 user user    4096   8 月  20 09:44  桌面
drwxr-xr-x. 2 user user    4096   8 月  20 09:32  下载
-rw-rw-r--. 1 user user 31436   8 月  20 09:10 EIOfficelog.txt~
drwxrwxr-x. 8 user user    4096   8 月  11 17:36 EIOffice
drwxrwxr-x. 3 user user    4096   8 月   7 13:53 tmp
drwxr-xr-x. 2 user user    4096   8 月   7 12:49  视频
drwxr-xr-x. 2 user user    4096   8 月   7 12:49  公共的
drwxr-xr-x. 2 user user    4096   8 月   7 12:49  模板
drwxr-xr-x. 2 user user    4096   8 月   7 12:49  图片
drwxr-xr-x. 2 user user    4096   8 月   7 12:49  文档
drwxr-xr-x. 2 user user    4096   8 月   7 12:49  音乐
```

6.3.4 创建目录命令 mkdir

mkdir 是用户创建目录的命令，要求创建目录的用户在当前目录中（被创建目录的父目录中）具有写权限，并且被创建的目录不能是当前目录中已有的目录或文件名称。mkdir 命令的使用格式如下：

格式

```
mkdir  [选项参数]  目录名 ...
```

选项参数

-m mode：建立目录时，同时设置目录的权限“mode”。权限的设置法与 chmod 命令相同。

- p：目录名包含路径名称，若路径中的目录尚不存在，系统将自动建立尚不存在的目录，而且一次可以建立多级目录。

--verbose：执行时显示详细信息。

--help：显示帮助信息并退出。

--version：显示版本信息并退出。

【例 6.18】　使用 mkdir 命令，在当前用户目录下创建名为“f”的目录。转到该新建目录，并且显示当前工作目录。

命令及结果显示如下：

```
[user@Fedora ~]$ mkdir f
[user@Fedora ~]$ cd f
[user@Fedora f]$ pwd
/home/user/f
```

【例 6.19】　在当前用户目录下创建一个多级目录 f1/f2，并且进入该多级目录后，查看当前工作目录。

命令及结果显示如下：

```
[user@Fedora ~]$ mkdir -p f1/f2
[user@Fedora ~]$ cd f1/f2/
[user@Fedora f2]$ pwd
/home/user/f1/f2
```

6.3.5　删除空目录命令 rmdir

rmdir 用于删除空目录，rmdir 命令格式如下：

格式

```
rmdir    [选项参数]    目录名 ...
```

选项参数

-p：递归删除目录，当子目录为空时，被删除并且父目录为空时，父目录才被删除。

--ignore-fail-on-non-empty：只能删除空目录，删除非空目录时不显示错误信息。

--help：显示帮助信息并退出。

--version：显示版本信息。

【例 6.20】 先创建一个多级目录 f1/f2/f3，然后再删除目录文件 f1/f2 目录下的目录文件 f3。

命令及显示信息如下：

```
[user@Fedora ~]$ mkdir -p f1/f2/f3
[user@Fedora ~]$ rmdir f1/f2/f3/
```

由上面的信息可以看出，使用 rmdir 命令删除指定目录 f1/f2/f3 后，用 ls 命令显示目录/f1/f2 的内容为空，说明目录文件 f3 已被删除。

【例 6.21】 用 rmdir -p 命令删除多级空目录/f1/f2/。

命令及显示信息如下:

```
[user@Fedora ~]$ rmdir -p f1/f2/
[user@Fedora ~]$ ls f1
ls: 无法访问 f1: 没有那个文件或目录
```

rmdir -p 命令删除/f1/f2 目录后，发现父目录 f1 为空，接着将其父目录 f1 也删除，从“ls f1”命令的执行结果可以看出，目录/f1/f2 已成功删除。

6.3.6 复制文件和目录命令 cp

cp 命令是将给出的文件或目录复制到另一文件或目录中。

格式

```
cp    [选项参数]   源文件或目录   目标文件或目录
```

选项参数

-a：复制时，尽可能保持文件的结构和属性。等同于选项参数-dpr 的组合。

-b：删除、覆盖目的文件之前先备份，备份的文件会在字尾加上一个备份字符串“~”。

-d：复制时保留链接。

-f：强行复制文件或目录，不论目的文件或目录是否已经存在。在覆盖之前不给出要求用户确认的提示信息。

-i：和参数-f 含义相反，在覆盖目标文件之前先询问用户。

-l：只创建硬链接文件而非复制文件。

-p：除复制源文件的内容外，还将复制文件或目录的属性，包括文件所有者、所属组、权限与时间。

-r：如果源文件是一个目录文件，将该目录下的所有子目录和文件递归复制到目标目录。

-R：同参数-r。

-s：只创建符号链接而非复制文件。

-S <u>SUFFIX</u>：用“-b”参数备份目的文件后，备份文件的字尾会加上一个备份字符串。

-u：使用这项参数后，只会在源文件的修改时间比目的文件更新时，或是名称相互对应的目的文件不存在时，才复制文件。

-v：显示命令执行过程。

-x：不处理在其他分区的文件。

--help：显示帮助信息并退出。

--version：显示版本信息并退出。

--sparse = when：设置存储稀疏文件（Sparse File）的时机。稀疏文件是一种内含大量连续 0 字节的文件，这种现象称为坑洞(Holes)，许多的二进制文件都具有这种特性。假使文件系统支持这种特性，这些坑洞不会占用大量存储块，有助于节省存放空间和提高系统性能。

"when" 有下面 3 个设置值：

auto：如果源文件是稀疏文件，目标文件也是稀疏文件。这是默认值。

always：目标文件将被存储成稀疏文件。

never：目标文件将不会被存储成稀疏文件。

【例 6.22】 将当前用户目录下文件 f1 复制成文件 f2。

命令如下：

```
[user@Fedora ~]$ cp f1 f2
```

【例 6.23】 采用互动方式将当前用户目录下文件 f1 复制成文件 f2。

命令及显示信息如下：

```
[user@Fedora ~]$ cp -i f1 f2
cp：是否覆盖"f2"?
```

由于目标文件 file2 已经存在，所以询问是否要覆盖该文件。如果输入 "y" 表示覆盖，"n" 则表示不覆盖。

【例 6.24】 目标文件 f2 已经存在，将文件 f1 使用强行复制的模式复制成文件 f2。

命令如下：

```
[user@Fedora ~]$ cp -f f1 f2
```

【例 6.25】 将目录 d1 中的文件递归复制成目录 d2。

命令如下：

```
[user@Fedora ~]$ cp -r d1 d2
```

在复制 d1 目录到 d2 时，如果 d2 不存在，则会建立这个目录，并把 d1 目录下的文件和目录都复制到 d2 中。如果该目录已经存在，则会把整个 d1 目录及该目录下的文件都复制到 d2 目录中。

【例 6.26】 将文件 f1 复制成文件 f2，复制时保留来源文件的属性。

首先使用默认方式复制文件，命令及结果显示如下：

```
[user@Fedora ~]$ cp f1 f2
[user@Fedora ~]$ ls -l
-rw-rw-r--. 1 user user     0   8 月  20 11:39 f1
-rw-rw-r--. 1 user user     0   8 月  20 13:57 f2
```

从上述实例信息可以看出，使用默认方式复制的文件属性中的文件修改时间不同。

下面使用强行复制方式复制文件，并且保留源文件 f1 的属性，命令及结果显示如下：

```
[user@Fedora ~]$ cp -fp f1 f2
-rw-rw-r--. 1 user user     0   8 月  20 11:39 f1
-rw-rw-r--. 1 user user     0   8 月  20 11:39 f2
```

从上述实例信息可以看出，源文件 f1 和目标文件 f2 的属性完全相同。

【例 6.27】 复制文件时，只有在源文件的更改时间比目标文件更新时，才复制文件，并显示详细过程。

```
[user@Fedora ~]$ cp -uv f1 f2
```

其中，-u 参数用于只有在源文件 f1 的更新时间比目标文件 f2 新时，复制文件。-v 参数用于显示命令执行的详细过程。

【例 6.28】 来源文件 f1 为一个符号链接，当复制文件时，把目标文件 f2 也建立为符号链接。

命令如下：

```
[user@Fedora ~]$ cp -d f1 f2
```

【例 6.29】 复制文件时，建立来源文件 f1 的硬链接，而非真的复制文件。

命令如下：

```
[user@Fedora ~]$ cp -l f1 f2
```

【例 6.30】 复制文件时，建立来源文件 f1 的符号链接，而非真的复制文件。

```
[user@Fedora ~]$ cp -s f1 f2
```

6.3.7 移动、重命名文件和目录命令 mv

mv 命令的主要作用是为文件或目录改名，或者将文件由一个目录移入另一个目录中，源文件或目录会被自动删除。mv 命令格式如下：

格式

```
mv  [选项参数] 源文件或目录 目标文件或目录
```

选项参数

-b：若操作时需覆盖文件则覆盖前先备份。备份文件默认的命名方式是在文件名后加上“~”。

-f：禁止交互操作，移动文件时将覆盖已有的目标文件或目录，覆盖前不做任何询问。

-i：进行交互操作，如果被移动的文件将覆盖已存在的目标文件，系统给出询问，以免误覆盖文件。

-n：如果被移动的文件与已存在的目标文件重名时，不覆盖已存在文件。

-S SUFFIX：改变备份文件的后缀为“SUFFIX”指定的符号。

-u：在移动或更改文件名时，如果目标文件已经存在，且其文件日期比源文件新，则不覆盖目标文件。

-v：显示详细执行过程。

--strip-trailing-slashes：删除任何“源文件”参数后面跟随的“/”。

--help：显示帮助并且退出。

--version：显示版本信息并且退出。

如果在使用 mv 命令时，同时使用-i、-f、-n 等 3 个中的 2 个或 3 个，那么只有最后一个生效。

【例 6.31】 将 d1 目录中所有的 jpg 文件移动到目录 d2 中。并且验证是否移动成功。

命令及显示信息如下：

```
[user@Fedora ~]$ mv d1/*.jpg d2
[user@Fedora ~]$ ls d2
graph.jpg    photo.jpg
[user@Fedora ~]$ ls f1
[user@Fedora ~]$
```

第 3 行命令使用 mv 命令将目录 d1 下的“*.jpg”文件移动到 d2 目录下，从后 4 行信息可以看出文件被成功移动到目标目录，并且自动删除源文件。

【例 6.32】　用 mv -i 命令将目录 d2 下的文件 photo.jpg 移动到当前目录下，并且如果有重名文件询问是否覆盖该文件。

命令及显示信息如下：

```
[user@Fedora ~]$ ls
1                  EIOffice_Personal_Lin    file.c       公共的    图片    音乐
EIOffice           f1                       photo.jpg    模板      文档    桌面
EIOfficelog.txt    file2.c                  tmp          视频      下载
[user@Fedora ~]$ mv -i d2/photo.jpg .
mv：是否覆盖"./photo.jpg"?
```

从前两行信息可以看出，当前目录下有 photo.jpg 文件，当 mv 命令使用-i 参数时，会询问是否覆盖重名文件，用户可以输入“y”表示覆盖，输入“n”表示不覆盖。

【例 6.33】　将 d2 目录下的文件 graph.jpg 移动到 d1 目录下，重命名为 newgraph.jpg。并验证是否移动成功。

命令及显示信息如下：

```
[user@Fedora ~]$ mv d2/graph.jpg d1/newgraph.jpg
[user@Fedora ~]$ ls d2
photo.jpg
[user@Fedora ~]$ ls d1
newgraph.jpg
```

从上面使用 ls 命令分别显示目录 f1 和目录 f2 下的内容可以看出，移动并重命名文件成功。

【例 6.34】　重命名目录名。将当前用户目录下的 d2 目录文件重命名为 d3。

命令如下：

```
[user@Fedora ~]$ mv d2 d3
```

从上面的信息可以看出，d1 目录被成功重命名为 d3。

【例 6.35】　将文件 f1 改名为 f2，如果目标文件 f2 已经存在，那么先对该文件进行备份，然后再覆盖。

命令如下：

```
[user@Fedora ~]$ mv -b f1 f2
```

6.3.8　创建空文件、更改文件时间命令 touch

touch 命令的作用是创建空文件、更改文件时间。touch 命令格式如下：

格式

touch ［选项参数］ 文件名 ...

选项参数

-a：只更改文件访问时间。

-c：不创建任何新的文件。

-d date：使用指定的日期时间“date”，而非现在的日期格式。

-m：只更改文件的修改时间。

-r FILE：将文件的日期和时间都设成和“FILE”指定文件的日期时间相同。

-t decimtime：设定文件为“decimtime”指定的日期时间，而非当前时间。“decimtime”使用 MM DD hh mm 格式。

-f：该参数将忽略不予处理，仅负责解决 BSD 版本 touch 命令的兼容性问题。

--**help**：显示帮助信息并退出。

--**version**：显示版本信息并退出。

【例 6.36】 在当前用户目录下创建空文件 f1、f2 和 f3。

命令及结果显示如下：

```
[user@Fedora ~]$ touch f1 f2 f3
[user@Fedora ~]$ ls -l
-rw-rw-r--. 1 user user      0   8 月  20 15:53 f1
-rw-rw-r--. 1 user user     12   8 月  20 15:53 f2
-rw-rw-r--. 1 user user      0   8 月  20 15:53 f3
...
```

由上面的命令及显示结果可以看出，touch 命令可以同时创建一个或多个空文件。

【例 6.37】 先查看文件 f1 的信息，然后将文件 f1 的时间记录修改为 2009 年 11 月 28 号 16 点 20 分 50 秒。

命令及显示信息如下：

```
[user@Fedora ~]$ ls --full-time
-rw-rw-r--. 1 user user      0 2010-08-20 15:53:56.247921843 +0800 f1
-rw-rw-r--. 1 user user     12 2010-08-20 15:53:56.247921843 +0800 f2
-rw-rw-r—. 1 user user       0 2010-08-20 15:53:56.247921843 +0800 f3
...
[user@Fedora ~]$ touch -t 200911281620.50 f1
[user@Fedora ~]$ ls --full-time
-rw-rw-r--. 1 user user      0 2009-11-28 16:20:50.000000000 +0800 f1
-rw-rw-r--. 1 user user     12 2010-08-20 15:53:56.247921843 +0800 f2
-rw-rw-r—. 1 user user       0 2010-08-20 15:53:56.247921843 +0800 f3
...
```

从上面的信息可以看到文件 a 的时间已经被修改为 2009-11-28 16:20:50。

6.3.9 删除文件和目录命令 rm

rm 的作用是删除一个目录中的一个（或多个）文件或目录。rm 命令格式如下：

格式

```
rm ［选项参数］ 文件或目录 ...
```

选项参数

-d：直接把要删除的目录的硬链接数目变成 0，删除该目录。
-f：强制删除文件或目录。忽略不存在的文件，不给提示信息。
-i：删除已有文件或目录之前先询问用户。
-r：将列出的全部目录或子目录进行递归删除。
-v：显示详细的删除过程。
--help：显示帮助信息并退出。
--version：显示版本信息并退出。

【例 6.38】 删除当前目录下的 f1 文件。命令如下：

```
[user@Fedora ~]$ rm f1
```

【例 6.39】 删除非空目录文件 d1，该目录下包含文件 newgraph.png。
命令如下：

```
[user@Fedora ~]$ rm -r d1/
```

6.4 查看、处理文本文件内容命令

Linux 系统下有很多查看并处理文本的命令，这些命令使用起来非常方便，而且很有用，本节主要介绍文本文件内容相关命令的功能及使用方法。

6.4.1 查看文件内容命令 cat

命令的作用是在终端窗口中显示文本文件内容或把几个文件内容附加到另一个文件中。cat 命令格式如下：

格式

```
cat [选项参数] [文件名] ...
```

选项参数

-A：效果等价于同时使用参数“-vET”。
-b：列出文件内容时，只对非空输出行编号。
-e：效果等价于同时使用参数“-vE”。
-E：在每行结束处显示“$”符号。

-n：列出文件内容时，对输出的所有行编号。

-s：当遇到有连续两行或两行以上空行时，替换为一行的空行。

-t：效果等价于同时使用参数-vT。

-T：把 TAB 字符显示为 ^I。

-u：忽略不予处理，仅负责解决 UNIX 的相容性问题。

--help：显示帮助信息并退出。

--version：显示版本信息并退出。

【例 6.40】 显示文件当前用户目录下 file1 的内容。

file1 的内容如下：

```
default 0.0.0.0
loopback 127.0.0.0
link-local 169.254.0.0
```

命令及显示信息如下：

```
[user@Fedora ~]$ cat file1
default 0.0.0.0
loopback 127.0.0.0
link-local 169.254.0.0
```

【例 6.41】 使用-n 参数，对文件 file1 所有的行编号。

命令及结果显示如下：

```
[user@Fedora ~]$ cat -n file1
  1  default 0.0.0.0
  2  loopback 127.0.0.0
  3  link-local 169.254.0.0
  4
```

其中最后一行是空行，由此可以看出，-n 参数为所有行进行编号，包括空行。

【例 6.42】 将文件 file1 的内容输入到文件 file2 中。

命令及结果显示如下：

```
[user@Fedora ~]$ touch file2
[user@Fedora ~]$ cat file1 >file2
[user@Fedora ~]$ cat file2
default 0.0.0.0
loopback 127.0.0.0
link-local 169.254.0.0
```

上面实例的第一行是用 touch 命令新建一个文本文件 file2，然后用 cat 命令将 file1 文件的内容使用“>”导入符号输入到 file2 文件中。从最后的 3 行信息可以看出文件内容被成功写入。

【例 6.43】 对文件 file2 的非空行进行编号，并将编号的内容输入到 file3 文件中。

命令及结果显示如下：

```
[user@Fedora ~]$ touch file3
[user@Fedora ~]$ cat -b file2 > file3
[user@Fedora ~]$ cat file3
     1     default 0.0.0.0
```

```
    2    loopback 127.0.0.0
    3    link-local 169.254.0.0
```

上面信息的后3行可以看出，与实例【例6.40】相比，非空行的编号已经消失，而且编好号的file2文件的内容也被成功输入到文件file3文件中。

【例6.44】 列出file1文件的内容，并在每行的结束处加上“$”符号。

命令及结果显示如下：

```
[user@Fedora ~]$ cat -E file1
default 0.0.0.0$
loopback 127.0.0.0$
link-local 169.254.0.0$
$
```

【例6.45】 同时列出filel及file2文件的内容。

命令如下：

```
[user@Fedora ~]$ cat file1 file2
```

【例6.46】 让cat命令从标准输入设备（如键盘）读取数据，输出到标准输出设备（如显示器）。

命令及结果显示如下：

```
[user@Fedora ~]$ cat                //执行命令，不加任何参数
linux is powerful                   //加入该字符串后，按下回车
linux is powerful                   //显示器上显示一模一样的字符串
```

6.4.2 逐页显示文件内容more

当文件内容多于一页时，可以使用more或less命令来分页显示文件内容，使用分页显示方便用户逐页阅读，按空格键显示下一页内容，如果按“q”键，返回到shell命令提示行。more命令格式如下：

格式

```
more [-dlfpcsu]  [-num] ［+/pattern］ [+linenum] ［文件名 ...］
```

选项参数

-d：提示用户在界面下方显示“Press space to continue，‘q’to quit.”。如果用户按错键，则会显示“Press h for instructions.”。

-l：取消遇到特殊字符“^L”时会暂停的功能。

-f：计算行数时以实际行数为准，而非因为单行字数太长而自动换行后的行数。

-p：在显示每页内容时，不采用滚动画面的方式，而是先将屏幕清除干净，然后再显示该页的内容。

-c：与“-p”参数类似，不采用卷动画面的方式，而是先显示内容，然后清除留在屏幕上的其他数据。

-s：当遇到有连续两行或两行以上的空行时，替换为一行的空行。

-u：在有些文本文件中，有的字符有下划线，使用该参数则不显示文本中的下划线。

+/pattern：在每个文件显示前搜索“pattern”描述的字符串，然后显示的内容从该字符串之后开始显示。

-num：一次显示的行数。

+linenum：从第 linenum 行开始显示文件的内容。

退出 more 动作的指令是按下“q”键。

【例 6.47】 分页显示文件/etc/init.d/network 的内容。

命令及显示信息如下：

```
[user@Fedora ~]$ more /etc/init.d/network
#! /bin/bash
#
# network        Bring up/down networking
#
# chkconfig: - 10 90
# description: Activates/Deactivates all network interfaces configured to \
#                start at boot time.
#
### BEGIN INIT INFO
# Provides: $network
# Should-Start: iptables ip6tables
# Short-Description: Bring up/down networking
# Description: Bring up/down networking
### END INIT INFO

# Source function library.
. /etc/init.d/functions

if [ ! -f /etc/sysconfig/network ]; then
    exit 6
fi

. /etc/sysconfig/network
--More--(6%)
```

从上面的信息可以看到，第一页显示了/etc/init.d/network 文件内容的 5%，按空格键继续显示下一页内容。

【例 6.48】 从文件内容的第 3 行开始显示/etc/init.d/network 文件的内容。

命令及结果显示如下：

```
[user@Fedora ~]$ more +3 /etc/init.d/network
# network        Bring up/down networking
#
# chkconfig: - 10 90
# description: Activates/Deactivates all network interfaces configured to \
#                start at boot time.
#
### BEGIN INIT INFO
```

```
# Provides: $network
# Should-Start: iptables ip6tables
# Short-Description: Bring up/down networking
# Description: Bring up/down networking
### END INIT INFO

# Source function library.
. /etc/init.d/functions

if [ ! -f /etc/sysconfig/network ]; then
    exit 6
fi

. /etc/sysconfig/network

if [ -f /etc/sysconfig/pcmcia ]; then
--More--(6%)
```

通过跟实例【例 6.27】显示的文件内容对比，more +3 命令执行后的结果是从文件的第 3 行（包括空行）开始显示文件的内容。

【例 6.49】 一页显示/etc/init.d/network 文件的 5 行，包括空行。

命令及结果显示如下：

```
[user@Fedora ~]$ more -5 /etc/init.d/network
#! /bin/bash
#
# network        Bring up/down networking
#
# chkconfig: - 10 90
--More--(0%)
```

【例 6.50】 在文件/etc/init.d/network 中查找“network”字符串，然后从该处开始显示文件内容。

命令及结果显示如下：

```
[user@Fedora ~]$ more +/network /etc/init.d/network
    #! /bin/bash
#
# network        Bring up/down networking
#
# chkconfig: - 10 90
# description: Activates/Deactivates all network interfaces configured to \
#                start at boot time.
#
...
--More--(6%)
```

【例 6.51】 显示文件 file，如果有连续空白行，仅以 1 行显示。

命令如下：

```
[user@Fedora ~]$ more -s file
```

【例 6.52】 显示文本文件 file，并在画面下方显示“[Press space to continue, 'q' to quit.]”。

```
[user@Fedora ~]$ more -d file
```

6.4.3 逐页显示文件内容 less

less 命令与 more 命令显示文件的功能和用法基本上相同，但这两个命令还存在细微的差别，比如使用 less 命令时在显示到文件的末尾处时，不会自动返回到 shell 命令提示行，当用户输入“q”时才返回，而 more 命令在显示完毕文件内容后，将自动返回到 shell 提示行下。less 命令格式如下：

格式

```
less [选项参数] [文件...]
```

选项参数

-b space：设置缓冲区的大小为“space”，单位以 KB 计算。

-c：从上到下刷新屏幕，并显示文件内容。

-C：效果和指定“-c”参数类似，但在重新刷新之前会先清除画面。

-i：搜索时忽略大小写，除非搜索字符串中包含大写字母。

-I：搜索时忽略大小写，除非搜索字符串中包含小写字母。

-e：当 less 命令遇到第二次文件末尾时自动退出。

-m：随着屏幕滚动，不断在提示符屏幕的底部显示浏览文件的百分数。

-g：当搜索字符串时，使用反白显示匹配的字符串。

-p pattern：从指定的样本模式处开始显示。

-M：显示读取文件的百分比、行号及总行数。

-N：输出行号。

-s：当遇到有连续两行或两行以上的空行时，替换为一行的空行。

-?或--help：显示帮助。

【例 6.53】 用 less 命令显示 file 文件的内容。

命令如下：

```
[user@Fedora ~]$ less file
```

说明：显示的第一页内容结尾，跟 more 命令不同，此处没有浏览百分比。

【例 6.54】 显示 file 文本文件内容，并从第一次出现字符串“loop”的地方开始显示。

命令如下：

```
[user@Fedora ~]$ less -p loop file
```

【例 6.55】 显示 file 文本文件内容，当搜索字符串时，使用反白显示该匹配字符串。

命令如下：

```
[user@Fedora ~]$ less -g  file
```

说明：显示该文本文件后，用户可以使用下面的命令格式来搜索匹配格式 pattern 的字符串。

```
/pattern
```

例如，如果要搜索 loop 字符串可以使用下面的命令操作：

```
/loop
```

【例 6.56】　显示 file 文本文件的内容。搜索时忽略大小写差别，除非搜索字符串中包含大写字母。

命令如下：

```
[user@Fedora ~]$ less -i file
```

【例 6.57】　显示 file 文本文件的内容。搜索时忽略大小写差别，除非搜索字符串中包含小写字母。

命令如下：

```
[user@Fedora ~]$ less -I file
```

【例 6.58】　显示 file 文本文件的内容，并对其每行进行编号。

命令如下：

```
[user@Fedora ~]$ less -N file
```

【例 6.59】　显示 file 文本文件的内容，遇到连续两个或两个以上的空行时，只显示一个空行。

命令如下：

```
[user@Fedora ~]$ less -s file
```

在多屏显示时，less 命令还可以执行一些操作以方便用户查询需要的内容，具体操作及命令如表 6.2 所示，用户可以使用上面的快捷键及命令来翻屏寻找需要的内容。

表 6.2　less 命令的其他操作

快捷键及命令	功 能 描 述
<space>, f, <Ctrl+F>, <Ctrl+V>	向前滚动一屏
<Enter>, e, j, <Ctrl+J>,Ctrl+N>	向前滚动一行
d, <Ctrl+D>	向前滚动半屏
B, <Ctrl+B>, <Esc+V>	向后滚动一屏
/pattern	从当前位置的下一行开始查找匹配 pattern 的位置，可以在 pattern 前使用“!”来查找不包括 pattern 的行
n	向前重复查找匹配 pattern 的位置
N	向后重复查找匹配 pattern 的位置
: n	读取文件列表中的下一个文件
: N	读取文件列表中的上一个文件
: x	读取文件列表中的第一个文件
q, : q, : Q, ZZ	退出
!command	在$SHELL 提示符下运行 shell 命令 command

6.4.4 显示文件头或尾 head/tail

当需要查看一个文本文件的头部或尾部时，head 命令及 tail 命令可以非常方便的完成该操作。下面将分别介绍 head、tail 的用法。

1. head 命令

head 命令用于查看一个或多个文件的前面若干行信息，该命令的格式如下：

格式

```
head ［选项参数］ [文件名] ...
```

此命令显示指定文件的前 n 行信息，如果没有给出 n 的值，默认显示前 10 行。

选项参数

-c N：显示文件开头的“N”字节。

-n NUMBER：显示文件开头“NUMBER”行的内容，默认值为 10。

-q：在显示信息的开始处不显示文件名。

-v：在显示信息的开始处显示文件名。

--help：显示帮助信息并退出。

--version：显示版本信息并退出。

【例 6.60】 查看文件/etc/init.d/network 的前 3 行内容。

命令及结果显示如下：

```
[user@Fedora ~]$ head -3 /etc/init.d/network
#! /bin/bash
#
# network         Bring up/down networking
```

【例 6.61】 查看文件/etc/init.d/network 的前 3 行内容，并且在头部显示文件名。

命令及结果显示如下：

```
[user@Fedora ~]$ head -3v /etc/init.d/network
==> /etc/init.d/network <==
#! /bin/bash
#
# network         Bring up/down networking
```

【例 6.62】 列出文本文件 file 最前面 300 字节的内容。

命令如下：

```
[user@Fedora ~]$ head -c 300 file
```

2. tail

tail 是用来查看一个或多个文件后面若干行信息的命令。tail 命令格式如下：

格式

```
tail ［选项参数］ ［文件名］...
```

选项参数

-n ：显示文件最后 n 行信息，默认值为 10。

+n：从第 n 行开始显示。

-c N：显示文件最后的“N”个字节。

-f：读取到文件最后面时，反复尝试读取更多的数据。本参数可应用于一些内容持续增加的文件，比如记录文件等，让用户得以随时观看到最新加入的内容。

--pid = PID：与-f 合用，表示在进程“PID”僵死之后结束。

--retry：即使目标文件不可访问依然试图打开。

-q：在显示信息的开始处不显示文件名。

-v：在显示信息的开始处显示文件名。

--help：显示帮助信息并退出。

--version：显示版本信息并退出。

【例 6.63】　显示文件 file 后两行内容。

命令及结果显示如下：

```
[user@Fedora ~]$ tail -2 file
link-local 169.254.0.0
        [el]
```

上面显示的信息，只有一行文字显示，因为文件 file 的最后一行是空行，所以可以看出 tail -n 命令显示的文件的最后 n 行内容，也包括空行。

【例 6.64】　显示文件 file 最后 200 个字节内容。

命令如下：

```
[user@Fedora ~]$ tail -c 200 file
```

6.4.5　将文件内容排序命令 sort

sort 命令是用于对文件中的数据进行排序，并将结果显示在标准输出上。排序是指按照一定标准指定集合里元素的顺序，文件的排序方式有按字母升序或降序、按数字升序或降序等。sort 命令格式如下：

格式

```
sort [选项参数]　[文件名] ...
```

选项参数

-b：忽略每行前面开始处的空格符。

-c：检查文件是否已经排序。

-d：按照字典顺序排序，比较时只有字母、数字、空格符和制表符有意义。

-f：排序时，将小写字母视为大写字母。

-g：按照常规数值排序。

-i：排序时，除了 040～176（八进制）之间的 ASCII 字符外，忽略其他的字符。

-m：将排序好的数个文件合并。

-M：按月份比较排序，如“JAN”<“FEB”。

-u：排序后相同的行只保留一行。

-r：按逆序输出排序结果。

-n：按照字符串的大小顺序比较。

-o FILE：将排序后的结果存入“FILE”指定的文件。若不使用该参数，则默认会将排序后的结果显示在屏幕上。

-t SEP：指定“SEP”表示的字符作为字段分隔符。默认的分隔字符为空格符。

--help：显示帮助信息并退出。

--version：显示版本信息并退出。

【例 6.65】 读取文件 file 文件内容，并将其排序显示在屏幕上。

命令及结果显示如下：

```
[user@Fedora ~]$ sort file
[el]
default 0.0.0.0
link-local 169.254.0.0
loopback 127.0.0.0
```

从上面的信息可以看出，空行排到第一行。

【例 6.66】 读取文件 file 内容，并倒序显示在屏幕上。

命令及结果显示如下：

```
[user@Fedora ~]$ sort -r file
loopback 127.0.0.0
link-local 169.254.0.0
default 0.0.0.0
[e3]
```

从上面的信息可以看出，显示内容是【例 6.64】显示内容的倒序。

【例 6.67】 将文件 file1、file2、file3 混合排序，并将其结果存入文件 sortfile。

命令如下：

```
[user@Fedora ~]$ sort -o sortfile file1 file2 file3
```

6.4.6 删除文件重复行的命令 uniq

文件中可能具有多行重复的内容，用户可以使用 uniq 命令，只留下一行有用的信息，删除重复没用的行。uniq 命令格式如下：

格式

```
uniq ［选项参数］ ［输入文件 ［输出文件］］
```

选项参数

-c：在每行旁边显示该行重复出现的次数。

-d：只输出重复行。

-D：显示所有重复的行。

-f N：比较时跳过前“N”列。

-i：比较时忽略大小写。

-s N：不比较开始的“N”个字符。

-u：只显示文件中不重复的行。

-w N：每行中只比较前“N”个字符。

-n：前“n”个字段与每个字段前的空白一起被忽略。

+n：前 n+1 个字符被跳过。

--help：显示帮助信息并退出。

--version：显示版本信息并退出。

【例 6.68】　在/home/user 当前用户目录下用 gedit 命令创建并编辑文本文件 file。在 file 文件中写入重复的行，保存关闭文件后，用 uniq 命令参看文件内容的变化。

命令及显示信息如下：

```
[user@Fedora ~]$ gedit file
```

输入完上面的命令后，会弹出用 gedit 编辑文本的窗口，然后用户可以编辑文本文件，如图 6.5 所示，单击“保存”按钮。

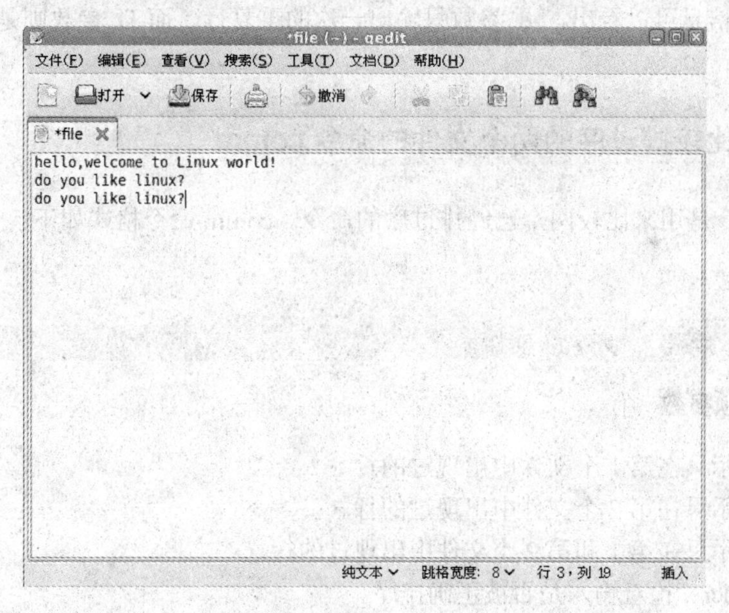

图 6.5　在 gedit 编辑器窗口中编辑文本文件 file

从图 6.5 可以看出 file 文件中两行信息是重复多余的，使用 cat 命令查看文件 file 的内容，与使用 uniq 命令后显示信息对比如下：

```
[user@Fedora ~]$ cat file
hello,welcome to Linux world!
do you like linux?
do you like linux?
[user@Fedora ~]$ uniq file
hello,welcome to Linux world!
```

```
do you like linux?
```

通过上面的信息可以看出，使用 uniq 命令后 file 文件中的重复行没有显示。

【例 6.69】 将 file 文件中的重复行删除后，保存到 newfile 文件中。

说明：文件 newfile 可以是原来不存在的文件。

命令及显示信息如下：

```
[user@Fedora ~]$ uniq file newfile
[user@Fedora ~]$ cat newfile
hello,welcome to Linux world!
do you like linux?
```

【例 6.70】 分别用 uniq -d 命令和 uniq -D 命令，只显示重复行，查看这两个命令的区别。

命令及结果显示如下：

```
[user@Fedora ~]$ uniq -d file
do you like linux?
[user@Fedora ~]$ uniq -D file
do you like linux?
do you like linux?
```

从上面的信息可以看出，-d 参数只输出一次的重复行，而-D 参数则是输出所有的重复行。

6.4.7 比较排过序的两个文件的命令 comm

comm 命令是用来比较两个已经排过序的命令。comm 命令格式如下：

格式

```
comm ［选项参数］ 文件 1 文件 2
```

选项参数

-1：不显示只在第 1 个文件中出现过的行。

-2：不显示只在第 2 个文件中出现过的行。

-3：不显示只在第 1 和第 2 个文件中出现过的行。

--checkorder：检查输入是否被正确排序。

--nocheckorder：不检查输入是否被正确排序。

--version：显示版本信息并退出。

【例 6.71】 比较文件 file 和文件 newfile 两个文件，只显示文件 file 和 newfile 共有的行。

命令如下：

```
[user@Fedora ~]$ comm -12 file newfile
```

【例 6.72】 列出 file1 和 newfile 中不共有的行，并把结果存入文件 newfile2。

说明：在这里文件 newfile2 可以是原来不存在的文件，命令如下：

```
[user@Fedora ~]$ comm -3 file newfile > newfile2
```

6.4.8　比较两个文件并列出不同之处的命令 diff

diff 命令用于比较两个文件，输出比较结果（相同和不同处）。比较目录时，将目录包含的文件名作为目录的内容进行比较。

格式

```
diff  [选项参数]  文件 1  文件 2
```

diff 比较文件 1 和文件 2 的不同之处，并按照选项所指定的格式加以输出。diff 的格式分为命令格式和上下文格式。其中，命令格式分为标准命令格式、简单命令格式及混合命令格式，上下文格式又包括旧版上下文格式和新版上下文格式。

选项参数

-a：diff 命令默认只会逐行比较文本文件。此参数可强制逐行比较二进制编码的文件。

-b：忽略行尾空格，而字符串中的一个或多个空格符被视为相等。

-c：采用旧版上下文输出格式，提供 3 行上下文。

-C　lines：采用上下文输出格式，提供“lines”指定行的上下文。

-d：使用不同的算法，以较小的比较单位进行比较。

-H：比较大文件时，可加快速度。

-i：忽略大小写的不同。

-p：若比较的文件为 C 语言的程序文件时，列出差异所在的函数。

-q：仅显示有无差异，不显示详细的信息。

-r：比较子目录中的文件。

-s：若没有发现任何差异，仍然显示信息。

-S　file：在比较目录时，从指定的文件名开始比较。默认则是按文件名的字母顺序进行比较。

-t：在输出时，用 tab 字符分隔，默认显示用空格字符分隔。

-u：采用新版上下文输出格式，以合并方式显示文件内容的不同。

-T：在每行前面加上 tab 字符以便对齐。

-v：显示版本信息。

-w：忽略全部的空格字符。

-y：将两个文件以并列的方式显示文件的异同之处。

-W　width：在使用-y 参数时，指定栏宽“width”。

--help：显示帮助。

--left-column：在使用-y 参数时，若两个文件某一行内容相同，则仅在左侧的列（也就是文件 1）显示该行内容。

--suppress-common-lines：在使用-y 参数时，仅显示不同之处。

下面有两个文件 file.c 和 file2.c。

```
// file.c
#include <stdio.h>
```

```
void main()
{
        printf("hello!Linux is powerful!\n");
}
// file2.c
#include <stdio.h>
void main()
{
        printf("hello!Linux is useful!\n");
}
```

【例 6.73】 使用 diff 命令比较文件 file.c 和 file2.c 异同。

```
[user@Fedora ~]$ diff file.c file2.c
1c1
< // file.c
---
> // file2.c
5c5
<       printf("hello!Linux is powerful!\n");
---
>       printf("hello!Linux is useful!\n");
```

上面的显示信息中“1c1”和“5c5”是指信息不同行的行号对比，从信息中可以看出 diff 命令列出了两个文件的不同行，分别为第 1 行和第 5 行做对比。

【例 6.74】 使用旧版上下文格式比较 file.c 和 file2.c 两个文件异同。

命令及结果显示如下：

```
[user@Fedora ~]$ diff -c file.c file2.c
*** file.c   2010-05-14 15:39:54.696926617 +0800
--- file2.c   2010-05-14 15:49:50.243927203 +0800
***************
*** 1,6 ****
! // file.c
  #include <stdio.h>
  void main()
  {
!       printf("hello!Linux is powerful!\n");
  }
--- 1,6 ----
! // file2.c
  #include <stdio.h>
  void main()
  {
!       printf("hello!Linux is useful!\n");
  }
```

从上面信息可以看出，使用旧版的上下文格式输出对比结果时，在显示每个差别行的同时还显示该行的上下 3 行，不同的行前面使用“！”标出。

【例 6.75】 使用新版的上下文格式输出文件 file.c 和文件 file2.c 的不同，命令及结果显示如下：

```
[user@Fedora ~]$ diff -u file.c file2.c
--- file.c      2010-05-14 15:39:54.696926617 +0800
+++ file2.c 2010-05-14 15:49:50.243927203 +0800
@@ -1,6 +1,6 @@
-// file.c
+// file2.c
 #include <stdio.h>
 void main()
 {
-       printf("hello!Linux is powerful!\n");
+       printf("hello!Linux is useful!\n");
 }
```

从上面的信息可以看出，用新版上下文格式输出两个文件的比较信息时，列出不同的行信息（不同行使用“-”和“+”号标出），而相同的行信息只列出一次，这样就方便用户阅读。

【例 6.76】 比较 file 与 file2 两个文件，只显示有无差异而不显示详细信息。

命令及结果显示如下：

```
[user@Fedora ~]$ diff -q file file2
Files file and file2 differ
```

从上面命令执行的结果可以看出，file 和 file2 两个文件存在差异。

【例 6.77】 比较 file 与 file2 两个文件，将两个文件的全部内容分别显示在左右两侧。

```
[user@Fedora ~]$ diff -y file file2
// file.c                                    | // file2.c
#include <stdio.h>                           | #include <stdio.h>
      void main()                                      void main()
      {                                                {
         printf("hello!Linux is powerful!\n");  |     printf("hello!Linux is useful!\n");
      }                                                }
```

从上面的信息可以看出，左侧为文件 file 的内容，右侧为文件 file2.c 的内容。

【例 6.78】 比较 file 与 file2 两个文件，只将两个文件不同的行分别显示在左右两侧。

命令及结果显示如下：

```
[user@Fedora ~]$ diff -y --suppress-common-line file file2
// file.c                                              |// file2.c
#include <stdio.h>                                     | #include <stdio.h>
printf("hello!Linux is powerful!\n");        |    printf("hello!Linux is useful!\n");
```

6.5 查找命令

Linux 文件系统拥有数目巨大的文件，要在这么多的文件中快速定位某个文件是很困难的，为了解决这个问题，Linux 系统提供多个搜索命令，如 find、locate、grep、whereis 和

which 等，本节主要介绍这些命令的功能及使用方法。

6.5.1 查找目录列表里的文件的命令 find

find 命令主要用于查找目录列表里与表达式匹配的文件，该命令递归搜索目录列表中的其他子目录。表达式可以是文件的名称、类别、时间、大小、权限等表达式的一个或多个的组合，只有列出完全相符的表达式。find 命令的语法格式如下：

格式

find ［路径］［表达式］

格式中的路径为文件搜索路径，系统沿着该目录树开始向下查找文件。它是一个路径列表，相互用空格分离。若缺省路径，那么默认为当前目录。

选项参数

表达式是由一个或多个选项参数及其值组合而成的，find 命令选项参数如下：

-amin n：查找在指定 n 分钟曾访问过的文件或目录。例如将“n”值设定成 10，find 命令会寻找刚好在 10 分钟之前访问过的文件或目录；设定为+10，表示 10 分钟以前所有访问过的文件或目录；设定为-10，则表示 10 分钟之内所有访问过的文件或目录。

-atime n：查找在指定 n 天曾访问过的文件或目录。例如将“n”值设定成 2，find 命令会寻找刚好在 48 小时之前访问过的文件或目录；设定为+2，表示超过 48 小时以前所有访问过的文件或目录；设定为-2，则表示 48 小时之内所有访问过的文件或目录。

-anewer rfile：查找访问时间比“rfile”指定的文件更近的文件或目录。

-cnewer rfile：查找修改日期比“rfile”指定文件更近的文件。

-newer rfile：查找文件修改内容的日期比“rfile”指定文件更近的文件。

-cmin n：查找 n 分钟曾修改的文件或目录，其他解释同参数“-amin n”。

-ctime n：查找 n 天曾修改的文件或目录，其他解释同参数“-atime n”。

-mmin n：查找 n 分钟的文件或目录，其他解释同参数“-amin n”。

-mtime n：查找 n 天曾被修改内容修改的文件或目录，其他解释同参数“-atimen”。

注：mtime 和 ctime 区别

mtime（modified time）：文件内容修改的时间。

ctime（changed time）：文件属性（比如权限）修改的时间。一般 mtime 改变时，ctime 也会改变。

-daystart：从当日（0 时或者 12 时）开始计算时间，而非从 24 小时(1 天)之前开始计算。此参数通常用来配合“-amin”、“-atime”、“-cmin”等参数使用。

-depth：表示逐层深入各级子目录，采用先文件后目录的方式，自底向上依次检索所有的文件和目录。

-empty：寻找文件大小为 0 字节的文件，或目录下没有任何子目录或文件的空目录。

-exec cmd {}\[; | +]：把 find 命令的检索结果作为参数提交“cmd”指定的命令做进一步的处理。其中“{}”表示指定命令的参数将由 find 命令的输出结果予以替换。命令的后面必须以转义的分号“\;”或转义的加号“\+”结束。当命令以加号结束时，将会把

find 命令的输出结果汇总为一个参数集合，然后一次性地提交整个参数集合。

-false：将 find 命令的返回值都设为 False。

-group gname：查找符合“gname”指定用户组名称的文件或目录，也能以组识别码指定。

-gid GID：查找符合“GID”指定的组识别码的文件或目录。例如将“GID”设定成 1000，find 命令会寻找组识别码为 1000 的文件或目录；设定为+1000，表示寻找所有识别码大于 1000 的文件或目录；设定为-1000，则表示寻找所有识别码小于 1000 的文件或目录。

-name pattern：查找匹配“pattern”格式文件名或目录名。格式中可以包含下列通配符：

"*"：表示匹配所有字符。

"?"：表示匹配单个字符。

"[x-y]"：用于匹配字符范围。例如[0-9]，[A-Z]，[! a-z]等。

注意，使用上述通配符时，需要加引号。

-iname pattern：效果和指定“-name”参数类似，但忽略字符大小写差别。

-inum n：检索匹配指定索引节点（inode）号为“n”的文件。

-links [±]n：检索其链接数大于、等于或小于指定数量 n 的文件。其中：

“+n”：表示查找链接数大于 n 的文件。

“-n”：表示查找链接数小于 n 的文件。

“n”：表示查找链接数等于 n 的文件。

-nouser：检索文件所有者并未在/etc/passwd 文件中定义的所有文件，即检索其文件所有者非本地系统用户的文件。

-ok cmd：功能类似于“-exec”选项参数，唯一的差别是在执行指定的命令之前输出请求信息，当且仅当用户输入“y”或“Y”，确认后才继续执行。

-path pattern：查找路径名符合“pattern”的文件。

-pid n：查找进程 id 为“n”的文件。

-print：打印检索结果，即输出符合检索条件的文件名。

-fprint：该参数的效果和指定“-print”参数类似，但会把结果存储成指定的文件名列表文件。

-perm [±]mode：检索匹配指定访问权限（以八进制数值或符号形式表示）的文件。

-mode：表示文件的访问权限必须包括 mode 定义的所有访问权限。

+mode：表示文件的访问权限至少必须包括 mode 定义的一种访问权限。

mode：表示文件的访问权限必须完全匹配 mode 定义的所有访问权限。

-user uname：按照文件所有者“uname”查找文件。其中，uname 可以是任何一个合法注册用户名，也可以是用户 ID。

-size [±]nx：按指定的数值检索符合条件的文件。其中：

(1) n 表示以 512 个字节数据块为单位的文件大小。

+n：表示大于指定的数量。

n：表示恰好等于指定的数量。

-n：表示小于指定的数量。

(2) x 表示文件大小的单位，x 的取值如下：

b：表示 512 字节的数据块。

c：表示字节。

k：表示 KB。

M：表示 MB。

G：表示 GB。

w：表示 2 个字节的字。

-type t：查找类型为 t 的文件，t 为下列字符之一：

b：表示块设备文件。

d：表示目录。

c：表示字符设备文件。

p：表示管道文件。

l：表示符号链接文件。

f：表示普通文件。

s：表示套接字。

【例 6.79】 列出当前目录下所有目录及文件的名称。

命令如下：

```
[user@Fedora ~]$ find
```

【例 6.80】 查找当前目录下，文件名称以 meta 打头的文件或目录名。

命令如下：

```
[user@Fedora ~]$ find -name meta\*
```

【例 6.81】 查找当前目录下文件名称以 meta 或 user 起始的文件。

命令如下：

```
[root@Fedora ~]# find -name meta\* -o -name user\*
```

【例 6.82】 查找当前目录下文件名称以 meta 打头的文件或目录名，并将结果输出到 filelist 文件中。

命令如下：

```
[root@Fedora ~]# find -name meta\* -fprint filelist
```

【例 6.83】 在/etc 目录及其子目录下查找文件名为 yum.conf 的文件。

命令及查找结果显示如下：

```
[user@Fedora ~]$ su
密码:
[root@Fedora user]# find /etc/ -name yum.conf
/etc/yum.conf
```

因为搜索/etc 文件目录需要 root 身份，所以可以使用 su 命令切换到 root 用户。

注意：在 Linux 系统终端下输入密码（口令）时，没有任何显示，用户输入密码后，可以直接按回车键确认，最后一行信息为搜索文件的结果。

【例 6.84】 查找/media 目录下，名称为 file.c，并且所在文件系统类型为 vfat 的文件。

命令如下：

```
[user@Fedora ~]$ find /media -name file.c -fstype vfat
```

【例 6.85】　查找/media 目录下名称为 file.c，并且所在文件系统类型不是 ntfs 的文件。

命令如下：

```
[user@Fedora ~]$ find /media -name file.c ! -fstype ntfs
```

【例 6.86】　查找当前目录下文件类型为符号链接，且文件名以“de”打头的文件。

命令如下：

```
[user@Fedora ~]$ find -name de\* -type l
```

【例 6.87】　列出/tmp 目录下最近 2 天内访问过的文件。

命令如下：

```
[user@Fedora ~]$ find /tmp -atime -2
```

【例 6.88】　列出/tmp 目录下 20 分钟之前访问过的文件。

命令如下：

```
[user@Fedora ~]$ find /tmp -amin +20
```

【例 6.89】　列出/tmp 目录下属于组 user 的文件和目录。

命令如下：

```
[user@Fedora ~]$ find /tmp -group user
```

【例 6.90】　列出/tmp 目录下最近 20 分钟之内内容被修改过的文件。

命令如下：

```
[user@Fedora ~]$ find /tmp -mmin -20
```

【例 6.91】　列出/tmp 目录下最近 20 分钟之前内容被修改过的文件。

命令如下：

```
[user@Fedora ~]$ find -mmin +20
```

【例 6.92】　列出/tmp 目录下修改内容时间比 rfile 文件更近的文件或目录。

命令如下：

```
[user@Fedora ~]$ find /tmp -newer   rfile
```

【例 6.93】　列出/tmp 目录下小于 128 MB 的文件。

命令如下：

```
[user@Fedora ~]$ find /tmp -size   -128M
```

【例 6.94】　列出/tmp 目录下硬链接数目小于 3 的文件或目录。

```
[user@Fedora ~]$ find /tmp -links -3
```

【例 6.95】 find 命令可以使用混合查找的方法，查找/usr 目录中大于 20000 字节，且扩展名为“.conf”的文件。

在用户可以使用-and（与）把 2 个查找参数组合成一个混合查找方式，命令及查找结果如下：

```
[root@Fedora user]# find /usr -size +20000c -and -name "*.conf"
/usr/share/doc/wpa_supplicant-0.6.8/wpa_supplicant.conf
```

find 是很强大的搜索命令，但运行速度比较慢，而且占用硬盘空间，下面介绍两个命令——locate 和 whereis，由于这两个命令是利用数据库搜索数据的，所以速度快，没有实际的搜寻硬盘，并且对磁盘没有损耗。

6.5.2 查找文件的命令 locate

locate 命令与 find 命令类似，也是用于查找文件，但它们的不同之处在于 locate 命令的查找机制是首先建立一个包括系统内所有文件名称及路径的数据库，然后当使用 locate 时只需查询这个数据库，而不必实际深入文件系统中，因此其速度要比 find 快很多。locate 命令格式如下：

格式

```
locate [选项参数] 模式 ...
```

选项参数

-b：只匹配路径名里的主文件名(base name)。

-c：只显示找到的条目数量。

-d：设置 locate 命令使用的数据库。locate 命令默认的数据库是/var/lib/mlocate/mlocate.db。

-e：只显示当前存在的文件条目。

-L：当检查文件是否存在时，跟踪符号链接(trailing symbolic links)。

-n：最多显示 n 个条目。

-h：显示帮助信息。

-P：检查文件是否存在，不跟踪符号链接(symbolic links)。

-S：不查找文件，而是在使用的数据库上显示统计表(statistics)。

-q：安静模式，不会显示任何错误信息。

-r：使用正则表达式作为查找条件。

-V：显示版本信息。

-w：匹配整个路径名称(默认)。

说明：正则表达式，就是用某种模式匹配一类字符串的一个公式。它由一些普通字符和一些元字符（metacharacters）组成。普通字符包括大小写的字母和数字，而元字符则具有特殊的含义，常用的元字符及其解释如下：

.：匹配任何单个字符。例如：正则表达式 c.t 匹配这些字符串：cat、cut、c t，但是不匹配 coat。

$：匹配行结束符。例如：正则表达式 simple$ 能够匹配字符串"This is the sample"，但是不能匹配字符串"There are many samples"。

^：匹配一行的开始。例如：正则表达式^When in 能够匹配字符串"When in the course of human events"的开始，但是不能匹配"What and When in the course of human events "。

*：匹配 0 或多个正好在它之前的那个字符。例如：正则表达式.*意味着能够匹配任意数量的任何字符。

\：这是引用符，用来将这里列出的这些元字符当作普通的字符进行匹配。例如：正则表达式\$被用来匹配美元符号，而不是行尾。

[ ]：匹配括号中的任何一个字符。例如正则表达式 c[au]t 匹配 cat、cut，但是不匹配 cet。可以在括号中使用连字符"-"来指定字符的区间，例如：正则表达式[0-9]可以匹配任何数字字符；还可以制定多个区间，例如正则表达式[A-Za-z]可以匹配任何大小写字母。另一种用法是“排除”，要想匹配除了指定区间之外的字符，可以在左边的括号和第一个字符之间使用“^”字符，例如正则表达式[^269A-Z] 将匹配除了 2、6、9 和所有大写字母之外的任何字符。

\< \>：匹配单词（word）的开始（\<）和结束（\>）。例如：正则表达式\<the\>能够匹配字符串"for the wise"中的"the"，但是不能匹配字符串"otherwise"中的"the"。

\(\)：将 \和(\) 之间的表达式定义为“组”（group），并且将匹配这个表达式的字符保存到一个临时区域(一个正则表达式中最多可以保存 9 个)，它们可以用\1～\9 的符号引用。

|：将两个匹配条件进行逻辑“或”运算。例如：正则表达式(him|her) 匹配"it belongs to him"和"it belongs to her"，但是不能匹配"it belongs to them."。

?：匹配 0 或 1 个正好在它之前的那个字符。

【例 6.96】 查找文件 rc0.d。

命令及查询结果如下：

```
[root@Fedora user]# locate rc0.d
/etc/rc0.d
/etc/rc.d/rc0.d
/etc/rc.d/rc0.d/K01livesys-late
/etc/rc.d/rc0.d/K01smolt
/etc/rc.d/rc0.d/K02avahi-daemon
/etc/rc.d/rc0.d/K05atd
...
```

通过对 locate 命令的使用，用户会发现 locate 命令的查询速度非常快。locate 命令所查询的数据库由 updatedb 程序来更新，而 updatedb 是由 cron daemon 周期性建立的，但若所找到的文件是最近才建立或刚更名的，可能会找不到，因为 updatedb 默认每天运行一次，用户可以通过修改 crontab (etc/crontab)来更新周期值。

6.5.3　查寻命令相关文件位置的命令 whereis

whereis 命令找到命令相关文件所在的位置。Whereis 命令格式如下：

格式

```
whereis  [选项参数]  文件或目录
```

选项参数

-b：查找二进制文件。

-m：查找文件的手册部分。

-s：查找文件的源文件。

-B：与“-b”选项参数一样，都是查找二进制文件，不同的是添加了要搜索的目录。

-M：与“-m”选项参数一样，都是查找文件的手册部分，不同的是添加了要搜索的目录。

-S：与“-s”选项参数一样，都是查找文件的源文件，不同的是添加了要搜索的目录。

-f：终止最后的 -M、-S 或 -B 目录列表并发文件名起始位置信号。

-u：查找不指定类型的文件。

【例 6.97】 使用 whereis 命令查找所有与 diff 命令相关的文件。

命令及查询结果如下：

```
[user@Fedora ~]$ whereis diff
diff: /usr/bin/diff /usr/share/man/man1/diff.1.gz
```

【例 6.98】 只查找 diff 命令的二进制文件。

命令及查询结果如下：

```
[user@Fedora ~]$ whereis -b diff
diff: /usr/bin/diff
```

【例 6.99】 只查找 diff 命令的手册文件。

命令及查询结果如下：

```
[user@Fedora ~]$ whereis -m diff
diff: /usr/share/man/man1/diff.1.gz
```

6.5.4 查找命令路径的命令 which

which 命令主要是用来显示可执行命令的路径。which 命令格式如下：

格式

```
which    命令
```

【例 6.100】 用 which 命令查找 sort 命令的路径。

命令及结果显示如下：

```
[user@Fedora ~]$ which sort
/bin/sort
```

6.5.5 查询命令功能的命令 whatis

whatis 命令是用来查询命令功能。whatis 命令格式如下：

格式

```
whatis    命令
```

【例 6.101】 用 whatis 命令查看 mv 命令的功能。

命令及显示信息如下：

```
[user@Fedora ~]$ whatis mv
mv                    (1)  - move (rename) files
```

6.5.6 查找文本文件内容命令 grep

Grep（global search regular expression(RE) and print out the line，全面搜索正则表达式

并把行打印出来）是一种强大的文本搜索工具，它能使用正则表达式搜索文本，并把匹配的行打印出来。grep 命令格式如下：

格式

grep［选项参数］ 模式 ［文件或目录 ...］

选项参数

-a：将二进制文件视为 text 文件来处理。

-b：在输出每一行前显示包含匹配字符串的行在文件中的字节偏移量。

-c：只显示匹配行的数目。

-d ACTION：如果输入的文件是一个目录文件，使用“ACTION”处理该目录文件。预设“ACTION”是 read（读取），也就是说该文件夹被视为一般的文件；如果“ACTION”是 skip（略过），那么该文件夹会被 grep 略过；如果“ACTION”是 recurse（递归），那么 grep 会读取文件夹下所有的文件。

-f FILE：从文件“FILE”中获取模式，一个模式占一行。如果文件“FILE”为空，则表示没有要搜索的模式，因此不会有任何的匹配。

-e：使用“模式”来匹配。

-i：在匹配过程中，忽略大小写。

-n：在输出行前加上行号。

-h：在查找多个文件时，指示 grep 不要将文件名加到输出之前，输出时也不显示路径。

-v：反向选择，只显示不包含匹配串的行。

-q：不显示任何的一般输出。

-r：递归读取文件夹下的所有文件。

-w：将查找模式作为一个单词来解释，只显示完全符合该单词的行。

-x：将查找模式作为一行来解释，只显示完全符合该行的行。

-s：不显示不存在或无法读取的错误信息。

-v：显示除查找模式之外的全部信息。

-A NUM：除了显示符合行之外，还显示它之后的“NUM”行。

-B NUM：除了显示符合行之外，而且显示它之前的“NUM”行。

-C NUM：除了显示符合行之外，而且显示它上下各“NUM”行，默认值为 2。

-E：将模式作为一个扩展正则表达式（见注 1）来解释。

-F：将模式作为一组固定字符串来解释。

-I：在处理二进制文件时，grep 会强制认为该二进制文件没有包含任何搜索模式。

-l：显示文件内容符合指定模式的文件名。

-G：将模式作为一个基本正则表达式解释。

-H：在每个匹配模式前加上匹配的文件名，如果有路径会显示路径。

-P：将模式作为一个 Perl 正则表达式来对待。

-V：显示版本信息。

--help：显示帮助信息。

--version：同参数“-V”。

下面有两个文件 file.c 和 file2.c。

file.c 内容如下：

```
#include <stdio.h>
void main()
{
        printf("hello!Linux is powerful!\n");
}
file2.c 内容如下：
#include <stdio.h>
void main()
{
        printf("hello!Linux is useful!\n");
}
```

【例 6.102】 在当前目录下 file.c 文件中搜索匹配字符“Linux is”。

命令及搜索结果如下：

```
[user@Fedora ~]$ grep 'Linux is' file.c
printf("hello!Linux is powerful!\n");
```

从上面的实例及搜索结果可以看出，grep 命令将显示包含匹配字符串的整行。注意：在命令中要使用单引号或双引号将含有空格的字符串包含起来。

【例 6.103】 在当前目录下 file.c 文件中搜索出没有字符“Linux is”。

命令及搜索结果如下：

```
[user@Fedora ~]$ grep -v 'Linux is' file.c
// file.c
#include <stdio.h>
void main()
{
}
```

从上面的显示信息可以看出显示的信息是不包含字符串“Linux is”的行。

【例 6.104】 显示在当前目录下文件 file.c 和 file2.c 中包含“Linux is”字符串的行。

命令及显示信息如下:

```
[user@Fedora ~]$ grep 'Linux is' file.c file2.c
file.c:printf("hello!Linux is powerful!\n");
file2.c:      printf("hello!Linux is useful!\n");
```

【例 6.105】 从当前目录中的所有文件中，包括子目录，寻找包含“hello”字符串的文件。

命令结果显示如下：

```
[user@Fedora ~]$ grep -r hello *
file2.c:              printf("hello!Linux is useful!\n");
file.c:       printf("hello!Linux is powerful!\n");
```

【例 6.106】 从当前目录中，寻找包含“hello”字符串的文件，但不寻找子目录中的文件。

命令如下：

```
[user@Fedora ~]$ grep -d skip hello *
```

【例 6.107】　从当前目录中，寻找名称以 file 起始，并且包含“Linux is”字符串的文件，如果找到，标示出该字符串是在第几行。

命令及结果显示如下：

```
[user@Fedora ~]$ grep -n 'Linux is' file*
file2.c:4:          printf("hello!Linux is useful!\n");
file.c:5:           printf("hello!Linux is powerful!\n");
```

从上面的结果可以看出字符串“Linux is”在文件 file2.c 的第 4 行，而在文件 file.c 的第 5 行。

【例 6.108】　从当前目录中，寻找名称以 file 起始并且包含“hello”字符串的文件，如果找到，列出包含该符串之后 2 行。

命令及结果显示如下：

```
[user@Fedora ~]$ grep -A 2 hello file*
file2.c:            printf("hello!Linux is useful!\n");
file2.c-       }
file2.c-
--
file.c:        printf("hello!Linux is powerful!\n");
file.c-        }
file.c-
```

【例 6.109】　查找当前目录中，文件名以 file 打头的所有文件，并计算“hello”字符串出现的次数。

```
[user@Fedora ~]$ grep -c hello file*
file:0
file2.c:1
file.c:1
filelist:0
```

从上面的结果可以看到，文件 file、file2.c、file.c、filelist 中的“hello”字符串的个数分别为 0、1、1、0 个。

6.5.7　查询文件类型命令 file

file 命令用于查询文件类型。使用该命令可以知道某个文件是二进制可执行文件、shell 脚本文件还是其他格式等。file 能识别的文件类型有目录、shell 脚本、二进制可执行文件、C 语言源文件、文本文件和 DOS 的可执行文件等。file 命令格式如下：

格式

```
file  [选项参数] [文件或目录]
```

选项参数

-b：列出查询结果时，不显示文件名称。

-C：显示命令执行过程，以便于 debug 或分析程序执行的情况。

-f FILELIST：指定名称文件“FILELIST”，其内含有一个或多个文件名，让 file 依次查询这些文件，名称文件"FILE"的格式为每列一个文件名称。

-L：直接显示符号链接所指向的文件类别。例如文件 y 为 ASCII 文本文件 x 的符号链接，查询文件 y 时加上这项参数，就会显示文件类型为 ASCII 文本文件，而非符号链接。

-s：当要查询的文件是比较特殊的文件，例如要识别分区时，可使用该参数。

-v：显示版本信息并且退出。

-z：查询压缩过的文件类型。

【例 6.110】 查看当前用户目录下文件 file.c 的类型。

命令及信息如下：

```
[user@Fedora ~]$ file file.c
file.c: ASCII C++ program text
```

从上面的信息可以看出 file.c 文件是 c 程序源码（ASCII 码文本）。

【例 6.111】 查看当前用户目录下文件 file.c 的类型，但不显示文件名称。

命令及信息显示如下：

```
[user@Fedora ~]$ file -b file.c
ASCII C++ program text
```

【例 6.112】 识别 filelist 内指定文件的文件类型。

命令及结果显示如下：

```
[user@Fedora ~]$ cat filelist
file2.c
f1
d1
```

从上面执行的结果可以看出，文件 filelist 中指定了 3 个文件。

```
[user@Fedora ~]$ file -f filelist
file2.c: ASCII C program text        //file2.c 是 C 程序 ASCII 文本文件
f1:      ASCII text                  //f1 是 ASCII 文本文件
d1:      directory                   //d1 是目录文件
```

6.6 压缩、打包文件命令

大容量的文件占用磁盘空间，而且传输也不方便，所以文件压缩就显得尤为重要，但是经过压缩过的文件，不能直接被操作系统使用，必须经过解压缩恢复到原来的数据才能被使用，本节主要介绍 Linux 下关于压缩、解压缩以及打包的命令。

6.6.1 压缩命令 gzip/bzip2/zip

Linux 提供了多个压缩命令如 gzip、bzip2、zip，学会使用这些个命令是非常重要的。

1．压缩命令 gzip

gzip 命令的全称为 GNU zip，它是用来压缩和解压缩文件名为 *.gz 的指令，所以看到 *.gz 的文件时，就应该知道它是使用 gzip 命令压缩的。gzip 命令格式如下：

格式

```
gzip  [选项参数] [文件名 ...]
```

选项参数：

-a：使用 ASCII 文字模式。使用本参数之后，会把文本文件内的 LF 控制字符（Linux 文本文件行结束符）置换成 LF+CR（非类 Unix 系统文本文件行结束符）字符，以便供非 UNIX 之类的操作系统使用。

-c：压缩时保留原有文件。默认会将文件直接压缩后加上“.gz”扩展名，而不保留原来的文件。可用“>”等特殊字符将压缩后的结果导向一个新的文件，存储压缩后的文件却不会改变源文件。

-d：解压缩文件参数。gzip 命令加上该参数等价于 gunzip 命令。

-f：强行压缩文件，不理会文件名、硬链接或符号链接是否存在。

-h：显示帮助信息。

-l：显示压缩文件的相关信息。这些信息包括：压缩后的文件大小，未压缩的原始大小、压缩比，以及压缩前的文件名称。

-L：显示版本与版权信息。

-n：压缩文件时，不存储原来的文件名及时间戳。

-N：压缩文件时，存储原来的文件名称及时间戳。

-q：不显示警告信息。

-r：递归查找指定目录并压缩或解压其中所有的文件。

-S STR：更改压缩文件扩展名字符串为“STR”。默认扩展名字符串为“.gz”，可以利用该参数改变它。可以使用的扩展名“STR”，包括：“-gz”、“.z”、“_z”、“-z”和“-Z”。如果没有特殊需求，不建议使用该参数，以免造成文件类型混淆。

-t：检测压缩文件是否正确。

-v：显示详细的压缩信息。

-V：显示版本信息。

【例 6.113】 在当前用户目录下新建目录文件 a，将文件/etc/yum.conf 复制到/home/user/a 目录下，然后用 gzip 命令压缩/tmp 目录下的文件 yum.conf 文件 。

命令及显示信息如下：

```
[user@Fedora ~]$ mkdir a
[user@Fedora ~]$ cp /etc/yum.conf a
[user@Fedora ~]$ ls a
yum.conf
[user@Fedora ~]$ gzip a/yum.conf
[user@Fedora ~]$ ls a
yum.conf.gz
```

从上面命令及结果显示可以看出，a 目录下的文件 yum.conf 经过压缩后的文件变成了 yum.conf.gz，并且被压缩的源文件 defaults.list 没有被保留。

【例 6.114】 显示压缩文件 a/yum.conf.gz 的压缩信息。

命令及执行结果如下：

```
[user@Fedora ~]$ gzip -l a/yum.conf.gz
         compressed          uncompressed  ratio uncompressed_name
                519                   813  39.5% a/yum.conf
```

从上面的信息可以看到该文件压缩比率为 39.5%，被压缩前的文件名为 a/yum.cof。

【例 6.115】 将压缩文件 yum.conf.gz 解压缩。并使用 ls 命令查看 a 目录下解压文件的情况。

命令如下：

```
[user@Fedora ~]$ gzip -d a/yum.conf.gz
[user@Fedora ~]$ ls a
yum.conf
```

实际上，也可以使用 gunzip 命令取代 gzip -d 命令。

【例 6.116】 压缩文件 file，并且保留原来的文件。

命令如下：

```
[user@Fedora ~]$ gzip -c file > file.gz    //将输出转到文件 file.gz
```

【例 6.117】 压缩目录 d1 下所有的文件及其子目录下所有文件。

命令如下：

```
[user@Fedora ~]$ gzip -r d1
```

【例 6.118】 压缩 file 文件，并指定压缩后字尾字符串为“.compress”。压缩完成后查看该文件类型。

命令及结果显示如下：

```
[user@Fedora ~]$ gzip -S .compress file
[user@Fedora ~]$ file file.compress
file.compress: gzip compressed data, was "file", from Unix, last modified: Thu Aug 26 10:18:00 2010
```

由于 gzip 命令出现的比较早，效率比较低，下面介绍一个与 gzip 命令使用方法相同，而是效率比 gzip 高得多的压缩命令 bzip2。

2. 压缩命令 bzip2

bzip2 命令采用新的压缩演算法，压缩效率比较高。如果不加任何参数，bzip2 压缩完文件后会产生.bz2 的压缩文件，并不保留原始的被压缩文件。bzip2 命令格式如下：

 **格式**

```
bzip2 ［选项参数］ [要压缩的文件 ...]
```

 **选项参数**

-c：将压缩与解压缩的结果送到标准输出。若使用该参数执行压缩操作，且标准输出为屏幕时，bzip2 会拒绝将压缩的结果输出到屏幕，因为这样只会显示乱码。

-d：执行解压缩的参数。

-f：覆盖目标目录中存在的同名文件。

-h：显示帮助信息。

-k bzip2：在压缩或解压缩后，删除原始文件，若要保留原始文件，可使用该参数。

-s：以另一种算法压缩或解压缩文件，能降低程序执行时所占用的内存，但会增加处理时间。

-t：检测压缩文件是否完整。

-v：压缩或解压缩文件时，显示详细信息。

-z：强制执行压缩。

-L 或**-V**：显示版本及版权信息。

-［**1-9**］：与 gzip 相同，此功能参数值范围是 1～9，-1 的压缩比最小，但是压缩速度最快，-9 可以达到较大的压缩比，但速度也会较慢，一般可以预设压缩比的参数值为-6。

【例 6.119】　使用 bzip2 压缩 a 目录下的文件 yum.conf。

命令及执行结果如下：

```
[user@Fedora ~]$ bzip2 -z a/yum.conf
[user@Fedora ~]$ ls a
yum.conf.bz2
```

直接使用 bzip2 不加任何参数压缩文件 yum.conf，压缩完成后，产生 yum.conf.bz2 的压缩文件，删除源文件 yum.conf。

【例 6.120】　将压缩文件 yum.conf.bz2 解压缩。

命令及显示信息如下：

```
[user@Fedora ~]$ bzip2 -d a/yum.conf.bz2
[user@Fedora ~]$ ls a
yum.conf
```

同样，可以使用 bunzip2 指令取代 bzip2-d。

【例 6.121】　将文件 a/yum.conf 以最大压缩比进行压缩，保存源文件并将压缩的文件命名为 yum.bz2。

命令及执行结果如下：

```
[user@Fedora ~]$ bzip2 -9 -c a/yum.conf > a/yum.bz2
[user@Fedora ~]$ ls a
yum.bz2   yum.conf
```

3. 压缩命令 zip

zip 是使用广泛的压缩命令，经过 zip 命令压缩后产生具有“.zip”扩展名的压缩文件。与 gzip、bzip2 命令不同，zip 命令可以对目录文件进行压缩。zip 命令格式如下：

格式

```
zip ［压缩文件名］ 被压缩文件名
```

【例 6.122】　使用 zip 命令压缩 a 目录下的文件 yum.conf ，并将其命名为 yum.zip。

命令及显示信息如下：

```
[user@Fedora ~]$ zip a/yum.zip a/yum.conf
  adding: a/yum.conf (deflated 39%)
```

【例 6.123】　将目录文件 a 压缩到当前目录下，并且命名为 a.zip。

命令如下：

```
[user@Fedora ~]$ zip a.zip a
```

6.6.2 解压命令 gunzip/bunzip2/unzip

Linux 操作系统中，除了压缩命令本身具有的解压功能外，还提供一些相对应的解压命令，例如 gunzip、bunzip2 和 unzip 命令。

1. 解压命令 gunzip

gunzip 解压命令用于解压“*.gz”的压缩文件，使用语法格式如下：

格式

```
gunzip    [选项参数]  [文件或目录 ...]
```

选项参数

-a：使用 ASCII 文字模式。使用该参数后，将文本文件内的 LF 控制字符（Linux 文本文件行结束符）置换成 LF+CR（非类 Unix 系统文本文件行结束符）字符，以便供非 UNIX 之类的操作系统使用。

-c：把解压后的文件输出到标准输出设备，不改变源文件。

-f：强行解开压缩文件，忽略文件名称或硬链接是否存在，以及该文件是否为符号链接。

-h：显示帮助。

-l：显示压缩文件的相关信息。这些信息包括压缩后的文件大小、未压缩的原始大小、压缩比，以及压缩前的文件名称。

-L：显示版本与版权信息。

-n：解压时，若压缩文件内含有原来的文件名称及时间戳，则将其忽略不予处理，即压缩文件解压后，其文件名就是原文件名去掉压缩字尾字符串。

-N：解压时，若压缩文件内含有原来的文件名称及时间戳，则将其存储在解压的文件上。

-q：不显示警告信息。

-r：递归处理，将指定目录下的所有文件及子目录一起解压缩。

-S STR：更改压缩文件扩展名字符串为“STR”。默认扩展名字符串为“.gz”，可以利用该参数进行改变。可以使用的扩展名“STR”，包括：“-gz”、“.z”、“_z”、“-z”和“-Z”。如果没有特殊需求，不建议使用该参数，以免造成文件类型混淆。

-t：检测压缩文件是否正确。

-v：显示详细的压缩信息。

-V：显示版本信息。

【例 6.124】 解压 a 目录下使用 gzip 命令压缩生成的 a/yum.conf.gz 文件。

命令如下：

```
[user@Fedora ~]$ gunzip a/yum.conf.gz
```

【例 6.125】 解压文件 file.gz 到文件 newfile 中，保留原压缩文件。

```
[user@Fedora ~]$ gunzip -c file.gz > newfile
```

【例 6.126】　解压 d1 目录下所有压缩文件以及其子目录下的所有压缩文件。

命令如下：

```
[user@Fedora ~]$ gunzip -r d1
```

2. 解压命令 bunzip2

bunzip2 解压命令用于解压“*.bz2”的压缩文件。

格式

```
bunzip2　压缩文件名
```

选项参数

-f：解压缩时，如果输出的文件与现有文件同名，默认不会覆盖现有的文件。如果要覆盖，使用该参数。

-k：在解压缩后，默认会删除原来的压缩文件。如果要保留压缩文件，使用-k 参数。

-s：以另一种算法解压缩文件，能降低程序执行时内存的占用，但会增加解压缩时间。

-v：解压缩文件时，显示详细信息。

-L 或**-V**：显示版本信息。

【例 6.127】　解压 a 目录下用 bzip2 命令压缩生成的 yum.bz2 文件。

命令如下：

```
[user@Fedora ~]$ bunzip2 a/yum.bz2
```

【例 6.128】　强制解压文件 file.bz2。

命令如下：

```
[user@Fedora ~]$ bunzip2 -f file.bz2
```

3. 解压命令 unzip

unzip 命令可以解压“*.zip”文件，使用语法格式如下：

格式

```
unzip ［选项参数］ [压缩文件名 ...]
```

选项参数

-a：对文本文件进行必要的字符转换。

-b：不对文本文件进行字符转换。

-c：将解压缩的结果显示到屏幕上，并对字符作适当的转换。

-C：对于压缩文件中的文件名区分大小写。

-d exdir：把压缩文件解压到指定目录“exdir”下。

-x files：指定不处理.zip 压缩文件中的文件。

-f：更新现有的文件。unzip 会检查压缩文件中有哪些文件与当前目录中的文件重复，若压缩文件中的文件较新，则解压缩这些较新的文件到目录中，覆盖目录中较旧的文件。

-l：显示压缩文件内所包含的文件。

-L：将压缩文件中的全部文件名改为小写，此功能只适用于压缩此文件的操作系统文件名没有大小写的区别（如 DOS）。

-M：将输出结果送至 more 命令处理。

-n：不覆盖已存在的文件。

-o：覆盖已存在的文件并且不要求用户确认。

-p：将解压缩的结果显示到屏幕上，但不会执行任何的转换。

-P password：使用 zip 的密码选项解压文件。

-q：执行时不显示任何信息。

-s：将文件名中的空格符转换为下划线字符。

-t：测试压缩数据有无损坏。

-u：与“-f”参数类似，但是除了更新现有的文件外，也会将压缩文件中的其他文件解压缩至目录中。

-v：执行时显示详细的信息。

-X：解压缩时同时回存文件原来的 UID/GID。

-j：不重建目录结构，把所有的文件解压到默认的当前目录下。

-z：只显示压缩文件的注解。

files[.zip]：指定.zip 压缩文件。

[files]：指定要处理.zip 压缩文件中的文件，文件之间用空格隔开。若不使用该参数，则默认会处理.zip 压缩文件中的全部文件。

【例 6.129】 解压使用 zip 命令压缩的文件 a/yum.zip。

命令如下：

```
[user@Fedora ~]$ unzip a/yum.zip
```

默认解压文件名与压缩前的文件同名。

【例 6.130】 将压缩文件 a/yum.zip 解压到 a 目录下，并且遇到同名文件时询问是否覆盖。

命令及显示信息如下：

```
[user@Fedora ~]$ unzip a/yum.zip
Archive:   a/yum.zip
replace a/yum.conf? [y]es, [n]o, [A]ll, [N]one, [r]ename: y
   inflating: a/yum.conf
```

从上面的信息可以看出，在解压文件 yum.zip 前，目录 a 下存在同名文件 yum.conf，这样会询问用户是否覆盖原来同名的文件。输入“y”表示覆盖，输入“n”表示不覆盖，输入“A”表示覆盖所有同名文件，“N”表示不替代所有的同名文件，输入“r”表示重命名。在这里输入“y”后，解压文件 yum.zip 为 yum.conf 并覆盖同名文件。

【例 6.131】 解压文件 a/yum.zip，不覆盖同名文件。

命令如下：

```
[user@Fedora ~]$ unzip -n a/yum.zip
```

【例 6.132】 解压缩 d1.zip 压缩文件，并将指定压缩文件内子目录下所有文件全部解压到当前目录。

命令如下：

```
[user@Fedora ~]$ unzip -j d1.zip
```

6.6.3 打包/解包命令 tar

tar 命令是对文件目录进行打包或解包的命令。打包和压缩是两个不同的概念，打包是指将一些文件或目录变成一个总的文件，而压缩则是将一个大文件通过一些压缩算法变成一个小文件。那么打包有什么用处呢？因为在 Linux 中的很多压缩程序只能针对一个文件进行压缩，如果想压缩一个目录而此目录下有较多文件时，就需要借助 tar 工具先将这个目录文件先打成一个包，然后再用压缩命令（如 gzip、bzip2 等）进行压缩。tar 命令格式如下：

格式

```
tar  [选项参数][打包后文件名] [文件名或目录名 ...]
```

其中打包后文件名为用户自定义的文件名称。

选项参数

-A：把一个打包后的文件附加到另外一个打包后的文件（.tar 文件）后面，实现打包文件的合并。

-b N：设定每条记录的区块数目为“N”，每个区块大小为 512 字节。例如设定区块数目为 4，则记录大小就是 2048 字节。

-B：读取数据时重设区块大小。

-c：创建一个压缩文件。

-d：对比打包文件内容和系统中文件内容的差异。

-f tarfile：指定打包文件“tarfile”。该打包文件可以是一个普通文件，也可以是一个设备文件。

-x：从压缩文件中释放文件。

-t：查看 tar 文件的文件列表。注意，参数 c/x/t 仅能存在一个，不可同时存在，因为不可能同时压缩与解压缩。

-z：文件是否被 gzip 压缩过需要进行解压缩，或是需要用 gzip 命令进行压缩。

-j：文件是否被 bzip2 压缩过需要解压缩，或是需要用 bzip2 命令进行压缩。

-p：使用源文件的原来属性，属性不会依据使用者而变。

-P：可以使用绝对路径压缩。

-v：详细报告 tar 处理的文件信息。

-r：把新增文件追加到已打好包的文件末尾处。

-N date：将指定的日期“date”（yyyy/mm/dd）存储到打包文件中。

-k：解开压缩文件时，不覆盖已有的文件。

-l：复制的文件或目录所在的文件系统，必须与 tar 命令执行时所处的文件系统相同，否则不予以复制。

-R：显示每个文件在打包后的文件中的区块编号。

-S：假如一个文件内含大量的连续 0 字节，则将此文件存成稀疏文件。稀疏文件是一种内含大量连续 0 字节的文件，这种现象称之为坑洞，许多的二进制文件都具有这种特性。假使文件系统有支持这种特性，这些坑洞将不会占用大量的存储区块，有助于节省存放空间和增进系统效能。

-w：处理每个文件时，均要求用户确认。

-W：写入打包文件后，确认文件正确无误。

--atime-preserve：不更改文件的访问时间。

--delete：从打包文件中删除指定的文件。

--group = GNAME：把加入打包文件中的文件的所属组设成指定的用户组“GNAME”

--help：显示帮助信息。

--no-recursion：不做递归处理，即指定目录下的所有文件及子目录不予处理。

--numeric-owner：以 UID 及 GID 分别取代用户名和用户组名。

--owner = UNAME：把加入打包文件中的文件所有者设成指定的用户“UNAME”

--totals：打包文件建立后，显示文件大小。

--version：显示版本信息。

【例 6.133】 将当前用户目录下的目录文件 a 包括的所有文件内容打包，文件名为 a.tar，并且显示所有的 tar 处理文件时的信息。最后对比打包前和打包后的文件大小。

命令及显示信息如下：

```
[user@Fedora ~]$ tar cvf a.tar a
a/
a/yum.conf
a/yum.zip
a/yum
[user@Fedora ~]$ ls -l
总用量 188
drwxrwxr-x. 2 user user   4096   5 月  15 09:59 a
-rw-rw-r--. 1 user user 10240   5 月  15 10:30 a.tar
...
```

从上面“ls -l”命令执行的结果可以看出，打包后的目录文件 a.tar 文件要比打包前的目录文件 myfile 大很多。从这里可以看出打包并不是对文件进行压缩。

【例 6.134】 查看文件 a.tar 的内容。

命令及显示信息如下：

```
[user@Fedora ~]$ tar tvf a.tar
drwxrwxr-x user/user            0 2010-05-15 09:59 a/
-rw-r--r-- user/user          813 2010-05-14 17:02 a/yum.conf
-rw-rw-r-- user/user          644 2010-05-15 09:05 a/yum.zip
-rw-rw-r-- user/user          813 2010-05-15 08:53 a/yum
```

【例 6.135】 将 tar 文件 a.tar 解包出来。

命令及信息如下：

```
[user@Fedora ~]$ tar xvf a.tar
a/
a/yum.conf
```

```
a/yum.zip
a/yum
```

解包命令执行完后，它会自动覆盖原来同名的文件 a，并且保留 tar 文件 a.tar。

【例 6.136】 将当前用户目录下文件 file.c 添加到文件 a.tar 中，并通过查看文件 a.tar 的内容，验证 file.c 文件是否被成功添加到 a.tar 打包文件中。

命令及显示信息如下：

```
[user@Fedora ~]$ tar rvf a.tar file.c
file.c
[user@Fedora ~]$ tar tvf a.tar
drwxrwxr-x user/user          0 2010-05-15 09:59 a/
-rw-r--r-- user/user        813 2010-05-14 17:02 a/yum.conf
-rw-rw-r-- user/user        644 2010-05-15 09:05 a/yum.zip
-rw-rw-r-- user/user        813 2010-05-15 08:53 a/yum
-rw-rw-r-- user/user         84 2010-05-14 15:39 file.c
```

从上面的信息可以看出，文件 file.c 已成功添加到 a.tar 打包文件中。

实际上，tar 命令除了用于常规的打包之外，使用更为频繁的是用选项“-z”或“-j”调用 gzip 或 bzip2 等压缩命令，完成对各种不同文件的解压。

【例 6.137】 将当前用户目录/home/user 下目录文件 a 包括的所有文件内容，使用 tar 命令打包，然后使用 gzip 命令压缩，打包压缩后的文件名为 myfile.tar.gz。

命令及显示信息如下：

```
[user@Fedora ~]$ tar -zcvf a.tar.gz a
a/
a/yum.conf
a/yum.zip
a/yum
    [user@Fedora ~]$ ls -l
总用量 184
drwxrwxr-x. 2 user user   4096   5月  15 09:59 a
-rw-rw-r--. 1 user user 10240   5月  15 10:51 a.tar
-rw-rw-r--. 1 user user   1434   5月  15 10:59 a.tar.gz
    ...
```

上面“tar -zcvf”命令中的参数“z”起到调用 gzip 压缩程序的作用。

【例 6.138】 查看 a.tar.bz2 压缩文件的内容。

命令及信息如下：

```
[user@Fedora ~]$ tar -ztvf a.tar.gz
drwxrwxr-x user/user          0 2010-05-15 09:59 a/
-rw-r--r-- user/user        813 2010-05-14 17:02 a/yum.conf
-rw-rw-r-- user/user        644 2010-05-15 09:05 a/yum.zip
-rw-rw-r-- user/user        813 2010-05-15 08:53 a/yum
```

【例 6.139】 将当前用户目录下目录文件 a 包括的所有文件内容，使用 tar 命令打包，并且使用 bzip2 命令进行压缩，打包压缩后的文件命名为 a.tar.bz2。

命令及显示信息如下：

```
[user@Fedora ~]$ tar -jcvf a.tar.bz2 a
```

```
a/
a/yum.conf
a/yum.zip
a/yum
[user@Fedora ~]$ ls -l
总用量 188
drwxrwxr-x. 2 user user    4096    5 月  15 09:59 a
-rw-rw-r--. 1 user user 10240    5 月  15 10:51 a.tar
-rw-rw-r--. 1 user user    1743    5 月  15 11:06 a.tar.bz2
-rw-rw-r—. 1 user user    1434    5 月  15 10:59 a.tar.gz
...
```

在这里，被压缩文件名是用户自己定义的，习惯上都使用 .tar 作为标识。j 参数表示使用 bzip2 命令压缩文件，以 .tar.bz2 作为文件扩展名。

【例 6.140】 将压缩文件 a.tar.bz2 解压到当前目录下。

命令及信息显示如下：

```
[user@Fedora ~]$ tar -jxvf a.tar.bz2
a/
a/yum.conf
a/yum.zip
a/yum
```

6.7 文件权限设置命令

由于 Linux 文件权限很重要，只有系统管理员和文件的所有者才能拥有更改文件的权限。用户可以使用 chmod、chown、chgrp 等指令来进行使用者与群组相关权限的设置，下面介绍使用这 3 个命令设置文件权限。

6.7.1 修改文件所有者和组别的命令 chown

chown 命令用于修改文件所有者和组别，使用 chown 命令必须拥有 root 权限。chown 命令格式如下：

格式

```
chown  [选项参数]  文件所有者 [:所有者组群名称]   文件或目录 ...
```

其中：

文件所有者：为修改后的文件所有者。

所有者组群名称：为文件所有者所属的用户组群。

选项参数

-c：详尽的描述每个文件实际改变了哪些所有权。

-f：不显示错误信息。

-h：只对符号链接的文件本身作修改，而不更改其他任何相关文件。

-R：递归处理，将指定目录下的所有文件及子目录一并处理。

-v：显示命令执行过程。

--dereference：效果和“-h”参数相反。

--help：显示帮助。

--reference = rfile：把指定文件或目录的所有者与所属组都设成与参考文件或目录"rfile"的所有者与所属组相同。

--version：显示版本信息。

【例 6.141】　使用“ls -l”命令查看当前用户目录/home/user 文件信息，假设包含一个文件及一条目录文件信息。

```
drwxrwxr-x. 2 user user   4096   5 月  15 09:59 a
```

从信息中可以看出，这个文件拥有者是 user，它所属的用户组也是 user，将该文件的所有者改为 root，它所属用户组不变。然后用 ls -l 命令查看变化。

命令及结果显示如下：

```
[user@Fedora ~]$ sudo -s
密码:
[root@Fedora ~]# chown root a
[root@Fedora ~]# ls -l
总用量 192
drwxrwxr-x. 2 root user   4096   5 月  15 09:59 a
...
```

因为 chown 命令的使用需要有 root 权限，所以此时用户可以使用 su 命令切换到 root 用户，从上面 ls -l 命令执行的结果可以看出，文件 a.tar 的文件拥有者已经被改变为 root。

使用 ls -l 命令查看 a 目录文件，会发现所有的子目录和文件所有者仍然为 user，那么怎么改变所有子目录和文件的权限为 root 呢？此时需要使用参数-R 将目录文件 a 及其下级子目录和文件的所有者全部改变。

【例 6.142】　将目录 a 下所有的文件和子目录的权限修改为 root。

命令如下：

```
[root@Fedora ~]# chown -R root a
[root@Fedora ~]# ls -l a
总用量 12
-rw-rw-r--. 1 root user 813   5 月  15 08:53 yum
-rw-r--r--. 1 root user 813   5 月  14 17:02 yum.conf
-rw-rw-r—. 1 root user 644   5 月  15 09:05 yum.zip
```

从上面的信息可以看出目录文件 a 中所有的文件的用户权限全部被修改为 root。

【例 6.143】　将目录 a 的所有组修改为 root。

命令如下：

```
[root@Fedora ~]# chown .root a
```

【例 6.144】　将目录 a 的文件所有者修改为 zhang, 所有组修改为 user。

命令如下：

```
[root@Fedora ~]# chown zhang.user a
```

6.7.2 修改文件组所有权命令 chgrp

chgrp 用于改变文件的组所有权。chgrp 的使用语法格式如下：

 **格式**

```
chgrp  [选项参数]  文件所有组  文件或目录 ...
```

 **选项参数**

chgrp 命令除了没有选项参数"--dereference"外，其他都与 chown 命令的参数及其所代表的含义相同。

【例 6.145】 将当前目录下文件 file 的所属用户组更改为 workgroup。

```
[root@Fedora ~]# chgrp workgroup file
```

【例 6.146】 将当前目录/home/user 下目录文件 a 及其下级子目录和文件的所有组全部改变为 root。并查看修改结果。

命令如下：

```
[root@Fedora user]# chgrp -R root a
[root@Fedora user]# ls -l a
总用量 12
-rw-rw-r--. 1 root root 813   5 月  15 08:53 yum
-rw-r--r--. 1 root root 813   5 月  14 17:02 yum.conf
-rw-rw-r—. 1 root root 644   5 月  15 09:05 yum.zip
```

"ls -a"命令显示的结果可以看出目录文件 a 中的所有文件的文件所有组全被修改为 root。

6.7.3 修改文件的访问权限命令 chmod

chmod 命令作用是改变文件的访问权限。chmod 命令格式如下：

 **格式**

chmod 的语法格式有两种：使用符号标记格式和使用八进制数格式。

(1) 符号标记格式

```
chmod [who]［权限增减字符］[权限]  文件或目录 ...
```

其中：

操作对象 **who** 可以是下面的任一个或它们的组合：

u：表示文件或目录的所有者。

g：表示文件或目录所有者的所属组。

o：表示其他用户。

a：表示所有用户。

权限增减字符有以下 3 个：

+：表示添加某个权限。

-：表示取消某个权限。

=：表示设置权限，赋予给定权限并取消原先权限。

权限：

r：表示读权限。

w：表示写权限。

x：表示执行权限。

s：在文件执行时，把进程的所有者或组群 ID 设置为文件的所有者。“u+s”可以设置文件的 SUID 权限。“g+s”可以设置文件的 SGID 权限。

符号标记格式可以指定多个哟功能乎级别的权限，但它们中间要用逗号隔开，如果没有显示指出则表示不作更改。

(2) 八进制数格式

```
chmod ［选项参数］ 八进制权限 文件名
```

其中，八进制权限是指要更改后的文件权限。对于八进制数设置访问权限的方式，将文件权限字符代表的有效位设为“1”，例如“rw-”和“r--”的八进制表示为“110”、“100”，把这个二进制串转换成对应的八进制数就是 6、4。八进制、二进制及对应权限之间关系，如表 6.3 所示。

表 6.3　八进制、二进制及对应权限关系

八 进 制	二 进 制	访 问 权 限	八 进 制	二 进 制	访 问 权 限
0	000	---	4	100	r--
1	001	--x	5	101	r-x
2	010	-w-	6	110	rw-
3	011	-wx	7	111	rwx

下面举几个例子：

-rwx------：八进制表示为 700。

drwx------：八进制表示为 700。

drwx-x-x：八进制表示为 711。

-rw-rwx-r--：八进制表示为 674。

-rwxr--r--：八进制表示为 744。

选项参数

-c：只有在文件的权限确实改变时，才显示详细信息。

-f：不显示错误信息。

-R：递归处理所有的文件及子目录。

-v：处理任何文件都会显示信息。

--reference = rfile：把指定文件或目录的所有者与所属组都设成与参考文件或目录“rfile”的所有者与所属组相同。

--help：显示帮助信息。

--version：显示版本信息因为 chmod 命令涉及文件的访问权限，这里对文件权限的相关的内容进行简单的回顾。

文件的访问权限可表示成：- rwx rwx rwx。在此设有 3 种不同的访问权限：读（r）、写（w）和执行（x）。3 个不同的用户级别：文件拥有者（u）、所属的用户组（g）和系统其他用户（o）。在此可增加一个用户级别 a（all）表示所有这 3 个不同的用户级别。

假设当前用户目录/home/user 下，用 ls -l 命令查看文件信息，包含一个文件及一条目录文件信息。

```
-rw-rw-r--. 1 user user        24    8 月  26 09:20 f1
```

【例 6.147】 使用 chmod 命令的八进制格式，使文件的拥有者具有可写可执行权限，文件所有组具有可读可写权限、所有用户都可以对 f1 文件具有可读权限。

命令及显示信息如下：

```
[user@Fedora ~]$ chmod 764    f1
[user@Fedora ~]$ ls -l
...
-rwxrw-r--. 1 user user        24    8 月  26 09:20 f1
...
```

【例 6.148】 使用 chmod 命令的符号标记格式，将文件 f1 和目录 d1 的权限设置为所有者具有读取和写入权限，同一组的用户具有读取权限，其他用户则不准读写。

命令及结果显示如下：

```
[root@Fedora ~]# chmod u=rw,g=r,o= f1 d1
[root@Fedora ~]# ls -l
drw-r-----. 3 root user    4096    8 月  26 10:58 d1
...
-rw-r-----. 1 user user        24    8 月  26 09:20 f1
...
```

【例 6.149】 添加文件 f1 所属组的写入权限。

命令及结果显示如下：

```
[root@Fedora ~]# chmod g+w f1
[root@Fedora ~]# ls -l
...
-rw-rw----. 1 user user        24    8 月  26 09:20 f1
...
```

【例 6.150】 取消其他用户对文件 file 的执行权限。

命令如下：

```
[root@Fedora ~]# chmod o-x file
```

6.8 链接文件

文件链接是 Linux 文件系统中最重要的特点之一。链接实际上就是对文件的引用，其执行、编辑和访问方式与普通文件一样。在 Linux 中，链接可以如同原始文件一样对待，对系统中的其他应用程序而言，链接就是它所对应的原始文件而不是副本。简单的说链接就是为同一个文件创建多个入口或访问点，通过某个入口可以访问到连接指向的真实文件。在 Linux 操作系统中的链接分为硬链接（Hard Link）和符号链接（Symbolic Link）。

6.8.1　硬链接命令 ln

硬链接（Hard Link）是一个指向文件索引节点（Inode）的指针。在 Linux 操作系统中，当某位用户需要访问其他用户文件时，可以直接复制文件到需要的用户目录下，但是相同的文件在同一个磁盘分区无疑是浪费磁盘空间，这时便可以使用硬连接实现文件共享，就好像这个文件内容有多个文件名一样，每个文件名有相等地位。删除其中任何一个之后，事实上文件内容并不会被删除掉，仍然可以用其他名称访问这个文件。只有当删除最后一个指向这个文件内容的文件名后，文件内容才被删除。

注意：

(1) 因为每个分区（partition）上都可能有相同的存储位置地址，所以硬链接必须跟被链接的文件处在同一个分区上。

(2) 目录不支持硬链接。

1. 创建硬链接

Linux 操作系统中使用 ln 命令为一个文件创建硬链接，其格式如下：

格式

```
ln    [选项参数] [源文件夹路径]    [链接文件路径]
```

选项参数

-b：删除、覆盖目的文件之前先备份，备份的文件则会在字尾加上一个备份字符串。

-d 或-F：建立目录的硬链接。默认 ln 命令无法建立目录的硬链接，也无法建立指向目录的符号链接的硬链接。本参数可建立指向目录的符号链接的硬链接，但仍旧不能直接建立目录的硬链接。

-f：强行建立文件或目录的链接，不论目的文件或目录是否已经存在。

-i：覆盖已有文件之前先询问用户。

-n：当目的目录是某个目录的符号链接时，则 ln 命令会把该符号链接视为一般文件，因此将返回文件已存在，或是直接删除、覆盖它。

-s：创建的是符号链接而不是硬链接。

-v：显示命令执行过程。

--help：显示帮助信息。

--version：显示版本信息。

【例 6.151】　目标路径不存在同名文件。

使用 ls -l 命令列出当前目录/home/user 的文件情况，假设包括下面一条文件信息：

```
-rw-rw-r--. 1 user user     84   5 月  14 15:39 file.c
```

从上面的显示信息可以看到，在 user 用户目录下有文件 file.c，而且目前此文件的链接数为 1。如果/home/user/桌面目录下原来没有文件名为 file.c 的文件，那么在此目录下建立 file.c 的硬链接文件，然后再查看该文件的链接数。

命令如下：

```
[user@Fedora ~]$ ln file.c 桌面
```

```
[user@Fedora ~]$ ls -l
...
-rw-rw-r--. 2 user user     84   5 月  14 15:39 file.c
...
```

上述命令执行后，查看桌面文件，用户会发现桌面增加了 file.c 的文件图标。通过上面两条关于 file.c 文件信息的对比，可以看到创建完该文件的硬链接后，文件链接数从 1 增加到 2。当用户删除一个文件时，文件的链接数就会减 1（注意：当链接文件没有被彻底删除，只是被放到回收站时，此时文件的链接数是不会减少的），直到文件的链接数为 0 时才能将该文件彻底删除，也就是说删除一个存在硬链接的文件时，只有将所有硬链接文件删除才能完整地删除原文件，防止用户误删除文件，解释硬链接文件只是指向同一个文件的指针（相同的索引节点），所以它们的索引结点号也是相同的。用户可以用 ls-i 命令查看链接文件的索引节点号，验证一下链接文件与源文件的索引节点是否相同，命令及信息显示如下：

```
[user@Fedora ~]$ ls -i file.c
81207 file.c
[user@Fedora ~]$ ls -i  桌面/file.c
81207  桌面/file.c
```

从上面的显示信息可以看出链接文件与源文件的索引节点号都是 81207，说明它们的索引节点号是相同的。

【例 6.152】　目标路径存在同名文件

如果接着上面的实例，继续在目录/home/user/桌面上建立一个 home/user/file1.c 的硬链接文件。

命令及显示信息如下：

```
[user@Fedora ~]$ ln file.c   桌面/file.c
ln: 创建硬链接"桌面/file.c": 文件已存在
```

从上面的信息可以看出，在该目录下已经有 file.c 的同名文件存在了，不能直接覆盖源文件建立新链接。当目标路径存在与被链接文件的同名文件时，此时可以用 ln 命令的-i 参数选项，确认是否覆盖目的地文件。

```
[user@Fedora ~]$ ln -i file.c   桌面/file.c
ln：是否替换"桌面/file.c"？ y
```

从上面的两行信息可以看出，使用 ln-i 命令后，系统会提示是否置换该目录下已存在的文件，如果输入 y 后，按回车键，链接文件覆盖原来的同名文件。否则，输入 n 后，将不覆盖原来的同名文件。

注意：链接文件名可以与源文件名不同名，用户可以自己命名链接文件名。

【例 6.153】　不能为目录文件建立硬链接。在 Linux 系统下是不允许为目录文件建立硬链接的，用户可以自己尝试一下能否为目录文件建立硬链接，假设执行 user 用户目录下有个名为 a 的目录文件，下面为 a 目录文件建立一个硬链接。

命令及显示信息如下：

```
[user@Fedora ~]$ ln a  桌面
ln: "a": 不允许将硬链接指向目录
```

从上面的信息可以看出，系统是不允许用户为目录创建硬链接文件的。

【例 6.154】 在当前目录下，建立 file 文件的硬链接，并命名为 file-hlink。

命令及显示信息如下：

```
[root@Fedora ~]# ln file file-hlink
```

2. 硬链接的不足

尽管硬链接节省磁盘空间，也是 Linux 系统整合文件系统的传统方式，但是一个很大的不足之处是：

(1) 通常 Linux 系统是由多个文件系统构成，但硬链接不允许在不同的文件系统间建立链接。

(2) 不能为目录文件建立硬链接。

为了克服硬链接的不足，用户可以使用另一种链接方式——符号链接。

6.8.2 符号链接命令 ln–s

符号链接又称软链接，实际上符号链接文件仅包含有一个被操作系统解释为一条指向另一个文件或者目录的路径的文本字符串。这种链接方式与硬链接截然不同，它保存的并不是真正的文件数据。如果源文件被删除了的话，那么该文件的符号链接就会指向一个不存在的文件，其内容会变成空白。符号链接会占用一个索引节点，但与源文件是不同的索引节点。

1. 创建软链接

格式

```
ln -s [源文件路径] [目标文件路径]
```

【例 6.155】 使用 ln-s 命令在 user 用户目录下将文件 file.c 在/home/user/桌面/目录下创建一个符号链接文件。当前用 ls-l 命令查看/home/user 用户目录下 file.c 的文件属性，本例中 file.c 的链接数为 2，信息如下：

```
-rw-rw-r--. 2 user user      84   5 月  14 15:39 file.c
```

【例 6.156】 使用 ln-s 命令为 file.c 在/home/user/桌面/目录下创建一个符号链接。

命令如下：

```
[user@Fedora ~]$ ln -s file.c  桌面/file-slink.c
```

上面的命令执行成功后，打开文件目录/home/user/桌面，用户会发现此文件目录下增加文件 file-slink.c，用户可以自己命名该链接文件名，如果不写文件名，链接文件名默认跟源文件名相同。如果目标路径存在跟被链接的文件同名的文件时，此时还可以加-i 参数选项，用 ln-si 命令确认是否覆盖目的地文件。

2. 符号链接对链接数的影响

接着上面的实例，在创建完符号链接文件后，再用 ls-l 命令查看 file.c 的属性信息，属性信息如下：

```
-rw-rw-r--. 2 user user      84   5 月  14 15:39 file.c
```

从上面的信息中可以看到，file.c 文件的链接数没有改变。

符号链接文件与源文件具有不同的索引节点号，这点与硬链接不同。

【例 6.157】 使用 ls-i 命令查看源文件 file.c 和符号链接文件 file-slink.c，验证这两个文件的索引节点号是否相同。

命令及显示信息如下：

```
[user@Fedora ~]$ ls -i file.c
81207 file.c
[user@Fedora ~]$ ls -i  桌面/file-slink.c
5246  桌面/file-slink.c
```

从上面的信息明显可以看出，符号链接与源文件使用了两个不同的索引节点号。

第 7 章

用户和组管理

Linux 是多用户操作系统，每个用户基于各自的用户身份访问系统资源，Linux 系统为每个用户分别设置配置权限，并且把他们划分成不同的用户组。在 Fedora 12 系统中可以编辑/etc/passwd、/etc/shadow、/etc/group、/etc/gshadow 等配置文件管理用户和组。当然也可以在图形界面下完成管理用户和用户组等功能。

7.1 用户概述

1. 多用户多任务系统

Linux 系统属于多用户多任务的操作系统，而多用户多任务系统是指多个用户使用同一个操作系统，但并不是所有用户都做同一件事，例如在一个网站的服务器上有 FTP 用户、系统管理员和普通用户等。在同一时刻可能有的用户在使用 FTP 上传下载文件，管理员在维护系统，而同时普通的用户在访问浏览论坛等。这里需要注意的是，多用户多任务并不是指所有的用户都在同一台计算机上操作，这些具有用户权限的用户可以通过远程对该服务器进行操作。

2. 用户角色

在 Linux 操作系统中，用户是分角色的，角色不同，用户权限和所完成的任务也不相同。用户角色是通过 UID（用户 ID）来识别的，每个用户都具有不同的 UID。

Linux 系统用户大体可以分为 3 种用户角色：root 用户、虚拟用户和普通用户。

(1) root 用户。root 用户是 UID 为 0 的用户，可以通过/etc/passwd 文件查看 UID（用户 ID）为 0 的 root 用户，root 用户也被称为是系统管理员或超级用户。root 用户可以控制所有的程序，访问所有的文件，使用系统上所有的功能。从管理的角度来看，root 具有至高无上的权限。所以一定要通过密码保护 root 账号。其他用户也可被赋予 root 特权，但一定要谨慎行事，可以配置一些特定的程序由某些用户以 root 身份运行，而不必赋予它们 root 权限。使用 root 用户登录后，系统提示符为“#”。

(2) 虚拟用户。这类系统又被称为伪用户或假用户，这类用户不具有登录系统的能力，但却是系统运行不可缺少的用户。例如 bin、adm、ftp、mail 等。这类用户是系统自身拥有的，当然也可以手动添加虚拟用户。

(3) 普通用户。这类用户能够登录系统，但只能操作属于自己目录的内容，权限比较低。通常使用最多的也是这类用户，是由系统管理员添加的。每个普通用户都有一个账户，包括用户名、密码和主目录等信息。使用普通用户登录时，系统提示符为“$”。

7.2 用户配置文件

用户管理主要是通过修改配置文件完成的，使用用户管理控制工具（用户管理控制工具就是添加、修改和删除用户的系统管理工具）的最终目的也是为了修改用户配置文件。所以在管理用户时，可以直接修改用户配置文件，以达到管理用户的目的。与用户相关的配置文件主要有/etc/passwd 和/etc/shadow，其中/etc/passwd 文件是用户信息的加密文件，配置文件/etc/passwd 和/etc/shadow 是对应互补的。

7.2.1 /etc/passwd 配置文件

/etc/passwd 是系统识别用户的一个文件，它存放着所有用户账号的登录信息，包括用户名和密码，因此，该配置文件对系统来说是至关重要的。例如用户账户 user 登录时，系统首先会查阅/etc/passwd 文件，查看是否有 user 这个账户，然后确定 user 账户的用户 ID（UID），通过 UID 来确认用户身份，如果存在用户账户 user 则读取文件/ect/shadow 中对应的 user 的密码，如果密码验证正确则登录系统并读取用户的配置文件。

下面用 cat 命令查看/etc/passwd 文件内容：

```
[user@Fedora ~]$ cat /etc/passwd
root:x:0:0:root:/root:/bin/bash
bin:x:1:1:bin:/bin:/sbin/nologin
daemon:x:2:2:daemon:/sbin:/sbin/nologin
adm:x:3:4:adm:/var/adm:/sbin/nologin
lp:x:4:7:lp:/var/spool/lpd:/sbin/nologin
sync:x:5:0:sync:/sbin:/bin/sync
shutdown:x:6:0:shutdown:/sbin:/sbin/shutdown
halt:x:7:0:halt:/sbin:/sbin/halt
mail:x:8:12:mail:/var/spool/mail:/sbin/nologin
uucp:x:10:14:uucp:/var/spool/uucp:/sbin/nologin
operator:x:11:0:operator:/root:/sbin/nologin
games:x:12:100:games:/usr/games:/sbin/nologin
gopher:x:13:30:gopher:/var/gopher:/sbin/nologin
ftp:x:14:50:FTP User:/var/ftp:/sbin/nologin
nobody:x:99:99:Nobody:/:/sbin/nologin
...
user:x:500:500:hcq:/home/user:/bin/bash
```

可以看出/etc/passwd 文件由许多条记录组成，每条记录占一行，记录了一个用户账号的所有信息。每条记录由 7 个字段组成，字段间用冒号“:”隔开，其格式如下：

用户名:用户密码:用户识别码（UID）:用户组识别码（GID）:用户名全称:用户宿主目录:用户使用 shell

/etc/passwd 文件中各个字段的含义如下：

(1) 用户名。它唯一地标识了一个用户账号，用户在登录时使用的就是该用户名。

(2) 用户密码。passwd 文件中存放的密码是经过加密处理的。Linux 的加密算法很严密，其中的口令几乎是不可能被破解的。特别是对那些直接接入较大网络的系统来说，系统安全性显得尤为重要。在本例中看到的是一个 x，实际上密码已被映射到/etc/shadow 文件中。

(3) 用户识别码（UID）。Linux 系统内部使用 UID 标识用户，而不是用户名。UID 是一个整数，用户 UID 互不相同。root 用户的 UID 是 0。UID 的唯一性关系到系统的安全，比如在/etc/passwd 中把用户 user 的 UID 改为 0 后，user 这个用户会被确认为 root 用户，当用这个账户登录后可以进行所有 root 用户的操作。用户登录系统所处的角色是通过 UID 来实现的，而不是用户名。一般情况下，每个 Linux 的发行版本都会预留一定的 UID 和 GID 给系统虚拟用户使用。为了系统完成系统任务所必须的用户，虚拟用户在系统安装时就有，例如 daemon、bin、sys 等，Fedora 12 系统会默认把前 499 个 UID 和 GID 预留出来，管理员创建的新用户的 UID 是从 500 开始的，GID 也是从 500 开始。

(4) 用户组识别码（GID）。不同的用户可以属于同一个用户组，享有该用户组共有的权限。与 UID 类似，GID 唯一地标识一个用户组。

(5) 用户名全称。它一般是用户真实姓名、电话号码、住址等，当然也可以不设置。

(6) 宿主目录。这个目录属于该用户账号，当用户登录后，它就会被置于此目录中。一般来说，root 账号的主目录是/root，其他账号的宿主目录都在/home 目录下，并且和用户名同名。例如，用户账户 user 的宿主目录是/home/user。

(7) 用户使用 shell。表示用户使用 shell 类型，而在 Fedora 12 中默认使用的 shell 类型为 bash。

7.2.2　/etc/shadow 配置文件

/etc/shadow 文件是/etc/passwd 的影子文件，但该文件不是/etc/passwd 产生的。Linux 系统为了增强系统的安全性，还为用户提供 MD5 和 shadow 安全密码服务。如果安装 Linux 时，在相关配置的选项中选中 MD5 和 shadow 服务，那么/etc/passwd 文件中的用户密码项上所有的用户都是一个“x”，这就表示这些用户都无法登录；系统实际上是把真正的密码数据放在/etc/shadow 文件中，只能以 root 身份浏览该文件。任何人都可以读取 etc/passwd 文件，非法用户就是利用这个文件，使用各种工具按照 Linux 密码加密方法将用户甚至 root 的密码试出来，这样整个系统就会被非法用户控制，严重危害系统的安全和用户数据的保密性。所以如果发现这个文件的权限变成了其他用户组群或用户可读，要对其检查，以防止发生系统安全问题。

下面是用户账户 zhangsan 在/etc/shadow 文件中的内容字段，注意读写/etc/shadow 文件需要 root 权限：

```
user:$6$CC2M2WMijo9L2183$kIlUSEz7naaYEZ7MEYTOgee3iE3xMXyCBRo2UlC7tp5QiTcZYLTdp/
blhYbLE5BT545NU2HdLL.8QtW.CouDd.:14739:0:99999:7:::
```

从上面的信息可以看出，/etc/shadow 文件的内容包括 9 个字段，每个字段之间也使用冒号“：”进行分隔，其格式如下：

```
用户名：用户密码：上次修改口令的时间：两次修改密码间隔最少的天数：两次修改密码间隔最多的天数：提前多少天警告用户密码过期：密码过期多少天后禁用此用户：用户过期日期：保留
```

下面分别解释上述 9 个字段。

(1) 用户名。用户名即登录名与/etc/passwd 文件中的用户名是相同的，此字段不能为空。

(2) 用户密码。用户密码才是真正的密码，而且是经过加密的。该密码是一些特殊符号的字母。如果密码栏的第一个字元是“*”或 “!”，表示这个账号不是登录密码。如果想要锁定一个用户账户，可在/etc/passwd 文件中将其密码字段的最前面多加一个“*”或“!”，这样此用户账号就无法使用。

(3) 最近改动密码的日期。该字段记录改动密码的具体日期，因为计算 Linux 日期时间是以“1970 年 01 月 01 日”作为 1，“1971 年 01 月 01 日”作为 366，所以这个日期是累加的。即计算从“1970 年 01 月 01 日”开始到最近一次修改密码的时间间隔（天数）。

(4) 两次修改密码间隔最少天数。第 4 个字段记录用户账号的密码需要经过几天才变更。如果此字段设置为 0，表示密码可随时修改。

(5) 两次修改密码间隔最多天数。如果此字段设置为 0，表示密码可随时修改。如果不为 0，必须要在这个时间段内重新设定密码，否则这个账号将会暂时失效。而如果为“99999”，则表示不需要重新输入密码。不过，为了安全，建设最好设定一段时间段后严格要求用户变更密码。

(6) 提前多少天警告用户密码将过期。当账号的密码失效期限快要到时，当用户登录系统后，系统登录程序将提示用户密码将要过期。如上述例子密码到期之前的 7 天之内，系统会提示该用户。

(7) 密码过期多少天后禁用用户。此字段表示用户密码过期多少天后，系统会禁用用户，此时系统将不允许用户登录，也不会提示用户过期，即完全禁用此用户。

(8) 用户过期日期上字段指定用户过期天数。与第三个字段一样，都是使用“1970 年 01 月 01 日”开始的总天数设定。如果此字段为空，则用户账户可以永久有效。

(9) 保留字段。默认为空，以备 Linux 操作系统使用。

7.3 用户组配置文件

将具有某种共同特征的用户集合起来就是用户组（Group）。用户组配置文件主要有/etc/group 和/etc/gshadow，其中/etc/gshadow 是/etc/group 的加密信息文件。

7.3.1 /etc/group 配置文件

/etc/group 文件是用户组的配置文件，内容包括用户和用户组。并且能显示出用户是归属哪个或哪几个用户组，因为一个用户可以归属一个或多个不同的用户组；同一用户组的用户之间具有相似的特征。比如，把某一用户加入到 root 用户组，那么这个用户就可以浏览 root 用户目录的文件，如果 root 用户把某个文件的读写执行权限开放，root 用户组的所有用户都可以修改此文件，如果是可执行的文件（比如脚本），root 用户组的用户也是可以执行的。注意，不要轻易把普通用户加入 root 用户组。使用用户组的特性可在系统管理中为系统管理员提供很大的方便，但一定要注意其安全性。例如，某个用户下有与系统管理有关的重要内容，则最好让该用户拥有独立的用户组。

下面用 cat 命令查看文件/etc/group 内容。

```
[user@Fedora ~]$ cat /etc/group
root:x:0:root
bin:x:1:root,bin,daemon
daemon:x:2:root,bin,daemon
sys:x:3:root,bin,adm
adm:x:4:root,adm,daemon
tty:x:5:
disk:x:6:root
...
sshd:x:484:
pulse:x:483:
pulse-access:x:482:
gdm:x:481:
user:x:500:
```

从上面的信息可以看出，每个用户组一条记录；在/etc/group 中的每条记录分 4 个字段，格式如下：

```
用户组名:用户组密码:用户组标识码（GID）:用户列表
```

各字段的含义如下：

(1) 用户组名：用户组账户的名称。

(2) 用户组密码：与/etc/passwd 文件中的密码类似，/etc/group 文件中的密码也是加密的，在本例中看到的密码是一个 x，实际上真正的密码已保存在/etc/gshadow 文件中。

(3) 用户组标识号(GID)：系统内用一个整数表示唯一的用户组账户，在 Fedora 12 中，普通的用户组群的 GID 是从 500 开始的。

与 UID 类似，GID 是一个正整数或 0。当 GID 从 0 开始，GID 为 0 的组让系统赋予 root 用户组；系统会预留一些数字比较往前的 GID 给系统虚拟用户；不同系统预留的 GID 也有所不同，比如 Fedora 12 预留了 500 个，而 Ubuntu 9.10 则预留了 1000 个，当管理员添加新用户组时，用户组是从 1000 开始的；要想知道系统添加用户组默认的 GID 范围可以查看/etc/login.defs 中的 GID_MIN 和 GID_MAX 值，查看命令及信息如下：

```
[user@Fedora ~]$ cat /etc/login.defs | grep GID
GID_MIN                 500
GID_MAX               60000
```

(4) 用户列表：每个用户之间用逗号“,”隔开。如果字段为空表示用户组为 GID 的用户名；例如，root:x:0:，第 4 个字段为空，表示用户列表中的用户名跟该用户组同名，即用户名为 root。

7.3.2 /etc/gshadow 配置文件

/etc/gshadow 文件是/etc/group 文件的加密信息文件，用户组（Group）管理密码就存放在该文件中。/etc/gshadow 和/etc/group 是两个互补的文件。

使用 cat 命令查看文件/etc/gshadow 的内容。

```
[root@Fedora ~]# cat /etc/gshadow
root:::root
bin:::root,bin,daemon
...
```

从上面的内容可以看出，/etc/gshadow 文件中每一行表示一个用户账户信息，每行由 4 个字段组成，每个字段用冒号“:”隔开，格式如下：

```
用户组名:用户组密码:用户组管理者:用户组成员
```

各字段的含义如下：

(1) 用户组名：用户组群的名称。

(2) 用户组密码：用于保存已加密的用户组账号密码，如果此字段是空或“!”，表示没有密码；而*表示已加密的密码。

(3) 用户组管理者：该用户组的管理者有权添加到该用户组，或从该用户组删除某个用户，此字段也可为空，如果有多个用户组管理者，用逗号“,”号隔开。

(4) 组成员：属于该组的用户成员列表，如果列表中有多个成员，用逗号“,”隔开。

【例 7.1】 解释用户组 bin 在/etc/gshadow 中的记录为“bin:::root,bin,daemon”各字段的含义。

(1) 第一字段：用户组名为 bin。

(2) 第二字段：用户组的密码，这里为空。

(3) 第三字段：用户组管理者，这里为空。

(4) 第四字段：bin 用户组所拥有组成员。这里用户组成员为 root,bin,daemon，各成员之间用逗号“,”隔开。当然用户组也可以有一个成员或为空。

7.4 图形界面下的用户管理

管理员可以在图形界面下通过用户管理工具完成用户和用户组群的添加、修改和删除等操作。从桌面启动用户管理器，单击“系统”→“管理”→“用户和组群”命令，在弹出“查询”对话框中，输入正确的 root 密码并确认后，弹出“用户管理者”窗口，如图 7.1 所示。

从“用户”标签页可以看到当前所有的用户信息，包括用户名、用户 ID 和用户主组群，登录用户全名、登录的 shell 类型以及主目录。打开“组群”标签页，可以看到组群信息，包括组群名、组群和组群成员。用户可以通过工具栏中的“添加用户”、“添加组群”、“属性”和“删除”等功能按钮，实现对用户和用户组群的添加、删除、修改等操作。

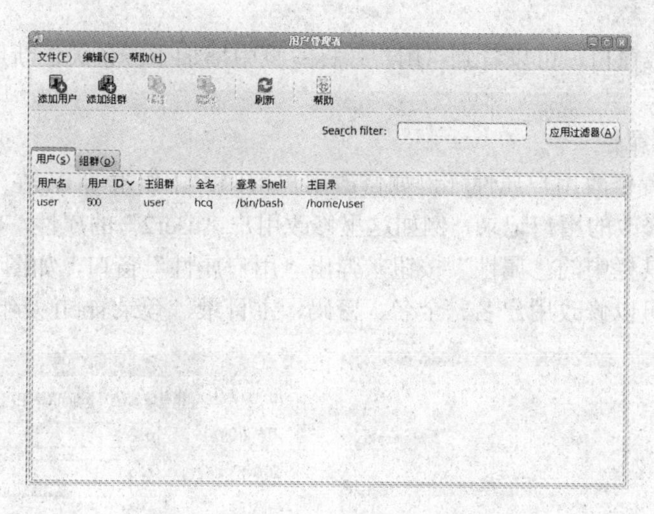

图 7.1 “用户管理者”窗口

7.4.1 用户管理

1. 添加用户

在“用户管理者”窗口中，单击“添加用户”按钮，弹出“创建新用户”对话框。如图 7.2 所示。输入相关用户属性，如图 7.3 所示。

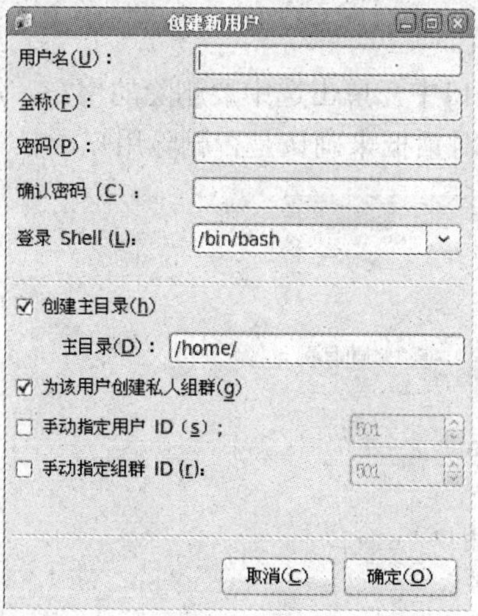

图 7.2 “创建新用户”对话框

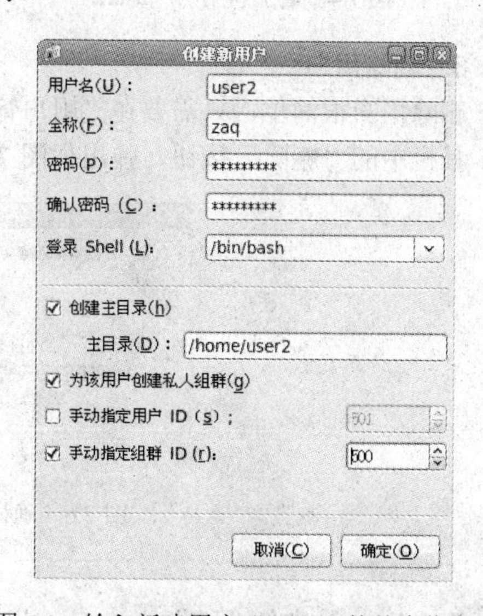

图 7.3　输入新建用户“user2”的基本信息

其中，用户密码最少为 6 个字符。默认主目录一般为“/home/用户名”，所以，在本例中默认主目录为“/home/user2”。接下来是设定用户 ID，一般选择系统默认分配的用户 ID（Fedora 12 中一般把低于 500 的 ID 号保留给系统用户），也可以通过勾选“手动指定用户 ID（s）”来自定义该用户 ID。如果要把用户加入到指定组群中，那么勾选“手动指定组群 ID（r）”自定义该用户组群 ID。如果用户不勾选“手动指定组群 ID（r）”复选框，那么系统默认给该用户建立一个跟该用户名同名的用户组群。设置完成后单击“确定”按钮，返回“用户管理者”窗口，可以看到“用户”标签页中增加了一条关于新用户“user2”的记录，如图 7.4 所示。

2. 设置用户属性

要想重新设置修改用户属性（例如修改用户密码、主组群等），在“用户管理者”窗口中，选中需要修改的用户记录，例如这里修改用户“user2”的属性，单击选中该用户记录，然后单击工具栏中的“属性”按钮，弹出“用户属性”窗口，如图 7.5 所示。在该属性窗口中，用户可以修改用户名、全名、密码、主目录、登录 shell 及组群等。

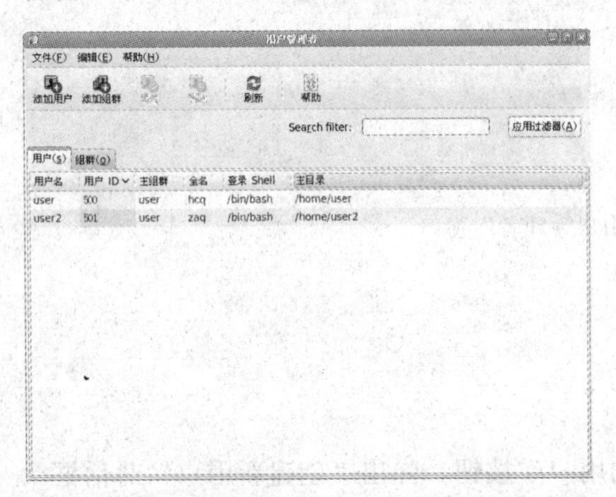

图 7.4 增加新用户“user2”

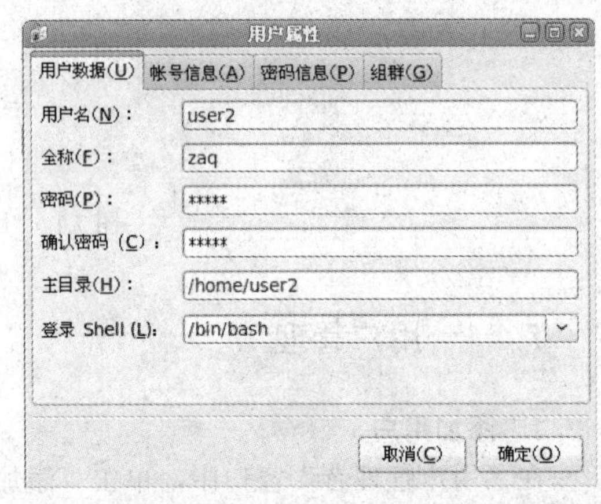

图 7.5 “用户属性”窗口

3. 删除用户

删除用户很简单，只需要在“用户管理者”窗口中，单击选中要删除的用户，然后单击工具栏中的“删除”按钮，弹出如图 7.6 所示的对话框来确认是否删除用户。

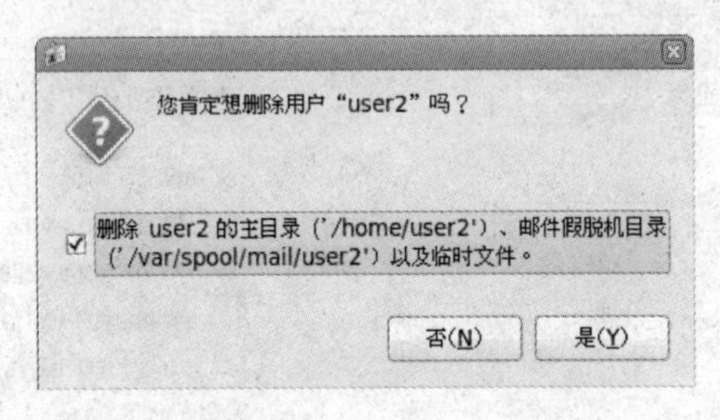

图 7.6 确认是否删除用户“user2”

7.4.2 用户组管理

在 Linux 系统中的图形界面下，系统管理员不仅可以管理用户，还可以管理用户组，同样管理组也需要管理员权限。在“用户管理者”窗口中，单击“组群”标签页按钮，会显示系统中所有用户组群的相关记录，如图 7.7 所示。

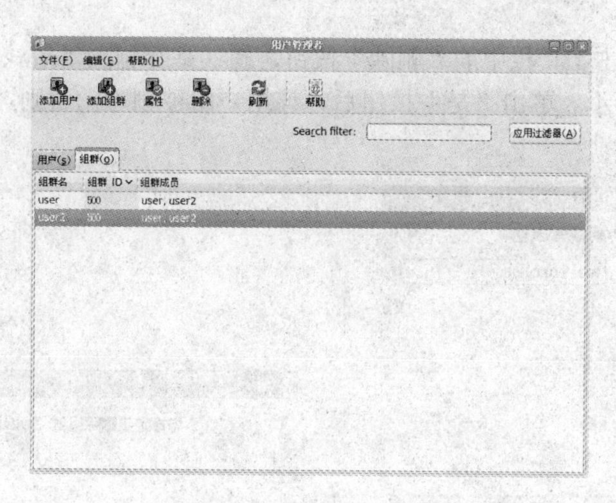

图 7.7 系统用户组群记录

1. 添加用户组

在“用户管理者”窗口中，单击“添加组群”按钮，系统会弹出“创建新组群”窗口，如图 7.8 所示。这里假设新创建的用户组名为“workgroup”，所以可以在“组群名”文本框中输入“workgroup”，可以选择默认的用户组识别码（GID），也可以手动指定。然后单击“确定”按钮。此时会发现在组设置对话框的左下方已经添加了新用户组“workgroup”，新用户组“workgroup”添加成功，如图 7.9 所示。

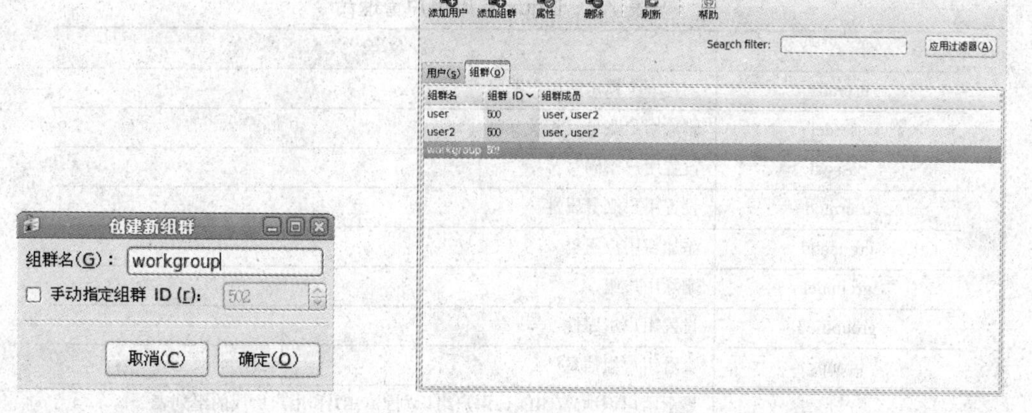

图 7.8 “创建新组群”对话框

图 7.9 添加完成用户组“workgroup”

2. 设置用户组属性

打开“用户管理者”窗口中的“组群”标签页。选中需要修改属性的用户组记录，然后单击工具栏中的“属性”按钮，弹出“组群属性”窗口，如图 7.10 所示。在“组群数据”标签页中可以重新设置“组群名”，在“组群用户”标签页中可以选择要加入的该组群成员，在这里用户可以勾选一个或多个用户名作为该组群的成员。完成用户组属性设置后，单击“确定”按钮，保存修改。

3. 删除用户组

删除用户组的操作也非常简单，例如，要删除用户组“workgroup”，选中该用户组相关记录，然后单击工具栏中的“删除”按钮，确认是否删除“workgroup”组的提示对话框，如图 7.11 所示。单击“是”按钮后，该用户组被删除；否则，单击“否”按钮，不删除用户组。

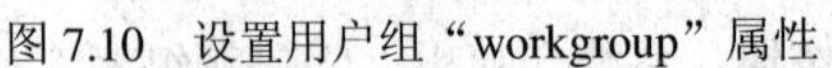
图 7.10 设置用户组“workgroup”属性

图 7.11 确认是否删除组群“workgroup”

7.5 使用命令行管理目录

Linux 系统中也可以使用命令行管理用户和用户组，常见管理命令如表 7.1 所示。

表 7.1 Linux 常见用户管理命令

命　令	命令含义
useradd	创建一个锁定的用户账号
userdel	删除用户账号及相关文件
passwd	设置用户密码
usermod	设置用户账号属性
groupadd	添加新用户组群
groupdel	删除用户组
groupmod	设置用户组属性
groups	查看用户组信息
id	显示用户识别码(UID)、用户组识别码(GID)和用户所属的组列表
who	显示登录到系统的所有用户

7.5.1 添加用户命令 useradd

useradd 命令用于添加创建用户。

格式

useradd [选项参数] 用户名

useradd 指令所建立的账号，实际上是保存在“/etc/passwd”文本文件中，该文件中的每一行包含一个账号信息。在默认情况下，useradd 初始化操作保存在“/home”目录下，并为对应账号创建一个同名主目录。

选项参数

-c comment：设置“comment”为用户全称或用户账号注释。

-d home dir：设置登录时所使用的宿主目录为“home_dir”。

-D：变更默认值。

-b default_home：在指定的用户目录“default_home”下，建立所有用户的<登录目录>，默认值为/home。

-e default_expire_date：指定默认账号的有效期限为“default_expire_date”。

-f default_inactive ：指定默认在密码过期“default_inactive ”天后关闭该账号。

-g default_group ：指定用户默认所属用户组为“default_group”。

-s default_shell：指定使用默认的 shell 为“default_shell”。

-e expire date：设置账号终止日期为“expire date”，日期的指定格式为 MM/DD/YY。

-g initial group：设置用户默认的组群名称或组群号码，该组群在指定前必须存在。

-G group，[...]：定义用户所属的附加组，各组之间用逗号“,”隔开，不能包含空白内容。

-m：若主目录不存在，则主动创建用户的登录目录。

-M：不创建用户登录目录。

-n：取消创建以用户名称为名的组群。

-r：在 Fedora 12 系统中，创建一个 UID 小于 500 的不带主目录的系统账号。

-f inactive_days：设置在密码过期“inactive_days”日后永久停权。当“inactive_days”的值为 0 时，过期后账号立即被停权，当值为-1 时，关闭该功能。

-u uid：设定用户 ID 为“uid”。

-s shell：指定用户的登录“shell”类型。

说明：对于用户和组的操作需要具有 root 权限。用户可以使用以下命令进入 root 用户目录：

```
[user@Fedora ~]$ su
密码：
[root@Fedora user]#
```

su 命令主要用于将普通用户身份转变为超级用户。

【例 7.2】 使用 useradd 命令添加一个用户账户为“user3”的新用户，设置其全名为“hcq3”，并用 passwd 命令为其设置密码，然后查看是否成功创建该用户。

命令及显示信息如下：

```
[root@Fedora user]# useradd -c hcq3 user3
[root@Fedora user]# passwd user3
更改用户 user3 的密码 。
新的 密码：
重新输入新的 密码：
passwd： 所有的身份验证令牌已经成功更新。
```

上面的第一行显示信息，使用 useradd -c 命令创建新用户账户为“user3”，用户名称为“hcq3”，然后用 passwd 命令为此用户设置密码。如果设置密码过于简单，则系统会给出密码相应提示。

说明：在添加用户时，useradd 和 passwd 一般是一起使用的。

用户可以通过/etc/passwd 文件查看是否已经创建“user3”用户。命令及信息显示如下：

```
[root@Fedora user]# cat /etc/passwd |grep user3
user3:x:502:502:hcq3:/home/user3:/bin/bash
```

从上面的信息可以看出，已成功创建用户“user3”。

【例 7.3】 创建用户 zaq1，如果该用户宿主目录不存在则自动创建宿主目录，并查看该用户是否创建成功。

命令及显示信息如下：

```
[root@Fedora user]# useradd -m user4
[root@Fedora user]# cat /etc/passwd | grep user4
user4:x:503:503::/home/user4:/bin/bash
```

从查看/etc/passwd 文件的内容可以看出用户 user4 已成功创建。

【例 7.4】 创建用户 user5，并设置其用户宿主目录为“/home/user5-hcq”，设置用户全名为“hcq5”，并查看该用户是否创建成功。

命令及结果显示如下：

```
[root@Fedora user]# useradd -d /home/user5-hcq hcq5
[root@Fedora user]# cat /etc/passwd |grep user5-hcq
hcq5:x:504:504::/home/user5-hcq:/bin/bash
```

【例 7.5】 创建用户 user6，并将其登录 shell 设置为/bin/zsh 类型，并查看该用户是否创建成功。

命令及结果显示如下：

```
[root@Fedora user]# useradd -s /bin/zsh user6
[root@Fedora user]# cat /etc/passwd |grep user6
user6:x:505:505::/home/user6:/bin/zsh
```

【例 7.6】 创建用户 user7，并将它设置用户组 root 的成员，并查看该操作是否成功。

命令及结果显示如下：

```
[root@Fedora user]# cat /etc/passwd |grep user7
user7:x:506:0::/home/user7:/bin/bash
```

从上面的信息可以看出，创建用户 user7 成功，用户可以使用 id 命令查看用户属于哪个组群。命令及结果显示如下：

```
[user@Fedora ~]$ id user7
uid=506(user7) gid=0(root) 组=0(root)
```

7.5.2 删除用户命令 userdel

格式

```
userdel [选项参数] 用户名
```

选项参数

-r：用户目录下的文件全部删除，将找出其他位置上的文件或目录并删除。

【例 7.7】　删除用户 user7。

命令如下：

```
[root@Fedora user]# userdel user7
```

【例 7.8】　删除用户 user6，并删除其用户主目录/home/user6，查看删除结果。

命令及显示信息如下：

```
[root@Fedora user]# ls /home/
user   user2   user3   user4   user5-hcq   user6   user7
[root@Fedora user]# userdel -r user6
[root@Fedora user]# cat /etc/passwd |grep user6
[root@Fedora user]#
[root@Fedora user]# ls /home/
user   user2   user3   user4   user5-hcq   user7
```

从上面 cat 命令和 ls 命令显示的/home 目录下的内容可以看出，user-r 命令在删除用户 user6 的同时还删除了该用户的宿主目录。

7.5.3　修改用户信息命令 usermod

usermod 命令用于修改已创建的用户属性值，如修改用户登录 shell 的类型、所属的用户组、用户密码的有效期和用户名称等。

格式

```
usermod ［选项参数］ ［属性值］
```

选项参数

-c comment：修改用户账号的全称或注释为“comment”。

-d home dir：修改用户登录时所使用的宿主目录为“home_dir”。

-e expire date：修改用户账号终止日期为“expire date”，日期的指定格式为 MM/DD/YY。

-f inactive_days：修改在密码过期“inactive_days”日后永久停权。当“inactive_days”的值为 0 时，过期后账号立即停权，当该值为-1 时，关闭此功能。

-g initial group：修改用户默认的用户组群名称或组群号码，该组群在指定前必须存在。

-G group，[...]：修改用户所属的附加组，各组之间用逗号“,”隔开，不能包含空白内容。

-l login_name：修改用户账号名称为“ login_name”。

-L：锁定用户密码，使用户密码无效。

-u uid：修改用户 ID 为“uid”。

下面使用 useradd 命令添加一个新用户 user6，设置用户全称“张三”，组群为workgroup，并设置其密码，查看该用户是否成功创建。命令及信息如下：

```
[root@Fedora user]# useradd -c 张三 -g workgroup -m user6
[root@Fedora user]# passwd user6
...
[root@Fedora user]# cat /etc/passwd |grep user6
user6:x:505:501:张三:/home/user6:/bin/bash
[root@Fedora user]# id user6
uid=505(user6) gid=501(workgroup) 组=501(workgroup)
```

【例 7.9】 将用户 user6 的原来全称“张三”修改为“李四”，查看是否修改成功。

命令及信息如下所示：

```
[root@Fedora user]# usermod -c 李四 user6
[root@Fedora user]# cat /etc/passwd |grep user6
user6:x:505:501:李四:/home/user6:/bin/bash
```

【例 7.10】 修改用户 user6 的宿主目录为/home/lisi，查看是否修改成功。

命令及显示信息如下：

```
[root@Fedora user]# usermod -d /home/lisi user6
[root@Fedora user]# cat /etc/passwd | grep user6
user6:x:505:501:李四:/home/lisi:/bin/bash
```

从上面信息可以看出，用户 user6 的宿主目录已成功修改为/home/lisi。

【例 7.11】 将用户 user4 所属的组群修改为 workgroup，查看是否修改成功。

命令及结果显示如下：

```
[root@Fedora user]# usermod -g workgroup user4
[root@Fedora user]# id user4
uid=503(user4) gid=501(workgroup) 组=501(workgroup)
```

【例 7.12】 将用户 user4 所属的组群改为属于 workgroup、hcq5 两个组群，查看是否修改成功。

命令及结果显示如下：

```
[root@Fedora user]# usermod -G workgroup,hcq5 user4
[root@Fedora user]# id user4
uid=503(user4) gid=501(workgroup) 组=501(workgroup),504(hcq5)
```

【例 7.13】 将用户 user6 的用户名修改为 leesir，查看是否修改成功。

命令及结果显示如下：

```
[root@Fedora user]# usermod -l leesir user6
[root@Fedora user]# cat /etc/passwd | grep leesir
leesir:x:505:501:李四:/home/lisi:/bin/bash
```

【例 7.14】 锁定用户 user3 的密码，使其密码无效，查看是否修改成功。

命令及结果显示如下：

```
[root@Fedora user]# usermod -L user3
[root@Fedora user]# passwd -S user3
user3 LK 2010-05-17 0 99999 7 -1 (密码已被锁定。)
```

从最后一行信息可以看出用户账户 user3 的密码已被锁定。

【例 7.15】　解除用户 user3 的密码锁定，并查看是否修改成功。

命令及结果显示如下：

```
[root@Fedora user]# usermod   -U user3
[root@Fedora user]# passwd -S user3
user3 PS 2010-05-17 0 99999 7 -1 (密码已设置，使用 SHA512 加密。)
```

从最后一行信息可以看出用户账户 user3 的密码已解锁，而且该密码使用 SHA512 加密。

【例 7.16】　首先查看用户 user3 的账户有效期限，然后修改用户 user3 账户的有效期限为“2010 年 12 月 30 日”，最后查看是否修改成功。

命令及结果显示如下：

```
[root@Fedora user]# cat /etc/shadow |grep user3
user3:$6$6sKVWKV3$6OjwakU1WLz13nCRNJZrTyqLYaPC.jiDx8aPOwvyIXusHr6/aoRhxC7c3VSFJO
k.MdDkEoOhYhDeWzNREtdqS0:14746:0:99999:7:::
[root@Fedora user]# usermod -e 12/30/2010 user3
[root@Fedora user]# cat /etc/shadow |grep user3
user3:$6$6sKVWKV3$6OjwakU1WLz13nCRNJZrTyqLYaPC.jiDx8aPOwvyIXusHr6/aoRhxC7c3VSFJO
k.MdDkEoOhYhDeWzNREtdqS0:14746:0:99999:7::14973:
```

从最后一行信息可以看出，该账户的有效期限由原来的“空”更改为 14973。

【例 7.17】　修改用户 user3 的登录 shell 为“/bin/zsh”类型，查看修改是否成功。

命令及结果显示如下：

```
[root@Fedora user]# usermod -s /bin/zsh user3
[root@Fedora user]# cat /etc/passwd |grep user3
user3:x:502:502:hcq3:/home/user3:/bin/zsh
```

【例 7.18】　用户 user3 的用户识别码（UID）为“502”，该用户信息如下：

```
user3:x:502:502:hcq3:/home/user3:/bin/zsh
```

使用 usermod 命令将其修改为“512”，修改完成后查询修改结果。

命令及结果显示如下：

```
[root@Fedora user]# usermod -u 512 user3
[root@Fedora user]# cat /etc/passwd |grep user3
user3:x:512:502:hcq3:/home/user3:/bin/zsh
```

7.5.4　设置密码命令 passwd

格式

```
passwd   用户名
```

选项参数

-d：删除密码，只有系统管理员才能使用该参数。

-f：强制执行，当解锁已锁定的用户账号时，若该账号原本没有密码，则 passwd 命令会拒绝删除字首符号“!”。加上该参数后，passwd 会随机产生一组密码，强行解锁已锁定住的账号。该参数配合“-u”参数使用。

-k：设定只有在密码过期失效后，才能更新。

-l：锁定账号，使用该参数后，passwd 命令在已加密的密码字符串加上符号“!”，使得该账号密码失效，无法登录系统。该参数只有系统管理员才能使用。

-S：列出密码的相关信息，该参数仅有系统管理员才能使用。

-u：解锁已锁定的账号。使用该参数后，passwd 命令删除加上的“!”号，恢复该账号的密码，使得指定的用户可以登录系统，该参数只有系统管理员才能使用。

【例 7.19】 修改用户 user3 的密码。

命令及显示信息如下所示：

```
[root@Fedora user]# passwd user3
更改用户 user3 的密码 。
新的 密码:
重新输入新的 密码:
passwd: 所有的身份验证令牌已经成功更新。
```

从最后一行信息可以看出密码修改成功。密码设置包含字母、数字、下划线、空格等，如果设置密码过于简单，则系统则给出相应的密码设置简单提示。

【例 7.20】 修改超级用户 root 的密码。

命令及显示信息如下：

```
[root@Fedora user]# passwd
更改用户 root 的密码 。
新的 密码:
重新输入新的 密码:
passwd: 所有的身份验证令牌已经成功更新。
```

【例 7.21】 删除用户 user 的密码。

命令及显示信息如下：

```
[root@Fedora ~]# passwd -d user
清除用户的密码 user。
passwd: 操作成功
```

【例 7.22】 列出 angela 账户密码的相关信息。

```
[root@Fedora ~]# passwd -S angela
angela PS 2010-08-26 0 99999 7 -1 (密码已设置，使用 SHA512 加密。)
```

7.5.5 设置用户个人信息命令 chfn

chfn 命令用于更改用户的全名、办公地址、工作电话以及家庭电话等信息。

格式

```
chfn [选项参数] 用户名
```

选项参数

-f full-name：设置用户全名为“full-name”。

-o office：设置办公地址为“office”。

-p office-phone：设置办公室电话为“office-phone”。

-h home-phone：设置家庭电话为“home-phone”。

-u：显示一些有用信息，并且退出。

-v：显示版本信息，并且退出。

【例7.23】 修改用户 leesir 的个人信息。

命令及显示信息如下：

```
[root@Fedora user]# chfn leesir
Changing finger information for leesir.
Name [李四]: 李四 a
Office []: 123
Office Phone []: 1234567
Home Phone []: 12345678

Finger information changed.
```

当使用 chfn 命令修改用户信息时，可以在 Name、Office、Office Phone、Home Phone 等相关项中输入修改信息，每修改完一项，按回车键修改下一项。

【例7.24】 设置用户 leesir 的全称为“李四 aaa”，然后查看修改结果。

命令及显示信息如下：

```
[root@Fedora user]# chfn -f 李四 aaa leesir
Changing finger information for leesir.
Finger information changed.
[root@Fedora user]# cat /etc/passwd | grep leesir
leesir:x:505:501:李四 aaa,123,1234567,12345678:/home/lisi:/bin/bash
```

从上面的命令及其执行结果可以看出，用户 leesir 的全称修改成功。

7.5.6 修改用户 shell 类型命令 chsh

chsh 命令用于改变用户的 shell 类型。

格式

```
chsh ［选项参数］ 用户名
```

选项参数

-l：列出目前系统可用的 shell 列表。

-s：更改系统默认的 shell 类型。

-u：显示帮助信息并退出。

-v：显示版本信息并退出。

【例7.25】 更改用户 user3 的 shell 类型为“/bin/bash”，并查询修改结果。

命令及结果显示如下：

```
[root@Fedora user]# chsh user3
Changing shell for user3.
New shell [/bin/zsh]: /bin/bash
Shell changed.
```

从上面的命令及其执行结果可以看出，user3 原来的 shell 为/bin/zsh，通过 chsh 命令将其修改为/bin/bash。注意：在这里 chsh 命令要求输入 shell 必须为全路经。系统中使用的 shell 保存在/etc/shells 文件中。

【例 7.26】 列出当前可用的 shell 列表。

命令及结果如下：

```
[root@Fedora ~]# chsh -l
/bin/sh
/bin/bash
/sbin/nologin
...
```

【例 7.27】 以问答方式设置 shell 环境。

命令及结果显示如下：

```
[root@Fedora ~]# chsh
Changing shell for root.
New shell [/bin/bash]: /bin/sh                    //输入打算使用的 shell 类型
Shell changed.
```

【例 7.28】 指定用户 user 的 shell 类型为/bin/sh。

```
[root@Fedora ~]# chsh -s /bin/sh user
Changing shell for user.
Shell changed.
```

7.5.7 用户切换命令 su

su（substitute users）命令是一个用于切换用户的工具。su 命令可以让用户暂时变更登录的身份。变更时需要输入变更用户的账号和密码。如果原来的用户身份具有 root 权限，则不需要输入密码。利用 su 改变身份后，默认并不会改变工作目录，但会改变 HOME、SHELL、USER、LOGNAME 等环境变量（如果新的身份为 root，则不会变更 USER 与 LOGNAME 变量）。

环境变量是用户运行的参数集合。Linux 是一个多用户的操作系统，而且在每个用户登录系统后，都会有一个的运行环境。通常用户默认的环境都是相同的，实际上这个默认环境就是一组环境变量的定义。用户可以通过修改相应的系统环境变量来实现对自己的运行环境进行定制。常见的环境变量如下：

(1) PATH：系统路径。

(2) HOME：系统根目录。

(3) HISTSIZE：保存历史命令记录的条数。

(4) LOGNAME：当前用户的登录名。

(5) HOSTNAME：主机的名称，若应用程序要使用到主机名，通常是从该环境变量中得到的。

 **格式**

```
su  [选项参数]  [用户账号 ［ARG］ ...]
```

其中，用户账号表示要切换的用户账号。若不指定用户账号，则默认变更为 root；ARG 表示要传入的新的 shell 参数。

选项参数

-,-l：改变身份时，也同时变更工作目录以及 HOME、SHELL、USER、LOGNAME、PATH 等环境变量（即使新的身份为 root，仍然要变更 USER 和 LOGNAME 变量）。

-c COMMAND：执行完指定的命令“COMMAND”后，即恢复原来的身份。

-m, -p：变更身份时，不改变环境变量。

-f：适用于 csh 或 tcsh，使 shell 不读取启动文件。

-s shell：指定要执行的 shell 类型，如 csh、zsh 等，若不使用该参数，则默认执行 /etc/passwd 中指定给用户的 shell。

--help：显示帮助信息。

--vesion：显示版本信息。

【例 7.29】　不加任何参数使用 su 命令，查看切换用户情况。

命令及显示信息如下：

```
[user@Fedora ~]$ su
密码:
[root@Fedora user]#
```

从上面的信息可以看出，单独使用 su 命令后，默认切换到 root 用户，但并没有转到 root 用户的主目录下。也就是说，此时虽然已经转换为 root 用户，但并没有改变登录用户环境，转变为 root 权限后，提示符由“$”变为“#”。

【例 7.30】　先登录用户账号为 user，查看此时的用户身份、工作目录、环境变量$HOME。然后以默认方式变更用户身份为 angela，再查看此时的用户身份、工作目录、环境变量$HOME。

命令及结果显示如下：

```
[user@Fedora ~]$ whoami                    //显示当前身份
user
[user@Fedora ~]$ pwd                       //显示工作目录
/home/user
[user@Fedora ~]$ echo $HOME                //显示 HOME 环境变量
/home/user
[user@Fedora ~]$ su angela                 //变更身份为 angela 用户
密码:                                      //输入 angela 用户密码
[angela@Fedora user]$ whoami
angela                                     //当前身份变为 angela
[angela@Fedora user]$ pwd
/home/user                                 //工作目录没有改变
[angela@Fedora user]$ echo $HOME
/home/angela                               //HOME 环境变量已经变更为 angela
```

【例 7.31】　先登录用户账号为 user，然后变更用户身份为 angela。变更时同时变更工作目录及环境变量。

命令及结果显示如下：

```
[user@Fedora ~]$ whoami                    //显示当前身份
user
[user@Fedora ~]$ pwd                       //显示工作目录
/home/user
[user@Fedora ~]$ echo $HOME                //显示 HOME 环境变量
/home/user
[user@Fedora ~]$ su - angela               //变更身份为 angela 用户
密码：                                     //输入 angela 用户密码
[angela@Fedora ~]$ whoami
angela                                     //当前身份变为 angela
[angela@Fedora ~]$ pwd
/home/angela                               //工作目录已经变更
[angela@Fedora ~]$ echo $HOME
/home/angela                               //HOME 环境变量已经变更
```

【例 7.32】 先登录用户账号为 user，然后变更用户身份为 angela。变更时工作目录及环境变量均不更改。

命令如下：

```
[user@Fedora ~]$ su -m angela
```

【例 7.33】 变更用户身份成 angela，变更后指定 shell 类型为/bin/sh。

命令及结果显示如下：

```
[user@Fedora ~]$ su -s /bin/sh angela
密码：
sh-4.0$ whoami
angela                                     //当前身份变为 angela
sh-4.0$ pwd
/home/user                                 //工作目录没有更改
sh-4.0$ echo $HOME
/home/angela                               //HOME 环境变量已经变更
```

【例 7.34】 使用 su–命令完全切换到 root 用户的登录环境。

命令及显示信息如下：

```
[user@Fedora ~]$ su -
密码：
[root@Fedora ~]#
```

【例 7.35】 从超级用户 root 切换到普通用户 user 权限，命令及显示信息如下：

```
[root@Fedora ~]# su user
[user@Fedora root]$
```

在超级用户 root 权限下，切换任何普通用户权限，不需要密码。

su 命令虽然为管理提供诸多方便。通过 su 命令切换到 root 用户账户下能够，能完成所有的系统管理工作，但是 su 命令同时也存在很多问题。

(1) 只要把 root 的密码交给任何一个普通用户，都能切换到 root 用户完成所有的系统管理工作，这样一来，通过 su 命令切换到 root 后，就存在很大的不安全因素。

(2) 如果 Linux 系统有多个用户都具有 root 权限，这在一定程度上会对系统安全造成威协；如果不能保证这些用户都按正常操作流程管理系统，其中任何一个用户对系统操作的重大失误，都可能导致系统崩溃或数据损失。

(3) su 命令具有权限无限性，不适合多个管理员所管理的系统。

7.5.8 sudo 命令

命令也是以管理员身份执行的命令。对于多个管理员参与同一个服务器的管理时，sudo 命令根据每个管理员的技术特长和管理范围释放权限，并且不需要普通用户知道 root 密码，所以 sudo 相对于权限无限制性的 su 来说更加安全。

sudo 命令的执行流程是：当前用户切换到 root（或其他指定切换到的用户），然后以 root 身份执行命令，执行完成后，直接退回到当前用户。只有在/etc/sudoers 配置文件中被授权的用户才能使用 sudo 命令。

Fedora 12 默认不添加普通用户到 sudoers，如果用户使用 sudo 命令，就会出现“ is not in the sudoers file”提示信息，而不能使用该命令。要使一个普通用户能够使用 sudo 命令，就需要将该用户添加到 sudoers 文件中，具体添加步骤如下：

(1) 进入 root 权限。使用 su -命令进入 root 用户环境，命令及结果显示如下：

```
[user@Fedora ~]$ su -
密码:
[root@Fedora ~]#
```

说明：su 和-之间有空格。

(2) 将配置文件/etc/sudoers 添加写权限。其命令如下：

```
[root@Fedora ~]# chmod u+w /etc/sudoers
```

(3) 将用户加入到 sudoers 文件中。用户可以使用文本编辑工具（如 vi、vim、gedit 等），打开并编辑文件/etc/sudoers。本例中使用 gedit。命令如下：

```
[root@Fedora ~]# gedit /etc/sudoers
```

打开配置文件后，可以搜索“root”关键字，找到“root ALL=(ALL) ALL”行，如果要添加到 sudoers 文件的普通用户名为“user”，那么在该行的下方添加以下语句：

```
user ALL=(ALL)   ALL
```

(4) 撤销文件/etc/sudoers 的写权限。其命令如下：

```
[root@Fedora ~]# chmod u-w /etc/sudoers
```

这样普通用户 user 就成功添加到 sudoers 文件中，此时该用户就具有使用 sudo 命令的权限。下面具体介绍 sudo 命令的使用方法。

格式

```
sudo  [选项参数]  命令
```

选项参数

-b：将要执行的命令转入后台执行。

-u user：不加该参数表示以 root 身份执行命令，如果加该参数，则以该用户“user”身份执行命令。

-p prompt：更改询问密码的提示语。

-l：列出当前用户可执行与无法执行的命令。

-h：显示版本编号及指令的使用方式说明。

-H：将环境变量中的 HOME（用户主目录）指定为要变更身份的用户主目录。

-k：不论有没有超过 N 分钟，强迫用户在下一次执行 sudo 时提示输入密码。

-v：延长用户密码有效时间（5 分钟）。

-k：将会强迫使用者在下一次执行 sudo 时输入密码（不论是否超过 N 分钟）。

-s shell：执行指定的 shell。

-V：显示版本编号。

【例 7.36】 在命令终端里使用命令安装文本编辑工具 emacs。

命令如下：

```
[user@Fedora ~]$ sudo yum install emacs
[sudo] password for user:
已加载插件：presto, refresh-packagekit
设置安装进程
解决依赖关系
--> 执行事务检查
---> 软件包 emacs.i686 1:23.1-22.fc12 将被 升级
...
[user@Fedora ~]$
```

输入密码后，系统便开始安装 emacs 文本编辑工具。从上面的信息可以看出，emacs 文本编辑工具安装完成后，退回到当前用户 user 下。

【例 7.37】 angela 用户没有执行 sudo 的权利，却执行 sudo 命令。

命令及信息显示如下：

```
[angela@Fedora ~]$ sudo reboot
[sudo] password for angela:
angela is not in the sudoers file.   This incident will be reported.
```

从上面的信息可以看出，angela 用户没有在 sudoers 文件中，所以不能使用 sudo 命令。sudo 会以 angela 的账号发出一封邮件给管理员，报告该事件。

【例 7.38】 列出能执行 sudo 命令的用户 user 可执行及无法执行的命令。

命令及信息显示如下：

```
[user@Fedora ~]$ sudo -l
Matching Defaults entries for user on this host:
    requiretty, env_reset, env_keep="COLORS DISPLAY HOSTNAME HISTSIZE INPUTRC
    KDEDIR LS_COLORS", env_keep+="MAIL PS1 PS2 QTDIR USERNAME LANG LC_ADDRESS
    LC_CTYPE", env_keep+="LC_COLLATE LC_IDENTIFICATION LC_MEASUREMENT
    LC_MESSAGES", env_keep+="LC_MONETARY LC_NAME LC_NUMERIC LC_PAPER
    LC_TELEPHONE", env_keep+="LC_TIME LC_ALL LANGUAGE LINGUAS _XKB_CHARSET
    XAUTHORITY", secure_path=/sbin\:/bin\:/usr/sbin\:/usr/bin

User user may run the following commands on this host:
    (ALL) ALL
```

从上面的信息可以看出，用户 user 可以执行所有的命令。

【例 7.39】　将密码有效期限延长 5 分钟。

命令如下：

```
[user@Fedora ~]$ sudo -v
```

7.6　使用命令管理用户组

在 Linux 下，使用命令行还可以管理用户组，对用户组进行加添、删除和属性的修改等操作。对用户组的管理也需要 root 权限，用户可以在每个管理用户组命令前加 sudo 命令来实现。

7.6.1　添加用户组命令 groupadd

groupadd 命令主要用于添加用户组群。

格式

```
groupadd　[选项参数]　用户组名
```

选项参数

-f：如果用户组已经存在，强制创建用户组，覆盖原来已经存在的用户组。

-g　GID：设定新建立用户组的识别码。在 Fedora 12 系统中，若不附加该参数，系统自行从编号 500 开始，依次分派给新创建的用户组使用，编号 500 之前则保留给系统各项服务的账号使用。

-r：创建系统组。系统提供各项服务时，必须使用某些用户组名，在 Fedora 12 系统中，这些组的识别码都在第 0～499 号，一般组的编号从 500 开始。使用此参数所建立的组识别码，其值小于 500，可利用它来创建系统服务所需的用户组。

-o：使用“-g”参数指派组识别码编号已经存在，则 groupadd 命令会返回错误信息。配合参数“-o”使用，可强制系统使用已存在的用户组识别码。本参数仅和“-g”参数搭配使用才有效果。

【例 7.40】　创建组名为“newgroup”的用户组，并查看是否创建成功。

命令及显示信息如下：

```
[user@Fedora ~]$ sudo groupadd newgroup
[sudo] password for user:
[user@Fedora ~]$ cat /etc/group | grep newgroup
newgroup:x:505:
```

从上面信息可以看出，组“newgroup”创建成功，并且该用户组 ID 号为“505”。

【例 7.41】　创建组名为“mygroup”的用户组，并设置其用户组 ID 号为 506。然后查看该用户组是否创建成功。

命令及显示信息如下所示：

```
[user@Fedora ~]$ sudo groupadd -g 506 mygroup
```

```
[sudo] password for user:
[user@Fedora ~]$ cat /etc/group | grep mygroup
mygroup:x:506:
```

7.6.2 删除用户组命令 groupdel

groupdel 命令主要用于删除用户组。

格式

```
groupdel    [用户组名]
```

【例 7.42】 删除用户组 mygroup，并且查询该用户组是否删除。

命令及结果如下：

```
[user@Fedora ~]$ sudo groupdel mygroup
[sudo] password for user:
[user@Fedora ~]$ cat /etc/group|grep mygroup
[user@Fedora ~]$
```

从上面的信息可以看出，用户组 mygroup 已经删除。

7.6.3 设置用户组密码命令 gpasswd

gpasswd 命令用于设置一个用户组的密码，也可在该用户组中添加或删除用户。

格式

```
gpasswd [选项参数] [用户名] 用户组名
```

选项参数

-a user：将用户名为“user”的用户加入到一个用户组群中。

-d user：将用户名为“user”的用户从用户组中删除。

-r：取消一个用户组群的组群密码。

【例 7.43】 设置用户组 workgroup 的密码。

命令及显示信息如下：

```
[user@Fedora ~]$ sudo gpasswd workgroup
[sudo] password for user:
Changing the password for group workgroup
New Password:
Re-enter new password:
```

【例 7.44】 在用户组 newgroup 中添加用户 user3，并查询该用户是否成功添加该用户。

命令及显示信息如下：

```
[user@Fedora ~]$ sudo gpasswd -a user3 newgroup
Adding user user3 to group newgroup
[user@Fedora ~]$ cat /etc/group | grep newgroup
newgroup:x:505:user3
```

通过 cat 命令查看/etc/group 文件中的用户组 newgroup 信息，可以看到用户组成员包含用户 user3。

【例 7.45】　在用户组 newgroup 中删除组成员用户 user3，并查询该是否删除用户。

命令及信息显示如下：

```
[user@Fedora ~]$ sudo gpasswd -d user3 newgroup
Removing user user3 from group newgroup
[user@Fedora ~]$ cat /etc/group | grep newgroup
newgroup:x:505:
```

从上面的命令及其执行结果可以看出，用户组 newgroup 中的组成员 user3 已被删除了。

【例 7.46】　取消用户组 workgroup 的密码。

命令如下：

```
[user@Fedora ~]$ sudo gpasswd -r workgroup
```

7.6.4　更改用户组属性 groupmod

groupmod 命令主要用于更改用户组属性。

格式

```
groupmod   [-g   gid   [-o]] [-n  新用户组名称]   用户组名
```

选项参数

-g　GID：设置预使用的用户组识别码。

-n　group_name：设置新用户组名称为“group_name”。每个组名称在该系统中都应该是唯一且不重复的，假设所给予的组名称已经存在，则 groupmod 命令会返回错误信息。

-o：重复使用组识别码。假设使用“-g”参数指派组识别码编号已经存在，则 groupadd 命令返回错误信息。配合参数“-o”使用，可强制系统使用已存在的组识别码。本参数仅与“-g”参数搭配使用才有效。

【例 7.47】　将用户组 newgroup 的 GID 更改为 502。

命令及结果显示如下：

```
[root@Fedora ~]# groupmod -g 502 newgroup
[root@Fedora ~]# cat /etc/group | grep newgroup
newgroup:x:502:
```

从 cat 命令执行的结果可以看出，该用户组的 GID 已经更改为 502。

【例 7.48】　将用户组 newgroup 的用户组名称更改为 oldgroup。

命令及结果显示如下：

```
[root@Fedora ~]# groupmod -n oldgroup newgroup
[root@Fedora ~]# cat /etc/group |grep oldgroup
oldgroup:x:502:
```

从 cat 命令查看文件/etc/group 的结果来看，该用户组名称已成功修改。

7.7　用户的监控与查询

Linux 系统中提供了一些查询用户信息的命令，这些命令用于查看当前用户的活动情况。从系统安全的角度来看，用户的这些查询命令可以监控用户的活动，如果查询到非法用户，可以使用“password -l” 命令锁定相应用户的注册账号。

7.7.1　查询系统用户命令 who

who 命令是用于查询当前登录系统中有哪些用户以其相关信息。

格式

```
who ［选项参数］
```

选项参数

-a：显示所有用户的信息， 功能等价于-b、-d、-r、-u 等多个选项参数的组合。

-b：上次系统启动时间。

-d：显示已死的进程。

-H：输出标题。

-m：显示运行该程序的用户名，与“who am i”作用相同。

-q：列出所有已登录用户的登录名与用户数量。

-r：显示当前的运行级别。

-s：以短格式显示。

-u：列出已登录的用户。

--help：显示帮助信息并推出。

--version：显示版本信息并退出。

说明：当不加任何参数，只使用 who 命令时，将显示 3 项内容：登录用户名、使用终端设备、登录到系统的时间。

【例 7.49】　显示登录用户名及使用终端设备已经登录到系统的时间。

命令及结果显示如下：

```
[user@Fedora ~]$ who
user        tty1             2010-06-09 08:29 (:0)
user        pts/0            2010-06-09 08:33 (:0.0)
```

【例 7.50】　显示所有用户的信息，并且显示列标题。

命令及结果如下：

```
[user@Fedora ~]$ who -aH
名称      线路          时间                空闲   进程号 备注     退出
              系统引导 2010-06-09 08:23
              运行级别 5 2010-06-09 08:23
登录      tty4          2010-06-09 08:23                1434 id=4
登录      tty5          2010-06-09 08:23                1435 id=5
```

```
登录     tty6         2010-06-09 08:23                1438 id=6
登录     tty3         2010-06-09 08:23                1437 id=3
登录     tty2         2010-06-09 08:23                1436 id=2
user    + tty1        2010-06-09 08:29   旧的          1545 (:0)
user    + pts/0       2010-06-09 08:33   .            2195 (:0.0)
```

【例 7.51】　查看系统当前的运行级别。

命令及结果显示如下：

```
[user@Fedora ~]$ who -r
         运行级别 5 2010-06-09 08:23
```

7.7.2　显示用户信息命令 finger

finger 命令用来查询当前注册到系统中的用户信息。

格式

```
finger ［选项参数］ [用户名 ...]［@主机...］
```

选项参数

-l：采用长格式显示由“-s”选项包含的所有信息以及主目录、办公地址、办公电话、登录 shell、邮件状态等。

-s：采用短格式显示用户的所有信息及主目录、办公地址、办公电话、登录 shell、邮件状态等。

-m：排除查找用户的真实姓名。用户通常具备两个名称，一是登录系统的用户账号，二是真实姓名。假如没有加上这个参数，finger 命令查找所有符合指定账号名称的用户账号和真实姓名。而搭配该参数之后，真实姓名将不在查找范围内。

-p：列出该用户的账号名称、真实姓名、用户根目录，登录所用的 shell、登录时间、邮件地址、电子邮件状态，但不显示该用户的项目和计划文件内容。

初次使用 finger 命令时，如果系统没有安装 finger 命令工具，用户可以输入 finger 命令后，提示在线下载安装。

【例 7.52】　使用 finger 命令显示所有的用户信息。

命令及结果显示如下：

```
[user@Fedora ~]$ finger
Login     Name       Tty      Idle  Login Time      Office      Office Phone
user      hcq        tty1     1:51  Jun  9 08:29 (:0)
user      hcq        pts/0          Jun  9 08:33 (:0.0)
...
```

【例 7.53】　显示用户 leesir 的信息。

命令及结果显示如下：

```
[user@Fedora ~]$ finger leesir
Login: leesir                        Name: 李四 aaa
Directory: /home/lisi                Shell: /bin/dash
Office: 123, 123-4567                Home Phone: 12345678
```

```
Never logged in.
No mail.
No Plan.
```

【例 7.54】 查询本地主机上用户 user 信息，但不显示该用户项目及计划文件内容。

命令及结果显示如下：

```
[user@Fedora ~]$ finger -p user
Login: user                              Name: hcq
Directory: /home/user                    Shell: /bin/bash
On since 五  8 月  27 08:54 (CST) on tty1 from :0
    5 hours 44 minutes idle
On since 五  8 月  27 11:46 (CST) on pts/0 from :0.0
   12 minutes 11 seconds idle
On since 五  8 月  27 14:35 (CST) on pts/2 from :0.0
No mail.

Login: ftp                               Name: FTP User
Directory: /var/ftp                      Shell: /sbin/nologin
Never logged in.
No mail.
```

【例 7.55】 查询用户 user 的信息，并以较简要的格式显示。

命令及结果显示如下：

```
[user@Fedora ~]$ finger -s user
Login     Name        Tty      Idle   Login Time     Office      Office Phone
ftp       FTP User     *        *   No logins
user      hcq         tty1     5:51   Aug 27 08:54 (:0)
user      hcq         pts/0    19   Aug 27 11:46 (:0.0)
user      hcq         pts/2         Aug 27 14:35 (:0.0)
```

7.7.3 显示用户组命令 groups

groups 命令用于查看用户的用户组群成员信息。

 **格式**

```
groups [用户名]
```

如果无用户名作为参数，则默认显示当前用户的用户组信息。

【例 7.56】 使用 groups 命令查看用户 leesir 的用户组信息。

命令及显示信息如下所示：

```
[user@Fedora ~]$ groups leesir
leesir : workgroup
```

从上面的显示信息可以看出，用户 leesir 属于 workgroup 用户组。

7.7.4　查询用户 UID 及其所属 GID 命令 id

id 命令用来显示用户识别码(UID)以及用户所属用户组识别码（GID）。其语法格式如下：

```
id ［选项参数］ ［用户名］
```

-g：显示用户所属用户组识别码（GID）。

-G：显示用户所属附加组的 ID。

-n：显示用户、用户所属组群或附加组群的名称。注意，必须与-g、-G 或-u 一起使用。

-r：显示实际 ID 而不是有效 ID。必须与-g、-G 或-u-起使用。

-u：显示用户识别码（UID）。

--help：显示帮助信息。

--version：显示版本信息。

【例 7.57】　显示用户 leesir 的用户识别码(UID)、所属主组识别码（GID）以及用户所属用户组及附加组群信息。

命令及结果显示如下：

```
[user@Fedora ~]$ id leesir
uid=505(leesir) gid=501(workgroup)  组=501(workgroup)
```

【例 7.58】　显示用户 leesir 所属主组识别码（GID）。

命令及结果显示如下：

```
[user@Fedora ~]$ id -g leesir
501
```

由上面的显示信息可以看出，用户 zhangsan 所属的主组识别码（GID）为 501。

【例 7.59】　显示用户 leesir 的所属主组名称。

命令及显示信息如下：

```
[user@Fedora ~]$ id -gn leesir
workgroup
```

7.7.5　查询当前系统已登录用户命令 w

w 命令是用来显示已登录用户账户、终端名称、远程主机名、登录时间、空闲时间、JCPU、PCPU 和当前正在运行进程的命令行等信息。

其中：

(1) JCPU：是指和该终端（tty）连接的所有进程占用的时间。这个时间并不包括过去的后台作业时间，但却包括当前正在运行的后台作业所占用的时间。

(2) PCPU：是指当前进程（即在 WHAT 项中显示的进程）所占用的时间。

格式

```
w  [选项参数]  [用户名]
```

选项参数

-f：切换显示远程主机名，默认值不显示远程主机名。

-h：不显示标题信息。

-l：使用详细格式列表。

-s：使用简洁格式的列表，不显示用户登录时间、终端机阶段作业和程序所耗费的 CPU 时间。

-u：忽略执行程序的名称及程序耗费 CPU 时间信息，主要是用于执行 su 命令后的情况。

【例 7.60】 查询当前已登录用户的用户名、终端名称、远程主机名、登录时间、空闲时间、JCPU、PCPU 和当前正在运行进程的命令行等信息。

命令及结果显示如下：

```
[user@Fedora ~]$ w
 10:39:10 up   2:15,   2 users,   load average: 1.12, 1.14, 1.17
USER      TTY       FROM                    LOGIN@    IDLE    JCPU    PCPU WHAT
user      tty1      :0                 08:29     2:15m   3:58    0.05s pam: gdm-passwo
user      pts/0     :0.0               08:33     0.00s   1:14m   0.01s w
```

【例 7.61】 显示当前已登录用户的简洁格式，不显示用户登录时间、终端机阶段作业和程序所耗费的 CPU 时间。

命令及显示信息如下：

```
[user@Fedora ~]$ w -s
 10:40:20 up   2:16,   2 users,   load average: 1.17, 1.14, 1.16
USER      TTY       FROM              IDLE WHAT
user      tty1      :0                2:16m pam: gdm-password
user      pts/0     :0.0              0.00s w -s
```

7.8 通过修改配置文件管理用户和组

用户除了使用图形界面和命令管理用户和组群，还可以通过直接修改/etc/passwd 和/etc/group 文件实现用户和用户组群的管理。

1. 添加用户

(1) 添加用户需要修改/etc/passwd 文件，在此文件中添加用户记录。首先，使用文本编辑工具打开文件/etc/passwd，命令如下：

```
[root@Fedora ~]# gedit /etc/passwd
```

例如，添加用户“han”的记录如下：

han:x:506:501::/home/han:/bin/bash

(2) 添加完用户账户记录后，需要接着执行 pwconv 命令，让/etc/passwd 和/etc/shadow

两个配置文件同步，在没有同步之前，查看这两个文件是否同步的。命令及结果如下：

```
[root@Fedora ~]# cat /etc/shadow |grep han
[root@Fedora ~]#
```

从上面的信息可以看出，/etc/shadow 文件中没有用户 han 的信息，下面用 pwconv 命令进行同步操作，命令如下：

```
[root@Fedora ~]# pwconv
```

使用上面的命令后，再查看/etc/shadow 文件中是否有用户 han 的信息，命令及结果显示如下：

```
[root@Fedora ~]# cat /etc/shadow |grep han
han:x:14769:0:99999:7:::
```

从上面的信息可以看出，/etc/passwd 和/etc/shadow 文件同步后，可以在/etc/shadow 文件中看到用户 han 的相关信息。

2. 添加用户组

(1) 用户可以通过修改/etc/group 文件，添加用户组。

首先使用编辑工具打开配置文件/etc/group，命令如下：

```
[root@Fedora ~]# gedit /etc/group
```

如果添加“hangroup”用户组，可以在/etc/group 文件中加入下面的记录：

```
hangroup:x:506:
```

在没有同步之前，查看/etc/group 和/etc/gshadow 文件是否同步，命令及信息如下：

```
[root@Fedora ~]# cat /etc/gshadow |grep hangroup
[root@Fedora ~]#
```

从上面的信息可以看出，/etc/gshadow 文件中没有用户组“hangroup”的信息。下面用 grpconv 命令同步。命令如下：

```
[root@Fedora ~]# grpconv
```

使用同步命令后，再查看/etc/shadow 文件中是否有用户组“hangroup”的信息，命令及结果显示如下：

```
[root@Fedora ~]# cat /etc/gshadow |grep hangroup
hangroup:x::
```

从上面的信息可以看出，/etc/group 和/etc/gshadow 文件同步后，可以在/etc/gshadow 文件中看到用户 hangroup 的相关信息。

3. 删除用户和用户组

删除用户和用户组的操作比较简单，可以通过删除/etc/passwd 和/etc/group 配置文件中相应的用户和用户组记录来实现。

4. 修改用户属性

通过修改配置文件/etc/passwd 可以修改用户属性，例如：新添加的用户记录为“han:x:506:501::/home/han:/bin/bash”，还可以修改该记录的用户名称、办公室位置以及办公电话等信息。如果将其全称修改为“hancuiqing”，办公室位置为 122 室，办公电话为 1234567，家庭电话为 1234568。那么将该记录信息修改如下：

han:x:506:501:hancuiqing,122 室，1234567,1234568:/home/han:/bin/bash

修改完成后，接着执行 pwconv 命令使 /etc/passwd 和/etc/group 这 2 个文件同步，然后使用 finger 命令查看该用户信息，命令及结果显示如下：

```
[root@Fedora ~]# pwconv
[root@Fedora ~]# finger han
Login: han                          Name: hancuiqing
Directory: /home/han                      Shell: /bin/bash
Office: 122 室, 123-4567          Home Phone: 123-4568
Never logged in.
No mail.
No Plan.
```

从上面的信息可以看出，用户信息修改成功。

第8章 应用程序及软件包管理

Fedora 提供了丰富的软件包管理工具，命令行管理工具包括有 yum、RPM 等，而图形化安装工具有软件更新管理器、添加/删除软件等。本章主要介绍如何使用图形化和命令行工具管理 Fedora 12 操作系统的软件包。

8.1 应用程序的安装/删除

在使用 Fedora 系统过程中，用户可以方便快捷地安装或删除应用程序。应用程序的安装与删除是由一个类似于 Windows 的添加或删除程序的应用程序“添加/删除软件”完成的，通过该应用程序用户可以直观、方便地安装或删除应用程序。下面以 Fedora 12 系统为例，介绍如何使用该软件安装/删除应用程序。

单击“系统”→“管理”→“添加/删除软件”选项，弹出“添加/删除软件”窗口，如图 8.1 所示。

图 8.1 “添加/删除软件”窗口

“添加/删除软件”窗口按系统中应用程序的类别，列出系统中可安装或删除的软件包。如果用户打算安装某个软件，可以在“添加/删除程序”窗口左边的软件分类框中选择软件类别，例如：互联网、图形、多媒体等，然后勾选要安装的应用程序对应的复选框，最后单击右下方的“应用”按钮，即可进入安装流程。相反，如果用户要删除某个应用程序，只需将其前端复选框中的钩去掉，然后单击“应用”按钮，即可进入删除流程。

如果用户想从应用程序列表中迅速找到所需要的应用程序，除了按照软件类型进行筛选，还可以通过搜索功能查找，用户可以在“添加/删除软件”窗口左上角的搜索文本框中，输入应用程序名等关键字来查找软件。

【例 8.1】 安装 Dia 图表编辑器，Dia 是 Linux 下的一个开源的图表编辑器，可以绘制多种不同图表，是一个非常有用和有效的制作图表工具。

具体的安装步骤如下：

(1) 在“添加/删除软件”窗口左上方的“查找”文本框中,输入“dia”关键字，然后单击“查找”按钮，在窗口右侧选中 Dia drawing program，如图 8.2 所示。

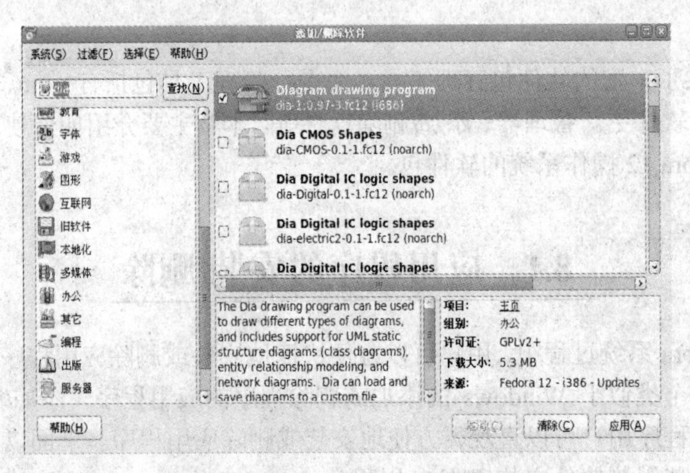

图 8.2 选中“Dia drawing program”

(2) 单击“应用”按钮，“Dia drawing program”将自动下载软件包。

(3) 下载完成后，测试更改并进入安装软件包流程，安装完“Diagram drawing program”软件后，界面如图 8.3 所示。

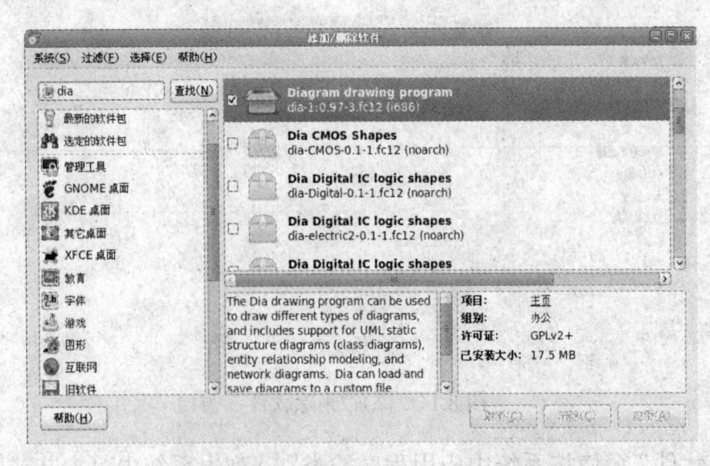

图 8.3 完成“Dia drawing program”的安装

在完成安装后，关闭“添加/删除软件”窗口。用户可以通过单击“应用程序”→“图形”→“图表编辑器”，启动 Dia 图表编辑器。也可以通过在命令终端窗口中输入“dia”命令来启动该图表编辑器。

【例 8.2】　删除已安装的 Dia 图表编辑器。

在“添加/删除软件”窗口中找到该应用程序，取消选中该应用程序的复选框，然后单击“应用”按钮，即可进入删除流程，按照系统提示输入管理员密码后，系统开始删除该应用程序。

8.2　Fedora 软件包基础

本节主要介绍 Fedora 系统软件包的类型、命名、状态以及依赖关系等软件包基础知识。

8.2.1　软件包类型

Linux 操作系统下的应用软件使用多种安装包格式发布。目前流行的软件安装包有两种：二进制软件包和源代码软件包。

1. 二进制软件包

Linux 二进制软件包是指已经事先将应用程序编译成可执行的二进制形式，在安装时不需要用户重新编译。其优点是安装和使用方便、简单，缺点是缺乏灵活性。目前 Linux 操作系统下主要使用软件包管理器 RPM 包、Dpkg 包和 tar 包等格式封装二进制软件包。其中：

RPM 包：Fedora 操作系统提供的一种包装格式，其文件扩展名一般为.rpm 或.src.rpm。

Dpkg 包：Debain Linux 操作系统提供的一种包封装格式，其文件扩展名一般为.deb。

tar 包：使用系统打包工具.tar 打包并使用压缩工具而成的文件，其文件扩展名一般为.tar、.tar.gz、.tar.bz2 等。

2. 源代码软件包

在 Linux 操作系统中，有许多软件是使用源代码方式发布，而不是编译好的二进制文件。用户可以根据实际情况配置源代码发布软件包，并将源程序编译成可执行的二进制代码。其优点是可控制性强、配置灵活，而缺点是安装较为复杂，而且容易出现错误。源代码软件包一般是将源程序和相关配置文件使用打包工具.tar 打包，并使用 gzip 程序压缩，其文件扩展名一般为.tar.gz 文件。

如果用户不确定一个软件包具体类型，可以使用 file 命令查看文件类型。例如查看文件“linuxqq-v1.0.2-beta1.i386.rpm”的类型，命令及显示信息如下：

```
[user@Fedora ~]$ file linuxqq-v1.0.2-beta1.i386.rpm
linuxqq-v1.0.2-beta1.i386.rpm: RPM v3 bin i386 linuxqq-v1.0.2-beta1
```

从上面命令执行的结果可以看出，该软件包是 RPM 二进制软件包。

8.2.2　软件包命名规则

Fedora 中，软件包的命名遵循一定的规则，例如*.rpm 文件的格式如下：

Package_Version-Reversion_Architecture.rpm

各部分的含义如下：

(1) Package：软件包名称。

(2) Version：软件版本号。

(3) Reversion：修订版本号。通常修订版本号是由 Fedora 开发者或创建这个软件包的人指定。在软件包修改过后，修改版本号将加 1。

(4) Architecture：适用计算机架构名称。

例如，软件包 linuxqq-v1.0.2-beta1.i386.rpm，其中：

linuxqq：软件包名；

v1.0.2 ：软件包版本号；

beta1：修订版本号；

i386：适用的计算机架构名称。

8.2.3 软件包依赖关系

Linux 操作系统包含大量的软件包组件。若要正常运转，就必须要求各个软件组件密切配合。某个软件包组件是否能够正常运行，则依赖于其他软件包组件。

虽然一个软件包是一个相对独立的功能单元，但大多数软件包通常都需要具有一定的底层支持，如函数库或底层协议支持等，而一个函数库或底层协议可能会同时支持多个软件包。安装软件包前，Fedora 首先检查软件包的依赖关系。RPM 格式的软件包包含有依赖关系的描述，如软件执行时需要什么动态链接库，需要什么程序以及版本号要求等。软件管理工具使用软件包的依赖关系数据，确保在安装或更新期间能够安装必要的软件包，自动地安装系统中任何不存在的、与新装软件具有依赖关系的附加软件包，满足软件包的依赖关系。当 RPM 检查时发现所依赖的链接库或程序等不存在或不符合要求时，默认做法是中止软件包的安装。如果新软件包要求与现有软件发生冲突，软件包管理工具将终止新软件包的安装。

8.3 使用 yum 管理软件包

yum（Yellowdog Updater Modified）采用 Python 语言编写，其宗旨是自动升级，安装/删除 RPM 软件包，收集 RPM 软件包的相关信息，检查依赖性并自动提示用户。

yum 的关键是要有可靠的中心软件仓库（Repository），可以是 Http 或 Ftp 站点，也可以是本地软件池，但必须包含 rpm 头文件（header），rpm 头文件具有 rpm 软件包的各种信息，包括描述、功能、提供的文件及依赖性等，收集这些头文件并加以分析，才能自动地完成余下的任务。

yum 的理念是使用一个中心仓库管理应用程序之间的相互关系，根据计算出来的软件依赖关系进行相关的升级、安装、删除等操作。

yum 的优点：可同时配置多个软件库（Repository）；具有简洁的配置文件（/etc/yum.conf）；保持与 RPM 数据库的一致性并且能自动解决安装/删除 rpm 软件包时遇

到的依赖性问题。

yum 的功能是利用软件仓库安装选定的软件包，从系统中删除不再需要的软件包，更新 Linux 系统中已经安装的软件包以及安装单独下载的 RPM 软件包。

8.3.1 yum 命令用法

yum 是一个功能完整、容易使用的软件管理工具。它可用于软件包的安装/删除和 Linux 系统的升级操作。yum 命令格式如下：

格式

yum [选项参数] [子命令] [软件包名称]

选项参数

-h：显示帮助信息，然后退出 yum。

-c ［configure file］：指定配置文件的位置，其中包含软件仓库的 http、ftp 以及本地文件地址或路径名。

-y：对于需要用户确认是否(yes/no)的请求，总是回答“yes”。配置选项为 **assumeyes**。

-C：让 yum 完全使用缓存的软件包来执行软件包的安装等操作，而不下载任何软件包或更新任何头文件，除非有必须要执行请求动作。

-d ［number］：把 yum 执行过程的调试级别设置为指定的级别，其有效范围为 0～10。配置选项为 **debuglevel**。

-e ［number］：把 yum 执行过程的错误报告级别设置为指定的级别，其有效范围为 0～10。0 表示仅输出严重的错误信息，1 表示输出所有的错误信息，从 2 开始，输出的错误信息更多、更详细。配置选项为 **errorlevel**。

-x pkg,--exclude=pkg：更新时排除所有软件仓库中的指定软件包。指定软件包时可以使用星号“*”和问号“？”等通配符。相应的配置选项为 **exclude**。

--nogpgcheck：禁用 GPG 数字签名检测。

子命令

install：用于安装指定软件包的最新版本。同时，yum 还会安装指定软件包依赖的底层支持软件包，确保满足软件包的依赖关系。如果没有恰好匹配的软件包，则假定指定软件包名为一个模式，yum 将按照该匹配模式安装软件包。

update：用于更新 Linux 系统，或更新单独指定的软件包。如果 update 功能选项后面没有指定软件包，那么 yum 将更新系统中已经安装的所有软件包。如果指定了一个或多个软件包，那么 yum 仅更新指定的软件包。

upgrade：用于大规模的版本升级。与 update 命令不同的是，也对旧的、淘汰的软件包进行升级。

check-update：用于检查软件仓库中当前是否存在更新的软件包。如果返回值为 0，表示没有更新的软件包；如果返回值为“100”，则表示存在可用的更新软件，同时给出更新的软件包列表。

remove 或 **erase**：从系统中删除指定的软件包，同时删除依赖于指定软件包的其他软件包。

list：列出软件包的各种信息。在指定软件包名称时，可以给出部分名称，也可以采用通配符。

info：列出软件包的描述与概要信息。

provides 或 **whatprovides**：从已安装或可用的软件包中检索其中包含特定文件或提供特定功能特性的软件包。在指定文件时可以给出一个具体的文件名，也可以采用通配符。

search：利用指定的检索准则，从软件包的名称、描述检索任何匹配的软件包。当不清楚软件包的确切名字，或仅知道某种功能特性，而不知其属于哪一个软件包时，使用该命令是非常有用的。

clean：清除长期存储在 yum 缓存目录中的软件包或数据文件等。

deplist：列出与指定的软件包具有依赖关系的所有软件包，包括依赖于指定软件包，以及指定软件包依赖的软件包。

localinstall：安装本地的 RPM 软件包，如安装位于 CD/DVD 中的软件包。

localupdate：利用本地的 RPM 软件包更新系统。

groupinstall：安装指定的软件包组。

groupupdate：更新指定的软件包组。

grouplist：列出软件包组。

groupremove：按组删除指定的软件包组。

groupinfo：列出指定软件包组的分组信息。

注意：使用 yum 命令需要超级用户（root）权限。

8.3.2 使用 yum 安装软件包

使用 yum 安装软件包的格式如下：

```
yum   install   [软件包名称]
```

下面以安装 dia 图表编辑器软件包为例，介绍如何使用 yum 安装软件包。

【例 8.3】 使用 yum 安装 dia 软件包。

命令及信息显示如下：

```
[root@Fedora ~]# yum install dia
已加载插件：presto, refresh-packagekit
设置安装进程
解决依赖关系
--> 执行事务检查
---> 软件包 dia.i686 1:0.97-3.fc12 将被 升级
--> 完成依赖关系计算

依赖关系解决

================================================================================
 软件包        架构          版本                          仓库              大小
```

```
================================================================================
正在安装:
 dia             i686             1:0.97-3.fc12             updates             5.3 M

事务概要
================================================================================
安装       1 软件包
更新       0 软件包

总下载量：5.3 M
确定吗？[y/N]：y
```

上述信息说明，安装 dia，需要下载并安装 1 个软件包，总下载量为 5.3M，输入“y”，按回车键表示确认，即可开始下载并安装。如果不同意，则输入“N”或直接按回车键终止下载及安装。在这里输入“y”，信息显示如下：

```
下载软件包：
Setting up and reading Presto delta metadata
Processing delta metadata
Package(s) data still to download: 5.3 M
dia-0.97-3.fc12.i686.rpm                                     | 5.3 MB        00:25
运行 rpm_check_debug
执行事务测试
完成事务测试
事务测试成功
执行事务
  正在安装          : 1:dia-0.97-3.fc12.i686                                  1/1

已安装:
  dia.i686 1:0.97-3.fc12

完毕！
```

对于一些比较庞大的软件包（如 MySQL 数据库、DNS 名称服务器、Fedora Eclipse 等），安装时需要同时安装多个软件包，Fedora 提供了软件包组，以便用户能够完整地安装选定的软件。用户可以使用“yum install 软件包组名称”命令进行安装。例如：如果用户想安装 MySQL 数据库，最好选择安装一个“MySQL 数据库”软件包组，即安装所有“MySQL 数据库”软件包组中的软件包。安装命令如下：

```
[root@Fedora ~]# yum install "MySQL 数据库"
```

用户可以使用下列 yum 命令，查询和列出 Fedora 提供的所有软件包组，命令及结果显示如下：

```
[root@Fedora ~]# yum grouplist
已加载插件：presto, refresh-packagekit
设置组进程
已安装的组：
   GNOME 桌面环境
   Java
```

```
    X 窗口系统
    万维网服务器
    不丹语支持
    ...
有效的组:
    DNS 名称服务器
    FTP 服务器
    Fedora Eclipse
    Fedora Packager
    GNOME 软件开发
    Haskell
    Hiligaynon 语支持
    Java 开发
    KDE 软件开发
    KDE （K 桌面环境）
    LXDE
    MinGW 跨编译程序
    Moblin 桌面环境
    MySQL 数据库
    OCaml
...
```

8.3.3 利用 yum 更新软件包

使用 yum 更新某个软件包的格式如下：

```
yum    update    [软件包名称]
```

【例 8.4】 使用 yum 升级软件包 Rythmbox。

命令及信息显示如下：

```
[root@Fedora ~]# yum update rhythmbox
已加载插件：presto, refresh-packagekit
设置更新进程
解决依赖关系
--> 执行事务检查
---> 软件包 rhythmbox.i686 0:0.12.6-5.fc12 将被 升级
--> 处理依赖关系 pywebkitgtk，它被软件包 rhythmbox-0.12.6-5.fc12.i686 需要
--> 处理依赖关系 python-mako，它被软件包 rhythmbox-0.12.6-5.fc12.i686 需要
--> 执行事务检查
---> 软件包 python-mako.noarch 0:0.2.4-3.fc12 将被 升级
--> 处理依赖关系 python-beaker，它被软件包 python-mako-0.2.4-3.fc12.noarch 需要
---> 软件包 pywebkitgtk.i686 0:1.1.6-2.fc12 将被 升级
--> 执行事务检查
---> 软件包 python-beaker.noarch 0:1.3.1-6.fc12 将被 升级
--> 完成依赖关系计算

依赖关系解决
```

```
================================================================================
 软件包                架构          版本                 仓库           大小
================================================================================
正在升级:
 rhythmbox             i686          0.12.6-5.fc12        updates        4.0 M
为依赖而安装:
 python-beaker         noarch        1.3.1-6.fc12         fedora         66 k
 python-mako           noarch        0.2.4-3.fc12         fedora         174 k
 pywebkitgtk           i686          1.1.6-2.fc12         fedora         45 k

事务概要
================================================================================
安装        3 软件包
更新        1 软件包

总下载量：4.2 M
确定吗？[y/N]：y
...

作为依赖被安装:
  python-beaker.noarch 0:1.3.1-6.fc12        python-mako.noarch 0:0.2.4-3.fc12
  pywebkitgtk.i686 0:1.1.6-2.fc12

更新完毕:
  rhythmbox.i686 0:0.12.6-5.fc12

完毕！
You have new mail in /var/spool/mail/root
```

如果要更新某个软件包组中的所有软件包，可以使用 yum update “软件组名称”命令，例如是 MySQL 数据库则可以使用以下命令：

```
[root@Fedora ~]# yum update "MySQL 数据库"
```

如果用户要对系统软件进行大规模版本升级，可以使用下列命令：

```
[root@Fedora ~]# yum upgrade
```

与 yum update 不同，yum upgrade 可对所有的软件包进行升级，包括旧的、淘汰的软件包。

8.3.4 使用 yum 删除软件包

使用 yum 删除软件包时，首先检查是否存在依赖于指定软件包的附加软件包，如果存在，yum 将列出需要一并删除的附加软件包，并提示用户予以确认。

使用 yum 删除软件包的格式如下：

格式

```
yum    remove   [软件包名称]
```

【例 8.5】 使用 yum 从系统中删除软件包 dia。

命令及结果显示如下：

```
[root@Fedora ~]# yum remove dia
已加载插件：presto, refresh-packagekit
设置移除进程
解决依赖关系
--> 执行事务检查
---> 软件包 dia.i686 1:0.97-3.fc12 将被 删除
--> 完成依赖关系计算

依赖关系解决

================================================================================
 软件包        架构          版本                       仓库                大小
================================================================================
正在删除:
 dia           i686          1:0.97-3.fc12              installed           18 M

事务概要
================================================================================
移除          1 软件包
覆盖安装        0 软件包
降级        0 软件包

确定吗？[y/N]：y
下载软件包：
运行 rpm_check_debug
执行事务测试
完成事务测试
事务测试成功
执行事务
  正在删除        : 1:dia-0.97-3.fc12.i686                                 1/1

删除:
  dia.i686 1:0.97-3.fc12

完毕！
```

从上面的信息可以看出 dia 软件包已成功删除。

如果用户要删除软件包组的所有软件包，可以使用 yum groupremove “软加包组名称”命令。例如要删除软件包组“MySQL 数据库”，可以使用以下命令：

```
[root@Fedora ~]# yum groupremove "MySQL 数据库"
```

8.3.5　使用 yum 检索软件包列表

用户可以使用 yum 命令的 list 命令对软件包进行检索，可以检索软件仓库中可用的软件包，以及检索系统已经安装的软件包等功能。

格式

yum 命令的 list 命令常用的格式有以下几种：

```
yum  list  [all | 软件包名称]
yum  list  available  [软件包名称]
yum  list  updates    [软件包名称]
yum  list  installed  [软件包名称]
yum  list  extras     [软件包名称]
yum  list  recent
```

其中：

all：表示列出所有的软件包。

available：表示列出当前可用的所有软件包。

updates：表示列出可用于更新当前系统的所有软件包。

installed：表示列出系统中已经安装的所有软件包。

extras：表示列出在系统中已经安装，但不包含在软件仓库中的软件包。

recent：表示列出软件仓库中最近添加的软件包。

【例 8.6】　列出软件中所有已安装的，以及软件仓库中可用的所有软件包。

命令如下：

```
[user@Fedora ~]$ yum list all
```

如果用户知道软件包的准确名称，可以查询软件包的相关信息。

【例 8.7】　使用 yum 命令查询软件包“dia”的相关信息。

命令及结果显示如下：

```
[user@Fedora ~]$ yum list dia
已加载插件：presto, refresh-packagekit
已安装的软件包
dia.i686                    1:0.97-3.fc12                    @updates
```

【例 8.8】　列出软件仓库中所有可以安装或更新的软件包。

命令如下：

```
[user@Fedora ~]$ yum list
```

【例 8.9】　使用 yum 命令，列出软件仓库中当前可用的所有软件包。

命令如下：

```
[user@Fedora ~]$ yum list available
```

【例 8.10】　检索以 dia 为起始字符串的当前可用的所有软件包。

命令及结果显示如下：

```
[user@Fedora ~]$ yum list available dia\*
已加载插件：presto, refresh-packagekit
可安装的软件包
```

```
dia-CMOS.noarch              0.1-1.fc12                  updates
dia-Digital.noarch           0.1-1.fc12                  updates
dia-electric2.noarch         0.1-1.fc12                  updates
dia-electronic.noarch        0.1-1.fc12                  updates
dialog.i686                  1.1-9.20080819.fc12         fedora
dialog-devel.i686            1.1-9.20080819.fc12         fedora
```

在上述输出结果中，各列所表示的含义如下：

第 1 列：软件包名称。

第 2 列：软件包的版本号。

第 3 列：软件包所在软件仓库，其中 updates 表示该软件包处于更新软件仓库，fedora 表示该软件包处于基本系统软件仓库。

【例 8.11】 使用 yum 命令列出软件仓库中可用于更新当前系统的所有软件包。

命令如下：

```
[user@Fedora ~]$ yum list updates
```

如果不经常更新系统，该命令执行结果将是一个很长的软件包列表。

【例 8.12】 使用 yum 命令列出软件仓库中以 gedit 为起始字符串的当前可用更新软件包。

命令及结果显示如下：

```
[user@Fedora ~]$ yum list updates gedit\*
已加载插件：presto, refresh-packagekit
更新的软件包
gedit.i686                  1:2.28.3-1.fc12                  updates
```

同样，在上述输出结果中，各列所表示的含义如下：

第 1 列：软件包名称。

第 2 列：软件包的版本号。

第 3 列：软件包所在软件仓库。fedora 表示该软件包处于基本系统软件仓库，updates 表示该软件包处于更新软件仓库。

【例 8.13】 使用 yum 命令，列出系统中已安装的所有软件包。

命令如下：

```
[user@Fedora ~]$ yum list installed
```

【例 8.14】 使用 yum 命令列出系统中已安装的以 dia 为起始字符串的相关软件包。

命令如下：

```
[user@Fedora ~]$ yum list installed dia\*
```

【例 8.15】 使用 yum 命令列出系统中已安装但不包含在软件仓库中的软件包。

命令及结果显示如下：

```
[root@Fedora ~]# yum list extras
已加载插件：presto, refresh-packagekit
更多软件包
linuxqq.i386                v1.0.2-beta1                     installed
You have new mail in /var/spool/mail/root
```

从上面的结果显示可以看出，系统中已安装的软件包“linuxqq.i386”，不包含在软件仓库中。

【例 8.16】　列出软件仓库中的最近添加的软件包。

命令及结果显示如下：

```
[root@Fedora ~]# yum list recent
已加载插件：presto, refresh-packagekit
最近添加的软件包
fcitx.i686                          3.6.3-5.20100514svn_utf8.fc12        updates
iapetal.noarch                      1.0-3.fc12                           updates
iwl6050-firmware.noarch             9.201.4.1-2.fc12                     updates
jabbim.noarch                       0.5.1-1.svn20100612.fc12             updates
mcu8051ide.noarch                   1.3.7-1.fc12                         updates
pcsc-lite.i686                      1.5.2-4.fc12                         updates
pcsc-lite-devel.i686                1.5.2-4.fc12                         updates
pcsc-lite-doc.i686                  1.5.2-4.fc12                         updates
pcsc-lite-libs.i686                 1.5.2-4.fc12                         updates
xscreensaver.i686                   1:5.11-4.1.fc12.respin1              updates
xscreensaver-base.i686              1:5.11-4.1.fc12.respin1              updates
xscreensaver-extras.i686            1:5.11-4.1.fc12.respin1              updates
xscreensaver-extras-gss.i686        1:5.11-4.1.fc12.respin1              updates
xscreensaver-gl-base.i686           1:5.11-4.1.fc12.respin1              updates
xscreensaver-gl-extras.i686         1:5.11-4.1.fc12.respin1              updates
xscreensaver-gl-extras-gss.i686     1:5.11-4.1.fc12.respin1              updates
```

8.3.6　使用 yum 搜索软件包

如果用户不知道软件包的确切名称，只知道该软件包的名称、描述中的某个关键字，则可以使用 yum 命令的 search 命令或 provides 命令进行模糊匹配搜索。

格式

```
yum    search     关键字
yum    provides   文件名
```

(1) yum　　search　关键字：采用关键字作为搜索模式。搜索具有一定功能特性的软件包。在指定搜索模式时，可以采用标准的通配符星号“*”与问号“?”实现更为广泛的模糊匹配搜索。yum 将对照软件包的描述、概要说明和 RPM 软件包名称的每个字段搜索匹配该关键字的任何软件包。

(2) yum　　provides　文件名：能够搜索包含指定文件名的软件包。在指定文件名搜索模式时，可以指定一个确切的软件包名称，也可以使用标准的通配符星号“*”与问号“?”实现更为广泛的模糊匹配搜索。

【例 8.17】　搜索与 bash 有关的所有软件包。

可以使用 bash 作为关键字，命令及结果显示如下：

```
[root@Fedora ~]# yum search bash
已加载插件：presto, refresh-packagekit
================================ Matched: bash ================================
bash-completion.noarch : Programmable completion for Bash
```

```
Vuurmuur.i686 : Firewall manager built on top of iptables
backup-light.noarch : A small backup bash utility
backup-manager.noarch : A command line backup tool for GNU/Linux
bash.i686 : The GNU Bourne Again shell
bash-doc.i686 : Documentation files for bash
bashdb.noarch : BASH debugger, the BASH symbolic debugger
bournal.noarch : Write personal, password-protected journal entries
bti.i686 : Bash Twitter/Identi.ca Idiocy
dash.i686 : Small and fast POSIX-compliant shell
drbd-bash-completion.i686 : Programmable bash completion support for drbdadm
emacs-bashdb.noarch : Bashdb support for Emacs
emacs-pydb.noarch : Pydb support for Emacs
environment-modules.i686 : Provides dynamic modification of a user's environment
fs_mark.i686 : Benchmark synchronous/async file creation
gmrun.i586 : Lightweight "Run program" dialog box with search history and tab
           : completion
gmrun.i686 : Lightweight "Run program" dialog box with search history and tab
           : completion
gromacs-bash.i586 : GROMACS bash completion
gromacs-bash.noarch : GROMACS bash completion
lftp.i686 : A sophisticated file transfer program
mybashburn.noarch : Burn data and create songs with interactive dialogs
nagios-plugins-check_sip.i686 : A Nagios plugin to check SIP servers and devices
perlbrew.noarch : Manage perl installations in your $HOME
purple-plugin_pack.i686 : A set of plugins for libpurple, pidgin, and finch
pydb.noarch : Extended Python Debugger
rlwrap.i686 : Wrapper for GNU readline
shcov.noarch : A gcov and lcov coverage test tool for bourne shell / bash
             : scripts
sys_basher.i686 : A multithreaded hardware exerciser
```

【例 8.18】 搜索包含特定文件名 pidgin 的软件包。

命令及结果显示如下：

```
[root@Fedora ~]# yum provides pidgin
已加载插件：presto, refresh-packagekit
pidgin-2.6.3-2.fc12.i686 : A Gtk+ based multiprotocol instant messaging client
Repo        : fedora
匹配来自于:


pidgin-2.7.1-1.fc12.i686 : A Gtk+ based multiprotocol instant messaging client
Repo        : updates
匹配来自于:
```

从上面的显示信息可以看出，fedora 和 updates 这 2 个软件仓库各存在一个 pidgin 软件包。

8.4　使用 rpm 命令管理 RPM 软件包

Fedora 系统中，用户除了可以用图形界面的“添加/删除软件”工具以及 yum 命令管理 rpm 软件包外，也可以通过 rpm 命令管理 rpm 软件包。rpm 命令是一个强有力的软件管理程序，可以用于软件包的安装、删除、刷新、升级、查询和校验等操作。

8.4.1　rpm 命令的用法

格式

rpm　［选项参数］　RPM 软件包名称

rpm 命令有多个选项参数，其中有一些适用于 rpm 命令的所有操作模式，还有一些是与某些模式合用的。

通用选项参数

--version：使用一条独立行显示所使用 rpm 软件包版本号。

--quiet：静态工作模式，只有当错误产生时，才出现提示信息。

-？，**--help**：显示帮助信息。

-F：刷新软件包。

-h：用“#”显示完成进度。

-v：显示详细信息。

-vv：显示调试信息。

--root：将 rpm 指定的路径为“根目录”，这样预安装和后安装程序都会安装到该目录下。

--rcfile FILELIST：设置 rpmrc 文件。

--dbpath DIRECTORY：设置 RPM 仓库所在的路径。

rpm 命令基本选项参数：

-i：安装所选择的一个或多个软件包。

-q：查询软件包系统或所选择的一个或多个软件包。

-e：删除所选择的一个或多个软件包。

-U：把一个已经安装好的软件包升级到新版本。

-V：验证已安装或已选择的一个或多个软件包。

其中，通用参数-v、-h 可以追加到上面的任何基本选项参数中。用户可以使用 rpm --help 命令或 man rpm 命令了解完整的选项参数及其用法。

8.4.2　安装 RPM 软件包

安装 RPM 软件包的格式如下：

格式

```
rpm    -i ［安装选项参数］  RPM 软件包名称
```

安装选项参数

--excludedocs：不安装软件包中的文档文件。

--force：忽略软件包依赖关系冲突进行强制安装。

--ignorearch：不校验软件包的结构，直接进行安装或升级操作。

--ignoreos：不检查软件包运行的操作系统，直接进行安装或升级操作。

--includedocs：软件包中的文档文件。

--nodeps：安装软件包，忽略依赖性关系。

--noscripts：不运行预安装和后安装脚本。

--percent：以百分比的形式显示安装进度。

--prefix：将软件包安装到由指定的路径下。

--replacepkgs：重新安装已经安装的软件包。

--replacefiles：安装软件包甚至可以替换其他软件包的文件。

--test：只对安装进行测试，并不实际安装。

1. 安装软件包

【例 8.19】 安装软件包 linuxqq-v1.0.2-beta1.i386.rpm，并显示详细安装过程信息以及安装进度。

分析：使用通用选项参数-v 显示安装过程的详细信息，使用通用选项参数-h 显示安装进度。

命令及结果显示如下：

```
[root@Fedora ~]# rpm -ivh linuxqq-v1.0.2-beta1.i386.rpm
Preparing...                ########################################### [100%]
   1:linuxqq                ########################################### [100%]
```

从上面显示的信息可以看到，软件包的安装信息及安装软件包时以“#”号在屏幕上显示安装进度。

【例 8.20】 重新安装软件包 linuxqq-v1.0.2-beta1.i386.rpm。

分析：如果该软件包的同一版本已安装，则看到以下信息：

```
Preparing...                ########################################### [100%]
        package linuxqq-v1.0.2-beta1.i386 is already installed
```

如果用户仍打算安装同一版本的该软件包，可以使用选项参数--replacepkgs 重新安装该软件包。

重新安装装软件包 linuxqq-v1.0.2-beta1.i386.rpm 的命令及信息显示如下：

```
[root@Fedora ~]# rpm -ivh --replacepkgs linuxqq-v1.0.2-beta1.i386.rpm
Preparing...                ########################################### [100%]
   1:linuxqq                ########################################### [100%]
```

2. 软件包文件冲突

如果试图安装的软件包中包含的文件已被另一个软件包或者同一软件包的早期版本

安装，则看到相关文件冲突信息。假设系统中已安装 linuxqq-v1.0-preview2.i386.rpm 软件包，如果用户想再安装 linuxqq-v1.0.2-beta1.i386.rpm 软件包，会出现如下信息：

```
Preparing...                ########################################### [100%]
        file /usr/share/tencent/qq/qq from install of linuxqq-v1.0.2-beta1.i386 conflicts with file from package linuxqq-v1.0-preview2.i386
        file /usr/share/tencent/qq/res.db from install of linuxqq-v1.0.2-beta1.i386 conflicts with file from package linuxqq-v1.0-preview2.i386
```

若忽略上述错误，可以使用--replacefiles 选项参数。

【例 8.21】　忽略软件包冲突，继续安装软件包 linuxqq-v1.0.2-beta1.i386.rpm。

命令及显示信息如下：

```
[root@Fedora ~]# rpm -vhi --replacefiles linuxqq-v1.0.2-beta1.i386.rpm
Preparing...                ########################################### [100%]
   1:linuxqq                ########################################### [100%]
```

从上面的信息可以看出，使用选项参数 --replacefiles 后，文件冲突的错误已忽略。

3. 未解决的依赖关系

RPM 软件包可能依赖于其他软件包，这意味着需要安装其依赖软件包才能正确运行。如果试图安装具有未解决依赖关系的软件包，就会看到以下信息：

```
Preparing...                ########################################### [100%]
error:Failed dependencies:
...
```

此时如果用户想强制安装该软件包，并且不检查依赖关系。可以使用--nodeps 选项参数，这样软件可能不能正确运行。

8.4.3　删除 RPM 软件包

格式

```
rpm    -e ［卸载选项参数］  RPM 软件包名称
```

删除选项参数

--nodeps：卸载软件包，忽略依赖关系。

--noscripts：不运行预安装和后安装脚本程序。

--allmatches：删除该软件包的所有版本。

--test：测试卸载文件，但不进行实际的删除操作。

【例 8.22】　删除 linuxqq 软件包。

命令如下：

```
[root@Fedora ~]# rpm -e linuxqq
```

如果系统中安装有多个版本的软件包，使用上述删除命令则出现错误信息（使用上述命令一次只能删除一个版本的软件包）。例如，系统中安装有多个版本的 Linuxqq 软件包，则会出现下面的错误信息：

```
error: "linuxqq" specifies multiple packages:
  linuxqq-v1.0-preview2.i386
  linuxqq-v1.0.2-beta1.i386
```

【例 8.23】 删除所有版本的 linuxqq 软件包。

命令如下：

```
[root@Fedora ~]# rpm -e  --allmatches linuxqq
```

说明：在删除软件包时，会发生依赖关系错误。当另一个已安装的软件包依赖于用户试图删除的软件包时，就会发生依赖关系错误。例如：

```
Preparing...                ########################################### [100%]
error：removing these packeges would break dependencies:
    ...
```

如果要使 rpm 忽略该错误并强制删除该软件包，可以使用--nodeps 选项参数，但是依赖于该软件包的软件可能无法正常运行，所以使用该选项时应慎重。

8.4.4 查询 RPM 软件包

格式

```
rpm    -q［常用选项参数］  ［RPM 软件包名称 ｜ 文件名］
```

常用选项参数

-a：查询所有已安装的软件包。

-c：显示配置文件列表。安装后通过改变这些配置文件使软件包适用于用户系统。

-d：显示文档文件列表。

-f FILE：查询包含文件"FILE"的软件包。当指定文件时，必须指定文件的完整路径。

-i：显示软件包的描述信息，包括名称、描述、发行版本、大小、日期、生产商等。

-l：显示软件包中的文件列表。

-p PACKAGE FILE：查询软件包"PACKAGE FILE"。

-R：显示已安装软件包所依赖的软件包及文件。

-s：显示软件包中所有文件的状态。

1. 查询已安装软件包

【例 8.24】 查询系统已安装软件包 linuxqq。

命令及信息显示如下：

```
[root@Fedora ~]# rpm -q linuxqq
linuxqq-v1.0.2-beta1.i386
```

如果系统没有安装软件包，显示信息如下：

```
package linuxqq is not installed
```

【例 8.25】 查询系统中所有已安装的软件。

命令如下：

```
[root@Fedora ~]# rpm -qa
```

【例8.26】 查询已安装软件linuxqq的详细信息。

命令及结果显示如下：

```
[root@Fedora ~]# rpm -qi linuxqq
Name        : linuxqq                    Relocations: (not relocatable)
Version     : v1.0.2                          Vendor: Tencent Inc.
Release     : beta1                      Build Date: 2009年01月05日 星期一 17时31分44秒
Install Date: 2010年06月24日 星期四 20时54分00秒        Build Host: localhost.localdomain
Group       : Internet                       Source RPM: linuxqq-v1.0.2-beta1.src.rpm
Size        : 6346491                         License: Commercial
Signature   : (none)
Packager    : @Home
Summary     : QQ for Linux v1.0.2 Beta1
Description :
QQ - The most popular free instant messaging program in China.
* Chat with more than 590,000,000 people all over the world.
* Free to download or distribute absolutely.
```

【例8.27】 查询已安装软件包linuxqq所包含的文件列表。

命令及结果显示如下：

```
[root@Fedora ~]# rpm -ql linuxqq
/usr
/usr/bin
/usr/bin/qq
/usr/share
/usr/share/applications
/usr/share/applications/qq.desktop
/usr/share/tencent
/usr/share/tencent/qq
/usr/share/tencent/qq/qq
/usr/share/tencent/qq/qq.png
/usr/share/tencent/qq/res.db
```

【例8.28】 查询软件包linuxqq所依赖的软件包及文件。

命令及结果显示如下：

```
[root@Fedora ~]# rpm -qR linuxqq
/bin/sh
libX11.so.6
libatk-1.0.so.0
libc.so.6
libc.so.6(GLIBC_2.0)
libc.so.6(GLIBC_2.1)
libc.so.6(GLIBC_2.1.3)
libc.so.6(GLIBC_2.2)
libc.so.6(GLIBC_2.3)
...
```

【例 8.29】 查询文件/usr/bin/qq 属于哪个软件包。

命令及结果显示如下：

```
[root@Fedora ~]# rpm -qf /usr/bin/qq
linuxqq-v1.0.2-beta1.i386
```

说明：当指定要查寻的文件名时，需要指定其完整路径（如/usr/bin/qq）。

2. 查看.rpm 文件

rpm 命令也可以查看一个 rpm 文件，即在安装 rpm 软件包之前，先对其进行查询。格式如下：

```
rpm   -qp［查询选项参数］ 软件包文件名
```

【例 8.30】 查看软件包文件 linuxqq-v1.0.2-beta1.i386.rpm 的详细信息。

命令及结果显示如下：

```
[root@Fedora ~]# rpm -qpi linuxqq-v1.0.2-beta1.i386.rpm
Name        : linuxqq                     Relocations: (not relocatable)
Version     : v1.0.2                           Vendor: Tencent Inc.
Release     : beta1                        Build Date: 2009年01月05日 星期一 17时31分44秒
Install Date: (not installed)              Build Host: localhost.localdomain
Group       : Internet                     Source RPM: linuxqq-v1.0.2-beta1.src.rpm
Size        : 6346491                         License: Commercial
Signature   : (none)
Packager    : @Home
Summary     : QQ for Linux v1.0.2 Beta1
Description :
QQ - The most popular free instant messaging program in China.
* Chat with more than 590,000,000 people all over the world.
* Free to download or distribute absolutely.
```

【例 8.31】 查看软件包文件 linuxqq-v1.0.2-beta1.i386.rpm 所包含的文件。

命令及结果显示如下：

```
[root@Fedora ~]# rpm -qpl linuxqq-v1.0.2-beta1.i386.rpm
/usr
/usr/bin
/usr/bin/qq
/usr/share
/usr/share/applications
/usr/share/applications/qq.desktop
/usr/share/tencent
/usr/share/tencent/qq
/usr/share/tencent/qq/qq
/usr/share/tencent/qq/qq.png
/usr/share/tencent/qq/res.db
```

【例 8.32】 查看软件包文件 linuxqq-v1.0.2-beta1.i386.rpm 所依赖的软件包文件。

命令及结果显示如下：

```
[root@Fedora ~]# rpm -qpR linuxqq-v1.0.2-beta1.i386.rpm
/bin/sh
```

```
libX11.so.6
libatk-1.0.so.0
libc.so.6
libc.so.6(GLIBC_2.0)
libc.so.6(GLIBC_2.1)
libc.so.6(GLIBC_2.1.3)
libc.so.6(GLIBC_2.2)
libc.so.6(GLIBC_2.3)
libc.so.6(GLIBC_2.3.2)
libcairo.so.2
libdl.so.2
libdl.so.2(GLIBC_2.0)
...
```

8.4.5 升级 RPM 软件包

升级（Update）软件包可以将软件包升级到新版本，其另外一个功能是不管该软件包的旧版本是否安装，都会安装该软件包。

升级 RPM 软件包的格式如下：

格式

```
rpm    -U［安装选项参数］   .rpm 文件名
```

安装选项参数

升级 RPM 软件包的选项参数与安装 PRM 软件包的选项参数相同，可参考 8.4.2 节中的“安装选项参数”。

【例 8.33】 升级软件包文件 linuxqq-v1.0-preview2.i386.rpm。

命令及结果显示如下：

```
[root@Fedora ~]# rpm -Uvh linuxqq-v1.0-preview2.i386.rpm
Preparing...                ########################################### [100%]
   1:linuxqq                ########################################### [100%]
```

实际上，软件包的升级就是一个删除旧版本，安装新版本的过程。所以，如果系统已安装了新版本，就会出现以下错误信息：

```
Preparing...                ########################################### [100%]
        package linuxqq-v1.0.2-beta1.i386 (which is newer than linuxqq-v1.0-preview2.i386) is already
installed
```

如果用户要进行强制升级，可使用--oldpackage 选项参数。该操作将删除系统中已安装的任何版本软件包，并且安装指定版本的软件包。

【例 8.34】 强制升级软件包文件 linuxqq-v1.0-preview2.i386.rpm。

命令及结果显示如下：

```
[root@Fedora ~]# rpm -Uvh --oldpackage linuxqq-v1.0-preview2.i386.rpm
Preparing...                ########################################### [100%]
```

```
1:linuxqq                ########################################### [100%]
```

8.4.6 刷新 RPM 软件包

刷新 RPM 软件包和升级 RPM 软件包相似，但是并不完全相同。刷新 RPM 软件包是指升级已安装了旧版本的 RPM 软件包。而升级 RPM 软件包则是不管该软件包的旧版本是否已安装，都会安装该软件包。

刷新 RPM 软件包的格式如下：

 **格式**

```
rpm    -F［刷新选项参数］    .rpm 文件名
```

 **刷新选项参数**

刷新 RPM 软件包的选项参数与安装 PRM 软件包的选项参数相同，可参考 8.4.2 节中的“安装选项参数”。

【例 8.35】 刷新软件包文件 linuxqq-v1.0-preview2.i386.rpm。

命令如下：

```
[root@Fedora ~]# rpm -Fvh   linuxqq-v1.0-preview2.i386.rpm
```

8.4.7 校验 RPM 软件包

校验 RPM 软件包是比较从某软件包安装的文件和原始软件包中的同一文件的信息，校验每个文件的大小、MD5 值、权限、类型、所有者以及组群内容。

校验 RPM 软件包的格式如下：

 **格式**

```
rpm    -V   ［常用选项参数］
```

 **常用选项参数**

-a：校验所有已安装的软件包。

-f FILE：查询包含文件“FILE”的软件包。当指定文件时，必须指定文件的完整路径。

-p PACKAGE FILE：校验软件包“PACKAGE FILE”。

--noscripts：不运行校验脚本。

--nodeps：不校验依赖性。

--nofiles：不校验文件属性。

说明：如果所有校验都正确，屏幕不会有任何输出，如果出现错误，则输出错误信息。

【例 8.36】 校验所有在 linuxqq 软件包内的文件是否与最初安装时一致。

命令及结果显示如下：

```
[root@Fedora ~]# rpm -V linuxqq
```

```
[root@Fedora ~]#
```

从上面的命令及结果可以看出，校验 linuxqq 软件包的所有文件都正确。

【例 8.37】 校验所有的软件包。

命令及结果显示如下：

```
[root@Fedora ~]# rpm -Va
S.5....T.   c /var/log/mail/statistics
S.5....T.     /etc/cron.d/smolt
S.5....T.   c /etc/sudoers
.......T.   c /etc/abrt/pyhook.conf
S.5....T.   c /etc/NetworkManager/nm-system-settings.conf
.......T.   c /etc/sysconfig/system-config-users
S.5....T.   c /etc/apt/sources.list
.M.......     /usr/bin
.M.......     /usr/lib/locale
.M.......     /usr/lib/pm-utils
.M.......     /usr/lib/pm-utils/sleep.d
.......T.   c /etc/ntp.conf
S.5....T.   c /etc/ldap.conf
S.5....T.   c /etc/login.defs
..5....T.   c /etc/inittab
S.5....T.   c /etc/openldap/ldap.conf
S.5....T.   c /etc/libuser.conf
S.5....T.   c /etc/ggz.modules
.M.......     /var/cache/abrt
.M....G..     /var/log/gdm
.M.......     /var/run/gdm
..5....T.   c /usr/lib/security/classpath.security
S.5....T.     /boot/initramfs-2.6.31.5-127.fc12.i686.img
S.5....T.     /usr/share/ibus-pinyin/engine/py.db
....L....   c /etc/pam.d/fingerprint-auth
....L....   c /etc/pam.d/password-auth
....L....   c /etc/pam.d/smartcard-auth
....L....   c /etc/pam.d/system-auth
```

从上面的命令及其结果可以看出，校验有错误信息，说明校验有错误。可以看到，输出格式如下：

```
9 个字符   [c]  文件名
```

其中：

(1) 9 个字符：每个字符代表一种文件属性的比较结果，即该文件属性与 RPM 数据库中记录属性的比较。“.”（点）：表示校验通过。各字符代表某类校验失败：

S：表示文件大小。

M：表示模式，包括权限和文件类型。

5 ：表示 MD5 校验和。

D：表示设备。

L：表示符号链接。

U：表示用户。

G：表示用户组群。

T：表示文件修改时间。

?：表示不可读文件。

(2) c：代表配置文件。

【例 8.38】 对 linuxqq-v1.0.2-beta1.i386.rpm 软件包进行校验。

命令如下：

```
[root@Fedora ~]# rpm -Vp linuxqq-v1.0.2-beta1.i386.rpm
```

第 9 章

文件系统

Linux 操作系统最重要特征之一就是支持多种文件系统。在 Linux 系统下，每个分区都是一个文件系统。本章重点介绍文件系统基础知识以及在 Linux 系统中加载/卸载文件系统。

9.1 文件系统概述

操作系统中负责管理和存储文件信息的软件机构称为文件管理系统，简称文件系统（File System）。文件系统是指在磁盘上存储和组织文件的方法，也指用于存储文件的磁盘和分区，或文件系统种类。

Linux 文件系统可以是 ext4 文件系统、ext3 文件系统、ext2 文件系统，或是 reiserfs 文件系统。但是这些都不会影响用户创建文件、删除文件、创建文件夹及复制文件夹等操作，它们都能完成用户对文件和文件夹的操作功能。

从使用角度来看，文件系统是 Linux 操作系统的一切，用户可以在 Linux 操作系统中挂载它所支持的任何文件系统（例如：ext4、ext3、ext2、reiserfs 等），包括 Windows 操作系统的分区。在 Windows 与 Linux 操作系统共存的计算机中，Linux 系统用户可以将 Windows 的文件系统挂载到 Linux 目录中，这样便可以轻松访问 Windows 操作系统的分区。

1. 文件系统类型

文件系统不同的格式决定了信息存储的文件和目录，这些格式称为文件系统类型（File System Types）。随着 Linux 操作系统的不断发展，它所支持的文件系统类型也不断迅速扩充，包括日志文件系统 ext4、ext3 等。

(1) ext 文件系统

ext 文件系统是第一个专门为 Linux 系统设计的文件系统类型，又称为扩展文件系统。由于 ext 文件系统在性能和兼容性上存在许多缺陷，后来基本上被 ext2、ext3、ext4 文件系统所取代。

(2) ext2 文件系统

ext2 文件系统是为解决 ext 文件系统的缺陷而设计的可扩展、高性能文件系统，又称为二级扩展文件系统。

ext2 文件系统的优点：速度和 CPU 利用率较突出，是 GNU/Linux 系统中标准的文件系统，存取文件的性能好，尤其是对于中小型的文件，支持 256 字节的长文件名。

而其缺点：在写入文件内容时并没有同时写入文件的元数据（元数据是文件有关的信息，包括：格式、大小、权限、所有者以及创建和访问时间等），即就是 Linux 先写入文件的内容，然后等到空闲时才写入文件的元数据。若出现写入文件内容后，而在写入文件的元数据之前系统突然断电，就可能造成文件系统处于不一致的状态。在一个庞大文件操作系统中出现这种情况将导致严重后果。

(3) ext3 文件系统

ext3 是一种日志文件系统，是在 ext2 格式基础上再加上日志功能。日志文件系统起源于 Oracle、Sybase 等大型数据库，Linux 日志文件系统就是由此发展而来的。所谓日志就是一种特殊的文件，它会在一个循环的缓冲区内记录文件系统的修改，然后将定期提交到文件系统。一旦系统发生崩溃，日志文件起到一个检查点的作用，用于恢复未保存的信息，防止文件系统元数据损坏。因此，日志文件系统就是一种具有故障恢复能力的文件系统，它利用日志记录尚未提交到文件系统的修改，以防止元数据破坏。

ext2 转成 ext3 的理由：

ext3 更具有数据完整性、速度快易转化和更可用性。

ext3 采用日志式的管理机制，使文件系统具有快速的恢复能力。

从 ext2 到 ext3 不需要格式化。因为 ext3 文件系统使用的结构与 ext2 文件系统相同，只是增加了日志管理，所以 ext3 可以与 ext2 文件系统兼容，它们都使用相同的元数据（meta-data），因而能执行 ext2 文件系统到 ext3 文件系统的升级。

ext3 文件系统的缺点在于文件处理数据的速度和解压的高性能。此外，使用 ext3 文件系统还应注意硬盘的限额问题。

(4) ext4 文件系统

ext4 文件系统是自“Linux kernel 2.6.28”开始正式支持的新文件系统。ext4 是 ext3 的改进版，修改了 ext3 中部分重要的数据结构，而不仅仅像从 ext2 到 ext3 那样，只是增加了一个日志功能而已。ext4 文件系统提供了更好的性能和更多的功能。

ext4 文件系统主要优点：

① ext4 与 ext3 相兼容。可以从 ext3 在线升级到 ext4，而无须重新格式化磁盘或重新安装系统。原有 ext3 数据结构照样保留，ext4 作用于新数据，整个文件系统获得 ext4 所支持的更大容量。

② 具有更大的文件系统和文件。ext3 目前所支持文件系统最大为 16TB，文件最大为 2TB，而 ext4 分别支持 1EB 的文件系统，以及 16TB 的文件。

③ 无限量的子目录。ext3 目前只支持 32000 个子目录，而 ext4 支持无限量的子目录。

④ 日志校验。ext4 的日志校验功能可以方便地判断日志数据是否损坏，同时提高了安全性能。

⑤ 允许关闭日志模式。ext4 允许关闭日志，以便有特殊需求的用户可以借此提升系统性能。

⑥ 与索引节点相关的特性。ext4 在索引节点中容纳更多的扩展属性（如索引节点、版本等属性），ext3 默认的索引节点大小为 128 字节，而 ext4 默认的索引节点大小为 256 字节。

⑦ 持久预分配。ext4 在文件系统层面实现了持久预分配并提供相应的应用程序接口，例如：P2P 软件为了保证下载文件有足够的空间存放，常常会预先创建一个与所下载文件大小相同的空文件，以免磁盘空间不足导致下载失败。ext4 在文件系统层面实现了持久预分配的功能，而且比应用软件本身实现更有效率。

(5) swap（交换）文件系统

swap 文件系统是 Linux 系统作交换分区使用的。在安装 Linux 时，必须要建立交换分区，而且采用的文件系统必须是 swap 类型的。

(6) nfs 文件系统

nfs 文件系统是由 Sun 公司推出的网络文件系统，允许多台计算机共享同一文件系统，易于从所有这些计算机上存取文件。它可以方便地在局域网内实现文件共享，并且使多台主机共享同一主机上的文件系统。NFS 文件系统尤其适用于嵌入式领域，易于实现文件本地修改。

(7) ISO9660 文件系统

ISO9660 文件系统是光盘使用的文件系统，在 Linux 中该文件系统不仅可以提供对光盘的读写，还可以实现对光盘的刻录，并允许长文件名。

(8) reiserfs 文件系统

reiserfs 文件系统使用特殊的优化 b*平衡树来组织所有的文件系统数据。优化 b*平衡树可大大提高系统性能，reiserfs 文件系统被视为一个更加激进和现代的文件系统。传统的 UNIX 文件系统是按盘块进行空间分配的，对于目录和文件的查找使用简单的线性查找，但随着磁盘容量的增大和应用需求的增加，传统文件系统在存储效率、速度和功能上明显落后。

reiserfs 文件系统缺点：与 ext2 和 ext3 文件系统相比，尤其是读取大的邮件目录时，reiserfs 引以为荣同学需要的特定文件访问模式可能导致性能大大降低。reiserfs 文件系统没有良好的 NFS 兼容性跟踪记录，同时稀疏文件性能也较差。

(9) NTFS 文件系统

NTFS 文件系统是 Windows NT 内核的系列操作系统支持的、特别为网络和磁盘配额、文件加密等管理安全特性设计的磁盘格式。

2. 虚拟文件系统

Linux 操作系统中用户接触到的文件系统如 ext4、ext3、reiserfs 等可称为逻辑文件系统，Linux 在逻辑文件系统的基础上增加了一个虚拟文件系统（Virtual File System，VFS）的接口层。

虚拟文件系统使得 Linux 系统支持多个不同的文件系统。它位于文件系统的最上层，管理各种逻辑文件系统（ext4、ext3、reiserfs 等），并可以消除它们彼此之间的差异，为用户命令、函数调用和内核的其他部分提供访问文件和设备的统一接口，使不同的逻辑文件系统按照同样的模式呈现在用户面前。由于 Linux 虚拟文件系统将 Linux 文件系统的所有细节进行转换，所以 Linux 内核的其他部分以及系统中运行的程序将视为一个统一的文件系统。从用户使用来说，是觉察不到逻辑文件系统的差异，可以使用同样的命令或操作来管理不同逻辑文件系统下的文件。虚拟文件系统就是为 Linux 用户提供方便快速的文件访问服务而设计的。VFS 的层次结构如图 9.1 所示。

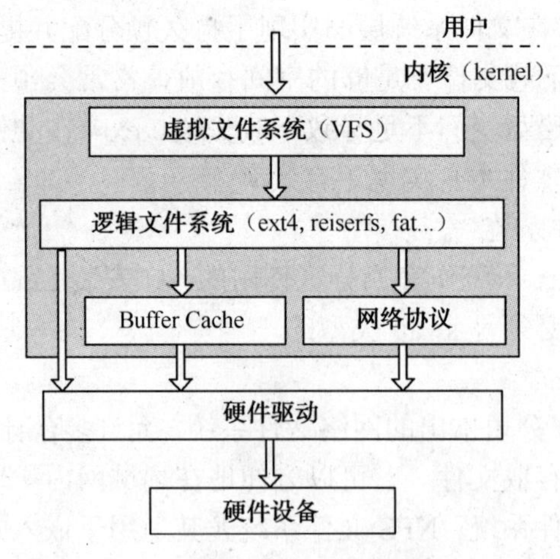

图 9.1　VFS 的层次结构

9.2　加载/卸载文件系统

Linux 操作系统不仅支持多种文件系统，而且可以加载/卸载文件系统。本节主要介绍如何在 Linux 系统中加载/卸载文件系统。

9.2.1　图形界面下加载 Windows 文件系统分区

如果计算机原来安装有 Windows 操作系统，Fedora 12 系统可以加载文件 Windows 的分区。在 Fedora 12 系统中，访问 Windows 分区方法如下：单击“位置”→“计算机”，弹出一个“计算机-文件浏览器”窗口，该窗口包含 Windows 文件系统分区、CD/DVD 驱动器、软盘驱动器、文件系统（Linux 的文件系统），如图 9.2 所示。

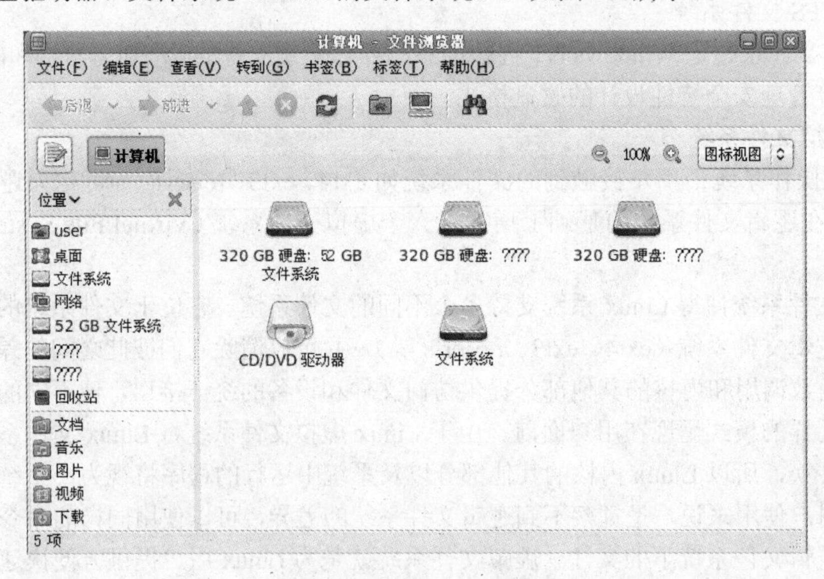

图 9.2　“计算机-文件浏览器”窗口

如果载/卸载 Windows 文件系统的分区，可以直接右击该文件系统的图标，在弹出菜单中选择“挂载”选项，系统弹出“鉴定为真”对话框，当用户输入正确的密码，单击“授权”按钮后，便可以在桌面上看到刚刚被加载的文件系统，即可访问 Windows 的文件系统分区内容。当然也可以通过右击该已被加载的文件系统图标，在弹出菜单中选择“卸载”选项，将该文件系统卸载。实际上也可以用 mount 命令更加灵活的加载文件系统。下面将介绍使用 mount 命令加载文件系统。

9.2.2 查看磁盘分区

在进行文件系统的加载/卸载之前，需要先查看硬盘分区情况，可以使用“fdisk -l”命令完成这一操作。

注意： 对于 fdisk、mount 和 umount3 个命令的使用都需要 root 权限。

用户可以使用下面的命令切换到 root 权限：

```
[user@Fedora ~]$ sudo -s
[sudo] password for user:
[root@Fedora ~]#
```

使用“fdisk-l”列出整块硬盘的分区情况，命令及显示信息如下：

```
[root@Fedora ~]# fdisk -l
Disk /dev/sda: 320.1 GB, 320072933376 bytes
255 heads, 63 sectors/track, 38913 cylinders
Units = cylinders of 16065 * 512 = 8225280 bytes
Disk identifier: 0x40000000
   Device Boot      Start         End      Blocks   Id  System
/dev/sda1   *           1        6374    51199123+   7  HPFS/NTFS
/dev/sda2            6375       37080   246645945    f  W95 Ext'd (LBA)
/dev/sda4           38206       38913     5687010   82  Linux swap / Solaris
/dev/sda5            6375       19122   102398278+   7  HPFS/NTFS
/dev/sda6           19123       34420   122881153+   7  HPFS/NTFS
/dev/sda7           34421       35249     6658911   83  Linux
/dev/sda8           35250       36237     7936078+  83  Linux
/dev/sda9           36238       37080     6771366    b  W95 FAT32
[root@Fedora ~]# fdisk -l

Disk /dev/sda: 320.1 GB, 320072933376 bytes
255 heads, 63 sectors/track, 38913 cylinders
Units = cylinders of 16065 * 512 = 8225280 bytes
Disk identifier: 0x40000000

   Device Boot      Start         End      Blocks   Id  System
/dev/sda1               1        6374    51199123+   7  HPFS/NTFS
/dev/sda2            6375       37080   246645945    f  W95 Ext'd (LBA)
/dev/sda3   *       37081       37590     4096000   83  Linux
/dev/sda4           37590       37973     3072000   82  Linux swap / Solaris
```

```
/dev/sda5          6375      19122    102398278+   7  HPFS/NTFS
/dev/sda6         19123      34420    122881153+   7  HPFS/NTFS
```

从上面的信息可以看出，计算机硬盘“sda”共有 320.1GB 的空间，该硬盘设备文件存放在/dev 目录文件下，“sda”是设备名称，IDE 硬盘对应的设备名称分别为 hda、hdb、hdc 和 hdd，SCSI 硬盘对应的设备名称则为 sda、sdb 等。其中，a 代表第一个设备。由于此硬盘为 SCSI 类型的硬盘，sda1 表示该硬盘的第一个分区，是引导分区；sda2 表示第二个分区；依次类推。第一个逻辑分区是从 sda5 开始。

本实例主机在安装 Linux 之前，已安装有 Windows XP 系统，这里“/dev/sda1”实际上就是 Windows XP 操作系统下的 C 盘，是 HPFS/NTFS 类型的文件系统，sda2 是扩展分区，从 sda5 和 sda6 是从 sda2 扩展分区划分出来的逻辑分区，/dev/sda5 和/dev/sda6 两个分区也是 HPFS/NTFS 类型的文件系统，实际上分别为 Windows 系统下的另外两个文件系统分区（如 D 盘、E 盘），/dev/sda4 是 Linux 系统的（swap）交换分区。

9.2.3 mount 命令加载文件系统

mount 命令可以将不同的文件系统，如 reiserfs、ext2、ext3、nfs 及 fat32 等加载到相应的目录下。通常在 Linux 系统下，“/mnt”目录是专门用于加载不同的文件系统的，可以在该目录下新建不同的子目录，使用 mount 命令加载不同的设备文件系统。

注意，在使用 mount 命令加载文件系统时，被加载的文件系统一定是 Linux 操作系统支持的文件系统，否则使用 mount 命令加载时会报错。mount 命令无法自动创建加载点，所以用户在加载文件系统之前，要手动创建加载点。mount 命令格式用法如下：

格式

```
mount  [-选项参数]  [设备名称]  [挂载点]
```

选项参数

-a：加载/etc/fstab 中设置的所有设备。

-f：模拟加载，但不会实际加载设备。可与“-v”参数一起使用，查看 mount 的执行过程。

-F：与“-a”参数一起使用。所有在/etc/fstab 中设置的设备会同时加载，并没有任何先后顺序，所以可以加快执行速度。

-h：显示帮助信息。

-L <u>lables</u>：加载文件系统标签为“labels”的设备。

-n：不要将加载的信息记录在/etc/mtab 文件中。

-o：指定加载文件系统的选项，选项有：

ro：以只读方式加载。

rw：以读写方式加载。

nouser：使一般用户无法加载。

user：使一般用户可以加载设备。

-r：以只读的方式加载设备。

-t vfstype：指定设备的文件系统类型。

-v：执行时显示详细的信息。

-V：显示版本信息。

-w：以可读写模式加载设备，此为默认值。

加载前准备工作：

(1) 确认是否为 Linux 可以识别的文件系统，Linux 可识别的文件系统，例如：ext2、ext3、ext4、nfs、vfat、ntfs、hpfs、iso9660 等。

(2) 使用“fdisk-1”命令查看磁盘分区情况，确定设备名称。

(3) 确定加载点已存在，可以在“/mnt”目录下创建相应子目录。

【例 9.1】 显示文件系统的加载情况。

分析：使用 mount 命令不加参数，可以显示系统中正在运行或已加载的文件系统。

命令及显示信息如下：

```
[root@Fedora ~]# mount
/dev/sda3 on / type ext4 (rw)
proc on /proc type proc (rw)
sysfs on /sys type sysfs (rw)
devpts on /dev/pts type devpts (rw,gid=5,mode=620)
tmpfs on /dev/shm type tmpfs (rw,rootcontext="system_u:object_r:tmpfs_t:s0")
none on /proc/sys/fs/binfmt_misc type binfmt_misc (rw)
gvfs-fuse-daemon on /home/user/.gvfs type fuse.gvfs-fuse-daemon (rw,nosuid,nodev,user=user)
/dev/sda6 on /media/???? type fuseblk (rw,nosuid,nodev,allow_other,default_permissions,blksize=4096)
```

从上面的信息可以看到，Linux 系统中文件加载的情况，例如，/dev/sda3 的文件系统类型为 ext4，加载点为根目录“/”，是可读写方式的加载。

【例 9.2】 在/mnt 分区下创建一个目录 Winfs，加载文件系统/dev/sda1 到/该目录下，并且查询是否加载成功。

分析：/dev/sda1 文件系统实际上是 Windows 系统中一个分区（如 C 盘、D 盘等），如果想在 Linux 操作系统中加载此文件系统，命令及显示信息如下：

```
[root@Fedora ~]# mkdir /mnt/Winfs
[root@Fedora ~]# mount /dev/sda1 /mnt/Winfs
[root@Fedora ~]# ls /mnt/Winfs/
AUTOEXEC.BAT    Documents and Settings    MSDOS.SYS       RECYCLER
bootfont.bin    Downloads                 MSOCache        System Volume Information
boot.ini        favorder3.dat             NTDETECT.COM    TEMP
CONFIG.SYS      Inetpub                   ntldr           WINDOWS
DB2             Intel                     pagefile.sys
dell            IO.SYS                    Program Files
```

上面显示信息中的第一行命令是创建/mnt/Winfs 目录作为加载点，第二行是使用 mount 命令将文件系统/dev/sda1 加载到/mnt/Winfs/目录中，如果原来 Windows XP 系统下该分区上有文件，可以用 ls 命令显示/mnt/Winfs/目录中的内容，若有内容显示，说明文件系统/dev/sda1 成功加载。

如果此时再使用 mount 命令，与【例 9.1】相比，显示信息会添加以下信息：

/dev/sda1 on /mnt/Winfs type fuseblk (rw,allow_other,blksize=4096)

【例 9.3】 以只读方式加载文件系统/dev/sda5 到/mnt/Winfs2 目录。加载完该文件系统后，查看是否能在/mnt/Winfs2 下创建文件名为“file.c”的文件。

下面以命令及系统显示如下：

```
[root@Fedora ~]# mkdir /mnt/Winfs2
[root@Fedora ~]# mount -o ro /dev/sda5 /mnt/Winfs2
[root@Fedora ~]# touch /mnt/Winfs2/file.c
touch: 无法创建"/mnt/Winfs2/file.c": 只读文件系统
```

从上面的显示信息可以看出，因为文件系统是“只读”文件系统，所以无法创建目录文件 file.c。

Fedora 12 系统中，当放入光盘或者插入 U 盘时，默认会有该设备快捷图标，用户可以直接访问，当然也可以使用 mount 命令将其加载到指定目录下。

【例 9.4】 挂载光盘到系统中。

分析：加载/dev/cdrom 到/media/cdrom，命令及显示信息如下：

```
[root@Fedora ~]# mkdir /media/cdrom
[root@Fedora ~]# mount /dev/cdrom /media/cdrom
[root@Fedora ~]# ls /media/cdrom/
EFI   GPL   isolinux   LiveOS
```

上面显示的信息第一行命令是在/media 目录下创建目录文件 cdrom。加载命令执行完毕后，通过 ls 命令显示结果看到光盘内容，说明加载光盘成功。

在 Linux 系统中卸载光盘的命令为“eject”，卸载光盘的命令格式如下：

```
[root@Fedora ~]# eject /media/cdrom/
```

9.2.4 卸载文件系统命令 umount

在使用完加载设备文件后，可使用 umount 命令将其卸载。

 **格式**

```
umount   [选项参数] [挂载点]
```

 **选项参数**

-a：卸载/etc/mtab 文件中记录的所有文件系统。

-n：卸载时不将信息存入/etc/mtab 文件中。

-h：显示帮助信息。

-r：如果无法成功卸载，尝试以只读方式重新加载文件系统。

-t vfstype：仅卸除选项中所指定的文件系统。

-v：执行时显示详细的信息。

-V：显示版本信息。

说明：每当加载分区、卸载分区时，都会动态更新/etc/mtab 文件。/etc/mtab 文件总是保持着当前系统中已加载的分区信息，fdisk 命令，必须要读取 /etc/mtab 文件，才能获得当前系统中的分区挂载情况。

卸载文件的操作非常简单，如果要卸载上述实例中加载到/mnt/Winfs2 目录的/dev/sda5 文件系统，命令及显示信息如下：

```
[root@Fedora ~]# umount /mnt/Winfs2
[root@Fedora ~]# ls /mnt/Winfs2
[root@Fedora ~]#
```

从上面的信息可以看出，目录/mnt/Winfs2 中没有文件，说明/dev/sda5 文件系统已成功卸载。

9.3 自动加载文件系统

如果重新启动计算机后，前面使用 mount 命令加载的文件系统，将不再存在。如果用户开机后就自动加载文件系统可通过修改/etc/fstab 配置文件来实现。/etc/fstab 文件存放有系统的文件系统信息。

使用 cat 命令查看/etc/fstab 配置文件内容。命令及信息显示如下：

```
[root@Fedora ~]# cat /etc/fstab

#
# /etc/fstab
# Created by anaconda on Wed Jun  9 17:03:56 2010
#
# Accessible filesystems, by reference, are maintained under '/dev/disk'
# See man pages fstab(5), findfs(8), mount(8) and/or blkid(8) for more info
#
UUID=d0263b89-c4e1-4374-b74a-63742fa8f042 /          ext4    defaults        1 1
UUID=bc606c94-de1f-4399-b328-27bd5ec030b9 swap       swap    defaults        0 0
tmpfs                   /dev/shm                tmpfs   defaults        0 0
devpts                  /dev/pts                devpts  gid=5,mode=620  0 0
sysfs                   /sys                    sysfs   defaults        0 0
proc                    /proc                   proc    defaults        0 0
```

上面信息中以“#”开头的行，表示注释行；每个文件系统都对应一个独立的行，每行中的字段都有空格或“tab”键分开。每行包括下面 6 个字段。

```
file system    mount point    type    options    dump    pass
```

上面一行信息包含 6 个字段，各字段含义如下：

(1) file system：设备名称，通过 ls/dev 查看。

(2) mount point：期望加载的目录，该目录必须已经存在。

(3) type：加载设备或分区的文件系统类型（例如：ext2、ext3、ext4、ISO9660、vfat、ntfs、swap 等）。

(4) options：设置一些文件系统的具体选项。例如：options 项的配置“defaults、user、rw、codepage=936、iocharset=utf8”，分别表示：默认、所有用户可以使用、可读可写、后面的一项为避免显示乱码的设置。

(5) dump：决定是否备份。大部分用户没有安装 dump，所以该项为 0。

(6) pass：fsck 通过检查 pass 字段下的数字决定检查文件系统的顺序，如果是 0，表示开机不做检查。

【例 9.5】 自动加载/dev/sda5 文件系统到目录/mnt/D 盘下。

首先使用 mkdir 命令在/mnt 目录下创建/mnt/D 盘目录，然后用 gedit 命令打开并修改/etc/fstab 配置文件，在此文件的后面添加下面语句：

```
/dev/sda5        /mnt/D 盘        ntfs    defaults    0 0
```

添加完上面的语句后，保存文件，重启计算机。使用 ls 命令查看/mnt/D 盘目录内容，命令及显示信息如下：

```
[root@Fedora ~]# ls /mnt/D 盘/
apache_2.2.11-win32-x86-openssl-0.9.8i.msi
authorware702
...
```

从上面的信息可以看出，自动加载/dev/sda5 到/mnt/D 盘目录成功。

第 10 章

磁盘管理

Linux 操作系统中，所有对象都是以文件形式存在的，这些文件都存放在磁盘上面的，而要使用磁盘必须首先经过分区、格式化和加载等操作。这些操作在系统安装时完成，但在实际应用中还经常需要对现有的分区进行调整或建立新的分区，例如，随着文件的不断增加，需要新的硬盘空间，这就需要装载新的硬盘。此外，系统管理员还需要随时监听和了解磁盘的使用情况，完成这些任务都是需要相应的磁盘管理工具来完成的。

Linux 操作系统中的磁盘管理工具包括磁盘分区、检测分区、加载/卸载文件系统以及磁盘同步等。

10.1 硬盘分区

对于一个系统管理者来说，磁盘管理是很重要的，而硬盘分区和格式化是磁盘管理重要的操作，本节主要介绍硬盘分区命令 fdisk 和 cfdisk。

对于 fdisk、cfdisk 等硬盘操作命令的使用都需要 root 权限。用户可以使用下面的命令切换 root 用户身份：

```
[user@Fedora ~]$ sudo -s
[sudo] password for user:
```

10.1.1 硬盘分区基础知识

原则上不同的操作系统采用不同的文件系统 ，如果同一个硬盘安装多个操作系统，将需要多个分区。

硬盘分区共有 3 种类型：主分区、扩展分区和逻辑分区。而扩展分区进一步划分成逻辑分区，所以硬盘分区实际上只有主分区和逻辑分区存储数据。

一块硬盘最多只能有 4 个主分区（序号一般为 1～4），可以另外建立一个扩展分区来代替 4 个主分区中的一个，然后在扩展分区建立更多的逻辑分区。

每个操作系统都有用于改变硬盘分区的工具。而在 Linux 操作系统下可以使用 fdisk 和 cfdisk 等工具进行分区。

10.1.2 fdisk 命令

fdisk 是分区工具，它能将磁盘划分成若干个分区，并且能为每个分区指定文件系统，例如，fat32、linux swap 和 ntfs 等文件系统。fdisk 命令的使用权限是超级用户权限。

格式

fdisk [选项参数] [磁盘设备代号 ...]或［分区编号...］

选项参数

-b sectorsize：指定磁盘扇区大小，“sectorsize”有效值为 512、1024、2048 或 4096。

-l：列出指定磁盘设备的分区表状况。硬盘的外围设备代号随着各种接口不同而不同。IDE 硬盘为/dev/had～/dev/hdh，SCSI 硬盘为/dev/sda～/dev/sdp，ESDI 硬盘为/dev/eda～/dev/edd，XT 硬盘则只有/dev/xda 与/dev/xdb 可用。

-s partition：指定“partition”分区大小输出到标准输出，单位为块(Block)。

-S sects：指定磁盘每个轨道的扇区数目。“sects”的合理值一般为 63。

-u：搭配“-l”参数列表，会用扇区数目来取代磁柱数目。

-v：显示版本信息。

1. fdisk 查看磁盘分区

通过“fdisk-l”命令，查看本例主机硬盘数以及分区情况，命令及结果显示如下：

```
[root@Fedora ~]# fdisk -l

Disk /dev/sda: 320.1 GB, 320072933376 bytes
255 heads, 63 sectors/track, 38913 cylinders
Units = cylinders of 16065 * 512 = 8225280 bytes
Disk identifier: 0x40000000

   Device Boot      Start         End      Blocks   Id  System
/dev/sda1               1        6374    51199123+   7  HPFS/NTFS
/dev/sda2            6375       37080   246645945    f  W95 Ext'd (LBA)
/dev/sda3   *       37081       37590     4096000   83  Linux
/dev/sda4           37590       37973     3072000   82  Linux swap / Solaris
/dev/sda5            6375       19122   102398278+   7  HPFS/NTFS
/dev/sda6           19123       34420   122881153+   7  HPFS/NTFS
```

上面信息是用户使用“自定义分区结构”对磁盘进行分区，没有创建 LVM 和 RAID 分区。

由上面的信息可以看出，该主机加载了一个硬盘 sda。如果用户想查看硬盘单个分区 sda1 的情况，可以通过执行 disk-l /dev/sda1 进行操作。

(1) sda1、sda2（扩展分区）、sda3 和 sda4 分别是 sda 的 4 个主分区（包括扩展分区）。

(2) sda5 和 sda6 逻辑分区是由扩展分区 sda2 划分出来的。

上面“fdisk-l”命令执行结果中，显示的磁盘分区信息解释如下：

```
Disk /dev/sda: 320.1 GB, 320072933376 bytes
255 heads, 63 sectors/track, 38913 cylinders
Units = cylinders of 16065 * 512 = 8225280 bytes
Disk identifier: 0x40000000
```

该信息说明该硬盘容量 320GB，有 255 个磁面，每个轨道 63 个扇区，38913 个磁柱；每个磁柱的容量是 8225280 字节。

```
  Device Boot      Start      End      Blocks     Id  System
/dev/sda1              1     6374    51199123+    7  HPFS/NTFS
/dev/sda2           6375    37080   246645945     f  W95 Ext'd (LBA)
/dev/sda3   *      37081    37590     4096000    83  Linux
/dev/sda4          37590    37973     3072000    82  Linux swap / Solaris
/dev/sda5           6375    19122   102398278+    7  HPFS/NTFS
/dev/sda6          19123    34420   122881153+    7  HPFS/NTFS
```

其中：

Device（设备）：是硬盘的分区，主分区（包括扩展分区）和逻辑分区。

Boot（引导）：表示引导分区，从上面的信息可以看出，sda3 是引导分区。

Start（开始）：表示各个分区从哪个 cylinder（磁柱）开始。

End（结束）：表示各个分区到哪个 cylinder（磁柱）结束。

Blocks（分区容量）：一个分区容量值 Blocks =（ End- Start）* 单位 cylinder（磁柱）的容量。

Id：表示 System 的 id ，通过指定 id 确认分区类型。例如，7 表示 NTFS 分区。

System：表示该分区的文件系统类型。

2. fdisk 命令修改硬盘分区

格式

```
fdisk 设备
```

也就是说，如果想修改硬盘设备/dev/sda 的分区，可以用 “fdisk /dev/sda” 命令：

```
[root@Fedora ~]# fdisk /dev/sda

The number of cylinders for this disk is set to 38913.
There is nothing wrong with that, but this is larger than 1024,
and could in certain setups cause problems with:
1) software that runs at boot time (e.g., old versions of LILO)
2) booting and partitioning software from other OSs
   (e.g., DOS FDISK, OS/2 FDISK)

Command (m for help):
```

从上面信息的最后一行可以看出，输入 m 指令将输出帮助信息。

【例 10.1】 查看 fdisk 命令对磁盘操作的帮助信息。

输入 m 指令后，系统显示信息如下：

```
Command (m for help): m
Command action
```

```
a     toggle a bootable flag
b     edit bsd disklabel
c     toggle the dos compatibility flag
d     delete a partition
l     list known partition types
m     print this menu
n     add a new partition
o     create a new empty DOS partition table
p     print the partition table
q     quit without saving changes
s     create a new empty Sun disklabel
t     change a partition's system id
u     change display/entry units
v     verify the partition table
w     write table to disk and exit
x     extra functionality (experts only)
```

【例 10.2】 列出当前操作硬盘的分区情况。

从上面实例显示的帮助信息可以看出，要列出磁盘的分区表，应该输入“p”指令：

```
Command (m for help): p
Disk /dev/sda: 320.1 GB, 320072933376 bytes
255 heads, 63 sectors/track, 38913 cylinders
Units = cylinders of 16065 * 512 = 8225280 bytes
Disk identifier: 0x40000000

   Device Boot      Start         End      Blocks   Id  System
/dev/sda1               1        6374    51199123+   7  HPFS/NTFS
/dev/sda2            6375       37080   246645945    f  W95 Ext'd (LBA)
/dev/sda3   *       37081       37590     4096000   83  Linux
/dev/sda4           37590       37973     3072000   82  Linux swap / Solaris
/dev/sda5            6375       19122   102398278+   7  HPFS/NTFS
/dev/sda6           19123       34420   122881153+   7  HPFS/NTFS
```

【例 10.3】 使用 fdisk 的 d 指令删除主分区 sda1（非引导分区）。

命令及显示信息如下：

```
Command (m for help): d
```

输入 d 命令后，系统给出提示“Partition number (1-6):”要求输入所要删除的分区号，如果要删除 sda1，那么则输入数字 1。

```
Partition number (1-9): 1
```

然后输入 p 命令，查看此分区是否被删除，命令及信息如下：

```
Command (m for help): p


Disk /dev/sda: 320.1 GB, 320072933376 bytes
255 heads, 63 sectors/track, 38913 cylinders
Units = cylinders of 16065 * 512 = 8225280 bytes
Disk identifier: 0x40000000
```

```
    Device Boot      Start         End      Blocks   Id  System
/dev/sda2            6375       37080   246645945    f  W95 Ext'd (LBA)
/dev/sda3   *       37081       37590     4096000   83  Linux
/dev/sda4           37590       37973     3072000   82  Linux swap / Solaris
/dev/sda5            6375       19122  102398278+    7  HPFS/NTFS
/dev/sda6           19123       34420  122881153+    7  HPFS/NTFS
```

与【例 10.2】中的显示信息相比，sda1 分区被删除。

注意： 删除分区时要慎重，如果不小心删错，使用“q”命令则是不保存退出。

【例 10.4】 通过 fdisk 的 n 命令添加一个 sda1 主分区。

命令及显示信息如下：

```
Command (m for help): n
Command action
l     logical (5 or over)
p     primary partition (1-4)
```

上面的信息中的“l   logical (5 or over)”表示输入“l”命令，添加一个逻辑分区，分区编号要大于等于 5，因为一般默认逻辑分区号是从 5 开始的。“p   primary partition (1-4)”，表示输入“p”命令，添加一个主分区，编号为 1～4 。在这里为输入“p”，添加一个逻辑分区，命令及信息如下所示：

```
p
Selected partition 1
First cylinder (1-38913, default 1):
```

上面最后一行信息要求是输入分区的 Start 值；这里一般直接按回车，选择默认值，如果输入了一个非默认的数字，可能会造成空间浪费。

```
Using default value 1
Last cylinder, +cylinders or +size{K,M,G} (1-6374, default 6374):
```

第 1 行信息用来确认分区的 Start 值为默认值，而第 2 行信息则是定义分区大小的。本例中按回车选择默认值，即大小为 6374。用户可以自行定义该分区的大小，如输入值为 400M，然后按回车。

最后在输入“p”查看磁盘分区情况，命令及信息显示如下：

```
Command (m for help): p

Disk /dev/sda: 320.1 GB, 320072933376 bytes
255 heads, 63 sectors/track, 38913 cylinders
Units = cylinders of 16065 * 512 = 8225280 bytes
Disk identifier: 0x40000000

    Device Boot      Start         End      Blocks   Id  System
/dev/sda1               1        6374    51199123+  83  Linux
/dev/sda2            6375       37080   246645945    f  W95 Ext'd (LBA)
/dev/sda3   *       37081       37590     4096000   83  Linux
/dev/sda4           37590       37973     3072000   82  Linux swap / Solaris
/dev/sda5            6375       19122  102398278+    7  HPFS/NTFS
```

```
/dev/sda6              19123        34420    122881153+     7  HPFS/NTFS
```

从上面显示的信息可以看出，新添加的分区默认为 Linux（83）类型。

【例 10.5】 输入 t 命指令指定分区类型，将/dev/sda1 分区类型设置为 HPFS/NTFS 文件系统类型，并查看修改结果。

命令及显示信息如下：

```
Command (m for help): t
```

输入 t 来指定分区类型。

```
Partition number (1-9): 1
```

上面一行信息表示输入要改变分区类型的分区号，本例中输入了“1”，那么将会改变 sda1 的分区类型。

Hex code (type L to list codes): **7**

上面一行信息用于设置要修改分区的类型，如果要将这个分区修改为 HPFS/NTFS 类型，那么输入“7” 。如果要将该分区设置成 W95 FAT32 类型，那么就输入“b”；输入“7”后，结果显示如下：

```
Changed system type of partition 1 to 7 (HPFS/NTFS)
```

上面信息提示已经将 sda1 分区的类型改为 7（HPFS/NTFS）类型。

下面输入命令 p，查看硬盘分区 sda1 的分区类型是否变为（HPFS/NTFS）类型。

```
Command (m for help): p

Disk /dev/sda: 320.1 GB, 320072933376 bytes
255 heads, 63 sectors/track, 38913 cylinders
Units = cylinders of 16065 * 512 = 8225280 bytes
Disk identifier: 0x40000000

   Device Boot      Start         End      Blocks   Id  System
/dev/sda1               1        6374    51199123+   7  HPFS/NTFS
/dev/sda2            6375       37080   246645945    f  W95 Ext'd (LBA)
/dev/sda3   *       37081       37590     4096000   83  Linux
/dev/sda4           37590       37973     3072000   82  Linux swap / Solaris
/dev/sda5            6375       19122   102398278+   7  HPFS/NTFS
/dev/sda6           19123       34420   122881153+   7  HPFS/NTFS
```

从上面信息可以看出分区 sda1 已成功修改为 HPFS/NTFS 文件系统类型。

【例 10.6】 使用 fdisk 的 q 或者 w 命令，退出 fdisk。

(1) 保存修改并退出，命令及信息显示如下：

```
Command (m for help): w
The partition table has been altered!

Calling ioctl() to re-read partition table.

WARNING: Re-reading the partition table failed with error 16: 设备或资源忙.
The kernel still uses the old table. The new table will be used at
the next reboot or after you run partprobe(8) or kpartx(8)
Syncing disks.
```

(2) 不保存修改并退出 fdisk，命令及信息显示如下：

```
Command (m for help): q
```

10.1.3　cfdisk 命令

跟 fdisk 命令是一样，也是一个硬盘分区命令，但其应用要比 fdisk 命令简单。因为 Cfdisk 命令具有交互式操作界面，而非传统 fdisk 的问答式界面，用户可以通过方向键操控分区。对于初学者来说，使用 cfdisk 工具操作比 fdisk 容易一些。

使用 cfdisk 进行磁盘分区，也需要具有 root 权限。

```
[root@Fedora ~]# cfdisk
```

在 root 权限下，输入 cfdisk 命令后，出现 cfdisk 操作界面，如图 10.1 所示。

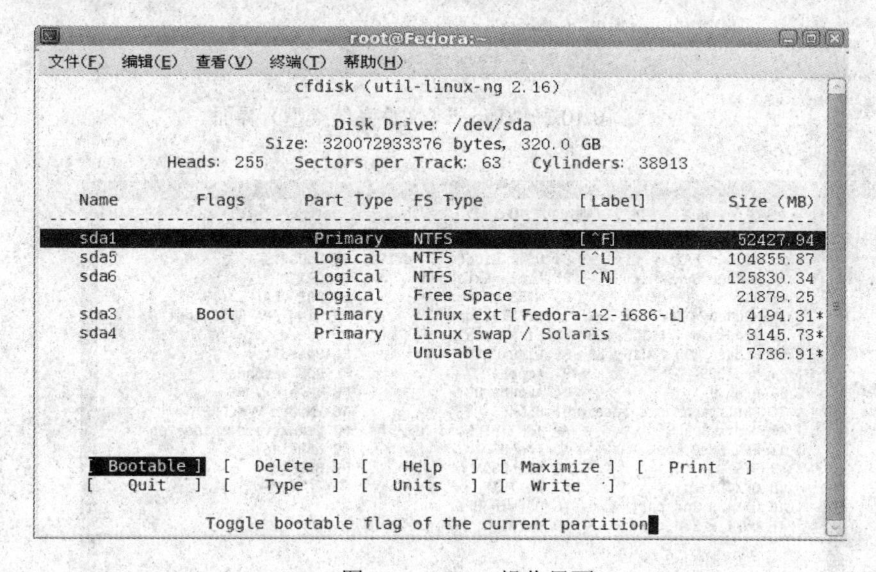

图 10.1　cfdisk 操作界面

cfdisk 是基于菜单方式进行操作的，用户可以通过移动上下方向键选择不同的分区；通过移动左右方向键选择对磁盘不同的操作（如“[Bootable]”、“[Delete]”、“[Help]”等选项）。如果要确认此选项，按回车键即可。

【例 10.7】　修改硬盘分区 sda1 的文件系统类型，由原来的 NTFS 类型修改为 W95 FAT32，并保存退出。

在 cfdisk 操作界面，通过移动上下方向键选择“sda1”分区，然后移动左右方向键，选中“[Type]”操作类型，按回车键，弹出文件系统类型界面，如图 10.2 所示。

根据图 10.2 所示界面的提示“Press a key to continue”，按任意键继续，弹出选择文件系统类型界面，如图 10.3 所示。

```
root@Fedora:~
文件(F) 编辑(E) 查看(V) 终端(T) 帮助(H)

01 FAT12                  50 OnTrack DM             AB Darwin boot
02 XENIX root             51 OnTrack DM6 Aux1       AF HFS / HFS+
03 XENIX usr              52 CP/M                   B7 BSDI fs
04 FAT16 <32M             53 OnTrack DM6 Aux3       B8 BSDI swap
05 Extended               54 OnTrackDM6             BB Boot Wizard hidden
06 FAT16                  55 EZ-Drive               BE Solaris boot
07 HPFS/NTFS              56 Golden Bow             BF Solaris
08 AIX                    5C Priam Edisk            C1 DRDOS/sec (FAT-12)
09 AIX bootable           61 SpeedStor              C4 DRDOS/sec (FAT-16 <
0A OS/2 Boot Manager      63 GNU HURD or SysV       C6 DRDOS/sec (FAT-16)
0B W95 FAT32              64 Novell Netware 286     C7 Syrinx
0C W95 FAT32 (LBA)        65 Novell Netware 386     DA Non-FS data
0E W95 FAT16 (LBA)        70 DiskSecure Multi-Boo   DB CP/M / CTOS / ...
0F W95 Ext'd (LBA)        75 PC/IX                  DE Dell Utility
10 OPUS                   80 Old Minix              DF BootIt
11 Hidden FAT12           81 Minix / old Linux      E1 DOS access
12 Compaq diagnostics     82 Linux swap / Solaris   E3 DOS R/O
14 Hidden FAT16 <32M      83 Linux                  E4 SpeedStor

                     Press a key to continue
```

图 10.2 “Type”（文件系统类型）界面

```
root@Fedora:~
文件(F) 编辑(E) 查看(V) 终端(T) 帮助(H)

16 Hidden FAT16           84 OS/2 hidden C: drive   EB BeOS fs
17 Hidden HPFS/NTFS       85 Linux extended         EE GPT
18 AST SmartSleep         86 NTFS volume set        EF EFI (FAT-12/16/32)
1B Hidden W95 FAT32       87 NTFS volume set        F0 Linux/PA-RISC boot
1C Hidden W95 FAT32 (LB   88 Linux plaintext        F1 SpeedStor
1E Hidden W95 FAT16 (LB   8E Linux LVM              F4 SpeedStor
24 NEC DOS                93 Amoeba                 F2 DOS secondary
39 Plan 9                 94 Amoeba BBT             FB VMware VMFS
3C PartitionMagic recov   9F BSD/OS                 FC VMware VMKCORE
40 Venix 80286            A0 IBM Thinkpad hiberna   FD Linux raid autodetec
41 PPC PReP Boot          A5 FreeBSD                FE LANstep
42 SFS                    A6 OpenBSD                FF BBT
4D QNX4.x                 A7 NeXTSTEP
4E QNX4.x 2nd part        A8 Darwin UFS
4F QNX4.x 3rd part        A9 NetBSD


    Enter filesystem type: 83
```

图 10.3 选择文件系统类型界面

从图 10.2 所示界面信息可以看出，如果要选择 “W95 FAT32”文件系统类型，则在光标处输入“0B”，如图 10.4 所示。

输入“0B”后按回车，系统又回到 cfdisk 操作主界面，如图 10.5 所示。

从图 10.5 可以看出，sda1 的文件系统类型已变为 W95 FAT32。在修改完分区的属性后，如果操作错误，若不保存对硬盘分区所做的修改，可以通过移动左右方向键，选择“[Quite]”选项按回车键，退出 cfdisk 程序。如果要保存修改，可以通过移动左右键选择“[Write]”选项，按回车键后，系统给出提示信息“Are you sure you want to write the partition table to disk?(yes or no):”，输入“yes”并按回车键，保存此次修改；反之，输入“no”按回车键，则不保存。

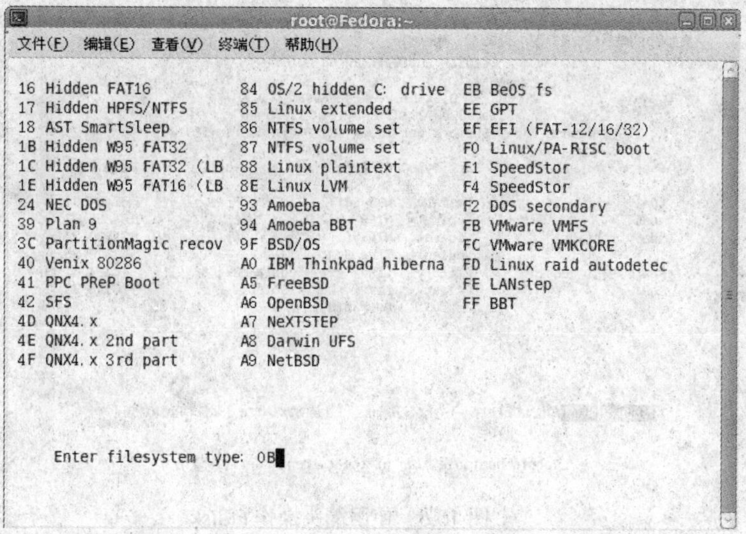

```
root@Fedora:~
文件(F) 编辑(E) 查看(V) 终端(T) 帮助(H)

16 Hidden FAT16              84 OS/2 hidden C: drive   EB BeOS fs
17 Hidden HPFS/NTFS          85 Linux extended         EE GPT
18 AST SmartSleep            86 NTFS volume set        EF EFI (FAT-12/16/32)
1B Hidden W95 FAT32          87 NTFS volume set        F0 Linux/PA-RISC boot
1C Hidden W95 FAT32 (LB      88 Linux plaintext        F1 SpeedStor
1E Hidden W95 FAT16 (LB      8E Linux LVM              F4 SpeedStor
24 NEC DOS                   93 Amoeba                 F2 DOS secondary
39 Plan 9                    94 Amoeba BBT             FB VMware VMFS
3C PartitionMagic recov      9F BSD/OS                 FC VMware VMKCORE
40 Venix 80286               A0 IBM Thinkpad hiberna   FD Linux raid autodetec
41 PPC PReP Boot             A5 FreeBSD                FE LANstep
42 SFS                       A6 OpenBSD                FF BBT
4D QNX4.x                    A7 NeXTSTEP
4E QNX4.x 2nd part           A8 Darwin UFS
4F QNX4.x 3rd part           A9 NetBSD


   Enter filesystem type: 0B
```

图 10.4 文件系统类型界面 输入“0B”

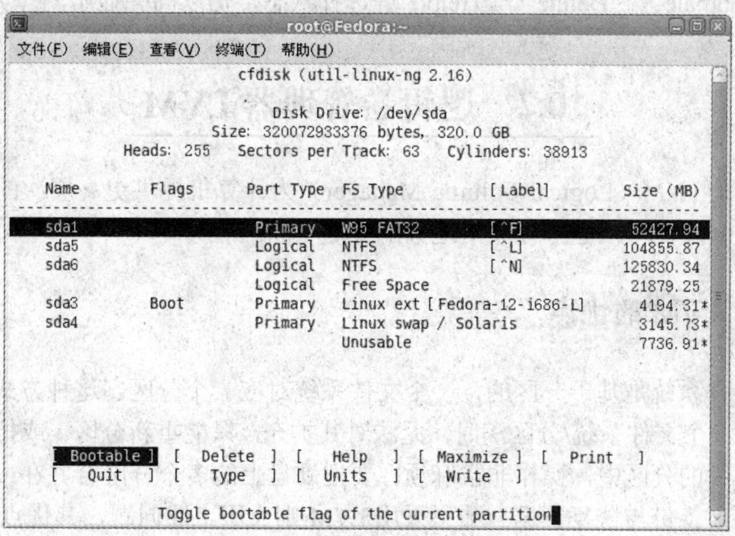

```
root@Fedora:~
文件(F) 编辑(E) 查看(V) 终端(T) 帮助(H)
                         cfdisk (util-linux-ng 2.16)

                            Disk Drive: /dev/sda
                     Size: 320072933376 bytes, 320.0 GB
            Heads: 255   Sectors per Track: 63   Cylinders: 38913

   Name        Flags      Part Type  FS Type            [Label]       Size (MB)
 ------------------------------------------------------------------------------
   sda1                    Primary   W95 FAT32          [^F]          52427.94
   sda5                    Logical   NTFS               [^L]         104855.87
   sda6                    Logical   NTFS               [^N]         125830.34
                           Logical   Free Space                       21879.25
   sda3        Boot        Primary   Linux ext [Fedora-12-i686-L]     4194.31*
   sda4                    Primary   Linux swap / Solaris              3145.73*
                                     Unusable                          7736.91*


    [ Bootable ] [ Delete ] [  Help  ] [ Maximize ] [ Print ]
    [   Quit   ] [  Type  ] [ Units  ] [  Write   ]

              Toggle bootable flag of the current partition
```

图 10.5 返回 cfdisk 主界面

完成保存操作后，如果还要对硬盘的分区进行其他操作，则可以继续。如果要退出 cfdisk 程序可以选择“[Quit]”选项，然后按回车键。

【例 10.8】 将分区 sda1 设置为引导分区。

在 cfdisk 操作界面，通过移动上下方向键选择“sda1”分区，然后移动左右方向键，选中“[Bootable]”操作类型，按回车键，即可将其设置为引导分区。

【例 10.9】 对分区选择使用箭头进行操作，而不使用高亮表示。

命令及结果显示如下：

```
root@Fedora:~# cfdisk -a
```

执行上面命令后，界面如图 10.6 所示。

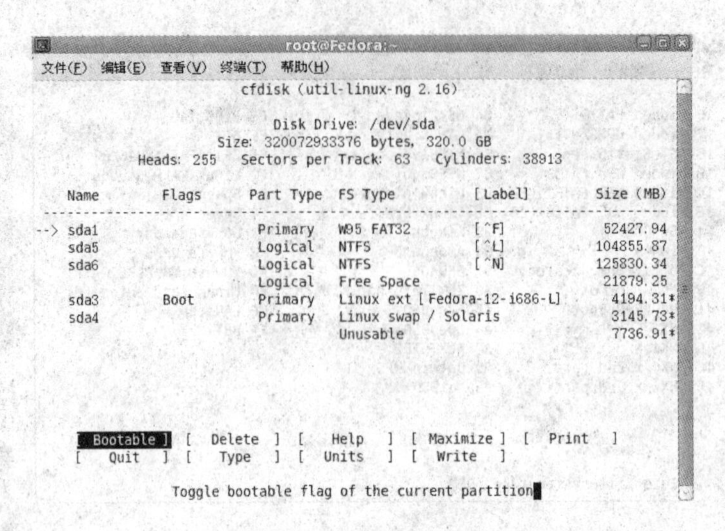

图 10.6 使用箭头操作 cfdisk

可以看出分区使用“-->”指向 sda1，表示此时选中 sda1。而下面对分区进行操作的选项，如“Bootbale”、“Delete”、“Help”等选择状态，仍以高亮显示。

10.2 逻辑卷管理器 LVM

逻辑卷管理 LVM（Logical Volume Manager）为计算机提供更高层次的磁盘存储解决方案，使系统管理员可以更方便灵活地分配存储空间。

10.2.1 LVM 的优点

传统的文件系统是基于分区的，一个文件系统对应一个分区。这种方式比较直观，但不易改变，当一个文件系统/分区满时，无法对其扩充，只能重新分区，或把分区中的数据移到另一个更大的分区中，操作非常麻烦；要把硬盘上的多个分区合并在一起使用，只能重新分区，需要备份与恢复数据。如果采用 LVM 则克服上述问题，其优点如下：

(1) 硬盘的多个分区由 LVM 统一为卷组管理，可以方便地加入或移走分区以扩大或减小卷组的可用容量，充分利用硬盘空间。

(2) 文件系统建立在逻辑卷上，而逻辑卷可在卷组容量范围内根据需要改变大小。

(3) 文件系统建立在 LVM 上，可以跨分区，使用方便。

在使用很多硬盘的大系统中，使用 LVM 可以随时根据使用情况对各逻辑卷进行调整。当系统空间不足而加入新的硬盘时，不必将数据从原硬盘迁移到新硬盘，而只需把新的分区加入卷组并扩充逻辑卷即可。同样，使用 LVM 可以在服务不停止的情况下，把数据从旧硬盘转移到新硬盘。

10.2.2 LVM 概述

LVM 是一种把硬盘驱动器空间分配成逻辑卷的方法，这样硬盘不必使用分区而可以简易地重划大小。使用 LVM，硬盘驱动器分配一个或多个物理卷，而这些物理卷被合并成逻辑卷组，如图 10.7 所示。

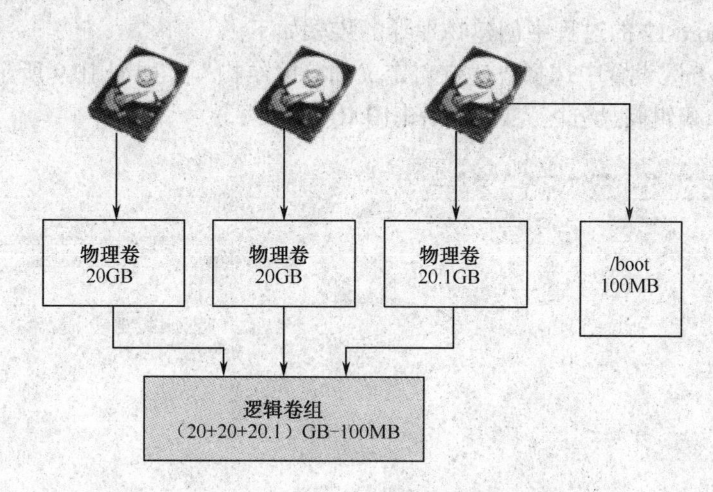

图 10.7　逻辑卷组

因为引导装载程序无法读取/boot 分区，所以/boot 分区不能位于逻辑卷组，且不属于卷组的一部分。

物理卷无法跨越多个驱动器，所以如果希望逻辑卷组跨越多个驱动器，可以在每个驱动器上创建一个或多个物理卷。逻辑卷组被分成逻辑卷，分配了加载点（如/home 和/等）以及文件系统类型（如 ext4）。当分区达到极限，逻辑卷组中的空闲空间就可以添加给逻辑卷来增加分区的大小。当将某个新的硬盘驱动器添加到系统，该硬盘驱动器就可以添加到逻辑卷组中，逻辑卷是可扩展的分区，如图 10.8 所示。

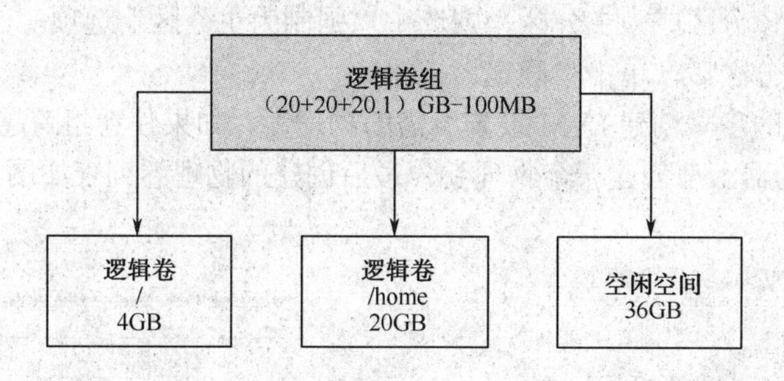

图 10.8　逻辑卷

10.2.3　LVM 配置

LVM 可以在图形化安装过程中进行配置，也可以使用 LVM 软件包中的工具配置。

本节主要介绍在安装 Fedora 12 过程中如何配置 LVM。

配置 LVM 的步骤如下：

(1) 在硬盘驱动器中创建物理卷。

(2) 在物理卷中制作卷组，并在卷组中制作逻辑卷，分派逻辑卷加载点。

下面分别介绍这上述骤的具体实现。

1. 创建物理卷

在安装 Fedora 12 的过程中创建物理卷的步骤如下：

(1) 在硬盘分区设置中选择“建立自定义的分区结构”，如图 10.9 所示。单击“下一步”按钮，进入编辑硬盘分区界面，如图 10.10 所示。

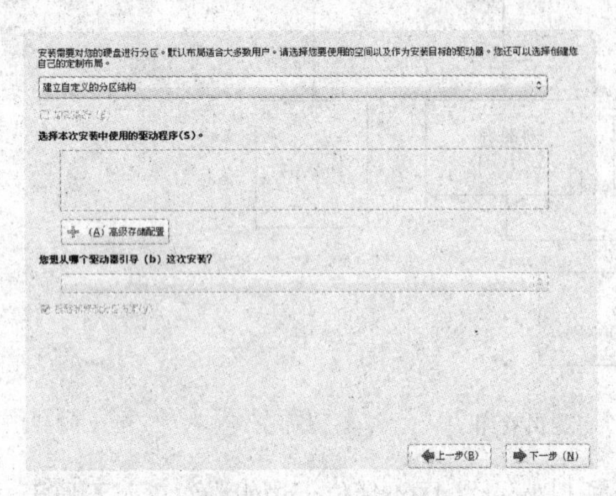

图 10.9　硬盘分区设置界面

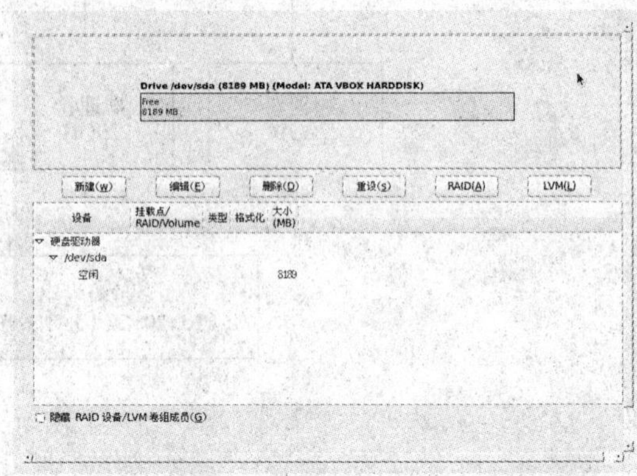

图 10.10　编辑硬盘分区界面

(2) 在编辑硬盘分区界面上，单击“新建”按钮，弹出“添加分区”对话框。在“文件系统类型”下拉菜单中选择“physical volume（LVM）”选项，如图 10.11 所示。

(3) 输入该物理卷大小。其中选择“固定大小”使物理卷具备指定大小；选择“指定空间大小（MB）”，输入以 MB 为单位为物理卷规定范围；选择“使用全部可用空间”，使物理卷的大小扩充到整个硬盘的可用空间。本例中选择“指定空间大小（MB）”选项。

(4) 如果希望该分区成为主分区，则选中“强制为主分区”选项。

(5) 完成添加分区后，单击“确定”按钮。

(6) 重复上面的步骤创建 LVM 设置所需的物理卷。如果使卷组跨越不止一个驱动器，则需要在每个驱动器上都创建一个物理卷。最后创建的物理卷列表如图 10.12 所示。

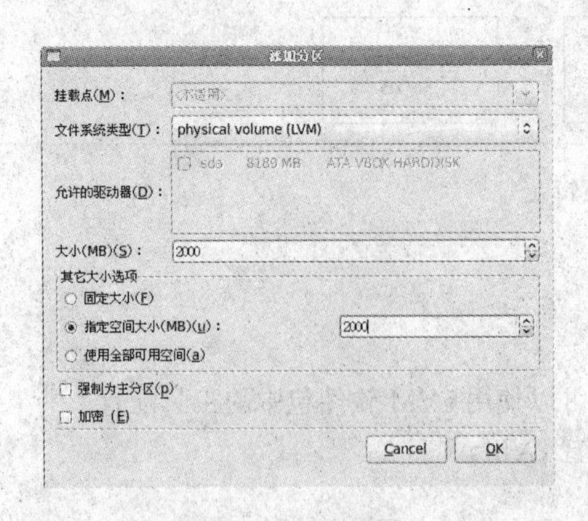

图 10.11　创建物理卷

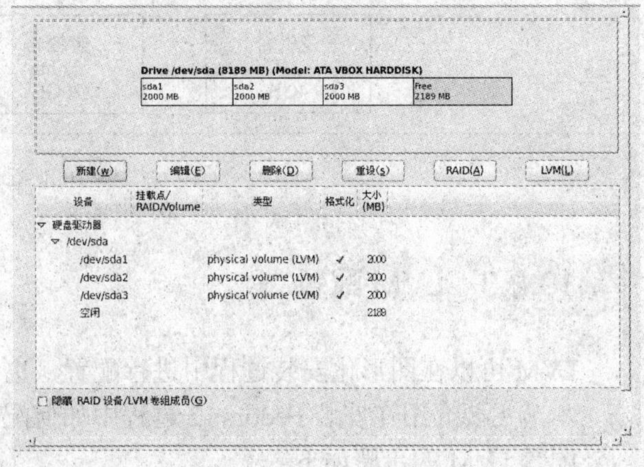

图 10.12　创建物理卷列表

2. 制作卷组和逻辑卷

创建所有的物理卷后，按照下面的步骤创建卷组和逻辑卷。

(1) 单击“LVM”按钮，弹出如图 10.13 所示的界面，把物理卷汇集到卷组中。卷组是物理卷的集合，并且一个物理卷只能位于一个卷组中。

(2) 如果需要，用户可以修改“卷组名称”。

(3) 卷组内的所有逻辑卷必须按“物理范围”单位进行分配。按照默认设置，物理范围为 4MB，表示逻辑卷的大小必须能够被 4MB 整除。如果输入的大小不是 4MB 的整数倍，那么安装程序将自动选择最接近 4MB 整倍数的数值。建议选择默认值。

(4) 选择卷组中的物理卷。本例中选择 sda1 和 sda2。

(5) 制作带有加载点“/”、“/home”等逻辑卷。注意：/boot 不能作为逻辑卷。

如果要添加逻辑卷，单击“添加”按钮，弹出制作逻辑卷对话框，如图 10.14 所示。

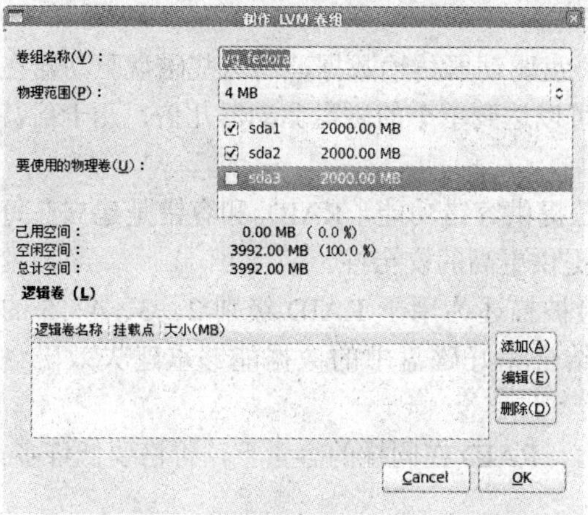

图 10.13　制作 LVM 卷组

图 10.14　制作逻辑卷

(6) 重复以上步骤完成多个逻辑卷的制作，最后 LVM 配置完成的效果列表如图 10.15 所示。

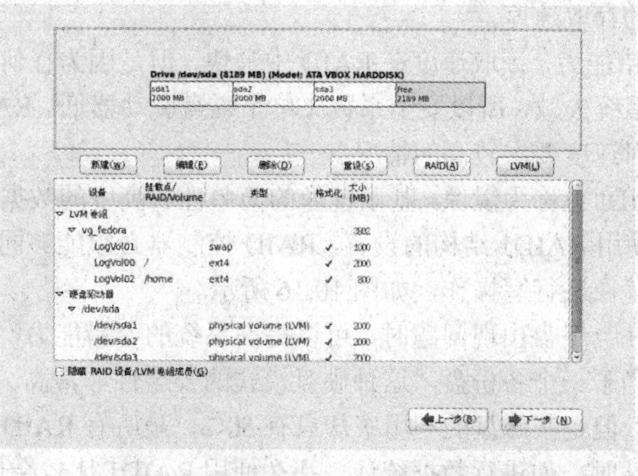

图 10.15　制作 LVM 最终效果图

10.3 独立磁盘冗余阵列 RAID

近年随着计算机技术的发展，独立磁盘冗余阵列 RAID（Redundant Array of Inexpensive Disks）技术广泛应用于中低档机器和个人 PC 机。本节主要介绍 RAID 的相关知识及其配置。

10.3.1 RAID 概述

RAID 的基本目的是把多块硬盘（物理硬盘）按不同方式组合形成一组硬盘阵列（逻辑硬盘），从而提供更高的存储性能、数据备份技术或冗余性等。RAID 组成磁盘阵列的不同方式称为 RAID 级别（RAID Levels）。

1. 使用 RAID 的原因

(1) 传输速率高。RAID 可同时让很多磁盘驱动器传输数据，而这些磁盘驱动器在逻辑上又是一个磁盘驱动器，所以使用 RAID 可以达到单个的磁盘驱动器几倍、几十倍甚至上百倍的速率。

(2) 提供容错功能。普通磁盘驱动器无法提供容错功能，RAID 和容错是建立在每个磁盘驱动器的硬件容错功能之上的，所以可提供更高的安全性。

(3) 具备数据校验（Parity）功能。校验被描述为用于 RAID 级别 2、3、4、5 的额外的信息，当发生磁盘失效时，校验功能结合完好磁盘中的数据能够重建失效磁盘的数据。

(4) 成本低。相比于传统磁盘驱动器而言，RAID 在同样的容量下，价格要低许多。

2. RAID 级别

目前就 RAID 的应用来说，常用的 RAID 有 RAID0、RAID1、RAID5、RAID6、RAID10。

(1) RAID0。RAID0 级，即无冗余无校验的磁盘阵列。数据同时分布在各个磁盘驱动器上，由系统传输来的数据经过 RAID 控制器，通常平均分配到同时工作的几个磁盘中。从系统的角度看，N 个硬盘是一个容量为 N 个硬盘容量之和的“大”硬盘，同时读取多个硬盘，可获得更高的存取速度。

RAID0 没有容错能力，读取速度在 RAID 中最快，但是因为任何一个磁盘驱动器损坏都会使整个 RAID 系统失效，所以安全系数比单个磁盘驱动器低。RAID0 一般用在对数据安全要求不高，但对速度要求较高的情况。

(2) RAIDl。RAIDl 也称为镜像，基于镜像的简单性和高度的数据可用性，RAID1 目前仍然很流行。对于使用 RAID1 结构的设备，RAID 控制器必须能够同时对两个硬盘进行读操作，以及对两个镜像进行写操作，如图 10.16 所示。

使用镜像结构在一组盘出现问题时，可以提高系统的容错能力，且设计和实现都比较容易。镜像硬盘相当于一个备份盘，这种硬盘模式的安全性非常高。因此 RAID1 的数据安全性在是最好的，但是其磁盘的利用率却只有 50%，是所有 RAID 级别中最低的。当系统需要极高的可靠性时，如进行数据统计，那么使用 RAID1 比较合适。

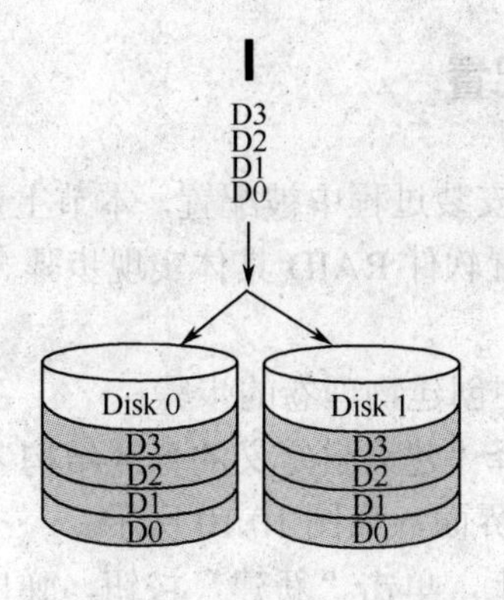

图 10.16　RAID1 结构图

(3) RAID5。RAID5 通过在某些或全部阵列成员磁盘驱动器中分布奇偶校验，避免写入瓶颈，唯一的性能瓶颈是奇偶计算进程。使用现代的 CPU 和软件 RAID 可以突破此瓶颈。RAID5 的结果具有非对称性能，读取性能大大超过写入性能。它经常与写回缓存一起使用来减低这种非对称性。

(4) RAID6。为了进一步加强数据保护，RAID6 是在 RAID5 的基础上而设计的一种 RAID 方式，实际就上是 RAID 5 的扩展。与 RAID 5 的不同之处在于 RAID6 的每个硬盘都有同级数据 XOR 校验区，每个数据块也有 XOR 校验区。这样就等于每个数据块有了两个校验保护屏障，因此 RAID 6 的数据冗余性能相当好。但是，由于增加一个校验，所以写入的速率比 RAID 5 低，而且控制系统的设计也更为复杂，第二块的校验区也减少了有效存储空间。

(5) RAID10。RAID10 是 RAID0 与 RAID1 的组合体，它是利用奇偶校验实现条带集镜像，所以 RAID10 继承了 RAID0 的快速和 RAID1 的安全的特性。在这里 RAID1 就是一个冗余的备份阵列，而 RAID0 则负责数据的读写阵列。

3. 硬件 RAID 和软件 RAID

目前 RAID 技术有两种：基于硬件的 RAID 技术和基于软件的 RAID 技术。

(1) 硬件 RAID。基于硬件的系统从主机之外独立管理 RAID 子系统，并且它在主机处将每一组阵列只显示为一个磁盘。一个外部的 RAID 系统把所有 RAID 处理功能都转移到位于内部磁盘子系统中的控制器中。对主机而言，它就像一个单一的磁盘。

(2) 软件 RAID。软件 RAID 是在内核磁盘编码中实现各类 RAID 级别。

(3) 软硬件 RAID 比较。从安装过程来看，两种 RAID 解决方案的安装过程都比较容易，安装耗时也差不多。从 I/O 占用角度考虑，两种解决方案的差别也不大。基于硬件的 RAID 方案仅在下列两方面占有一定优势：减少 RAID5 阵列在降级模式的运行时间；平行引导阵列的能力。另外，在硬件解决方案中，可以采用 RAID0/1 取代 RAID1 来提高性能。

尽管基于硬件的 RAID 具有许多优势，但在产品的价格上仍然无法与基于软件 RAID 抗衡。因为软件 RAID 不需要昂贵的磁盘控制器卡或热交换底盘，软件 RAID 提供了最廉价的解决方法。它还可以用在较便宜的 IDE 磁盘以及 SCSI 磁盘上。所以在日常应用中，软件 RAID 应用广泛。

10.3.2 软件 RAID 配置

软件 RAID 可以在图形化安装过程中被配置，本节主要讲解如何在安装系统期间配置软件 RAID。下面分别介绍配置软件 RAID 具体实现步骤。

1. 创建 RAID 分区

在安装 Fedora 12 的过程中创建物理卷的步骤：

(1) 在硬盘分区设置中选择“建立自定义的分区结构”，如图 10.9 所示。单击“下一步”按钮。进入编辑硬盘分区界面，如图 10.10 所示。

(2) 在编辑硬盘分区界面上，单击“新建”按钮，弹出“添加分区”对话框。在“文件系统类型”下拉菜单中选择“software RAID”选项，如图 10.17 所示。

(3) 输入该 RAID 分区大小。其中选择“固定大小”可使物理卷具备指定大小；选择“指定空间大小（MB）”，可以输入以 MB 为单位为物理卷规定范围；选择“使用全部可用空间”，可以使物理卷扩充到整个硬盘的可用空间。本例中选择“指定空间大小（MB）”选项。

(4) 如果希望让该分区成为主分区，选中“强制为主分区”选项。

(5) 添加分区完成后，单击“确定”按钮。

(6) 重复上面的步骤创建所需的 RAID 分区。最后创建 RAID 分区列表如图 10.18 所示。

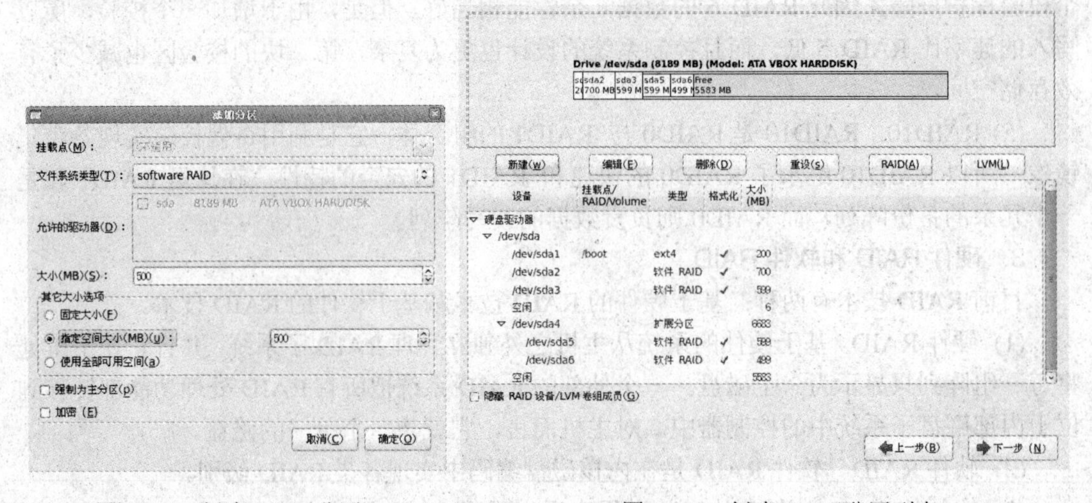

图 10.17 创建 RAID 分区　　图 10.18 创建 RAID 分区列表

2. 创建 RAID 设备

创建所有的 RAID 分区后，按照下面步骤创建 RAID 设备。

(1) 单击“RAID”按钮，弹出“RAID 选项”对话框，选择“创建 RAID 设备”，如图 10.19 所示。

(2) 单击“OK”按钮后，弹出“创建 RAID 设备”对话框。在该对话框中可以制作 RAID 设备，输入挂载点，输入了“/”根分区挂载点后的效果，如图 10.20 所示。

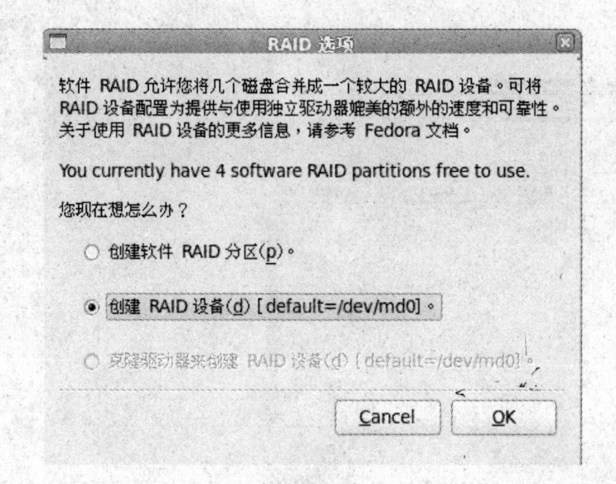

图 10.19 RAID 选项

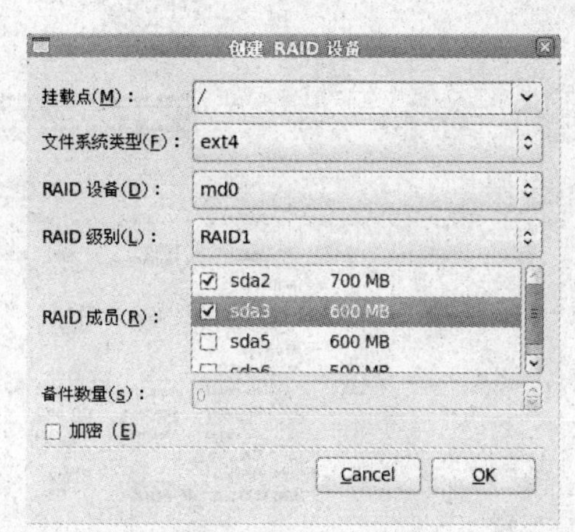

图 10.20 创建 RAID 设备的“/”分区

(3) 为分区选择文件系统类型。这里分别选择 ext4 类型和 swap 类型，其效果如图 10.20 和图 10.21 所示。

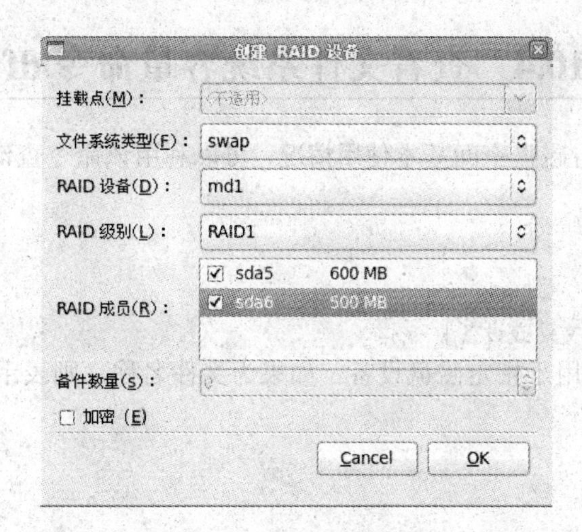

图 10.21 创建 RAID 设备的 swap 分区

(4) 为 RAID 设备选择设备名称，如：md0、md1 等。

(5) 选择 RAID 级别，可供选择的有 RAID0、RAID1、RAID5、RAID6、RAID10。本例中选择默认 RAID1。

(6) 创建的 RAID 分区会出现在“RAID 成员”列表中。从这个列表中选择要创建 RAID 设备的分区。

(7) 单击“OK”按钮后，RAID 设备出现在“驱动器摘要”列表中这时，可以继续安装进程。重复以上步骤创建多个 RAID 设备，最后 RAID 配置完成的效果列表如图 10.22 所示。

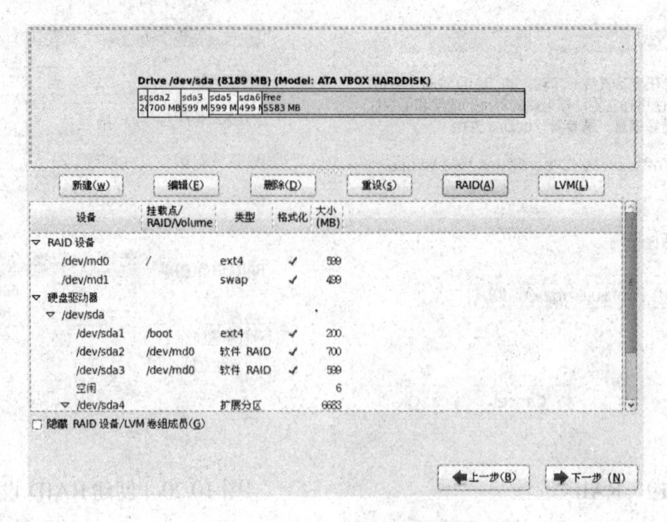

图 10.22 RAID 创建最终列表

10.4 查看文件系统容量命令 df

df 命令是用来查看磁盘空间基本使用情况，可以利用该命令查询硬盘占用空间，以及目前剩余空间等信息。

格式

df ［选项参数］ ［文件或设备］ ...

其中，［文件或设备］用于指定磁盘设备。如果为文件名称，则表示指定该文件所在的磁盘设备。

选项参数

-a：显示所有文件系统的磁盘使用情况。

-h：以可读性较高的方式显示信息。

-H：与-h 参数相同，但在计算时，是以 1000 字节为换算单位，而非 l024 字节。

-i：显示 i 节点信息，而不是磁盘块。

-k：指定块大小为 1024 字节。

-l：仅显示本地端的文件系统。

-m：指定块大小为 l048 576 字节。

-P：使用 POSIX 的输出格式。

-t fstype：仅显示指定文件系统类型的磁盘信息。

-T：显示文件系统的类型。

-x fstype：不要显示指定文件系统类型的磁盘信息（与 t 选项相反）。

--block-size = size：以指定的块大小“size”来显示块数目。

--no-sync：在取得磁盘使用信息前，不要执行 sync 命令，这是默认值。

--sync：在取得磁盘使用信息前，先执行 sync 命令，以将内存的数据写入磁盘中。

--help：显示帮助。

--version：显示版本信息。

【例 10.10】 列出各文件系统的磁盘空间使用情况。

命令及结果显示如下：

```
[root@Fedora ~]# df
文件系统              1K-块       已用       可用     已用%  挂载点
/dev/sda3           4030144    3823260     165936    96% /
tmpfs               1030528        768    1029760     1% /dev/shm
/dev/sda5         102398276   22777432   79620844    23% /mnt/D 盘
/dev/sda6         122881152    6488320  116392832     6% /media/学习资料
/dev/sda1          51199120   19852480   31346640    39% /media/CE987FB1987F96A5
```

df 命令的输出清单中各列含义如下：

文件系统：表示文件系统对应设备文件的路径名，一般为硬盘上的分区。

1K-块：给出分区包含的数据块（1024 字节）的数目。

已用：表示已用的数据块数目。

可用：表示可用的数据块数目。

已用%：表示普通用户空间使用的百分比，即使这一数字达到 100%，分区仍然留有系统管理员使用的空间。

挂载点：表示该文件系统的挂载点。

从上面 df 命令显示的信息可以看出，文件系统大小是以数据块为单位的，不便于用户理解。

【例 10.11】 以易懂的方式显示当前磁盘占用情况，即文件系统大小使用 GB、MB 等易读的格式。

命令及结果显示如下：

```
[root@Fedora ~]# df -h

文件系统          容量    已用    可用   已用%  挂载点
/dev/sda3         3.9G    3.7G    163M    96% /
tmpfs            1007M    768K   1006M     1% /dev/shm
/dev/sda5          98G     22G     76G    23% /mnt/D 盘
/dev/sda6         118G    6.2G    112G     6% /media/学习资料
/dev/sda1          49G     19G     30G    39% /media/CE987FB1987F96A5
```

从上面的信息可以看出，df-h 命令显示的信息跟 df 是一样的，只是加上-h 参数后，显示容量等单位转变为 K、M 和 G 等用户易懂的方式。建议用户在用 df 命令时，加上参数“h”，这样用户在查看信息时，更加容易理解，一目了然。

【例 10.12】 以易懂的方式显示文件系统的类型。

命令及信息如下：

```
[root@Fedora ~]# df -Th
文件系统     类型     容量    已用    可用   已用% 挂载点
/dev/sda3    ext4     3.9G    3.7G    163M    96% /
tmpfs        tmpfs   1007M    768K   1006M     1% /dev/shm
```

```
/dev/sda5     fuseblk      98G    22G     76G      23% /mnt/D 盘
/dev/sda6     fuseblk     118G   6.2G    112G       6% /media/学习资料
/dev/sda1     fuseblk      49G    19G     30G      39% /media/CE987FB1987F96A5
```

从上面的信息可以清楚的看到每个分区的文件系统的类型，并且以易懂的方式显示文件系统的容量。

【例 10.13】 显示索引节点信息。

命令及结果显示如下：

```
[root@Fedora ~]# df -hi
文件系统          Inode  已用(I)  可用(I)   已用(I)%  挂载点
/dev/sda3               256K      91K     166K      36% /
tmpfs                   213K       7      213K       1% /dev/shm
/dev/sda5                76M      16K      76M       1% /mnt/D 盘
/dev/sda6               112M      56K     112M       1% /media/学习资料
/dev/sda1                31M     118K      30M       1% /media/CE987FB1987F96A5
```

从上面的信息可以看到，每个文件系统中的索引节点情况。索引节点的数量关系着系统中可以建立的文件及目录总数。如果要存储的文件大部分都很小，则同样大小的硬盘中会有较多的文件，也就是说需要较多的索引节点来挂文件及目录。有时虽然文件系统还有空间，但如果没有足够的索引节点（inode）来存放文件的信息，一样会不能增加新的文件。所以需要查看文件系统索引节点的使用情况也是很有必要的。使用参数-i 可以查看当前文件系统索引节点的使用情况。

【例 10.14】 显示全部文件系统的使用情形。

命令及结果显示如下：

```
[user@Fedora ~]$ df -a
文件系统                1K-块       已用        可用     已用%  挂载点
/dev/sda3             5037696    3178404     1808104     64% /
proc                        0          0           0      -  /proc
sysfs                       0          0           0      -  /sys
devpts                      0          0           0      -  /dev/pts
tmpfs                 1030528        260     1030268      1% /dev/shm
none                        0          0           0      -  /proc/sys/fs/binfmt_misc
gvfs-fuse-daemon            0          0           0      -  /home/user/.gvfs
/dev/sda6           122881152    6803644   116077508      6% /media/学习资料
```

【例 10.15】 以 MBytes 为单位显示文件系统的使用情况。

命令及结果显示如下：

```
[user@Fedora ~]$ df -m
文件系统                1M-块       已用      可用    已用%  挂载点
/dev/sda3                4920       3104      1766     64% /
tmpfs                    1007          1      1007      1% /dev/shm
/dev/sda6              120002       6645    113357      6% /media/学习资料
```

【例 10.16】 以 1024 字节为单位显示文件系统的使用情况。

命令如下：

```
[user@Fedora ~]$ df --block-size=1024
```

仅显示 ext4 的文件系统当前的使用情况。

```
[user@Fedora ~]$ df -t ext4 -T
文件系统     类型        1K-块      已用      可用  已用%  挂载点
/dev/sda3    ext4      5037696   3179516   1806992   64% /
```

仅显示 ext4 类型的文件系统。

【例 10.17】　显示/dev/sda5 设备的文件系统使用情况。

```
[user@Fedora ~]$ df /dev/sda5
```

10.5　查看文件容量命令 du

du 命令主要用来查询文件或目录文件磁盘使用空间。

格式

```
du ［选项参数］ ［文件或目录］ ...
```

选项参数

-a：为每个指定文件显示磁盘使用情况，或者为目录文件中每个文件显示各自磁盘使用情况。

-b：显示目录或文件大小时，以字节为单位。

-c：除了显示个别目录或文件的大小外，同时也显示所有目录和文件的总和。

-D：显示指定符号链接的源文件大小。

-h：以易读的方式显示文件的大小（如 GB、MB、KB 为单位）。

-H：与-h 参数相同，但是 KB、MB、GB 是以 1000 为换算单位，而非 l024 字节。

-k：以 1024 字节为单位。

-l：重复计算硬链接文件所占用的磁盘空间。

-L：显示指定符号链接的源文件大小。

-m：以 1MB 为单位。

-s：只显示各目录和文件大小的总和。

-S：显示个别目录的大小时，不包含其子目录的大小。

-x：以最先处理目录的文件系统为准，而不显示其他不同文件系统的目录。

-X file：du 会略过“file”中所指定的目录或文件。

--block-size = size ：以指定的块大小“size”来显示块数目。

--help：显示帮助。

--max-depth = n：超过指定 n 层数的目录后，可以忽略。

--version：显示版本信息。

同 df 命令一样，为了提高文件或目录大小的可读性，du 命令常加“h”参数。

【例 10.18】　显示当前目录下，所有子目录所占用的磁盘空间。

命令及结果显示如下：

```
[user@Fedora ~]$ du
4       ./.icedteaplugin
```

```
76    ./d2/tmp/EIOffice/Temp/ole
1240 ./d2/tmp/EIOffice/Temp/fc
1320 ./d2/tmp/EIOffice/Temp
...
```

【例 10.19】 以易懂的方式输出/dev 目录文件下所有目录或文件的大小。

命令及结果显示如下：

```
[root@Fedora ~]# du -h /dev
0       /dev/snd/by-path
0       /dev/snd
…
0       /dev/pts
768K/dev/shm
1.1M /dev
```

从上面的信息显示了/dev 目录下所有的目录及大小，并且从最后一行信息可以看出/dev 目录文件使用空间的总和为 1.1M。

du 命令的输出结果通常很长，用户可以加上“-s”参数省略指定目录下的子目录，而只显示该目录的文件使用空间的总和。

【例 10.20】 只输出/dev 目录下文件大小的总和。

命令及显示信息如下：

```
[root@Fedora ~]# du -hs /dev
1.1M /dev
```

【例 10.21】 查看目录/dev 的磁盘空间使用情况，并且将输出结果反向排序（即按目录大小从大到小对目录进行排序），并且分页显示。

命令及结果显示如下：

```
[root@Fedora ~]# du /dev |sort -nr | more
1048 /dev
768  /dev/shm
280  /dev/.udev
276  /dev/.udev/db
0      /dev/.udev/watch
0      /dev/.udev/rules.d
0      /dev/.udev/names/zero
0      /dev/.udev/names/watchdog
0      /dev/.udev/names/vga_arbiter
0      /dev/.udev/names/vcsa6
0      /dev/.udev/names/vcsa5
0      /dev/.udev/names/vcsa4
0      /dev/.udev/names/vcsa3
0      /dev/.udev/names/vcsa2
0      /dev/.udev/names/vcsa1
0      /dev/.udev/names/vcsa
0      /dev/.udev/names/vcs6
0      /dev/.udev/names/vcs5
0      /dev/.udev/names/vcs4
```

```
0       /dev/.udev/names/vcs3
0       /dev/.udev/names/vcs2
0       /dev/.udev/names/vcs1
0       /dev/.udev/names/vcs
--More--
```

sort 的参数-nr 表示以数字排序法进行反向排序。

【例 10.22】 显示当前目录下，所有子目录占用磁盘空间。最多显示 2 层子目录，超过的部分不显示。

命令如下：

```
[root@Fedora ~]# du --max-depth=2
4       ./.icedteaplugin
1924 ./d2/tmp
4       ./d2/d1
1932 ./d2
1648 ./.thumbnails/normal
20      ./.thumbnails/fail
1672 ./.thumbnails
...
```

【例 10.23】 显示文件 file.c 所占用的磁盘空间，显示时以字节为单位。

```
[root@Fedora ~]# du -b file.c
89      file.c
```

从上面的信息可以看出，文件 file.c 所占用的磁盘空间为 89 字节。

【例 10.24】 显示 file、file.c 及 file2.c 文件各占用的磁盘空间，并显示占用的总磁盘空间。

```
[root@Fedora ~]# du -c file file.c file2.c
4       file
4       file.c
4       file2.c
12      总用量
```

说明：此处不能使用易懂方式查看该目录的磁盘使用情况，否则目录大小中出现 K、M、G 等字样。由于单位不统一，可能造成排序或计算错误。

10.6 检查磁盘

创建新的分区并格式化后，可以对该磁盘进行检查，查看是否有坏的轨道，使用 fsck 命令在检查到坏轨后可以对其修复，badblocks 命令也可以检查坏道。本节主要介绍这两个命令的使用方法。

10.6.1 fsck 命令

fsck 命令是用来检查与修复 Linux 文件系统的命令，可以同时检查一个或多个 Linux 文件系统。实际上每次开机都会做一次系统的检查，看是否有坏轨或数据流失现象。fsck

命令的使用权限也是超级用户权限。

格式

```
fsck [选项参数] [文件系统 ...]
```

选项参数

-a：如果检查有错，不询问任何问题，自动修复文件系统。

-A：根据/etc/fstab 设定文件的内容，检查该文件内所列的全部文件系统。若没有附加参数“-P”，则会先检查根目录“/”的文件系统，而不会以同步的方式检查所有文件系统。

-C：显示完整的检查进度。

-N：不执行命令，仅列出实际执行会进行的操作。

-P：和-A 参数配合使用时，同时执行多个 fsck 的检查。

-r：如果检查有错误则由用户回答是否修复。

-R：同时有-A 条件时，省略根目录“/”不检查。

-s：依次执行 fsck 命令检查，而非同时执行。

-t fstype：指定检查文件系统类型。当配合参数-A 使用时，只有符合指定类型的文件系统才被检查，而不在指定类型内的文件系统则忽略。若在文件系统类型前面加上“no”字符串，则仅有不符合指定类型的文件系统才会被检查。例如类型指定为“ext2”，只检查所有 ext2 的文件系统；如果指定成“noext2”，则只检查所有非 ext2 的文件系统。

-T：执行 fsck 命令时，不显示标题信息。

-V：显示命令执行过程。

【例 10.25】 检查/dev/sda7 文件系统的正确性。

命令如下：

```
[root@Fedora ~]# fsck /dev/sda7
```

【例 10.26】 检查所有文件系统的正确性，如果发现问题，自动修复文件系统。

命令如下：

```
[user@Fedora ~]$ fsck -A -a
```

【例 10.27】 检查除根目录外的所有文件系统。

命令如下：

```
[user@Fedora ~]$ fsck -AR
```

【例 10.28】 检查所有 ext4 文件系统。

命令如下：

```
[user@Fedora ~]$ fsck -A -t ext4
```

【例 10.29】 c 检查除了 ext4 文件系统之外的所有文件系统。

```
[user@Fedora ~]$ fsck -A -t noext4
```

【例 10.30】 检查文件系统类型为 ntfs 文件系统/dev/sda5 的正确性。

命令及结果显示如下：

```
[root@Fedora ~]# fsck -t ntfs /dev/sda5
fsck from util-linux-ng 2.16
OK
```

```
Processing of $MFT and $MFTMirr completed successfully.
NTFS volume version is 3.1.
NTFS partition /dev/sda5 was processed successfully.
```

从上面的信息可以看出，文件系统/dev/sda5 正常。

说明：如果使用上面的命令则出现如下错误信息：

```
fsck from util-linux-ng 2.16
fsck: fsck.ntfs: not found
fsck: Error 2 while executing fsck.ntfs for /dev/sda5
```

可以使用以下方法解决：

(1) 查看/usr/bin 目录文件是否有文件 ntfsfix，命令如下：

```
[root@Fedora ~]# ls /usr/bin | grep ntfsfix
```

(2) 如果存在文件 ntfsfix，那么建立其符号链接文件，命令如下：

```
[root@Fedora ~]# ln -s /usr/bin/ntfsfix /usr/sbin/fsck.ntfs
```

10.6.2　badblocks 命令

badblocks 命令用于检查磁盘装置中损坏的区块。执行此命令时，需要指定所有检查的磁盘的装置以及该装置的磁盘区块数，该命令的使用权限也是超级用户权限。

格式

```
badblocks [-svw][-b<区块大小>]  [-c <磁盘区块数>]  [-i <输入文件>]  [-o <输出文件>] 磁盘设备 [磁盘区块数]  [起始区块]  [结束区块]
```

其中：

磁盘设备：指定检查的磁盘分区。

磁盘区块数：指定磁盘装置的区块总数。

起始区块：指定要从哪个区块开始检查，若不指定此参数，则默认从第 0 个区块开始检查。

结束区块：指定要到哪个区块结束检查，若不指定，则默认检查到最后一个区块。

选项参数

-b block_size：指定磁盘的区块大小为“block_size”，单位为字节。

-c num：一次检查“num”个区块，默认为 16 个。

-i input_file：从文件中读取已知的损坏区块，检查时，忽略“input_file”这些区块。

-o output_file：将检查的结果写入“output_file”指定的输出文件。此输出文件可供 mke2fs 等程序在格式化磁盘时使用。如果不使用该参数，则默认将检查结果在屏幕上显示。

-s：检查时显示进度。

-v：执行时显示详细信息。

-w：检查时，执行写入测试，即将一小段数据写入区块中，然后再读出进行比较，查看是否一致。注意，执行此参数时，会破坏磁盘中原有数据。

【例 10.31】 检查/dev/sda 从 0 到 40000 块有没有损坏的区块。

命令及结果显示如下：

```
[root@Fedora ~]# badblocks -sv /dev/sda 40000
正在检查从 0 到 40000 的块
Checking for bad blocks (read-only test): 完成
Pass completed, 0 bad blocks found.
```

从上面的显示信息可以看出，磁盘分区/dev/sda 并没有坏区。

【例 10.32】 从第 18690000 区块开始检查/deb/sda7 的磁盘分区，并将结果输出到 sda7_bad 文件中。

命令如下：

```
[root@Fedora ~]# sfdisk -s /dev/sda7     //先使用 sfdisk 命令/dev/sda7 的总区块数
18696191
[root@Fedora ~]# badblocks -o sda7_bad /dev/sda7 18696191 18690000
```

10.7 磁盘格式化命令 mkfs

mkfs 命令是在指定的设备上创建新的文件系统。mkfs 命令初始化卷标、文件系统卷标和启动块。首先介绍 mkfs 的使用格式。

格式

```
mkfs  [-V]      [-t 目标文件系统类型] [fs-选项] [设备名称] [区块数]
```

其中，设备名称指预备检查的硬盘分区，例如：/dev/sda1；fs-选项包含选项“-c”、“-l”和“-v”等。

选项参数

-c：在创建文件系统前，检查该分区是否有坏轨存在。

-l filename：从“filename”指定的文件中，读取文件系统中损毁块的信息。可利用 badblocks 命令找出损坏的块，并存储到 bad_blocks_file 中。

-v：执行时显示详细的信息。

-t fstype：给定文件系统的类型为“fstype”。

【例 10.33】 在/dev/sda1 上建一个 ext4 的文件系统，同时检查是否有坏轨存在。

命令如下：

```
[root@Fedora ~]# mkfs -V -t ext4 -c /dev/sda1
```

说明：mkfs 命令的作用是为大量不同的命令提供前端，如 mkfs.ext2、mkfs.ext3、mkfs.ext4、mkfs.cramfs、mkfs.msdos、mkfs.ntfs 和 mkfs.vfat 等，这些命令分别负责格式化相应的文件系统类型。添加支持其他文件系统的软件包，mkfs 即可无缝集成新增的 mkfs 命令，包括 mkfs.bfs、mkfs.minix、mkfs.xfs 和 mkfs.xiafs 等。这些命令可以直接使用。

【例 10.34】 格式化/dev/sda1 为 ext4 文系统。

命令如下：

```
[root@Fedora ~]# mkfs.ext4 /dev/sda1
```

10.8　显示硬盘参数命令 hdparm

Hdparm（hard disk parameters）命令用于检测、显示和设定 IDE 或 SCSI 硬盘的参数。

格式

```
hdparm    [选项参数]    [硬盘设备]  ...
```

选项参数

-a　num：设置读取文件时，预先存入缓存的扇区数为“num”（默认值为 8）。

-A　0 或 1：启动或关闭读取文件时的缓存功能。0 表示关闭，1 表示启动（默认值为 1）。该参数仅适用于 IDE 硬盘。

-c　pattern：设置 IDE 32 位 I/O 模式“pattern”。“pattern”的选项如下：

0：表示关闭 32 位模式，该选项为默认值；

1：表示启动 32 位 I/O 模式；

3：表示启动特殊的 32 位 I/O 模式。

-C：检测 IDE 硬盘的电源管理模式。有下列几种模式：

unknown：表示无法检测。

active/idle：表示正常作业模式。

standby：表示省电模式。

sleeping：表示睡眠模式。

-d　0 或 1：设置硬盘的 DMA 模式。若不加上“0 或 1”选项，则显示当前的设置。本参数仅适用于 IDE 硬盘。其中：

0：表示关闭（默认值）；

1：表示启动。

-f：将内存缓冲区的数据写入硬盘，并清除缓冲区。

-g：显示硬盘的磁道、磁头、扇区等参数。

-h：显示帮助信息。

-i：显示硬盘的硬件规格信息，这些信息是在开机时由硬盘本身所提供。该参数仅适用于 IDE 硬盘。

-k　0 或 1：重设硬盘时，保留“-dmu”选项参数的设置。其中：

0：表示关闭（默认值）；

1：表示启动。

-m　num：设置硬盘多重扇区访问的扇区数为“num”。若不加上扇区数“num”选项，则显示当前的设置。

-n　0 或 1：　忽略硬盘写入时所发生的错误（选项设为 1）。若不加上“0 或 1”选项，则显示当前的设置。该参数仅适用于 IDE 硬盘。

-P　num：设置硬盘内部缓存的扇区数为“num”。该参数仅适用于 IDE 硬盘。

-r　0 或 1：设置硬盘读写模式。0 表示可写入，1 表示只读。默认值为 1。

-S　time：设置硬盘进入省电模式前的等待时间为“time”秒。

-t：评估硬盘的读取效率。

-T：评估硬盘缓存的读取效率。

-u 0 或 1：在硬盘存取时，允许其他中断同时执行（选项设为 1）。默认值为 0，表示关闭此功能。该参数仅适用于 IDE 硬盘。

-v：显示硬盘的相关设置。效果与不加任何参数相同。

-W 0 或 1：设置硬盘的写入缓存。0 表示关闭，1 表示启动，默认值为 0。该参数仅适用于 IDE 硬盘。

-y：使 IDE 硬盘进入省电模式。

-Y：使 IDE 硬盘进入睡眠模式。

-Z：关闭某些 Seagate 硬盘的自动省电功能。

【例 10.35】 评估硬盘设备/dev/sda 的读取速率。

命令及显示信息如下：

```
[root@Fedora ~]# hdparm -t /dev/sda


/dev/sda:
 Timing buffered disk reads:   238 MB in   3.01 seconds =   79.10 MB/sec
```

从上面的信息可以看出，该硬盘的读取速率为 79.10MB 字节/s。

【例 10.36】 显示硬盘设备/dev/sda 的柱面、磁头和扇区数。

命令及结果显示如下：

```
[root@Fedora ~]# hdparm -g /dev/sda


/dev/sda:
 geometry         = 38913/255/63, sectors = 625142448, start = 0
```

其中，geometry = 38913（表示柱面数）/255（磁头数）/63（每条磁轨的扇区数）；sectors = 320173056 总扇区数；start = 0 起始扇区数。

【例 10.37】 显示硬盘设备/dev/sda 的硬件规格信息。

命令及显示信息如下所示：

```
[root@Fedora ~]#   hdparm -i /dev/sda


/dev/sda:


 Model=ST3320620AS, FwRev=3.ADG, SerialNo=5QF71AFP
 Config={ HardSect NotMFM HdSw>15uSec Fixed DTR>10Mbs RotSpdTol>.5% }
 RawCHS=16383/16/63, TrkSize=0, SectSize=0, ECCbytes=4
 BuffType=unknown, BuffSize=16384kB, MaxMultSect=16, MultSect=16
 CurCHS=16383/16/63, CurSects=16514064, LBA=yes, LBAsects=625142448
 IORDY=on/off, tPIO={min:240,w/IORDY:120}, tDMA={min:120,rec:120}
 PIO modes:   pio0 pio1 pio2 pio3 pio4
 DMA modes:   mdma0 mdma1 mdma2
 UDMA modes: udma0 udma1 udma2 udma3 udma4 udma5 *udma6
 AdvancedPM=no WriteCache=enabled
 Drive conforms to: Unspecified:   ATA/ATAPI-1,2,3,4,5,6,7
```

```
* signifies the current active mode
```

10.9 磁盘同步命令 sync

sync 指令用于将缓冲区中的数据强制写入硬盘中。一般系统在关机前，系统都要进行此操作，以免数据丢失。

格式

```
sync
```

说明：一般正常的关闭系统的过程是自动进行这些工作的，在系统运行过程中也会定时做这些工作，不需要用户干预。sync 命令是强制把缓冲区中的数据写回硬盘，以免数据的丢失。用户可以在需要的时候使用此命令。

如果要将存在缓冲区中的数据强制写入硬盘中，命令如下：

```
[root@Fedora ~]# sync
```

10.10 磁盘配额（quota）

磁盘配额（quota）很有用，例如，申请网络 mail 服务时会被告知用户拥有几十兆字节的邮件空间，那么此处的几十兆字节就是使用 quota 命令配额的，quota 就是用来限制硬盘容量所使用程序大小的。本节主要介绍如何在 Linux 系统中进行磁盘配额。

10.10.1 磁盘配额（quota）简介

磁盘配额（quota）就是有多少容量限制。由于 Linux 操作系统是个多用户多任务的操作系统，因此可能出现多个用户共同使用一个硬盘空间的情况，如果其中某个或多个用户因为存储了多个视频或大量的图片，这样势必占用硬盘的大量空间，进而减小了其他用户的磁盘使用空间，因此管理员应该适当的开放硬盘的权限给使用者，以妥善的分配系统资源。

Quota 比较常使用情况是：

(1) Web 服务器，例如：限制每个人的网页空间的容量限制。

(2) Mail 服务器，例如：限制每个人的邮件空间限制。

(3) File 服务器，例如：限制每个人最大的可用硬盘空间。

Linux 操作系统使用 quota 时有 3 个基本的使用限制：

(1) quota 实际运作时，是针对整个分区进行限制的。例如，如果/dev/sda3 挂载在/home 目录下，那么在/home 目录下的所有目录都会受到限制。

(2) Linux 系统核心必须支持 quota 模块。例如：Fedora 12 等使用的是 Kernel 2.6.xx 的核心版本，该版本支持新的 quota 模块，使用的预设文件“aquota.user,aquota.group”将不同于旧版本的“quota.user，quota.group”，而由旧版本的 quota 可以由 convertquota 程序转换。

(3) quota 只对一般用户有效，对 root 无效。

而 quota 程序对硬盘配额的限制内容主要分为以下部分：

(1) 软限值（soft）。这是最低限制容量值，用户在宽限期内的容量超过软限值（soft），但必须要宽限时间之内将磁盘容量降低到软限值（soft）的容量限制之下。

(2) 硬限值（hard）。这是绝对不能超过的容量值，跟软限值相比，硬限值要高，例如：网络磁盘空间为 50MB，那么硬限值就设定为 50MB，但是为了让用户保持一定的警戒心，如果使用 40MB 的空间时，系统就会警告用户在宽限时间内将磁盘空间的占用量降低至 40MB（即软限值）之内。

(3) 宽限时间。是使用的空间超过软限值（soft），却还没有达到硬限值（hard），当将磁盘容量使用超过软限值，自动启动宽限时间；而当使用的磁盘容量降低到软限值以下，则自动取消宽限时间。

10.10.2 基本 quota 命令

在使用 quota 命令之前，首先必须了解 quota 在运行时需要使用的一些指令：quotacheck、quotaon、quotaoff、edquota、quota。

注意： 在运行 quota 的相关命令之前，必须先修改/etc/fstab 配置文件。

使用 df 命令查看磁盘空间基本使用情况：

```
[root@Fedora ~]# df
文件系统             1K-块        已用        可用  已用%  挂载点
/dev/sda3              4030144    3907348      81848  98% /
tmpfs                  1030528        780    1029748   1% /dev/shm
/dev/sda6            122881152    6484716 116396436   6% /media/E 盘
/dev/sdb1               992976     817616     175360  83% /media/USBZIP-BOOT
/dev/sda7             21028824     176064   19784440   1% /disk
/dev/sda5            102398276   22777432   79620844  23% /media/学习资料
```

其中，/disk 是一个独立的分区挂载点，限制/dev/sda7 文件系统必须启动/disk 中/dev/sda7 的文件格式，该文件格式的设定内容在配置文件/etc/fstab 中，可以用 vi 或 gedit 编辑工具打开并编辑该配置文件，在其中增加 usrquota、grpquota 即可。例如原配置文件/etc/fstab 内容显示如下：

```
/dev/sda7          /disk          ext4        defaults 0 0
```

将其信息修改如下：

```
/dev/sda7          /disk          ext4        defaults,usrquota,grpquota        0 0
```

编辑完后需要重新挂载文件系统使文件系统支持 quota 命令。其命令如下：

```
[root@Fedora ~]# umount /disk
[root@Fedora ~]# mount /disk
```

1. quota 命令

quota 命令用于查询磁盘空间的限制，并列出已占用空间。

格式

```
quota   [选项参数]   [用户名或用户组群名 ...]
```

选项参数

-u：后面可跟用户名，列出用户的磁盘空间限制。如果其后不跟用户名，表示显示出当前执行用户的 quota 限制值。

-g：后面可跟用户组名，列出用户组群的磁盘空间限制值。

-l：仅显示目前本机上的文件系统的 quota 值。

-q：简明列表，只列出超过限制的部分。

-v：显示用户或用户组群的所有挂入系统的存储设备的空间限制。

-V：显示版本信息。

【例 10.38】 显示用户 user1 的磁盘配额。

命令及显示信息如下：

```
[root@Fedora ~]# quota -vs -u user1
Disk quotas for user user1 (uid 501):
     Filesystem   blocks    quota    limit    grace    files    quota    limit    grace
      /dev/sda7        0     293M     391M                 0        0        0
```

注意：如果系统没有任何 quota 支持的文件系统时，使用 quota 命令后将不会列出任何信息，并不是发生错误，该命令仅是用来显示目前某个用户或用户组的 quota 限值。

2. quotacheck 命令

quotacheck 命令主要是检查磁盘的使用空间与限制。执行 quotacheck 指令，扫描挂载到系统的分区，并在各分区的文件系统根目录下产生 quota.user 和 quota.group 文件，设置用户和用户组的磁盘空间限制。

格式

```
quotacheck ［选项参数］ ［文件系统 ...］
```

选项参数

-a：扫描所有/etc/mtab 内含有 quota 支持的文件系统。加上该参数后，可不必写挂载点，因为扫描所有文件系统。

-c：不读取已存在的 aquota 数据库，重新扫描硬盘并存储。

-d：详细显示命令执行过程，以便排除或了解程序执行的情形。

-u：针对使用者扫描文件与目录的使用情况，建立 aquota.user。

-g：针对群组扫描文件与目录的使用情况，建立 aquota.group。

-m：强制进行 quotacheck 扫描。

-R：排除根目录（绝对路径）所在的分区。本参数必须配合“-a”参数使用。

-v：显示扫描检查过程的信息。

【例 10.39】 扫描检查/etc/mtab 文件中含有 quota 支持的分区。

命令及结果显示如下：

```
[root@Fedora ~]# quotacheck -auvg
quotacheck: Scanning /dev/sda7 [/disk] done
quotacheck: Checked 1 directories and 2 files
```

3. quotaon 命令

quotaon 命令用于开启磁盘空间限制。执行 quotaon 指令可开启用户和组群的空间限制，各分区的文件系统根目录必须有 quota.user 和 quota.group 配置文件。quotaon 命令在相关文件系统的根目录中查找 quota.user 和 quota.group 缺省限额文件。这些文件名可以在 /etc/filesystems 文件中更改。默认情况下，同时启用用户和组的限额。

格式

```
quotaon    [选项参数][文件系统...]
```

选项参数

-a：开启文件/ect/fstab 中所有加入 quota 设置的分区的空间限制。

-g：开启用户组群的磁盘空间限制（quota）。

-u：开启用户的磁盘空间限制（quota）。

-v：显示开启限额的文件系统过程信息。

【例 10.40】 启动所有具有 quota 的文件系统。

命令及显示信息如下：

```
[root@Fedora ~]# quotaon -auvg
/dev/sda7 [/disk]: group quotas turned on
/dev/sda7 [/disk]: user quotas turned on
```

【例 10.41】 仅启动/disk 中用户的磁盘限额。

命令及显示信息如下：

```
[root@Fedora ~]# quotaon -uv /disk
/dev/sda7 [/disk]: user quotas turned on
```

4. quotaoff 命令

quotaoff 命令用于禁用一个或多个文件系统的磁盘限额。默认情况下，同时禁用用户和组的限额。

格式

```
quotaoff    [-aguv]    [文件系统 ...]
```

选项参数

-a：关闭在/ect/fstab 文件中所有加入 quota 设置的分区的空间限制。

-g：关闭组群的磁盘空间限制（quota）。

-u：关闭用户的磁盘空间限制（quota）。

-v：显示关闭限额的文件系统过程信息。

【例 10.42】 关闭所有具有文件系统的磁盘限额（quota）。

命令及显示信息如下：

```
[root@Fedora ~]# quotaoff -auvg
/dev/sda7 [/disk]: group quotas turned off
/dev/sda7 [/disk]: user quotas turned off
```

【例 10.43】 仅关闭/disk 中的用户磁盘限额。

命令及显示信息如下：

```
[root@Fedora ~]# quotaoff -uv /disk
/dev/sda7 [/disk]: user quotas turned off
```

5. edquota 命令

edquota 命令是用于编辑用户或组群的 quota。edquota 预设使用 vi 编辑器编辑用户或用户组群的 quota 设置。

格式

```
edquota [选项参数] [用户名或用户组群名 ...]
```

选项参数

-u：后面跟用户名，设置该用户的 quota 值。

-g：后面跟用户组群名，设置该用户群组的 quota 值。

-p proto-username：将源用户“proto-username”的 quota 设置复制到其他用户或群组。

-t：设置宽限期限，即超过 quota 的软限值后，还能使用硬盘的宽限时间。

【例 10.44】 设定用户 user1 的 quota 限制值，将用户 user1 的硬限值（hard）限制 500MB，软限值（soft）设置为 450MB。

命令如下：

```
root@Fedora:~# edquota -u quota-user1
```

未修改前内容显示如下：

```
Disk quotas for user user1 (uid 501):
  Filesystem          blocks    soft    hard    inodes    soft    hard
  /dev/sda7                0       0       0         0       0       0
```

进入编辑画面后，以 vi 的相关方式进行编辑，修改其内容如下：

```
Disk quotas for user user1 (uid 501):
Filesystem          blocks    soft      hard      inodes    soft    hard
/dev/sda7                0    450000    500000         0       0       0
```

修改完内容后，使用“Ctrl+o”保存，然后使用“Ctrl+x”退出。

10.10.3 quota 步骤总结

quota 主要步骤如下：

(1) 设定分区的文件系统支持 quota 参数。使用 quota 的前提是必须让分区上的文件系统支持 quota，这就需要编辑配置文件/etc/fstab，使准备开放 quota 的磁盘分区可以支持 quota。

(2) 建立 quota 记录文件。对整个 quota 进行磁盘限制值记录的文件是 aquota.user 和 aquota.group，产生这两个文件必须使用 quotacheck 命令扫描检查所使用的磁盘。

(3) 编辑 quota 限制值数据。使用 edquota 命令编辑每个用户或用户组群的可用空间。

(4) 重新扫描与启动 quota。设定好 quota 后，可以再进行一次 quotacheck，然后再使用 quotaon 启动。

10.10.4 quota 应用实例

实例要求如下：

(1) 针对 user1 及 user2 两个用户进行磁盘配额，并且这两个用户都是属于 quota-grp 组群。

(2) 每个用户共有 400MB 的磁盘空间限制（hard），并且软限值（soft）为 300MB，不限制索引节点的值。

(3) 宽限时间设定为 5 天，即用户 user1 和 user2 可以突破 300MB 的限制，但是在 5 天之内必须将多余的文件删除，否则这 2 个用户账号不能添加文件。

(4) 将 quota-grp 组群的最大限额设定为 600MB。

本实例的具体实现步骤如下。

1. 用户和组群的建立

添加两个用户 user1 和 user2，并将它们加到 quota-grp 组中。命令如下：

```
[root@Fedora ~]# groupadd quota-grp
[root@Fedora ~]# useradd -m -g quota-grp user1
[root@Fedora ~]# useradd -m -g quota-grp user2
```

设置用户 user1 密码，命令如下：

```
[root@Fedora ~]# passwd user1
```

设置用户 user2 密码，命令如下：

```
[root@Fedora ~]# passwd user2
```

2. 建立文件系统 quota 支持

使用 df 命令查看磁盘空间基本使用情况：

```
[root@Fedora ~]# df
文件系统              1K-块      已用       可用   已用%  挂载点
/dev/sda3           4030144   3904068     85128   98% /
tmpfs               1030528       420   1030108    1% /dev/shm
/dev/sda6         122881152   6484716 116396436    6% /media/E 盘
/dev/sdb1            992976    817616    175360   83% /media/USBZIP-BOOT
/dev/sda7          21028824    176064  19784440    1% /disk
```

从上述信息可以看出，/disk 是独立的分区，并且加载其上的设备名称为 /dev/sda7，必须启动/dev/sda7 的 quota 文件格式，而这个文件格式的相关设定是写在配置文件/etc/fstab 中的，所以用户可以通过编辑器 vi 或 gedit 打开并编辑该配置文件，只需要在/etc/fstab 中关于“/disk”行加上“usrquota，grpquota”即可。

注意：“usrquota,grpquota”不要写错，如果写错可能造成系统无法开机。

未修改的文件/etc/fstab 内容如下：

```
#
# /etc/fstab
# Created by anaconda on Wed Jun  9 17:03:56 2010
#
# Accessible filesystems, by reference, are maintained under '/dev/disk'
# See man pages fstab(5), findfs(8), mount(8) and/or blkid(8) for more info
```

```
#
UUID=d0263b89-c4e1-4374-b74a-63742fa8f042 /                 ext4    defaults        1 1
UUID=bc606c94-de1f-4399-b328-27bd5ec030b9 swap              swap    defaults        0 0
tmpfs                   /dev/shm                tmpfs   defaults        0 0
devpts                  /dev/pts                devpts  gid=5,mode=620  0 0
sysfs                   /sys                    sysfs   defaults        0 0
proc                    /proc                   proc    defaults        0 0
/dev/sda6               /media/E 盘             ntfs    defaults        0 0
/dev/sda7               /disk                   ext4    defaults        0 0
```

将其内容修改为如下：

```
#
# /etc/fstab
# Created by anaconda on Wed Jun  9 17:03:56 2010
#
# Accessible filesystems, by reference, are maintained under '/dev/disk'
# See man pages fstab(5), findfs(8), mount(8) and/or blkid(8) for more info
#
UUID=d0263b89-c4e1-4374-b74a-63742fa8f042 /                 ext4    defaults        1 1
UUID=bc606c94-de1f-4399-b328-27bd5ec030b9 swap              swap    defaults        0 0
tmpfs                   /dev/shm                tmpfs   defaults        0 0
devpts                  /dev/pts                devpts  gid=5,mode=620  0 0
sysfs                   /sys                    sysfs   defaults        0 0
proc                    /proc                   proc    defaults        0 0
/dev/sda6               /media/E 盘             ntfs    defaults        0 0
/dev/sda7               /disk                   ext4    defaults,usrquota,grpquota      0 0
```

需要注意的是：defaults、usrquota、grpquota 之间都没有空格。这样就加入了 quota 的磁盘格式。实际上，由于真正的 quota 在读取时是读取/etc/mtab 这个文件，然而需要重新开机或重新加载文件系统后，/etc/mtab 文件才能够按照文件/etc/fstab 的新数据进行改写。

重启机器确实比较慢，用户可以用重新加载文件系统的方法。即就是先用 umount 命令卸载文件系统，然后再用 mount 命令加载。

```
[root@Fedora ~]# umount /disk/
[root@Fedora ~]# mount /disk/
```

这样就成功加入该文件系统的 quota 功能。

3. 扫描磁盘用户使用状况并产生 aquota.group 和 aquota.user 文件

检查所用的磁盘有没有多余的空间可以设定 quota，并且将扫描的结果输出到/disk 目录下。完成上述任务，需要使用 quotacheck 指令，使用该指令可以在/disk 下产生 aquota.group 和 aquota.user 两个文件。命令及结果显示如下：

```
[root@Fedora ~]# quotacheck -avug
quotacheck: Scanning /dev/sda7 [/disk] done
quotacheck: Checked 1 directories and 0 files
```

查看目录/disk 下是否生成 aquota.group 和 aquota.user 文件，命令及显示信息如下：

```
[root@Fedora ~]# ls -l /disk
总用量 16
```

```
-rw-------. 1 root root 6144    6 月  28 11:40 aquota.group
-rw-------. 1 root root 6144    6 月  28 11:40 aquota.user
```

从上面的信息可以看出，quotacheck 命令已经成功生成文件 aquota.group 和 aquota.user。

4. 启动 quota 磁盘限额

使用 quotaon 命令启动 quota 磁盘限额，命令及显示信息如下：

```
[root@Fedora ~]# quotaon -avug
/dev/sda7 [/disk]: group quotas turned on
/dev/sda7 [/disk]: user quotas turned on
```

从上面的信息可以看到，quota 已经成功开启。

5. 编辑用户可使用空间

因为本实例中有两个用户，使用 edquota 命令先设定用户 user1，其命令如下：

```
root@Fedora:~#  edquota -u quota-user1
```

系统进入编辑窗口，如图 10.23 所示。

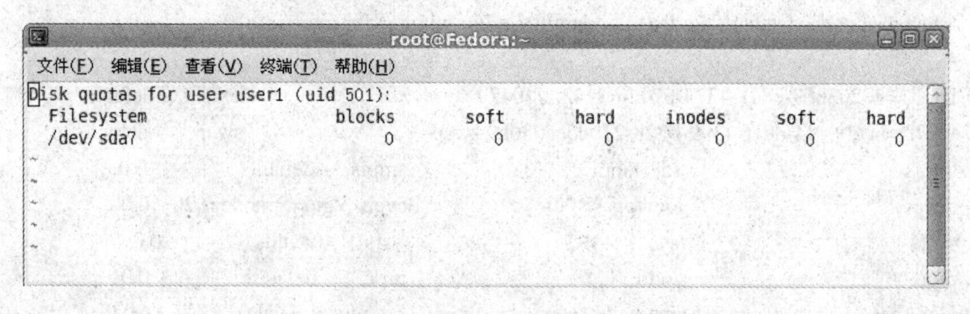

图 10.23 修改前的用户 user1 可使用的空间

需要强调的是，因为/disk 下不存在任何数据，所以 blocks 与 inodes 都是 0。下面将其软限值（soft）设为 300000，硬限值（hard）设为 400000，单位是 KB，如图 10.24 所示。

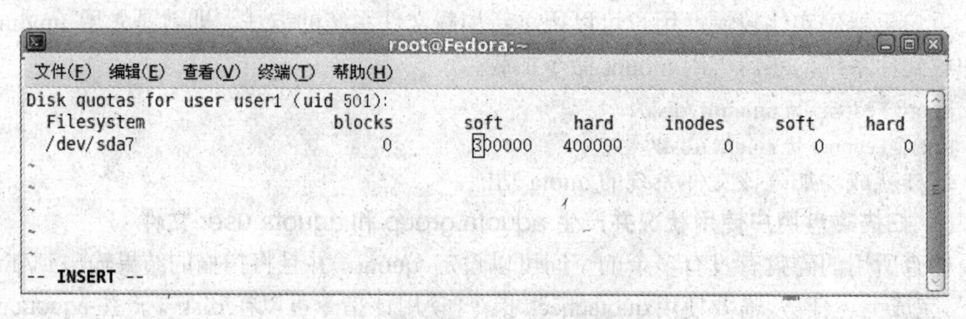

图 10.24 编辑后的用户 user1 可使用空间

编辑并保存用户 user1 后，可以将 user1 使用空间设定直接复制给 user2，命令如下：

```
[root@Fedora ~]# edquota -p user1 user2
```

这样，通过上面的命令就完成设定用户 user2 空间使用。

6. 设定宽限时间

宽限时间的设定也是使用 edquota 命令，其命令如下：

```
root@Fedora:~# edquota -t
```

将原来系统默认的 7 天，修改为 5 天，如图 10.25 所示。

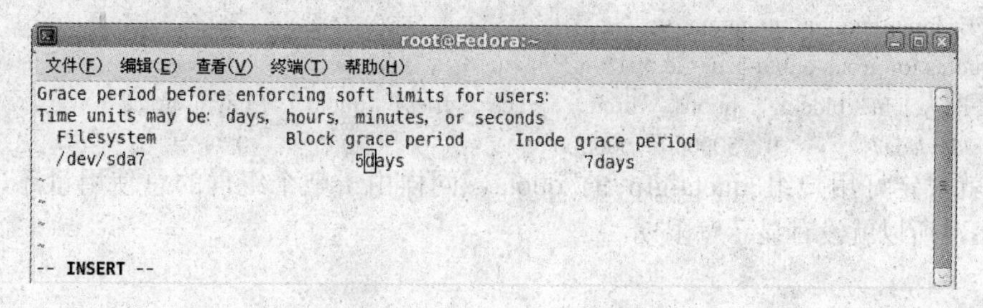
root@Fedora:~
文件(F)　编辑(E)　查看(V)　终端(T)　帮助(H)
Grace period before enforcing soft limits for users:
Time units may be: days, hours, minutes, or seconds
Filesystem　Block grace period　Inode grace period
/dev/sda7　5days　7days
-- INSERT --

图 10.25　设定宽限时间

使用 quota -uv 命令查询是否设定成功，其命令及结果如下：

```
[root@Fedora ~]# quota -uv user1 user2
Disk quotas for user user1 (uid 501):
    Filesystem  blocks   quota   limit   grace   files   quota   limit   grace
     /dev/sda7       0  300000  400000               0       0       0
Disk quotas for user user2 (uid 502):
    Filesystem  blocks   quota   limit   grace   files   quota   limit   grace
     /dev/sda7       0  300000  400000               0       0       0
```

因为使用的磁盘容量没有超过 300MB，所以时间没有出现宽限。

7. 编辑用户组 quota-grp 的可使用空间

命令及信息如下：

```
[root@Fedora ~]# edquota -g quota-grp
```

内容显示如图 10.26 所示。

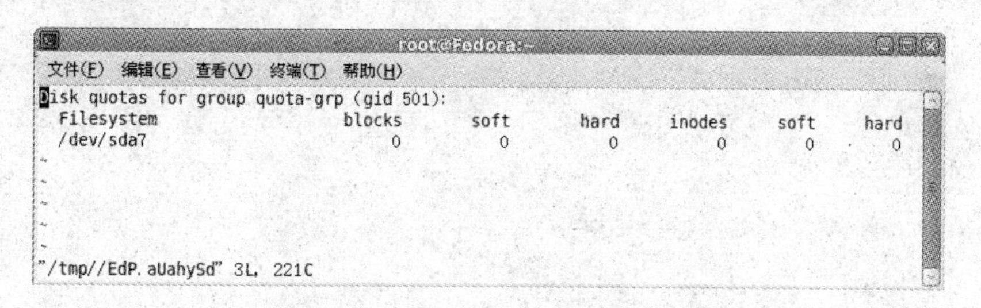
root@Fedora:~
文件(F)　编辑(E)　查看(V)　终端(T)　帮助(H)
Disk quotas for group quota-grp (gid 501):
Filesystem　blocks　soft　hard　inodes　soft　hard
/dev/sda7　0　0　0　0　0　0
"/tmp//EdP.aUahySd" 3L, 221C

图 10.26　修改前的 quota-grp 的可使用空间

编辑用户组 quota-grp 的可使用空间，如图 10.27 所示。

```
root@Fedora:~
文件(F)  编辑(E)  查看(V)  终端(T)  帮助(H)
disk quotas for group quota-grp (gid 501):
  Filesystem                    blocks     soft      hard    inodes    soft    hard
  /dev/sda7                          0   500000    600000         0       0       0
~
~
~
~
~
-- INSERT --
```

图 10.27　编辑后的 quota-grp 的可使用空间

使用 quota -gv 命令查询是否设定成功，其命令及显示信息如下：

```
[root@Fedora ~]# quota -gv quota-grp
Disk quotas for group quota-grp (gid 501):
     Filesystem  blocks   quota   limit   grace   files   quota   limit   grace
      /dev/sda7       0  500000  600000               0       0       0
```

这样就设定好用户组 quota-grp 的 quota，同样由于整个组群的总使用量还未到达 500000 KB，所以就没有显示宽限期。

第 11 章

Linux 进程管理

在 Linux 系统的管理中，进程管理比较重要。进程运行需要占用系统资源，如果一个进程占用大量资源，将大大降低系统性能。此时就需要进行进程调度，达到实时监控系统和优化系统性能的目的。用户对每个进程了解得越多，就能够越容易精确定位进程的问题。用户可以通过一些进程管理工具查看系统进程进行。

11.1 进程概念

进程是处于活动状态的计算机程序，它在生命期内将使用系统中的资源。它利用系统中的 CPU 执行指令，使用物理内存放置指令和数据。

Linux 是一个多进程操作系统，其目的是：任何时刻系统中的每个 CPU 都有任务执行，从而提高 CPU 的利用率。如果进程数多于 CPU 个数，则某些进程必须等待 CPU 空闲时才可以运行。

Linux 必须跟踪系统中每个进程以及资源，以便在进程间实现资源的公平分配。如果系统有一个进程占用大部分物理内存或者 CPU 的使用时间，这对系统中其他进程是不公平的。

进程的概念主要有两点：

(1) 进程是一个实体。每一个进程都有其自己的地址空间，一般情况下，进程包括文本区域（text region）、数据区域（data region）、堆栈（stack region）。

其中：

文本区域用于存储处理器执行的代码；

数据区域用于存储变量和进程执行期间使用的动态分配的内存；

堆栈区域用于存储着活动过程调用的指令和本地变量。

(2) 进程是一个“执行中的程序”。程序是一个静态的实体，只有运行中的程序才称其为进程。

进程的特征主要有：结构特征、动态性、并发性、独立性、异步性。其中：

① 结构特征：进程由程序、数据和进程控制块三部分组成。

② 动态性：进程的实质是程序的一次执行过程，进程是动态产生、动态结束的。

③ 并发性：任何进程都可以同其它进程一起并发执行。

④ 独立性：进程是一个能独立运行的基本单位，同时也是系统分配资源和调度的独立单位。

⑤ 异步性：由于进程间的相互制约，使进程具有执行的间断性，即进程按各自独立的、不可预知的速度向前推进。

11.2 查看系统进程命令

如果要监测和控制进程，首先必须了解当前进程情况，即需要查看当前进程状态，本节将介绍查看系统进程的命令。

11.2.1 查看进程命令 ps

ps 命令是最基本的查看进程命令。使用该命令可以确定有哪些进程正在运行，运行状态，进程是否结束，进程有没有僵死，以及哪些进程占用过多的资源等。ps 命令经常使用的功能是监控后台进程的工作情况，其中后台进程不与屏幕键盘等标准输入/输出设备进行通信的。

格式

ps [选项参数]

选项参数

-a：显示所有终端下的进程，除了 session leader 以及不属任何终端的进程之外。

a：显示现行终端下的所有进程，包括其他用户进程。

-A：显示所有进程。

c：显示进程，分别显示进行真正的命令名称，而不包含路径、参数等。

-C cmd：指定执行“cmd”命令，并列出该命令的程序状况。

-e：效果和指定“-A”参数相同。

e：显示进程时，显示每个进程所使用的环境变量。

-f：以全格式输出进程列表信息。

f：用 ASCII 字符显示树状结构，表达进程间的相互关系。

g：显示现行终端下的所有进程，包括 group leader 的进程。

-G gid：显示属于“gid”组的进程状况，也可使用组名称来指定。

h：不显示标题栏。

-H：显示树状结构，表达进程间的相互关系。

-l 或 l：给出详细信息列表。

-m 或 m：显示所有进程。

-N：显示所有进程，除了 ps 命令终端下执行的进程之外。

-p pid：列出“pid”进程的状况。

r：只显示正在运行的进程。

s：采用进程信号的格式显示进程状况。

S：显示进程时，包括已僵死的子程序数据。

-t ttylist：列出属于“ttylist”终端的进程状况。

t ttylist：该参数的效果和指定“-t”参数相同，只是在列表格式方面稍有差异。

T：显示现行终端下的所有进程。

-u uid：列出属于用户 ID 为“uid”的进程状况，也可使用用户名来指定。

-U uid：效果和指定“-u”参数相同。

v：采用虚拟内存的格式显示进程状况。

-**V** 或 **V**：显示版本信息。

-**w** 或 **w** ：按宽格式显示输出。

x：显示所有程序，不以终端区分。

X：采用旧式的 Linux i386 登录格式显示进程状况。

-**y**：配合参数“-l”使用时，不显示 F（Flag）栏，并以 RSS 栏取代 ADDR 栏位。

用户一般只需掌握一些最常用参数：a、u、x，下面通过实例来介绍这 3 个参数的具体用法。

【例 11.1】 使用 ps 命令查看当前系统中正在执行的进程。

命令及结果显示如下：

```
[user@Fedora ~]$ ps
  PID TTY          TIME CMD
 2588 pts/0    00:00:00 bash
 2739 pts/0    00:00:00 man
 2742 pts/0    00:00:00 sh
 2743 pts/0    00:00:00 sh
 2748 pts/0    00:00:00 less
 2838 pts/0    00:00:00 ps
```

可以看到，上面显示的字段有 4 个，依次为 PID（进程 ID）、TTY（终端代号）、TIME（进程执行占用 CPU 的时间）、COMMAND（运行该进程的命令名称）。

【例 11.2】 列出正在执行的所有进程。

命令及结果如下：

```
[root@Fedora ~]# ps x
  PID TTY      STAT   TIME COMMAND
    1 ?        Ss     0:00 /sbin/init
    2 ?        S<     0:00 [kthreadd]
    3 ?        S<     0:00 [migration/0]
    4 ?        S<     0:00 [ksoftirqd/0]
    5 ?        S<     0:00 [watchdog/0]
    6 ?        S<     0:00 [migration/1]
```

【例 11.3】 查看进程所有者及其他信息。

命令及结果显示如下：

```
[user@Fedora ~]$ ps u
USER       PID %CPU %MEM    VSZ   RSS TTY      STAT START   TIME COMMAND
```

```
user        2588   0.0   0.0    6708   1608 pts/0     Ss    15:50    0:00 bash
user        2739   0.0   0.0    5748    876 pts/0     T     16:24    0:00 man ps
user        2742   0.0   0.0    6516   1016 pts/0     T     16:24    0:00 sh -c (cd "/usr
user        2743   0.0   0.0    6516    476 pts/0     T     16:24    0:00 sh -c (cd "/usr
user        2748   0.0   0.0    5956    768 pts/0     T     16:24    0:00 /usr/bin/less -
user        2842   0.0   0.0    5956    748 pts/0     T     16:40    0:00 less
user        2843   1.0   0.0    6272    968 pts/0     R+    16:43    0:00 ps u
```

【例 11.4】 显示用户 user 所运行的进程。

命令及显示信息如下：

```
[user@Fedora ~]$ ps -u user
  PID     TTY        TIME         CMD
 1494     ?         00:00:00     gnome-keyring-d
 1509     ?         00:00:00     gnome-session
...
```

【例 11.5】 查询用户识别码为 500 的用户正在执行的进程。

```
[root@Fedora ~]# ps -u 500
  PID TTY          TIME CMD
 1388 ?        00:00:00 gnome-session
 1397 ?        00:00:00 dbus-launch
 1398 ?        00:00:00 dbus-daemon
 1464 ?        00:00:01 gconfd-2
 1467 ?        00:00:03 gnome-settings-
...
```

【例 11.6】 以不同的格式显示第 3 号终端正在执行的进程。

命令及结果如下：

```
[root@Fedora ~]# ps -t 3
  PID TTY          TIME CMD
 1278 tty3     00:00:00 mingetty
```

从上面的信息可以看出，3 号终端执行的进程名称为 mingetty。

【例 11.7】 列出所有的进程，并以用户为主的格式显示。

```
[user@Fedora ~]$ ps   a u
USER       PID %CPU %MEM    VSZ   RSS TTY       STAT START   TIME COMMAND
root      1270  0.0  0.0   1868   444 tty4      Ss+  08:38   0:00 /sbin/mingetty
root      1271  0.0  0.0   1868   480 tty5      Ss+  08:38   0:00 /sbin/mingetty
root      1272  0.0  0.0   1868   444 tty2      Ss+  08:38   0:00 /sbin/mingetty
root      1273  0.0  0.0   1868   448 tty3      Ss+  08:38   0:00 /sbin/mingetty
root      1274  0.0  0.0   1868   448 tty6      Ss+  08:38   0:00 /sbin/mingetty
root      1291  3.5  0.9  32068 19236 tty1      Ss+  08:38   1:04 /usr/bin/Xorg :
user      2070  0.0  0.0   6708  1652 pts/0     Rs   08:51   0:00 bash
user      2112  0.0  0.0   6268   964 pts/0     R+   09:08   0:00 ps a u
```

上面实例中，各字段的含义如下：

(1) USER：调用进程用户名。

(2) PID：进程号，可以唯一标识该进程。

(3) %CPU：进程所占用 CPU 时间和总时间的百分比。

(4) %MEM：进程占用内存的百分比。

(5) VSZ：进程使用的虚拟内存大小，以 KB 为单位。

(6) RSS：进程占用的物理内存的总数量，以 KB 为单位。

(7) TTY： 进程相关的终端名。通常系统自动命名的终端名进程会用“？”表示，如果是用户命名的进程，通常被表示为“tty1、tty2…”。

(8) STAT：进程状态。其中，R 表示运行或准备运行，S 表示睡眠状态，I 表示空闲状态，Z 表示冻结僵死状态，D 表示不可间断睡眠状态，T 表示停止或跟踪状态。

(9) START：进程开始运行的时间。

(10) TIME ：进程使用的总 CPU 时间。

(11) COMMAND：该进程的命令名称。

【例 11.8】 列出所有终端包括其他用户所执行的程序，并以用户为主的格式显示，但不列出 session leader 的程序及不属任何终端程序。

```
[user@Fedora ~]$ ps -a u
USER        PID %CPU %MEM     VSZ    RSS TTY       STAT START    TIME COMMAND
user       2116  1.0  0.0    6240    860 pts/0     R+   09:21    0:00 ps -a u
```

【例 11.9】 分页显示所有不带控制终端的进程，并显示用户名和进程的起始时间。

命令及结果如下：

```
[root@Fedora ~]# ps aux
USER        PID %CPU %MEM     VSZ    RSS TTY       STAT START    TIME COMMAND
root          1  0.0  0.0    2028    768 ?         Ss   11:20    0:00 /sbin/init
root          2  0.0  0.0       0      0 ?         S<   11:20    0:00 [kthreadd]
root          3  0.0  0.0       0      0 ?         S<   11:20    0:00 [migration/0]
   …
```

【例 11.10】 以程序信号格式列出正在执行的程序。

命令及结果显示如下：

```
[user@Fedora ~]$ ps -s
Warning: bad syntax, perhaps a bogus '-'? See /usr/share/doc/procps-3.2.8/FAQ
  UID   PID   PENDING   BLOCKED   IGNORED    CAUGHT  STAT  TTY          TIME
COMMAND
  500  2070  00000000  00010000  00384004  4b813efb Ss    pts/0        0:00 bash
  500  2088  00000000  00000000  00000000  73d3fef9 R+    pts/0        0:00 ps -s
```

【例 11.11】 查看正在执行的进程，并且显示每个进程所使用的环境变量。

命令及结果显示如下：

```
[user@Fedora ~]$ ps e
  PID TTY      STAT   TIME COMMAND
 2070 pts/0    Ss     0:00 bash PATH=/usr/local/bin:/usr/bin:/bin:/usr/local/sbi
 2109 pts/0    R+     0:00 ps e ORBIT_SOCKETDIR=/tmp/orbit-user HOSTNAME=Fedora
```

【例 11.12】 以不同的格式列出 PID(进程识别码)为 2010 的进程执行状态。

```
[user@Fedora ~]$ ps -p 2010
  PID TTY          TIME CMD
 2010 ?        00:00:00 usb-storage
```

也可以使用命令 ps 2010 实现上述功能，命令及结果显示如下：

```
[user@Fedora ~]$ ps 2010
  PID TTY      STAT   TIME COMMAND
 2010 ?        S<     0:00 [usb-storage]
```

11.2.2 动态查看命令 top

top 命令和 ps 命令的基本作用相同，显示系统当前运行的进程，而 top 是一个动态显示过程，即通过按键不断刷新当前状态。准确地说，top 命令可以监听系统处理器的实时状态。

格式

```
top -hv | [bcisS] [-d <间隔秒数> ] [-n<执行次数>] [ -p pid [, pid ...]]
```

选项参数

-b：使用批处理模式。

-c：列出程序时，显示每个程序的完整命令，包括命令名称、路径和参数等相关信息。

-d delay：指定每两次屏幕信息刷新之间的时间间隔为“delay”秒。

-i：不显示任何闲置（Idle）或僵死（Zombie）的进程。

-n iterations：显示更新的次数，当达到“iterations”指定的次数之后，top 命令就会自动结束。

-s：使 top 命令在安全模式中运行，将去除交互命令所带来的潜在危险。

-S：累积模式，累积已完成或消失的子行程的 CPU 时间。

【例 11.13】 使用 top 动态显示进程信息。

命令及结果显示如下：

```
[user@Fedora ~]$ top

top - 17:10:54 up  5:50,  3 users,  load average: 0.08, 0.14, 0.09
Tasks: 175 total,   4 running, 162 sleeping,   9 stopped,   0 zombie
Cpu(s):  4.9%us,  2.5%sy,  0.0%ni, 92.3%id,  0.3%wa,  0.0%hi,  0.0%si,  0.0%st
Mem:   2061060k total,   998424k used,  1062636k free,    52976k buffers
Swap:  3071992k total,        0k used,  3071992k free,   558932k cached

  PID USER      PR  NI  VIRT  RES  SHR S %CPU %MEM    TIME+  COMMAND
 2698 user      20   0  621m  87m  20m S  6.0  4.4   2:34.35 EIOffice.bin
 2209 user      20   0  362m  77m  26m R  3.6  3.9   1:11.26 firefox
 1353 root      20   0 98032  25m 9.8m R  3.0  1.3   9:40.90 Xorg
 2586 user      20   0 69944  14m  10m S  1.3  0.7   0:04.62 gnome-terminal
 1528 user      20   0 10436 4460 2168 S  0.3  0.2   0:01.65 gconfd-2
 2735 user      20   0 73088  16m  12m S  0.3  0.8   0:01.06 gedit
 3000 user      20   0  2560 1088  824 R  0.3  0.1   0:00.07 top
    1 root      20   0  2028  768  552 S  0.0  0.0   0:00.89 init
```

```
   2 root      15  -5     0    0    0 S  0.0  0.0   0:00.00 kthreadd
   3 root      RT  -5     0    0    0 S  0.0  0.0   0:00.00 migration/0
   4 root      15  -5     0    0    0 S  0.0  0.0   0:00.01 ksoftirqd/0
   5 root      RT  -5     0    0    0 S  0.0  0.0   0:00.00 watchdog/0
...
```

下面对 top 命令执行结果的每行信息进行解释。

(1) 第 1 行：显示时间和登录用户数。

17:09:27：表示当前时间。

up 2:00：系统运行时间。

2 users：当前系统登录用户数目。

load average: 0.00, 0.00, 0.00 ：系统平均负载，即任务队列的平均长度，3 个数值分别为 0 分钟、0 分钟、0 分钟前到现在的平均值。

(2) 第 2 行：显示系统的任务情况。

154 total：所有启动的进程数目。

3 running：目前运行进程数目。

151 sleeping：挂起的进程数目。

0 stopped：停止的进程数目。

0 zombie：无用的进程数目，注意：如果 zombie 值不为 0 ，则需要查看一下哪个进程僵死。

(3) 第 3 行：显示当前 CPU 的使用情况。

2.1%us：用户空间占用 CPU 百分比。

1.1%sy：系统空间占用 CPU 百分比。

0.0%ni：用户进程空间内，改变过优先级的进程占用 CPU 百分比。

96.8%id：空闲 CPU 百分比。

0.0%wa：等待输入/输出的进程占用 CPU 时间百分比。

(4) 第 4 行：显示物理内存的使用情况。

060244k total：可以使用的总的内存。

684236k used：已用内存大小。

1376008k free：空闲内存大小。

18848k buffers：缓冲区占用的内存。

(5) 第 5 行：显示交换分区使用情况。

2060244k total：总的交换分区大小。

0k used：已使用交换分区大小。

5687000k free：空闲交换分区大小。

368692k cached：用于高速缓存的大小。

(6) 第 6 行：此行内容显示的字段最多，下面列出详细解释。

PID：进程的 ID（即进程号）。

USER：调用进程的用户名。

PR：进程优先级。

NI：nice 值，该进程的优先级值，负值表示高优先级，正值表示低优先级。

VIRT：进程使用的虚拟内存总量。

RES：进程使用的、未被交换（non-swapped）出的物理内存大小。

SHR：共享内存大小。

S：进程状态。

%CPU：该进程自最近一次刷新以来所占用的 CPU 时间和总时间的百分比。

%MEM：该进程占用的物理内存占总内存的百分比。

TIME：该进程自启动以来所占用 CPU 的总时间。

COMMAND：该进程的命令名称。

【例 11.14】 显示系统进程的执行状态，并指定每 6 秒钟更新一次信息。

```
[user@Fedora ~]$ top -d 6
```

【例 11.15】 显示系统进程的执行状态，当更新达 4 次之后，即结束进程。

```
[user@Fedora ~]$ top -n 4
```

【例 11.16】 显示系统进程的执行状态，但不显示闲置中及已经僵死的进程。

```
[user@Fedora ~]$ top -i
```

11.2.3 查看进程树命令 pstree

pstree 命令以树状结构清楚地表达程序间的相互关系，表达父进程与子进程之间的关系。

使用 ps 命令得到的数据精确，但数据庞大，这一点对掌握系统整体概况来说是比较难的。pstree 正好弥补这个缺憾，它能将当前的执行程序以树状结构显示。

格式

```
pstree    [选项参数]    [进程识别码 PID | 用户名]
```

选项参数

-a：显示每个进程的完整命令，包含路径、参数或常驻服务标识。

-c：不使用压缩标识。

-G：使用 VT100 终端的列绘图字符。

-h：列出树状图时，特别标明现在执行的程序。

-H PID：该参数的效果和指定“-h”参数类似，但特别表明指定的进程。

-l：采用长格式显示树状图。

-n：按进程识别码（PID）排序。默认以进程名称来排序。

-P：显示进程识别码。

-u：显示用户名称。使用该参数后，当某个子进程的所有者不同于其父进程的所有者时，就会特别标出子进程的用户名称。

-U：使用 UTF-8(Unicode)列绘图字符。

-V：显示版本信息。

【例 11.17】 使用 pstree 命令列举出所有进程之间的关系。

命令及信息显示如下：

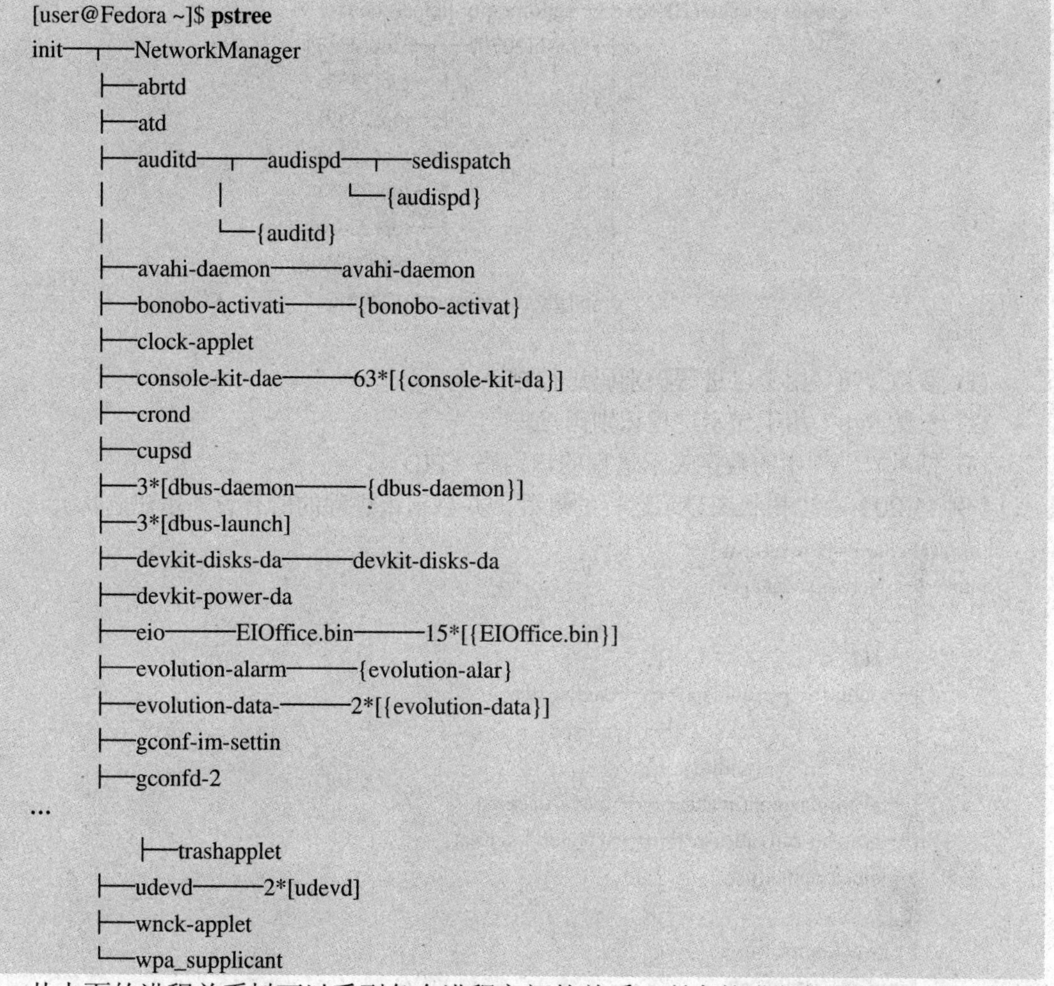

```
[user@Fedora ~]$ pstree
init─┬─NetworkManager
     ├─abrtd
     ├─atd
     ├─auditd─┬─audispd─┬─sedispatch
     │        │         └─{audispd}
     │        └─{auditd}
     ├─avahi-daemon───avahi-daemon
     ├─bonobo-activati───{bonobo-activat}
     ├─clock-applet
     ├─console-kit-dae───63*[{console-kit-da}]
     ├─crond
     ├─cupsd
     ├─3*[dbus-daemon───{dbus-daemon}]
     ├─3*[dbus-launch]
     ├─devkit-disks-da───devkit-disks-da
     ├─devkit-power-da
     ├─eio───EIOffice.bin───15*[{EIOffice.bin}]
     ├─evolution-alarm───{evolution-alar}
     ├─evolution-data-───2*[{evolution-data}]
     ├─gconf-im-settin
     ├─gconfd-2
...
        ├─trashapplet
     ├─udevd───2*[udevd]
     ├─wnck-applet
     └─wpa_supplicant
```

从上面的进程关系树可以看到各个进程之间的关系，所有的进程都是从 init 父进程派生出来的，它派生的子进程又可以再派生新的子进程。

说明：pstree 命令支持指定特定进程 ID（PID）或用户（USER）作为显示的起始。

【例 11.18】 用树状图显示当前执行的进程，并列出每个进程的完整命令。

命令如下：

```
[user@Fedora ~]$ pstree -a
```

【例 11.19】 用树状图显示执行的进程，指定以进程识别码进行排序，并同时显示识别码编号。

命令及结果显示如下：

```
[user@Fedora ~]$ pstree -n -p
init(1)─┬─udevd(369)─┬─udevd(2014)
        │            └─udevd(2015)
        ├─auditd(958)─┬─{auditd}(959)
        │             └─audispd(960)─┬─sedispatch(961)
        │                            └─{audispd}(962)
        ...
```

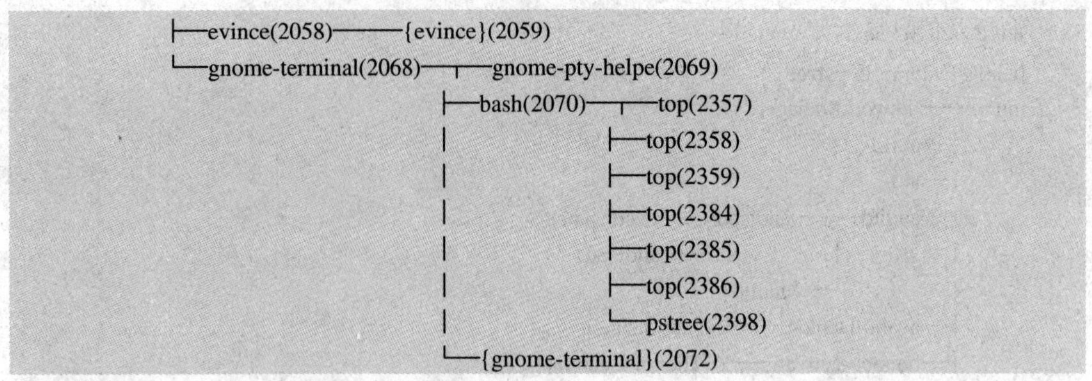

```
├─evince(2058)───{evince}(2059)
└─gnome-terminal(2068)─┬─gnome-pty-helpe(2069)
                       ├─bash(2070)─┬─top(2357)
                       │            ├─top(2358)
                       │            ├─top(2359)
                       │            ├─top(2384)
                       │            ├─top(2385)
                       │            ├─top(2386)
                       │            └─pstree(2398)
                       └─{gnome-terminal}(2072)
```

其中：

(1) 参数“-n”用于以进程识别码进行排序。

(2) 参数“-p”用于显示进程识别码。

(3) 括号“()”中的数字表示进程的识别码（PID）。

【例 11.20】 以树状图显示运行的进程，并显示该进程的所有者（用户名称）。

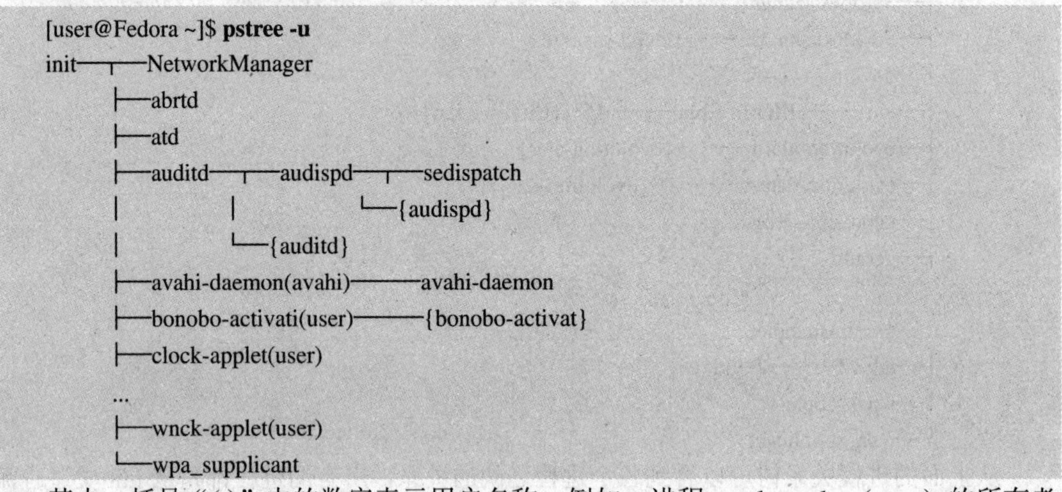

```
[user@Fedora ~]$ pstree -u
init─┬─NetworkManager
     ├─abrtd
     ├─atd
     ├─auditd─┬─audispd─┬─sedispatch
     │        │         └─{audispd}
     │        └─{auditd}
     ├─avahi-daemon(avahi)───avahi-daemon
     ├─bonobo-activati(user)───{bonobo-activat}
     ├─clock-applet(user)
     ...
     ├─wnck-applet(user)
     └─wpa_supplicant
```

其中，括号“()”中的数字表示用户名称。例如，进程 wnck-applet（user）的所有者为“user”。

11.3 终止进程命令 kill/killall/xkill

系统中，在有些情况下需要终止进程，主要有以下几种情况：

(1) 该进程占用过多的 CPU 时间，该进程锁住一个终端，使其他前台进程无法运行。

(2) 运行时间过长，但没有预期效果。

(3) 产生过多到屏幕或磁盘文件的输出。

(4) 无法正常退出。

终止进程，一般通过 kill、killall、pkill、xkill 等命令执行，下面分别介绍这几个命令。

1. kill 命令

kill 命令是根据 PID（进程号）杀死进程，kill 命令不但能杀死进程，同时也会杀死该进程的所有子进程。

格式

kill ［-s signal | -p］［-a］pid 或 kill ［-l signal］

选项参数

-s signal：指定要送出的信号“ signal”。其中可用的信号有 HUP (1)、KILL(9)、TERM(15)分别表示重启、杀死、结束进程；详细的信号可以用-l 参数得出。

-l signal：如果不加“signal”选项，则“-l”参数会列出全部的信息名称。如果加上“signal”选项，则列出该信息编号的信息名称。

-p：显示 pid，并不发出信号。

【例 11.21】 查询 qq 进程，然后将其终止，最后查询该进程是否被成功终止。

命令及结果显示如下：

```
[user@Fedora ~]$ ps aux |grep qq
user    3642  0.0  0.0    6516   1056 ?       S    18:22   0:00 /bin/sh /usr/bin/qq
user    3643  3.4  1.0   90316  22120 ?       Sl   18:22   0:14 ./qq
user    3684  0.0  0.0    5812    704 pts/0   S+   18:32   0:00 grep qq
[user@Fedora ~]$ kill 3643
[user@Fedora ~]$ ps aux |grep qq
user    3686  0.0  0.0    5812    704 pts/0   S+   18:33   0:00 grep qq
```

从上面“ps aux | grep qq”命令执行的结果可以看出，PID（进程号）为 3643 的进程占用 CPU 和内存空间，所以要终止 PID 为 3643 的进程可以用 kill 命令加进程号 3643 的方式实现，最后一行关于 qq 进程信息是由“ps aux | grep qq”命令本身产生的进程。

说明：如果一个程序或进程已经僵死，可以使用信号代码为-9 强制终止该进程。

2. killall 命令

与 kill 不同，killall 命令是根据进程的名称终止同一进程组内的所有进程。

格式

killall 进程名称

【例 11.22】 查询关于 qq 的进程，然后使用 killall 命令终止所有关于 qq 的进程。最后查询 qq 进程是否被成功终止。

命令如下：

```
[user@Fedora ~]$ ps aux | grep qq
user    2839  0.0  0.0    6524   1036 ?       S    09:59   0:00 /bin/sh /usr/bin/qq
user    2840  0.4  0.8   82252  16652 ?       Sl   09:59   0:00 ./qq
user    2845  0.0  0.0    6524   1032 ?       S    09:59   0:00 /bin/sh /usr/bin/qq
user    2846  1.5  1.1  111412  23308 ?       Sl   09:59   0:01 ./qq
user    2868  0.0  0.0    5840    760 pts/0   S+   10:01   0:00 grep qq
[user@Fedora ~]$ killall qq
[user@Fedora ~]$ ps aux | grep qq
user    2872  0.0  0.0    5840    728 pts/0   S+   10:01   0:00 grep qq
```

同样，最后一行关于 qq 进程信息是由“ps aux | grep qq”命令本身产生的进程。从上面的命令及结果可以看出，运行“killall qq”命令后终止了所有关于 qq 的进程。

11.4　前/后台工作管理命令

进程有两种存在方式：前台进程（foreground）和后台进程（background）。其中，前台进程是在当前窗口正在运行，并可以与用户交互的进程，一般是用户进程；而后台进程则是不能直接与用户交互的进程，一般是系统进程。

11.4.1　进程的挂起/终止命令 Ctrl+Z/ Ctrl+C

1. 挂起进程命令 Ctrl+Z

Ctrl+Z 命令可停止进程并将其放入后台。

【例 11.23】 在命令终端输入 gcaltool 命令打开计算器后，使用 Ctrl+Z 命令将其挂起，转入后台执行。

命令及结果显示如下：

```
[user@Fedora ~]$ gcalctool
^Z
[1]+  Stopped                gcalctool
[user@Fedora ~]$ jobs
[1]+  Stopped                gcalctool
```

说明： jobs 命令是用于查看挂起进程（后台进程）的命令，jobs 命令将在后面介绍。从 jobs 命令执行后的结果可以看出，gcalctool 进程已转入后台进程。

2. 终止进程命令 Ctrl+C

Ctrl+C 命令用于终止前台进程。

【例 11.24】 在命令终端输入 gcalctool 命令，打开计算器窗口后使用 Ctrl+C 命令将其终止。

命令及结果显示如下：

```
[user@Fedora ~]$ gcalctool
^C
```

11.4.2　前台进程转后台命令&

在前台进程命令后加“&”符号，将其转为后台进程。

格式

```
前台进程命令 &
```

【例 11.25】 在命令终端输入 gcalctool 命令，打开计算器窗口后，使用 Ctrl+C 命令将其终止，然后再在命令终端输入 gcalctool &命令，使用 Ctrl+C 命令终止，并查看结果。

命令及结果显示如下：

```
[user@Fedora ~]$ gcalctool
^C
[user@Fedora ~]$ gcalctool &
[1] 3842
```

```
[user@Fedora ~]$ ^C
[user@Fedora ~]$ jobs
[1]+   Running                         gcalctool &
```

从上面的结果可以得出，当输入 gcalctool 命令时，打开计算器窗口。如果使用 Ctrl+C 命令，可以终止此程序，关闭 gcalctool 程序窗口。但是当用户在命令终端窗口中输入 gcalctool &命令时，也会打开计算机窗口，再使用 Ctrl+C 命令时，则不能终止此程序，不能关闭计算器窗口，即该进程转入后台执行，用户不能直接与该进程交互。

11.4.3　显示后台进程命令 jobs

jobs 命令用于列出后台作业。

格式

```
jobs  [选项参数] [工作编号]
```

选项参数

-l：除列出作业编号之外，同时还列出 PID。

-n：仅列出状态更改过的工作。

-p：仅列出工作的执行程序 ID。

-r：仅列出正在后台运行（run）的工作。

-s：仅列出正在后台暂停（stop）的工作。

【例 11.26】　在命令终端输入 gcalctool 命令，然后使用 Ctrl+Z 命令将其停止，再在此终端输入 gcalctool &命令，使用 jobs 相关命令查看后台运行的进程和暂停的进程。

命令及结果显示如下：

```
[user@Fedora ~]$ gcalctool
^Z
[1]+   Stopped                         gcalctool
[user@Fedora ~]$ gcalctool &
[2] 3880
[user@Fedora ~]$ jobs -l
[1]+   3879 停止                        gcalctool
[2]-   3880 Running                     gcalctool &
[user@Fedora ~]$ jobs -r
[2]-   Running                         gcalctool &
[user@Fedora ~]$ jobs -s
[1]+   Stopped                         gcalctool
```

11.4.4　调回前台/后台命令 fg/bg

使用 fg 命令分别将后台中的命令调至前台继续运行，也可以使用 bg 命令将一个后台暂停的命令继续运行。

1. fg 命令

将后台中的进程调至前台继续运行。如果后台中有多个进程，可使用 fg 命令加作业号调出所选中的命令。

```
fg    作业号
```

【例 11.27】 连续使用两次“gcalctool &”命令打开两个计算器进程，并将它们转入后台后，然后使用 fg 命令，将其中一个转入前台，查看结果。

命令及显示信息如下：

```
[user@Fedora ~]$ gcalctool &
[1] 3885
[user@Fedora ~]$ gcalctool &
[2] 3886
[user@Fedora ~]$ jobs
[1]-  Running                    gcalctool &
[2]+  Running                    gcalctool &
[user@Fedora ~]$ fg 1
gcalctool
^C
[user@Fedora ~]$ jobs
[2]+  Running                    gcalctool &
```

从上面的信息可以看出，前一个 jobs 命令查看后台进程情况，两个后台进程号分别为 1 和 2，那么使用 fg 1 命令可以将后台进程号为 1 的进程转到前台，此时使用 Ctrl+C 命令，该进程终止。

2. bg 命令

使后台暂停的命令继续运行。如果后台中有多个命令，则使用 bg 命令加上作业号调出所选中的命令。

```
bg   作业号
```

【例 11.28】 使用 gcalctool 命令运行计算器程序，然后使用 Ctrl+Z 命令将其停止并转入后台，最后使用 bg 命令，再将其进程在后台继续运行。

命令及显示信息如下：

```
[user@Fedora ~]$ gcalctool
^Z
[1]+  Stopped                    gcalctool
[user@Fedora ~]$ jobs
[1]+  Stopped                    gcalctool
[user@Fedora ~]$ bg 1
[1]+ gcalctool &
[user@Fedora ~]$ jobs
[1]+  Running                    gcalctool &
```

从上面的信息可以看出，使用 jobs 命令查看后台进程情况，并且得到停止的进程

gcalctool 的后台 PID 为 1，那么用命令“bg 1”可将其继续执行，从最后一行信息看出，进程“gcalctool &”正在后台执行。

11.5 优先级调整命令 renice

renice 命令用于更改优先级。如果某个或某些进程消耗过多的系统资源，除了终止这些进程，还可以使用 renice 命令更改其优先级。renice 命令的使用权限是超级用户。

系统中运行的每个进程都有一个优先级（亦称“nice 值”），nice 值是进程的系统调度优先级的十进制值，其范围为-20～19。nice 值越小，优先级越高。默认情况下，进程的优先级是 0（“基本”调度优先级）。一般用户进程的优先级别一般为 0～19。超级用户（root）可以设定任何进程的优先级，并可以查看进程的优先级，对进程的优先级进行调整。

格式

```
renice    优先级值   [-p pid]  [-g gid] [-u user]
```

选项参数

-p pid：重新指定进程 ID 为“pid”的进程优先级。

-g gid：重新指定组为“gid”的进程优先级。

-u user：重新指定进程所属用户名为“user”的进程优先级。

查看进程优先级，则命令及结果显示如下：

```
[user@Fedora ~]$ ps al
F   UID   PID  PPID PRI  NI   VSZ    RSS WCHAN  STAT TTY        TIME COMMAND
4     0  1335     1  20   0  1868    444 n_tty_ Ss+  tty4       0:00 /sbin/minge
4     0  1336     1  20   0  1868    440 n_tty_ Ss+  tty5       0:00 /sbin/minge
4     0  1337     1  20   0  1868    476 n_tty_ Ss+  tty2       0:00 /sbin/minge
4     0  1338     1  20   0  1868    448 n_tty_ Ss+  tty3       0:00 /sbin/minge
4     0  1339     1  20   0  1868    444 n_tty_ Ss+  tty6       0:00 /sbin/minge
4     0  1354  1353  20   0 30916  18708 poll_s Ss+  tty1       0:48 /usr/bin/Xo
0   500  2049  2047  20   0  6708   1640 wait   Ss   pts/0      0:00 bash
0   500  2062  2049  20   0 58736  14148 poll_s S+   pts/0      0:00 gcalctool
0   500  2065  2047  20   0  6708   1592 wait   Ss   pts/1      0:00 bash
0   500  2075  2065  20   0  6220    824 -      R+   pts/1      0:00 ps al
```

命令执行结果的第 4 个字段“NI”表示 nice 值（进程优先级），0 代表普通优先级，而进程“gcalctool”的 nice 值为 0，表示普通优先级。如果进程的 nice 值为负数，那么该进程就是高优先级，为正数，则表示低优先级的进程。

【例 11.29】 参考上面“ps al”显示信息，将 PID 为 2062 的进程 gcalctool 的 nice 值由 0 修改为 10。

命令及结果显示如下：

```
[user@Fedora ~]$ renice 10 2062
2062: old priority 0, new priority 10
```

从其命令及结果可以看出，PID 为 2062 的进程优先级已成功修改为 10。

第12章 网络管理

Linux 系统拥有强大的网络功能和丰富的网络应用软件，用户可以通过图形工具配置管理网络，也可以通过命令行来管理网络。

12.1 Linux 网络命令

Linux 提供一组功能强大的网络命令为用户服务，这些网络命令能够帮助用户查询当前的网络状况。本节主要介绍常用的网络命令，如 ifconfig、route、ping 等。

12.1.1 查看、更改网络接口命令 ifconfig

ifconfig 命令用于查看、更改网络接口的地址和参数，包括 IP 地址、子网掩码、广播地址，其使用权限为超级用户。

格式

```
ifconfig  ［网络接口］
或
ifconfig  网络接口 ［选项参数］ | IP 地址 ...
```

其中，网络接口为指定的网络设备名称，如 eth0 、eth1 和 wlan0 等。

如果 ifconfig 命令不带任何参数，则显示当前主机中所有激活的网络接口信息。

选项参数

add address：设置网络接口 IPv6 的 IP 地址为“address”。

del address：删除网络接口 IPv6 的 IP 地址为“address”。

down：关闭指定的网络接口。

dstaddr address：设置点对点连接时，对应端的 IP 地址为“address”。

mem_start NN：设置网络接口在主内存所占用的起始地址“NN”，只有少部分网络接口需要设置该参数。

metric NN：指定在计算包的转送次数(routing)时，加上的数目“NN”。负责路由的协议（例如 RIP）在计算最短路径时，会用到此项信息。通常设定为 1。

mtu NN：设置网络接口的 MTU（最大传输单位）为“NN”。单位为字节。

netmask address：设置网络接口的子网络掩码为“address”。

tunnel address：建立 IPv4 与 IPV6 之间的通道通信地址“address”。

up：启动指定的网络接口。

[-]**broadcast** address：将要送往“address”指定地址的包当成广播包处理。负号表示关闭此设置，不加负号表示使用此设置。

[-]**pointopoint** address：与“address”指定地址的网络接口建立直接连接，该模式具有保密功能。负号表示关闭此次连接，不加负号表示启动此连接。

【例 12.1】 显示当前主机中所有网络接口配置信息。命令及结果显示如下：

```
[user@Fedora ~]$ ifconfig
eth0      Link encap:Ethernet    HWaddr 00:1E:C9:6E:57:68
          inet addr:192.168.101.110    Bcast:192.168.101.255    Mask:255.255.255.0
          inet6 addr: fe80::21e:c9ff:fe6e:5768/64 Scope:Link
          UP BROADCAST RUNNING MULTICAST    MTU:1500    Metric:1
          RX packets:7714 errors:0 dropped:0 overruns:0 frame:0
          TX packets:6863 errors:0 dropped:0 overruns:0 carrier:0
          collisions:0 txqueuelen:100
          RX bytes:7069215 (6.7 MiB)    TX bytes:854845 (834.8 KiB)
          Memory:fdfc0000-fdfe0000

lo        Link encap:Local Loopback
          inet addr:127.0.0.1    Mask:255.0.0.0
          inet6 addr: ::1/128 Scope:Host
          UP LOOPBACK RUNNING    MTU:16436    Metric:1
          RX packets:216 errors:0 dropped:0 overruns:0 frame:0
          TX packets:216 errors:0 dropped:0 overruns:0 carrier:0
          collisions:0 txqueuelen:0
          RX bytes:31736 (30.9 KiB)    TX bytes:31736 (30.9 KiB)
```

从上面的命令和执行结果可以看出，本主机有两个网络接口 eth0 和 lo。其中 eth0 代表主机的的第一个以太网卡，该卡的硬件地址（即 MAC 地址）为 00:1E:C9:6E:57:68，inet 地址（即 IP 地址）为 192.168.101.110，广播地址为 192.168.101.255，子网掩码为 255.255.255.0，如果主机安装了第二、第三块以太网卡，则有 eth1、eth2 标识；lo 代表主机本身，其 IP 地址固定为 127.0.0.1。如果本机器装有无线网卡，那么该网卡标志为 wlan0，如果主机安装了第二、第三块无线网卡，则有 wlan1、wlan2 标识。

常见的网络接口标识有以下几种（其中 N 表示接口号）：

(1) ethN：以太网卡

(2) wlanN：无线网卡

(3) pppN：调制解调设备

(4) trN：令牌环网卡

如果要查看某个网络设备，可以在 ifconfig 命令后面加上接口名称。

【例 12.2】 查看以太网卡 eth0 的相关信息。

命令及结果显示如下：

```
[user@Fedora ~]$ ifconfig eth0
eth0      Link encap:Ethernet  HWaddr 00:1E:C9:6E:57:68
          inet addr:192.168.101.110  Bcast:192.168.101.255  Mask:255.255.255.0
          inet6 addr: fe80::21e:c9ff:fe6e:5768/64 Scope:Link
          UP BROADCAST RUNNING MULTICAST  MTU:1500  Metric:1
          RX packets:7894 errors:0 dropped:0 overruns:0 frame:0
          TX packets:6879 errors:0 dropped:0 overruns:0 carrier:0
          collisions:0 txqueuelen:100
          RX bytes:7085421 (6.7 MiB)  TX bytes:855901 (835.8 KiB)
          Memory:fdfc0000-fdfe0000
```

【例 12.3】 配置 eth0 的 IP 地址为 192.168.101.120，子网掩码为 255.255.255.0，并且激活以太网卡，然后查看修改结果。

命令及结果显示如下：

```
[root@Fedora ~]# ifconfig eth0 192.168.101.120 netmask 255.255.255.0 up
[root@Fedora ~]# ifconfig eth0
eth0      Link encap:Ethernet  HWaddr 00:1E:C9:6E:57:68
          inet addr:192.168.101.120  Bcast:192.168.101.255  Mask:255.255.255.0
          inet6 addr: fe80::21e:c9ff:fe6e:5768/64 Scope:Link
          UP BROADCAST RUNNING MULTICAST  MTU:1500  Metric:1
          RX packets:8435 errors:0 dropped:0 overruns:0 frame:0
          TX packets:6916 errors:0 dropped:0 overruns:0 carrier:0
          collisions:0 txqueuelen:100
          RX bytes:7134831 (6.8 MiB)  TX bytes:860797 (840.6 KiB)
          Memory:fdfc0000-fdfe0000
```

从上面的信息可以看出，eth0 的 IP 地址和子网掩码已成功设置。

【例 12.4】 激活以太网卡 eth0。

命令如下：

```
[root@Fedora ~]# ifconfig eth0 up
```

【例 12.5】 关闭 eth0 网络接口的工作。

命令如下：

```
[root@Fedora ~]# ifconfig eth0 down
```

【例 12.6】 将以太网卡 eth0 的最大传输单位设为 1024 字节。

命令如下：

```
[user@Fedora ~]$ ifconfig eth0 mtu 1024
```

【例 12.7】 设置网络接口 eth0 的子网掩码为 255.255.0.0。

```
[root@Fedora ~]# ifconfig eth0 netmask 255.255.0.0
```

12.1.2 检测网络连通性命令 ping

ping 是检测网络连通性最常用的命令。

格式

ping ［选项参数 ［参数设置值］］ ［域名 | IP 地址］

选项参数

-c count：要求 ping 命令连续送出数据包，直到发出并接收到“count”个请求。

-d：为使用的套接字打开调试状态。

-f：极限侦测。还未收到响应就全速发送要求信息，每秒最高可达数百次，以便统计包的漏失，错误比率。每发送 1 个要求信息，就显示 1 个“.”号。由于该参数将造成网络的严重负担，所以只有系统管理员才能使用。

-i interval：设置两次数据包发送的间隔为“interval”秒。

-I device_name：使用“device_name”指定网络接口（网卡）发送包。

-n：只使用数字方式。一般情况下，ping 试图把 IP 地址转换成主机名称。这个选项要求 ping 打印 IP 地址而不去搜索以符号表示的名字。如果因某种原因无法使用本地 DNS 服务器，该选项参数就很重要了。

-q：不显示命令执行过程，只在开始和结束时显示概要信息。

-r：忽略普通的路由表，直接将包发送到远程主机。如果该主机并非在本局域网络内，则传回错误信息。

-R：记录路由过程。在要求信息的包中加上 RECORD_ROUTE 的功能，显示包经过的路由过程。

-s packetsize：设置数据包的大小为“packetsize”，默认值是 56 字节，加上 8 字节的 ICMP 报头成为 64 字节。

-t ttl：设置存活数值 TTL 的大小为“ttl”。

-v：详细显示命令的执行过程，显示包括非响应信息的其他信息。

【例 12.8】 测试与搜狐网址的连通性。

命令及结果显示如下：

```
[root@Fedora ~]# ping www.sohu.com
PING pgctcsht01.a.sohu.com (114.80.130.101) 56(84) bytes of data.
64 bytes from 114.80.130.101: icmp_seq=1 ttl=55 time=46.5 ms
64 bytes from 114.80.130.101: icmp_seq=2 ttl=55 time=44.4 ms
64 bytes from 114.80.130.101: icmp_seq=3 ttl=55 time=45.8 ms
64 bytes from 114.80.130.101: icmp_seq=4 ttl=55 time=47.6 ms
64 bytes from 114.80.130.101: icmp_seq=5 ttl=55 time=44.7 ms
...
```

从命令运行结果可以看出，ping 搜狐网站，将不间断地返回 ICMP 数据报，这说明目标主机可以连通。

【例 12.9】 设置 ping IP 地址为 192.168.101.3 的主机时每次发送的 ICMP 数据报的大小为 128 字节。

命令及显示信息如下：

```
[root@Fedora ~]# ping -s 128 192.168.101.3
PING 192.168.101.3 (192.168.101.3) 128(156) bytes of data.
```

```
136 bytes from 192.168.101.3: icmp_seq=1 ttl=128 time=1.35 ms
136 bytes from 192.168.101.3: icmp_seq=2 ttl=128 time=0.280 ms
136 bytes from 192.168.101.3: icmp_seq=3 ttl=128 time=0.260 ms
136 bytes from 192.168.101.3: icmp_seq=4 ttl=128 time=0.272 ms
136 bytes from 192.168.101.3: icmp_seq=5 ttl=128 time=0.274 ms
...
```

从上面的信息可以看到，每次发送的 IP 数据报大小为 136 字节，这是因为 IP 数据报是由报头和 ICMP 报文（数据包）组成。IP 数据报报头大小为 8 字节，而 ICMP 报文为 128 字节，所以组成的 IP 数据报大小为 136 字节。

【例 12.10】 测试与 IP 地址为 192.168.101.3 计算机的连通性，要求发送测试数据报的次数为 4。

命令及运行结果如下：

```
[root@Fedora ~]# ping -c 4 192.168.101.3
PING 192.168.101.3 (192.168.101.3) 56(84) bytes of data.
64 bytes from 192.168.101.3: icmp_seq=1 ttl=128 time=0.531 ms
64 bytes from 192.168.101.3: icmp_seq=2 ttl=128 time=0.277 ms
64 bytes from 192.168.101.3: icmp_seq=3 ttl=128 time=0.266 ms
64 bytes from 192.168.101.3: icmp_seq=4 ttl=128 time=0.272 ms

--- 192.168.101.3 ping statistics ---
4 packets transmitted, 4 received, 0% packet loss, time 3003ms
rtt min/avg/max/mdev = 0.266/0.336/0.531/0.113 ms
```

从上面的命令及其执行结果可以看出，ping 命令发出了 4 个测试数据报，都得到目标主机的回复。

目前很多主机都设置防火墙，不应答 ping 命令，这种情况下，如果 ping 命令不停地发送测试数据报，而得不到任何返回结果，导致 ping 命令僵死，使用“-c”参数设置发送测试数据报的次数，当达到设置次数，不管有没有得到对方的应答都要返回。

【例 12.11】 测试与 IP 地址为 218.2.135.2 的计算机的连通性，要求发送测试数据报的次数为 4。

命令及运行结果如下：

```
[root@Fedora ~]# ping -c 4 218.2.135.2
PING 218.2.135.2 (218.2.135.2) 56(84) bytes of data.

--- 218.2.135.2 ping statistics ---
4 packets transmitted, 0 received, 100% packet loss, time 13000ms
```

从上面的信息可以看出，IP 地址为 218.2.135.2 的计算机对 ping 命令不予应答，所以，使用“-c”参数设置发送测试数据报的次数，当达到设置的 4 次则返回。

12.1.3 显示修改路由表命令 route

route 命令用于显示和修改路由表，由于网络上的节点设备不断变化，路由表也随之变化，所以查询当前路由信息很有必要。

格式

```
route [选项参数 参数设置值] [dev 网络接口名称]
```

选项参数

add：新增一项路由记录。

del：删除一项路由记录。

-e：以 netstat 命令的排版格式显示路由表。

-F：访问内核里的 FIB (Forwarding Information Base)路由表。

gw <u>Gw</u>：指定“Gw”网关的 IP 地址。

-n：以数字模式显示路由表。

netmask <u>Nm</u>：指定主机或网段的网络掩码“Nm”。

-h：显示帮助信息。

-host：指定目的地址为主机。

-net：指定目的地址为网段。

-v：以详细模式显示。

-V：查询当前的版本。

说明：使用 route 命令不加任何参数，查看当前网络的路由表。

【例 12.12】 显示当前网络的路由表，包括所在子网地址和默认网关的地址。

命令及执行结果如下：

```
[root@Fedora ~]# route
Kernel IP routing table
Destination     Gateway         Genmask         Flags Metric Ref    Use Iface
192.168.101.0   *               255.255.255.0   U     1      0        0 eth0
default         192.168.101.1   0.0.0.0         UG    0      0        0 eth0
```

从上面执行结果的第 3 行可以看出，本主机所在的网络地址为 192.168.101.0，如果只是在本局域网内通信，可以直接通过无线网络接口 eth0 转发数据包。而上面显示的最后一行信息，则表示数据传输目的地是局域网外面的因特网，需要通过网络接口 eth0 将数据包发送到网关 192.168.101.1，然后再通过网关与外网通信。

其中，“Flags”为路由标志，标记当前网络节点（即路由器）的状态。如“U”（up）表示当前该路由器处于启动状态，“G”（Gateway）则表示该网关为路由器，网络节点状态除“U”、“G”外，还有以下状态：

(1) H：表示该网关为一台主机。

(2) R：表示使用动态路由重新初始化的路由。

(3) D：表示该路由被动态写入。

(4) M：表示该路由动态修改的。

(5) !：表示该路由当前为关闭状态。

【例 12.13】 通过网关 192.168.101.1 转发数据包，访问 192.168.1.0 网段。

首先，在当前网络的静态路由表中添加一条通过网关 192.168.101.1 转发数据包访问 192.168.1.0 网段的路由信息，然后查询修改结果。

命令及显示结果如下：

```
[root@Fedora ~]# route add -net 192.168.1.0 netmask 255.255.255.0   gw   192.168.101.1 eth0
[root@Fedora ~]# route
Kernel IP routing table
Destination     Gateway         Genmask         Flags Metric Ref    Use Iface
192.168.101.0   *               255.255.255.0   U     2      0        0 eth0
192.168.1.0     192.168.101.1   255.255.255.0   UG    0      0        0 eth0
default         192.168.101.1   0.0.0.0         UG    0      0        0 eth0
```

【例 12.14】 删除上面实例中添加的路由信息，并查询结果。

命令及显示结果如下：

```
[root@Fedora ~]# route del -net 192.168.1.0 netmask 255.255.255.0   gw   192.168.101.1 eth0
[root@Fedora ~]# route
Kernel IP routing table
Destination     Gateway         Genmask         Flags Metric Ref    Use Iface
192.168.101.0   *               255.255.255.0   U     2      0        0 eth0
default         192.168.101.1   0.0.0.0         UG    0      0        0 eth0
```

12.1.4 查询域名服务器命令 nslookup

nslookup 命令用于查询域名服务器，可以分别根据 IP 地址获取域名或域名获取 IP 地址。

格式

```
nslookup    [IP 地址 | 域名]
```

【例 12.15】 根据域名 www.google.com，查询其 IP 地址。

命令及查询结果如下：

```
[root@Fedora ~]# nslookup www.google.com
Server:         218.2.135.1
Address:    218.2.135.1#53

Non-authoritative answer:
www.google.com      canonical name = www.l.google.com.
Name:     www.l.google.com
Address: 66.249.89.99
Name:     www.l.google.com
Address: 66.249.89.104
```

从上面的命令及其执行结果可以看出，nslookup 命令可以从域名服务器 218.2.135.1 上得到域名 www.baidu.com 对应的 IP 地址分别为 66.249.89.99 和 66.249.89.104。

【例 12.16】 查询 IP 地址为 66.249.89.99 的网址（域名）。

命令及查询结果如下：

```
[root@Fedora ~]# nslookup 66.249.89.99
Server:         218.2.135.1
Address:    218.2.135.1#53
```

```
Non-authoritative answer:
99.89.249.66.in-addr.arpa     name = nrt04s01-in-f99.1e100.net.

Authoritative answers can be found from:
89.249.66.in-addr.arpa nameserver = ns2.google.com.
89.249.66.in-addr.arpa nameserver = ns3.google.com.
89.249.66.in-addr.arpa nameserver = ns4.google.com.
89.249.66.in-addr.arpa nameserver = ns1.google.com.
ns3.google.com  internet address = 216.239.36.10
ns1.google.com  internet address = 216.239.32.10
ns4.google.com  internet address = 216.239.38.10
ns2.google.com  internet address = 216.239.34.10
```

从上面的显示信息可以看出，使用 nslookup 命令查询 IP 地址为 66.249.89.99 的 IP 地址对应的域名为 www.google.com。

12.1.5　显示网络状态信息命令 netstat

netstat 命令主要用于查看网络连接、路由表和网络接口信息等当前网络状况，了解目前正在连接的网络。

格式

```
netstat    [选项参数]
```

选项参数

-a：显示所有 socket，包括正在监听的。
-i：显示所有网络接口的信息，与 ifconfig 类似。
-l：显示处于监听状态的套接字。
-M：显示最大连接数。
-n：以网络 IP 地址代替名称，显示网络连接情形。
-s：显示每个协议的统计数据。
-t：显示 TCP 协议的连接情况。
-u：显示 UDP 协议的连接情况。
-r：显示路由表。
-I：显示网络界面信息列表。
-p：显示正在使用 Socket 程序识别码和程序名称。

说明：netsat 命令不加任何参数，列出主机所有开放的网络套接字信息，包括协议、接收、发送队列的大小，以及协议内部状态。

【例 12.17】　查看当前连接中的所有 socket。

命令如下：

```
[root@Fedora ~]# netstat -a
```

【例 12.18】 分页显示所有的连接状态，并以数字形式显示，即 IP 地址形式。

命令及显示结果如下：

```
[root@Fedora ~]# netstat -anp | more
Active Internet connections (servers and established)
Proto Recv-Q Send-Q Local Address               Foreign Address             Stat
e       PID/Program name
tcp        0      0 127.0.0.1:631               0.0.0.0:*                   LIST
EN      1088/cupsd
tcp        0      0 127.0.0.1:25                0.0.0.0:*                   LIST
EN      2835/sendmail: acce
tcp        0      0 ::1:631                     :::*                        LIST
EN      1088/cupsd
udp        0      0 0.0.0.0:5353                0.0.0.0:*
        1077/avahi-daemon:
udp        0      0 0.0.0.0:41197               0.0.0.0:*
        1077/avahi-daemon:
...
--More--
```

【例 12.19】 分页显示基于 tcp 及 udp 协议，并且查看处于监听状态的连接情况。

命令及显示结果如下：

```
[root@Fedora ~]# netstat -tul
Active Internet connections (only servers)
Proto Recv-Q Send-Q Local Address               Foreign Address             State
tcp        0      0 localhost.localdomain:ipp   *:*                         LISTEN
tcp        0      0 localhost.localdomain:smtp  *:*                         LISTEN
tcp        0      0 localhost6.localdomain6:ipp *:*                         LISTEN
udp        0      0 *:mdns                      *:*
udp        0      0 *:41197                     *:*
udp        0      0 *:ipp                       *:*
udp        0      0 192.168.101.110:ntp         *:*
udp        0      0 localhost.localdomain:ntp   *:*
udp        0      0 *:ntp                       *:*
udp        0      0 fe80::21e:c9ff:fe6e:ntp     *:*
udp        0      0 localhost6.localdomain6:ntp *:*
udp        0      0 *:ntp                       *:*
```

上面的显示信息中 tcp 或 udp 是 tcp 或 udp 数据包，而状态“LISTEN”是指该端口正在监听的网络服务。

【例 12.20】 显示当前路由信息。

命令及显示信息如下：

```
[root@Fedora ~]# netstat -r
Kernel IP routing table
Destination     Gateway         Genmask         Flags   MSS Window  irtt Iface
192.168.101.0   *               255.255.255.0   U         0 0          0 eth0
192.168.1.0     192.168.101.1   255.255.255.0   UG        0 0          0 eth0
```

```
default         192.168.101.1     0.0.0.0         UG        0 0          0 eth0
```

从上面的显示信息可以看出，该命令的功能与 route 命令相同。

【例 12.21】 列出网络接口列表。

命令及显示信息如下：

```
[root@Fedora ~]# netstat -i
Kernel Interface table
Iface       MTU Met    RX-OK RX-ERR RX-DRP RX-OVR    TX-OK TX-ERR TX-DRP
TX-OVR Flg
eth0       1500   0    18642      0      0      0    12868      0      0      0 BMRU
lo        16436   0      216      0      0      0      216      0      0      0 LRU
```

12.1.6 显示数据包到目标主机之间路径命令 traceroute

traceroute 命令是用显示数据包与目标主机之间的路径。

格式

```
traceroute [选项参数 参数值] [域名 | IP 地址] [数据包大小]
```

选项参数

-d：使用 Socket 层级的排错功能。

-f first ttl：设置第一个检测数据包的存活数值 TTL 的大小为“first_ttl”。

-g gateway：设置网关为“gateway”，最多可设置 8 个。

-i interface：设置网络接口“interface”。

-I：使用 ICMP 回应取代 UDP 资料信息。

-n：直接使用 IP 地址而非主机名称。

-r：忽略普通的路由表，直接将数据包送到远端主机上。

-s source addr：设置本地主机送出数据包的 IP 地址“source _addr”。

-m max ttl：设置检测数据包的最大存活数值 TTL 为“max_ttl”，其默认值为 30。

-p port：设置 UDP 传输协议的通信端口为“port”。

-v：详细显示命令的执行过程。

【例 12.22】 追踪从本地计算机到 www.google.com 网站的路径。

命令及运行结果如下所示：

```
[root@Fedora ~]# traceroute www.google.com
traceroute to www.google.com (66.249.89.104), 30 hops max, 60 byte packets
 1  192.168.101.1 (192.168.101.1)  0.961 ms  1.292 ms  2.008 ms
 2  221.231.205.92 (221.231.205.92)  40.567 ms  44.294 ms  47.721 ms
 3  218.2.121.249 (218.2.121.249)  51.430 ms  54.602 ms  54.591 ms
 4  221.231.152.61 (221.231.152.61)  58.643 ms  61.178 ms  64.298 ms
 5  202.97.27.21 (202.97.27.21)  67.343 ms  71.951 ms  74.812 ms
 6   (202.97.39.137)  80.391 ms  48.135 ms  48.348 ms
 7   (202.97.33.66)  57.617 ms  59.574 ms  60.011 ms
 8  202.97.60.38 (202.97.60.38)  56.203 ms  59.461 ms  63.338 ms
```

```
 9  202.97.60.34 (202.97.60.34)  101.363 ms  101.742 ms  101.717 ms
10  * * *
11  209.85.255.80 (209.85.255.80)  199.268 ms  168.903 ms  172.239 ms
12  209.85.249.195 (209.85.249.195)  86.960 ms  90.910 ms  89.491 ms
13  72.14.236.126 (72.14.236.126)  101.611 ms  101.608 ms  102.017 ms
14  nrt04s01-in-f104.1e100.net (66.249.89.104)  98.091 ms  100.982 ms  103.645 ms
```

从上面命令执行结果的第一行可以看出，远程 www.google.com 的 IP 地址为 66.249.89.104，所经过的路由器最大格式为 30（30 hop max），传送每个包的大小为 60 字节。而从执行结果的第二行往后，每一行信息都包含经过的路由器的 IP 地址和 3 个以毫秒为单位的时间(分组尝试 3 个经过该路由器的时间)。从上面结果的第 10 行看到的“***”，则表示分组在指定 TTL 时间内，无法经过该路由器，也表示该路由器目前正处于忙碌状态。

12.2 图形界面下的网络工具

Fedora 12 提供了图形界面的网络工具（gnome-nettool），包括 ifconfig、ping、netstat、traceroute、nslookup 等命令所实现功能的图形工具。Fedora 12 默认没有安装该网络工具，用户可以自行在线安装，安装命令及信息显示如下：

```
[root@Fedora ~]# yum install gnome-nettool
已加载插件：presto, refresh-packagekit
updates/metalink                                   | 6.1 KB     00:00
updates                                            | 4.5 KB     00:00
updates/primary_db                                 | 4.5 MB     00:32
设置安装进程
解决依赖关系
--> 执行事务检查
---> 软件包 gnome-nettool.i686 0:2.26.0-2.fc12 将被 升级
--> 完成依赖关系计算

依赖关系解决

================================================================================
 软件包               架构          版本                  仓库              大小
================================================================================
正在安装:
 gnome-nettool        i686          2.26.0-2.fc12         fedora            284 KB

事务概要
================================================================================
安装        1 软件包
更新        0 软件包

总下载量：284 KB
确定吗？[y/N]：y
```

```
下载软件包：
Setting up and reading Presto delta metadata
Processing delta metadata
Package(s) data still to download: 284 KB
gnome-nettool-2.26.0-2.fc12.i686.rpm                     | 284 KB     00:01
运行 rpm_check_debug
执行事务测试
完成事务测试
事务测试成功
执行事务
警告：自上次 yum 事务以来 RPMDB 已变动。
  正在安装          : gnome-nettool-2.26.0-2.fc12.i686                        1/1

已安装:
  gnome-nettool.i686 0:2.26.0-2.fc12

完毕！=
```

从上面的信息看到软件 gnome-nettool 安装成功。

在命令终端输入如下命令来启动网络工具：

```
[root@Fedora ~]# gnome-nettool
```

网络启动后，弹出“设备—网络工具”窗口，如图 12.1 所示，可以看到设备、Ping、网络统计、Traceroute、端口扫描、查找、Finger、Whois 等 8 个标签页。

1. 设备

网络设备为用户提供 ifconfig 命令的图形操作界面，帮助用户查看网络设备的信息。在“网络设备”下拉列表中选择需要查看的设备，如果要查看设备以太网卡（eth0）的信息，则可以选择“以太网卡（eth0）”选项，接着显示关于该设备的相关信息，如 IP 信息，接口信息、接口统计。

2. Ping

Ping 标签页用于测试网络的物理连接是否正常。该标签页所实现的功能与 ping 命令相同，就是把 ping 命令得到的统计数据以图形界面方式显示。若测试与 IP 地址为 192.168.101.3 主机的物理连接性，可以进行如下操作：

(1) 在网络工具窗口中，选中“Ping”标签按钮，然后在网络地址栏中输入目标 IP 地址或域名。

(2) 在“发送”选项中，输入发送测试请求的次数，默认为 5 次，如图 12.2 所示。

(3) 单击 Ping 按钮，开始测试与目标主机的物理连通性。测试结果包括往返时间统计、传送统计和传输数据的柱状图，如图 12.3 所示。可以通过单击“详细信息”查看更详细的信息。

3. 网络统计

网络统计标签页为用户提供方便获取网络统计信息的方法，可以获得 3 种网络统计信息：路由表信息、激活网络信息和多播信息。

(1) 显示“路由表信息”：可以看到网络中的路由表信息，本实例中，如果要访问因特网，从网络接口 eth0 将数据包发送给网关 192.168.101.1，随后经过网关将数据包发送到因特网中，如图 12.4 所示。

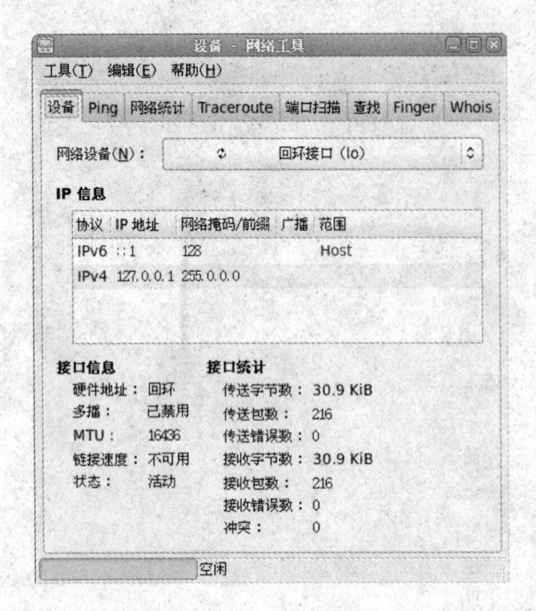

图 12.1 “设备-网络工具”窗口

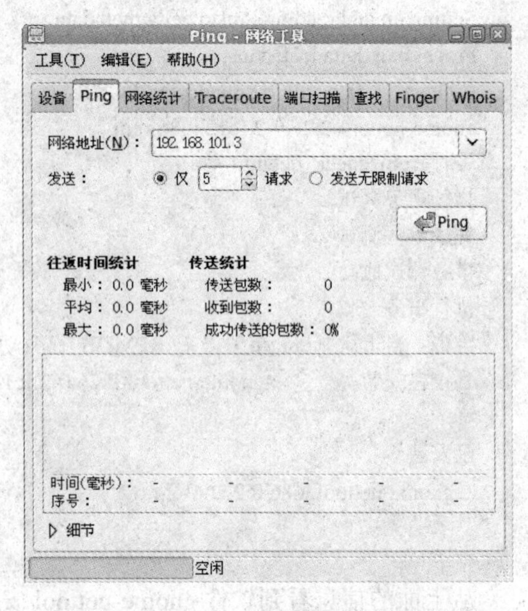

图 12.2 使用 Ping 标签页测试网络连通性

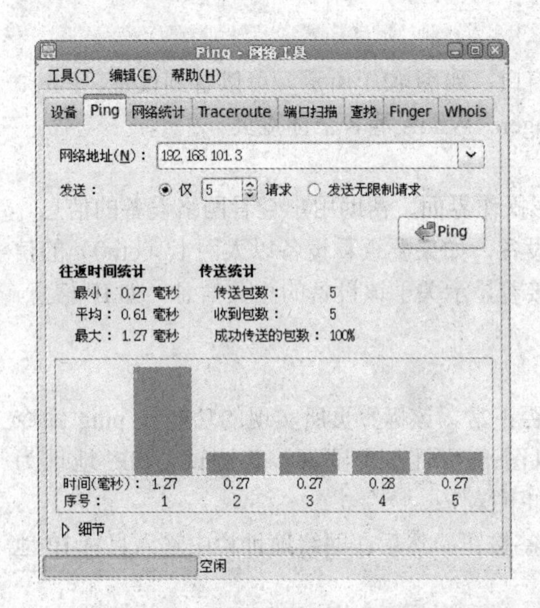

图 12.3 测试网络的物理连通性

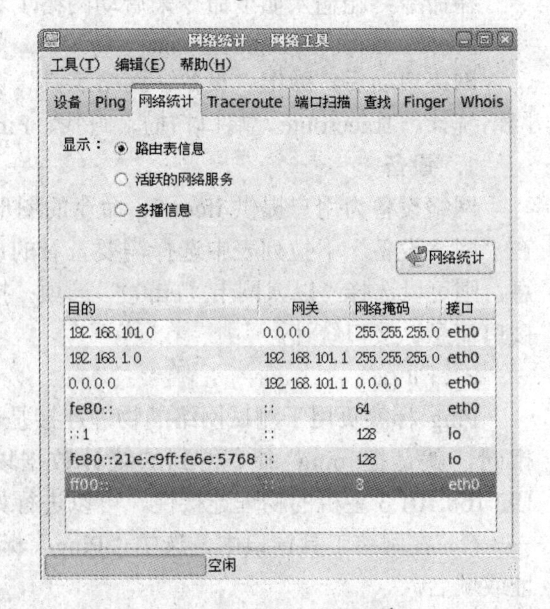

图 12.4 路由表信息统计

(2) 显示“活跃的网络服务”：看到处于“LISTEN”状态的 tcp/udp 套接字端口的信息，如图 12.5 所示。

(3) 显示“多播信息”：看到多播组成员的信息，如图 12.6 所示。

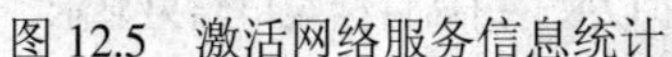
图 12.5 激活网络服务信息统计

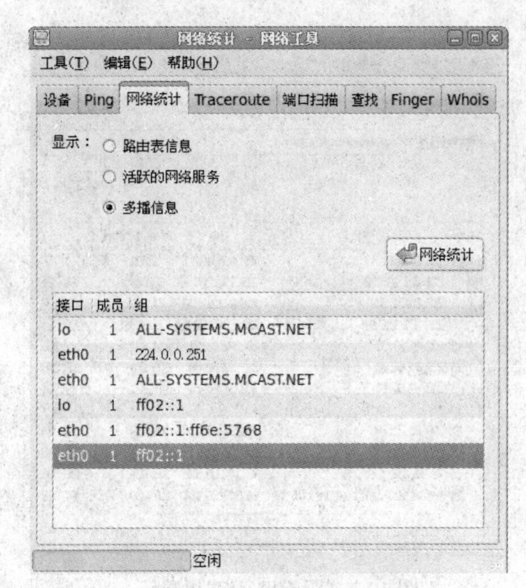

图 12.6 多播信息统计

4. Traceroute

Traceroute 标签页能够跟踪数据包在因特网中传递的路径，得到网络中的路由信息。通常用作网络调试工具，如果网络是通的，可以使用 Traceroute 工具跟踪传输路径，并得到经过网络节点的信息和数据包的统计数据。通过这些数据来对网络进行调试和优化等操作。

Traceroute 的操作步骤如下：

(1) 打开“Traceroute”标签页，然后在网络地址框内输入目标主机的 IP 地址或域名。

(2) 单击“跟踪”按钮，开始记录数据包发送到目标主机经过的路由器，如图 12.7 所示。本例显示了访问 www.google.com 所经过的路由器，以及经过每个路由所用的时间。实际上，它所实现的功能与在命令终端中输入 traceroute www.google.com 命令实现的功能是等效的。

5. 端口扫描

如果要了解远程主机所提供的服务，就需要扫描远程主机的端口。网络工具的端口扫描标签页为用户提供扫描远程主机端口的图形界面。

端口扫描的具体步骤如下：

(1) 在网络工具窗口中，选中“端口扫描”标签按钮。

(2) 在“网络地址”框内输入目标主机的网络地址，IP 地址或域名。本实例中扫描的远程主机 IP 地址为 192.168.101.3。

(3) 单击“扫描”按钮，扫描 IP 地址为 192.168.101.3 主机端口的结果，如图 12.8 所示。

6. 查找

“查找”标签页能够帮助用户查询一个域名所对应的 IP 地址或查询 IP 地址所对应的域名，功能等同于 nslookup 命令。

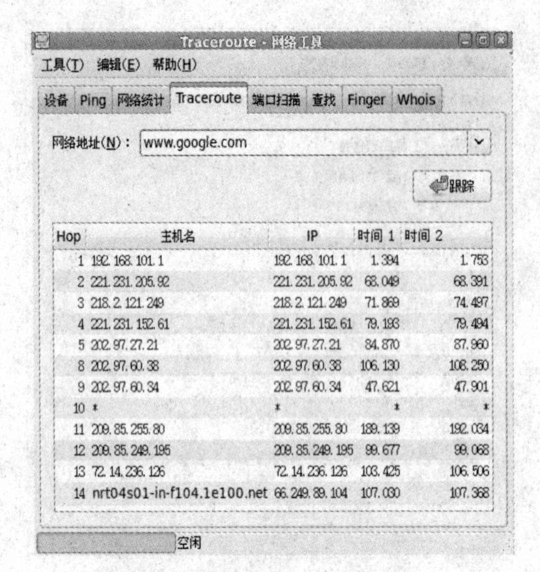

图 12.7 跟踪路由结果显示

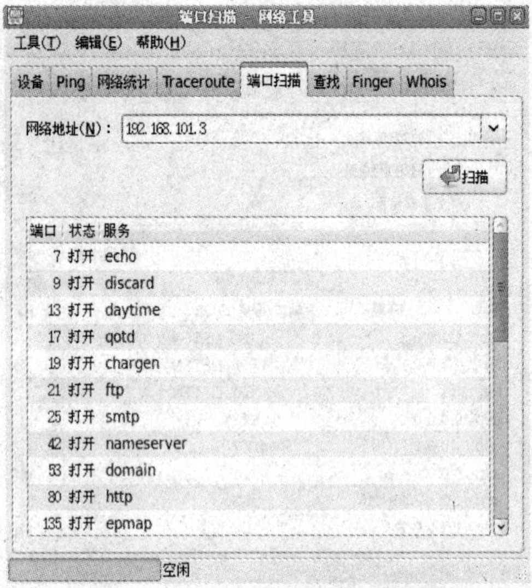

图 12.8 扫描目标端口结果显示

查找的具体步骤如下：

(1) 打开“查找”标签页。

(2) 在“网络地址”文本框中输入要查询的主机的域名或 IP 地址。本例中查找的 IP 地址为“66.249.89.99”。

(3) 当用户输入 IP 地址或域名后，单击“查找”按钮。结果显示如图 12.9 所示。从查询结果中可以看到 IP 地址为 66.249.89.99 的主机的域名为 www.google.com。

这里如果用户输入域名为 www.google.com，查询该域名对应的主机 IP，结果如图 12.10 所示。从查询结果可以看出域名“www.google.com”对应有多个 IP 地址如 66.249.89.99，66.249.89.104 等。

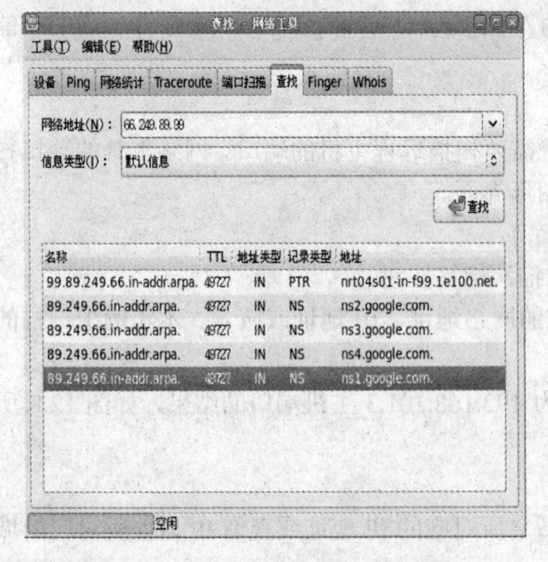

图 12.9 “查找”主机域名结果显示

图 12.10 查找域名对应 IP 地址结果

7. Finger

Finger 标签页可以使用户获得系统用户信息，如用户名以是否登录、及何时登录等信息。

使用 Finger 的步骤如下：

(1) 打开“Finger”标签页。

(2) 在“用户名”文本框内输入要查询的用户名，或在“网络地址”框中输入要查询用户的网络地址（如域名或 IP 地址）。在本例中，只在“用户名”文本框中输入了“user”用户名，即查询本主机上的用户“user” 的信息。

(3) 单击“Finger”按钮，查询用户 user 的信息，如图 12.11 所示。

8. Whois

Whois 标签页可查询域名是否已注册、域名所有人、域名注册商、域名注册日期及过期日期等信息。

需要注意的是在使用该工具之前，系统需要安装 Whois 工具。安装命令及结果显示如下：

```
[root@Fedora ~]# yum install Whois
已加载插件：presto, refresh-packagekit
设置安装进程
No package Whois available.
无须任何处理
[root@Fedora ~]# yum install jwhois
已加载插件：presto, refresh-packagekit
设置安装进程
解决依赖关系
--> 执行事务检查
---> 软件包 jwhois.i686 0:4.0-19.fc12 将被 升级
--> 完成依赖关系计算

依赖关系解决

================================================================================
 软件包            架构           版本                    仓库            大小
================================================================================
正在安装:
 jwhois            i686           4.0-19.fc12             updates         103 KB

事务概要
================================================================================
安装        1 软件包
更新        0 软件包

总下载量：103 KB
确定吗？[y/N]：y
下载软件包：
```

```
Setting up and reading Presto delta metadata
updates/prestodelta                                    |  13 KB     00:00
Processing delta metadata
Package(s) data still to download: 103 k
jwhois-4.0-19.fc12.i686.rpm                            | 103 KB     00:00
运行 rpm_check_debug
执行事务测试
完成事务测试
事务测试成功
执行事务
  正在安装        : jwhois-4.0-19.fc12.i686                              1/1

已安装:
  jwhois.i686 0:4.0-19.fc12

完毕!
```

如果用户要查询域名为“www.google.com”的相关信息，应在“域地址”中输入“www.google.com”，然后单击“Whois”按钮，查询结果如图 12.12 所示。

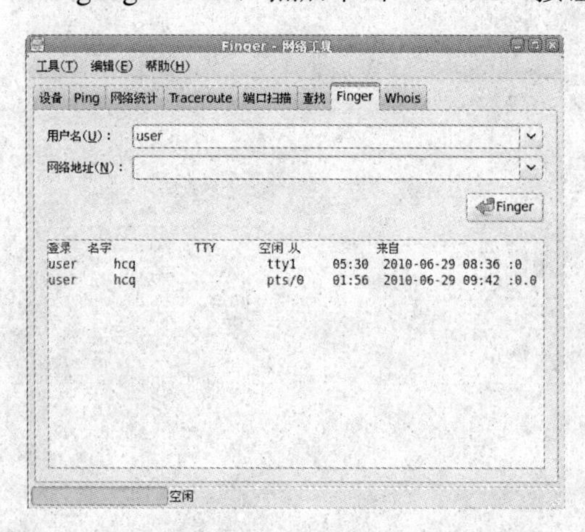

图 12.11 Finger 用户 user 的结果

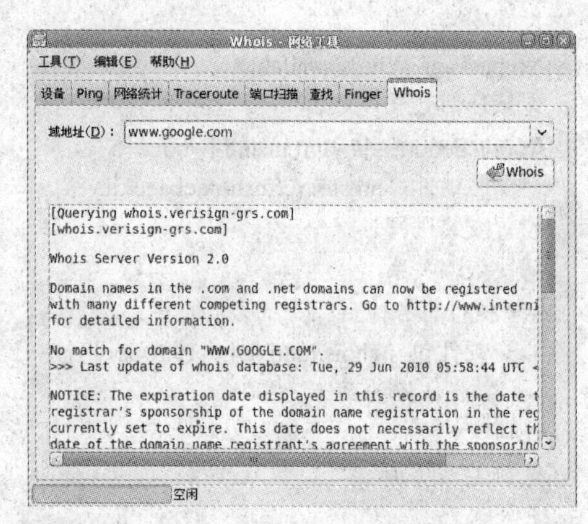

图 12.12 Whois“www.google.com”结果

第13章 FTP服务器

文件传输协议 FTP 是网络计算机间传输文件的主要协议。实际上，它也是一个应用程序，用户可以通过该传输协议与互联网中任意一台装有 FTP 的计算机传输文件。FTP 的主要任务就是从一台计算机上能够浏览远程计算机上的文件，并且能够从远程计算机上下载文件或从本地计算机上传文件到远程计算机上。此外，它还可以直接管理远程计算机上的文件。

Internet 是一个非常复杂的计算机网络，该网络中的计算机有着不同的操作系统（如 Linux、Windows、Mac 等），FTP 协议可以让这些不同的操作系统按照统一规则传输文件。

13.1 FTP概述

FTP 是文件传输协议，其全称为 File Transfer Protocol，是专门用来传输文件的协议，是网络中最重要、最广泛采用的协议之一。

FTP 协议是采用 TCP 协议，而不是 UDP 协议。TCP 协议属于可靠连接，所以 FTP 的连接也是可靠的，尽管可以用其他的协议，比如 HTTP 等协议下载文件，但是 FTP 的下载速度要比这些协议快很多。

1. FTP 工作原理

FTP 工作在 OSI 模型的应用层，同时也工作在 TCP/IP 模型的应用层。由于 FTP 采用了 TCP 协议，所以在传送文件时要经过“三次握手”。在 TCP/IP 协议中，TCP 协议提供可靠的连接服务，采用三次握手建立一个连接。FTP 客户端一般选大于 1024 的端口（port）向服务器端发送请求数据包并等待服务器的应答，完成“第一次握手”；当 FTP 服务器接收到客户端发送的请求数据包并且通过确认后，服务器发送一个数据包到客户端，表示同意和客户端建立连接，这样就完成了“第二次握手”；当客户端收到服务器端的确认数据包，再次向服务器发送一个确认包，客户端就跟服务器端建立连接通道（该连接通道的端口号通常是 21），完成了“第三次握手”。注意：这里建立的连接通道（port 21）仅能进行 FTP 的指令，而不是对数据进行下载和上传的连接通道。上传和下载的信道（ftp-data）的建立需要以下步骤：

(1) 客户端启用另一个大于 1024 的端口，并将该启用的端口号通过与服务器端（port

21）已经建立好的连接通道发送到服务器端，通知服务器客户端已经准备好接收传输数据的端口，等待服务器端传送数据。

(2) 服务器端使用 ftp-data 的端口，主动连接到客户端并通知其端口（port）号。

(3) 客户端响应服务器端，发送一个确认封包，继续完成另一个“三次握手”过程。这样就建立起数据传输的通道，客户端和服务器端开始传输数据。

也就是说，客户端从服务器下载数据或向服务器上传数据，要通过建立两次连接通道，第一次连接通道传输 ftp 命令，此时服务器端口是 port 21，客户端取一个端口号大于 1024 的端口；在建立好第二次连接通道时可以传输上传或下载的数据，此时服务器的端口号一般为 20，客户端取另一个大于 1024 的端口。服务器端口 21 主要接受来自客户端的命令（如下载命令 get，上传命令 put 等），端口 20 是用于传输上传或下载数据的。

上述数据通道的连接方式是在没有防火墙和 NAT 的情况下的连接通信模式，属于主动工作模式，还有一种连接通道的工作模式叫做被动工作模式。

2. 数据通道的建立模式

数据通道的建立模式有两种：主动模式和被动模式。

(1) 主动模式：FTP 客户端主动跟远程服务器端（TCP port 21）建立连接通道，客户端在已经建立好的连接通道上，通过 PORT 命令通知服务器它的端口号（大于 1024），然后服务器通常用端口 0 主动与客户端建立数据通道的连接。

(2) 被动模式：当客户端在 NAT 或防火墙后时，服务器就不能主动连接客户端了，建立控制通道与主动模式相似，但是建立完传输 ftp 命令的通道后，客户端发送的是 PASV 命令。FTP 服务器收到 PASV 命令后，随机打开一个大于 1024 的端口（高端端口），并且通知客户端在这个端口上传输数据，客户端接到此通知后就直接连接 FTP 服务器的高端端口进行数据传输，而不需要建立新的连接。被动模式比主动模式的安全性更高。

13.2 vsftpd

普通 FTP 服务器的最大问题是安全性低，如果对 FTP 服务器进行安全配置并加密势必大大影响其性能。解决办法就是用超安全 FTP 服务器——vsftpd（Very Secure FTP Daemon）。vsftpd 是一款 FTP 服务器程序，具有小巧轻快、安全易用等特点。

13.2.1 vsftpd 安装启动与登录

1. 安装 vsftpd

vsftpd 的安装命令及执行结果显示如下：

```
[root@Fedora ~]# yum install vsftpd
已加载插件：presto, refresh-packagekit
设置安装进程
解决依赖关系
--> 执行事务检查
---> 软件包 vsftpd.i686 0:2.2.2-6.fc12 将被升级
--> 完成依赖关系计算
```

```
依赖关系解决

================================================================================
 软件包              架构              版本                      仓库              大小
================================================================================
正在安装:
 vsftpd             i686              2.2.2-6.fc12              updates           155 KB

事务概要
================================================================================
安装          1 软件包
更新          0 软件包

总下载量：155 KB
确定吗？[y/N]：y
下载软件包：
Setting up and reading Presto delta metadata
Processing delta metadata
Package(s) data still to download: 155 KB
vsftpd-2.2.2-6.fc12.i686.rpm                                  | 155 KB     00:01
运行 rpm_check_debug
执行事务测试
完成事务测试
事务测试成功
执行事务
  正在安装          : vsftpd-2.2.2-6.fc12.i686                                1/1

已安装:
  vsftpd.i686 0:2.2.2-6.fc12

完毕!
```

从上面最后一行信息可以看出 vsftpd 软件已成功安装。

2. 启动关闭 vsftpd

vsftpd 有两种启动关闭方式。

方式一：

启动 vsftpd 服务器，命令及信息显示如下：

```
[root@Fedora ~]# /etc/init.d/vsftpd start
为 vsftpd 启动 vsftpd：                                               [确定]
```

关闭 vsftpd 服务器，命令及信息显示如下：

```
[root@Fedora ~]# /etc/init.d/vsftpd stop
关闭 vsftpd：                                                          [确定]
```

重启 vsftpd 服务器命令及信息显示如下：

```
[root@Fedora ~]# /etc/init.d/vsftpd restart
```

```
关闭 vsftpd：                                              [确定]
为 vsftpd 启动 vsftpd：                                    [确定]
```

方式二：

使用 service 命令启动、关闭和重启 vsftpd 服务器命令如下：

```
[root@Fedora ~]# service vsftpd start
[root@Fedora ~]# service vsftpd stop
[root@Fedora ~]# service vsftpd restart
```

3. vsftpd 的登录方式

(1) 匿名账号（anonymous）。匿名账号是应用最广泛的一种 FTP 服务器，如果 FTP 服务器服务对象不确定，并且要求管理方便，就需要使用匿名账号服务。此时没有用户名，使用“anonymous”作为用户名，当用户登录 FTP 服务器后，登录匿名服务器的目录/home/ftp，为了减轻 FTP 服务器的负担，以及从安全角度考虑，一般关闭匿名账号的上传功能。

(2) 真实账号（real）。就是用户用真实的用户名和密码登录 FTP 服务器。其登录的目录是用户自己的目录，该目录系统在建立账号时就自动创建了真实用户可以访问整个目录结构，从而对系统安装构成威胁，所以具有真实账号访问功能的 FTP 服务器一定要进行一系列的安全配置。

13.2.2 vsftpd 配置文件

完成 vsftpd 软件的安装后，下一步就需要配置“vsftpd.conf”和“user_list”等相关配置文件，它们是在安装完 vsftpd 软件后自动生成的。这两个配置文件位于/etc/vsftpd 目录下，它们组成了 FTP 服务器的所有内容，在配置 FTP 服务器时可以通过修改配置文件中的相关内容来配置 FTP 服务器。配置文件中有很多个配置参数，只有正确修改这些配置参数，才能保证 FTP 服务器稳定可靠运行。

1. vsftpd.conf 配置文件

vsftpd.conf 是 vsftpd 服务器的主要配置文件，在该配置文件中每一个配置参数用于设置 FTP 服务器的服务行为特性。可以使用 gedit 或 vi 等编辑工具打开该文件。命令如下：

```
[root@Fedora ~]# gedit /etc/vsftpd/vsftpd.conf
```

/etc/vsftpd/vsftpd.conf 配置文件的内容显示如下：

```
# Example config file /etc/vsftpd/vsftpd.conf
#
# The default compiled in settings are fairly paranoid. This sample file
# loosens things up a bit, to make the ftp daemon more usable.
# Please see vsftpd.conf.5 for all compiled in defaults.
#
# READ THIS: This example file is NOT an exhaustive list of vsftpd options.
# Please read the vsftpd.conf.5 manual page to get a full idea of vsftpd's
# capabilities.
#
# Allow anonymous FTP? (Beware - allowed by default if you comment this out).
anonymous_enable=YES
```

```
#
# Uncomment this to allow local users to log in.
local_enable=YES
#
# Uncomment this to enable any form of FTP write command.
write_enable=YES
#
# Default umask for local users is 077. You may wish to change this to 022,
# if your users expect that (022 is used by most other ftpd's)
local_umask=022
#
# Uncomment this to allow the anonymous FTP user to upload files. This only
# has an effect if the above global write enable is activated. Also, you will
# obviously need to create a directory writable by the FTP user.
#anon_upload_enable=YES
#
# Uncomment this if you want the anonymous FTP user to be able to create
# new directories.
#anon_mkdir_write_enable=YES
#
# Activate directory messages - messages given to remote users when they
# go into a certain directory.
dirmessage_enable=YES
#
# Activate logging of uploads/downloads.
xferlog_enable=YES
#
# Make sure PORT transfer connections originate from port 20 (ftp-data).
connect_from_port_20=YES
#
# If you want, you can arrange for uploaded anonymous files to be owned by
# a different user. Note! Using "root" for uploaded files is not
# recommended!
#chown_uploads=YES
#chown_username=whoever
#
# You may override where the log file goes if you like. The default is shown
# below.
#xferlog_file=/var/log/vsftpd.log
#
# If you want, you can have your log file in standard ftpd xferlog format.
# Note that the default log file location is /var/log/xferlog in this case.
xferlog_std_format=YES
#
# You may change the default value for timing out an idle session.
```

```
#idle_session_timeout=600
#
# You may change the default value for timing out a data connection.
#data_connection_timeout=120
#
# It is recommended that you define on your system a unique user which the
# ftp server can use as a totally isolated and unprivileged user.
#nopriv_user=ftpsecure
#
# Enable this and the server will recognise asynchronous ABOR requests. Not
# recommended for security (the code is non-trivial). Not enabling it,
# however, may confuse older FTP clients.
#async_abor_enable=YES
#
# By default the server will pretend to allow ASCII mode but in fact ignore
# the request. Turn on the below options to have the server actually do ASCII
# mangling on files when in ASCII mode.
# Beware that on some FTP servers, ASCII support allows a denial of service
# attack (DoS) via the command "SIZE /big/file" in ASCII mode. vsftpd
# predicted this attack and has always been safe, reporting the size of the
# raw file.
# ASCII mangling is a horrible feature of the protocol.
#ascii_upload_enable=YES
#ascii_download_enable=YES
#
# You may fully customise the login banner string:
#ftpd_banner=Welcome to blah FTP service.
#
# You may specify a file of disallowed anonymous e-mail addresses. Apparently
# useful for combatting certain DoS attacks.
#deny_email_enable=YES
# (default follows)
#banned_email_file=/etc/vsftpd/banned_emails
#
# You may specify an explicit list of local users to chroot() to their home
# directory. If chroot_local_user is YES, then this list becomes a list of
# users to NOT chroot().
#chroot_local_user=YES
#chroot_list_enable=YES
# (default follows)
#chroot_list_file=/etc/vsftpd/chroot_list
#
# You may activate the "-R" option to the builtin ls. This is disabled by
# default to avoid remote users being able to cause excessive I/O on large
# sites. However, some broken FTP clients such as "ncftp" and "mirror" assume
```

```
# the presence of the "-R" option, so there is a strong case for enabling it.
#ls_recurse_enable=YES
#
# When "listen" directive is enabled, vsftpd runs in standalone mode and
# listens on IPv4 sockets. This directive cannot be used in conjunction
# with the listen_ipv6 directive.
listen=YES
#
# This directive enables listening on IPv6 sockets. To listen on IPv4 and IPv6
# sockets, you must run two copies of vsftpd with two configuration files.
# Make sure, that one of the listen options is commented !!
#listen_ipv6=YES
pam_service_name=vsftpd
userlist_enable=YES
tcp_wrappers=YES
```

上面文件中加粗体的语句为参数设置语句，可以看到每个配置参数都有详细的英文注释。句首的“#”表示注释（comment）。vsftpd 的配置参数大致分为用户参数设置、连接设置、服务性能设置、文件和目录设置、安全性能设置、提示信息参数设置、日志设置等。

(1) 用户参数设置。

```
anonymous_enable=YES|NO
```

该参数设置语句表示是否允许匿名用户登录，YES 表示允许，NO 表示不允许。默认值为 YES。

```
deny_email_enable=YES|NO
```

此参数设置语句表示是否拒绝匿名用户使用 banned_email_file 文件列出的 Email 进行登录。这样可以阻止某些 DOS 攻击。如果设置为 YES，则需要追加 banned_email_file 参数。默认值为 NO。

```
banned_email_file=/etc/vsftpd/banned_emails
```

指定被拒绝的 Email 地址文件，默认值为/etc/vsftpd/banned_emails。

```
anon_upload_enable=YES|NO
```

设置用于是否允许匿名用户上传文件，YES 表示允许匿名用户上传文件，NO 则表示不允许。默认值为 NO。

```
anon_mkdir_write_enable=YES|NO
```

用来设置是否允许用户自己创建目录，YES 表示允许，NO 表示不允许。默认值 NO。

```
chown_uploads=YES|NO
```

如果将上面的设置语句设置为 YES, 那么所有匿名上传文件的所有者都更换为 chown_username 中所设定的用户名。这个选项对安全管理很有用。默认值为 NO。

```
chown_username=whoever
```

参数设置与 chown_uploads 联用，定义匿名用户上传文件时，该文件的所有者被置换为该用户名称。

```
local_enable=YES|NO
```

表示是否允许本地用户登录 FTP 服务器，默认值为 YES。

(2) 连接参数设置。

```
connect_from_port_20=YES|NO
```

表示在用 port 模式传输数据时是否用 20 端口（ftp-data）。YES 表示使用，NO 表示不使用。默认值为 YES。

```
ascii_upload_enable=YES|NO
```

表示是否允许使用 ASCII 模式上传文件，YES 允许，NO 不允许。默认值为 NO。

```
ascii_download_enable=YES|NO
```

表示是否允许使用 ASCII 模式下载文件，YES 允许，NO 不允许。默认值为 NO。

(3) 服务性能参数设置。

```
idle_session_timeout=600
```

此参数设置是用于设置空闲用户会话中断的时间，如果超过该设置时间，而没有数据的传输或指令的输入，则强迫断线，该设置值以秒为单位，默认时间为 600 秒，即 10 分钟。

```
data_connection_timeout=120
```

此参数设置用于设定连接超时的时间，单位为秒，默认时间是 120 秒，即 2 分钟。

(4) 文件和目录操作参数设置。

```
chroot_list_enable=YES|NO
```

如果希望用户登录后不能转到系统的其他目录，只能在其个人目录下，那么就设置“chroot_list_enable”的值为 NO，YES 表示可以转到其他目录。

```
chroot_local_user=YES|NO
```

设置本地用户是否只能访问个人目录。YES 表示本地用户只能访问个人目录，不能访问其他目录。而 NO 则表示可以访问其他目录。

```
chroot_list_file=file_name
```

此参数设置用于指定被限定在个人目录中的用户列表文件。

```
ls_recurse_enable=YES|NO
```

设置是否允许使用“ls -R 指令”，YES 为允许，NO 为不允许。如果在一个大型 FTP 站点的根目录下使用“ls -R”会消耗大量系统资源，默认值为 NO。

```
write_enable=YES|NO
```

设置是否允许用户在 FTP 服务器上有写权限，YES 表示允许，NO 表示不允许。

```
local_umask=022
```

设置本地用户新建文件的权限为 022。

(5) 安全参数设置。

```
pam_service_name=vsftpd
```

设置 PAM 认证服务的配置文件名称。

```
userlist_enable=YES|NO
```

配置是否允许用户列表中的用户登录 FTP 服务器。当 userlist_enable=YES 时，设置包含用户列表的文件。默认值为 YES。

```
userlist_deny=YES|NO
```

表示当 FTP 服务器启动检测 vsftpd.conf 配置文件时，如果 userlist_deny 的设置值为 YES，那么 userlist 文件中存在的用户不允许登录 FTP 服务器。如果设置值为 NO，则表示只允许该文件中的用户登录 FTP 服务器。默认值为 YES。

```
tcp_wrappers=YES|NO
```

设置是否允许使用 TCP_Wrappers 远程访问控制机制。YES 为允许，NO 为不允许。默认值为 YES。

(6) 提示信息参数设置。

```
ftpd_banner=log in banner string
```

设置登录 FTP 服务器欢迎登录信息字符串，用户登录 FTP 服务器时，就会显示该字符串的信息。

```
dirmessage_enable=YES|NO
```

启用目录提示信息功能，当进入某个目录时，检查该目录是否有参数 message_file 所指定的文件，如果有，则显示此文件的内容，通常这个文件会放置欢迎语或目录说明等。"YES"表示启用目录信息提示功能，"NO"表示不启用此功能。

当 dirmessage_enable 为 YES 时，指定消息文件名，当提示信息比较简单时，可以用 ftpd_banner 配置参数，但如果提示信息比较复杂，就可以将显示信息保存在一个独立的文件中，日志参数设置如下：

xferlog_enable=YES|NO

用于定义是否允许上传和下载日志，"YES"表示允许上传和下载日志，"NO"则表示不允许。

```
xferlog_file=/var/log/vsftpd.log
```

此参数设置用于设置日志文件名和存储路径，默认文件为/var/log/vsftpd.log。

```
xferlog_std_format=YES|NO
```

此参数设置表示是否使用标准日志格式 xferlog。"YES"表示使用日志格式 xferlog，"NO"则表示不使用。默认值为"YES"。

2. vsftpd.user_list 文件

vsftpd.user_list 文件位于/etc 目录下，该文件的内容是一个用户列表。若在配置文件 vsftpd.conf 中有参数配置语句"userlist_enable=YES"，那么服务器就会查询这个列表，并根据 userlist_deny 采取行动，如果"userlist_deny=YES"，那么拒绝 user_list 文件中存在的用户登录 FTP 服务器。否则，如果"userlist_deny=NO"，则只允许该文件中的用户登录 FTP 服务器。然后在该文件中添加用户名，每个用户名要独占一行。文件内容如下：

```
# vsftpd userlist
# If userlist_deny=NO, only allow users in this file
# If userlist_deny=YES (default), never allow users in this file, and
# do not even prompt for a password.
# Note that the default vsftpd pam config also checks /etc/vsftpd/ftpusers
# for users that are denied.
root
bin
daemon
adm
lp
sync
shutdown
halt
```

```
mail
news
uucp
operator
games
Nobody
```

用户可以添加其用户名到此文件中，但切记每个用户名要独占一行。

13.3 使用 vsftpd 配置 FTP 服务器

本节主要介绍如何使用 vsftpd 配置 FTP 匿名账号服务器和 FTP 真实账号服务器。

13.3.1 匿名账号服务器的配置

如果访问 FTP 服务器的对象不固定，且要求服务器管理方便，就要考虑配置匿名服务器。从安全角度考虑，可以通过参数设置禁止匿名账号上传文件，禁止一些 IP 地址访问服务器；从资源角度考虑，为了不让用户占用太多带宽，影响服务器的其他工作，可以通过参数设置限制上传和下载的最大速度，还可以通过限制最大连接数控制资源的占用。

1. 修改 vsftpdconf 配置文件

配置匿名 FTP 服务器需要修改配置文件/etc/vsftpd/vsftpd.conf。在修改配置文件之前，最好将文件复制一份，作为备份，便于以后用到源文件。修改后的配置信息如下（省略非参数信息）：

```
listen=YES
# listen_ipv6=YES
anonymous_enable=YES
local_enable=YES
write_enable=YES
local_umask=022
#anon_upload_enable=YES
#anon_mkdir_write_enable=YES
dirmessage_enable=YES
xferlog_enable=YES
connect_from_port_20=YES
#chown_uploads=YES
#chown_username=whoever
xferlog_file=/var/log/vsftpd.log
xferlog_std_format=YES
#idle_session_timeout=600
#data_connection_timeout=120
#nopriv_user=ftpsecure
#async_abor_enable=YES
#ascii_upload_enable=YES
```

```
#ascii_download_enable=YES
ftpd_banner=Welcome to blah FTP service.
#deny_email_enable=YES
#banned_email_file=/etc/vsftpd/banned_emails
#chroot_local_user=YES
#chroot_list_enable=YES
#ls_recurse_enable=YES
pam_service_name=vsftpd
userlist_enable=YES
# encrypted connections.
rsa_cert_file=/etc/ssl/certs/ssl-cert-snakeoil.pem
# This option specifies the location of the RSA key to use for SSL
# encrypted connections.
rsa_private_key_file=/etc/ssl/private/ssl-cert-snakeoil.key
```

通过上面的配置信息，匿名账号可以登录 FTP 服务器，允许匿名用户下载文件，但不能上传文件。

FTP 服务器主目录默认路径为/var/ftp，该目录下默认存放一个目录文件 pub。在配置好 FTP 服务器后，服务器管理员可以在该目录下创建下载文件和上传文件的目录文件，本例中创建两个目录文件 downloads 和 uploads，创建命令如下：

```
[root@Fedora ~]# mkdir /var/ftp/downloads /var/ftp/uploads
```

在下载目录/var/ftp/downloads 中，放入文件登录用户下载的文件，例如 file.c。命令如下：

```
[root@Fedora ~]# cp file.c /var/ftp/downloads
```

2. 匿名登录 FTP 服务器及下载功能的实现

完成配置文件/etc/vsftpd/vsftpd.conf 的修改后，需要重启 vsftpd 服务，命令及信息显示如下：

```
[root@Fedora ~]# /etc/init.d/vsftpd restart
关闭 vsftpd:                                                    [确定]
为 vsftpd 启动 vsftpd:                                          [确定]
```

如果客户机或服务器系统为 Fedora 12 系统，默认没有安装 ftp 命令，用户需要自己安装，安装命令及结果显示如下：

```
[root@Fedora ~]# yum install ftp
已加载插件：presto, refresh-packagekit
设置安装进程
解决依赖关系
--> 执行事务检查
---> 软件包 ftp.i686 0:0.17-51.fc12 将被升级
--> 完成依赖关系计算

依赖关系解决

================================================================================
 软件包          架构              版本                        仓库           大小
```

```
================================================================================
正在安装:
 ftp              i686            0.17-51.fc12           fedora           53 k

事务概要
================================================================================
安装      1 软件包
更新      0 软件包
总下载量：53 k
确定吗？[y/N]：y
下载软件包：
Setting up and reading Presto delta metadata
Processing delta metadata
Package(s) data still to download: 53 k
ftp-0.17-51.fc12.i686.rpm                              | 53 kB     00:00
运行 rpm_check_debug
执行事务测试
完成事务测试
事务测试成功
执行事务
  正在安装       : ftp-0.17-51.fc12.i686                              1/1

已安装:
  ftp.i686 0:0.17-51.fc12

完毕!
```

假设该服务器 IP 地址为 192.168.101.110，那么在客户机上登录该服务器的命令如下：

```
[userx@userx-desktop~] # ftp 192.168.101.110
```

说明：如果在客户端输入上面的登录 FTP 服务器命令时，出现以下错误：

```
ftp：connect：No route to host
```

在客户端输入 bye 命令退出。

出现上述错误的原因是 ftp 服务器端的防火墙阻止客户端登录，可以在服务器上关闭防火墙：

```
[root@Fedora ~]# service iptables stop
```

但是关闭防火墙存在安全隐患，则通过以下方法来解决问题。

单击"系统"→"管理"→"防火墙"，弹出"防火墙配置"窗口，勾选 FTP 复选框。如图 13.1 所示。

单击工具栏上的"应用"按钮，这样就可以将 FTP 服务定义为可信的服务。

在客户端重新输入访问 FTP 服务器的命令：

```
userx@userx-desktop:~# ftp 192.168.101.110
```

按回车键后，显示信息如下：

```
Connected to 192.168.101.110.
220 Welcome to blah FTP service.
Name (192.168.101.110:user): anonymous
```

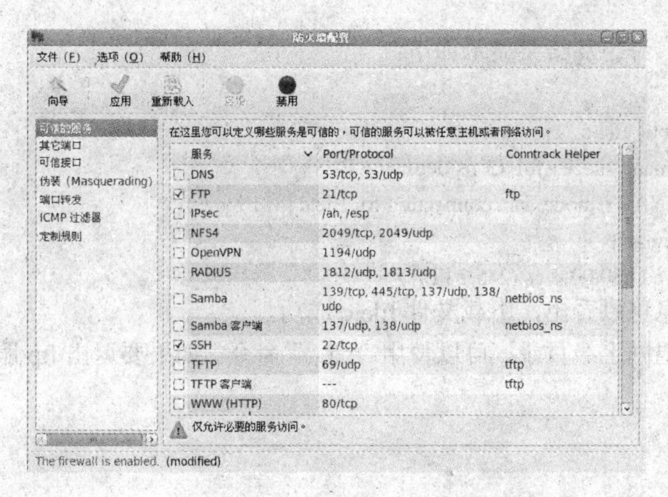

图 13.1　勾选 FTP 服务为可信服务

此时输入用户名 anonymous 作为登录匿名服务器的用户名。输入 anonymous 后，信息显示如下：

```
331 Please specify the password.
Password:
```

因为是匿名输入，所以不需要密码，此时可以直接按回车键，信息显示如下：

```
230 Login successful.
Remote system type is UNIX.
Using binary mode to transfer files.
```

到此为止，匿名用户登录 FTP 服务器成功。使用 ls 命令查看 FTP 服务器主目录中的内容。

```
ftp> ls
200 PORT command successful. Consider using PASV.
150 Here comes the directory listing.
drwxr-xr-x    2 0    0    4096 Jun 30 07:53 downloads
drwxr-xr-x    2 0    0    4096 May 17 08:06 pub
drwxrwxrwx    2 0    0    4096 Jun 30 07:48 uploads
226 Directory send OK.
```

从上面的显示信息可以看到，FTP 服务器中有 3 个目录文件：downloads、pub 和 uploads。

使用 cd 命令进入 downloads 目录文件，命令及信息显示如下：

```
ftp> cd downloads
250 Directory successfully changed.
```

现在已经进入了 downloads 文件目录，然后再使用 ls 命令，显示 downloads 目录下的文件内容。

```
ftp> ls
200 PORT command successful. Consider using PASV.
150 Here comes the directory listing.
-rw-r--r--    1 0    0    481 Jun 30 07:53 file.c
226 Directory send OK.
```

从上面的显示信息可以看到，在 downloads 文件目录下有一个文件，用户可以用 get

命令下载该文件。命令及结果显示如下：

```
ftp> get file.c
local: file.c remote: file.c
200 PORT command successful. Consider using PASV.
150 Opening BINARY mode data connection for file.c (481 bytes).
226 Transfer complete.
481 bytes received in 0.00 secs (245.2 kB/s)
```

从上面的信息可以看出，下载文件 file.c 成功。

如果用户想退回上级目录，可以使用“cd ..”命令。如果要退出 ftp 服务器，可以使用 bye 命令。

```
ftp> bye
221 Goodbye.
```

3. 匿名账号上传功能配置

匿名账号上传功能配置具体步骤如下：

(1) 修改/etc/vsftpd/vsftpd.conf 配置文件，去掉下面两行的参数设置的注释，即添加下面两行参数设置。

```
anon_upload_enable=YES
anon_mkdir_write_enable=YES
```

(2) 创建匿名用户上传文件目录

如果之前没有创建上传文件目录，可以使用下面的命令创建：

```
[root@Fedora ~]# mkdir /home/ftp/uploads
```

修改目录文件/home/ftp/uploads 的访问权限，命令如下：

```
[root@Fedora ~]# chmod 777 /var/ftp/uploads
```

(3) 重新启动 vsftpd 服务器

```
[root@Fedora ~]# /etc/init.d/vsftpd restart
```

(4) 登录 vsftpd 服务器进入 uploads 目录，并上传文件。

信息显示如下：

```
root@userx-desktop:~# ftp 192.168.101.110
Connected to 192.168.101.110.
220 欢迎使用 FTP 服务器 Welcome to blah FTP service.
Name (192.168.101.110:user): anonymous
331 Please specify the password.
Password:
230 Login successful.
Remote system type is UNIX.
Using binary mode to transfer files.
ftp> cd uploads
250 Directory successfully changed.
ftp> put 1.doc
local: 1.doc remote: 1.doc
200 PORT command successful. Consider using PASV.
150 Ok to send data.
226 Transfer complete.
```

```
22016 bytes sent in 0.03 secs (837.4 kB/s)
ftp> ls
200 PORT command successful. Consider using PASV.
150 Here comes the directory listing.
-rw-------    1 14         50             22016 Jun 30 08:00 1.doc
226 Directory send OK.
```

从上面的信息可以看出，匿名用户上传文件成功。

说明：如果 FTP 服务器的主机系统启动 SELinux（Security Enhanced Linux，由美国安全部领导开发的项目，拥有灵活而强制性的访问控制结构，旨在提高 Linux 系统的安全性）服务，Fedora 12 系统默认安装并启动该服务。客户端使用 put 命令上传文件，可能出现下面的错误：

```
local: file remote: file
227 Entering Passive Mode (192,168,101,110,59,114).
553 Could not create file.
```

这是因为 SELinux 服务阻止了匿名用户向 FTP 服务器写文件。此时，可以关闭 SELinux 服务，首先打开编辑配置文件/etc/slinux/config，命令如下：

```
[root@Fedora ~]# gedit /etc/selinux/config
```

将 SELINUX 设置为 disabled：

```
SELINUX=enforcing
```

修改为：

```
SELINUX=disabled
```

然后重启计算机，并且启动 vsftpd 服务即可。

4. 设置匿名用户的最大传输速率

如果不限制匿名用户的最大传输速率，随着传输用户的增多，势必会占据越来越多的带宽，造成网络的阻塞，所以控制用户的传输速率是必要的。假设要限制用户的下载/上传的最大速率为 1Mbps，具体操作如下：

在/etc/vsftpd/vsftpd.conf 配置文件中加入下面的参数配置行：

```
anon_max_rate=1000000
```

其中，anon_max_rate 的单位为 bps（比特每秒）。

5. 限制服务器的最大并发连接数和来自同一 IP 的最大连接数

除了限制用户的上传/下载的带宽，建立服务器时，还应该限制连接服务器的最大并发用户数目以及同一个用户并发下载文件的最大线程数。假如设置最多有 100 个人同时使用 ftp 服务器，且每个 IP 地址只能建立 5 个连接，则只需在/etc/vsftpd/vsftpd.conf 配置文件中加入下面两个参数配置语句：

```
max_clients=100
max_per_ip=5
```

6. 禁止某些 IP 段的匿名用户访问 FTP 服务器

为了防止某些恶意的 IP 地址用户访问并破坏 FTP 服务器，也可以采用修改配置文件的方法限制这些 IP 地址的用户对 FTP 服务器的访问，具体操作步骤如下：

(1) 在主配置文件/etc/vsftpd/vsftpd.conf 中添加下面参数配置语句：

```
tcp_wrappers=YES
```

(2) 修改/etc/hosts.allow 文件，在该文件中添加要阻止的 IP 地址，内容修改如下：

```
#
# hosts.allow    This file contains access rules which are used to
#                allow or deny connections to network services that
#                either use the tcp_wrappers library or that have been
#                started through a tcp_wrappers-enabled xinetd.
#
#                See 'man 5 hosts_options' and 'man 5 hosts_access'
#                for information on rule syntax.
#                See 'man tcpd' for information on tcp_wrappers
#
vsftpd:192.168.101.10:DENY
vsftpd:192.168.101.20:DENY
```

上面的配置文件限制 IP 地址分别为 192.168.101.10 和 192.168.101.20 的两台主机对 FTP 服务器的访问。

(3) 测试。重启 vsftpd 服务器：

```
[root@Fedora ~]# /etc/init.d/vsftpd restart
```

然后在 192.168.101.10 客户机上登录 vsftpd 服务器，运行命令及结果如下：

```
root@userx-desktop:~# ftp 192.168.101.110
Connected to 192.168.101.110.
421 Service not available.
```

如果在配置文件"/etc/hosts.allow"中去掉"vsftpd:192.168.101.10:DENY"，保存文件并退出。重启 vsftpd 服务器，在 192.168.101.10 客户机上测试，登录 vsftpd 服务器，运行命令及显示信息如下：

```
root@userx-desktop:~# ftp 192.168.101.110
Connected to 192.168.101.110.
220 (vsFTPd 2.0.7)
Name (192.168.101.110:user): anonymous
331 Please specify the password.
Password:
230 Login successful.
Remote system type is UNIX.
Using binary mode to transfer files.
```

从上面信息可以看到，IP 地址为 192.168.101.10 的匿名用户可成功登录 FTP 服务器。

13.3.2 真实账号服务器的配置

配置真实账号 FTP 服务器比较容易，但关键是要考虑系统的安全性。下面介绍如何配置真实账号服务器。

1. 创建用户

创建用户 user1，命令如下：

```
[root@Fedora ~]# useradd -m user1
```

为用户 user1 设置密码，命令如下：

```
[root@Fedora ~]# passwd user1
```

2. 使用用户列表内的用户访问服务器

(1) 修改/etc/vsftpd/vsftpd.conf 配置文件。在该文件中加入以下两行参数配置：

```
userlist_enable=YES
userlist_deny=NO
```

(2) 修改配置文件/etc/vsftpd/user_list。将新用户账号“user1”加入配置文件/etc/vsftpd/user_list 中，信息修改如下：

```
# vsftpd userlist
# If userlist_deny=NO, only allow users in this file
# If userlist_deny=YES (default), never allow users in this file, and
# do not even prompt for a password.
# Note that the default vsftpd pam config also checks /etc/vsftpd/ftpusers
# for users that are denied.
root
bin
daemon
adm
lp
sync
shutdown
halt
mail
news
uucp
operator
games
nobody
user1
```

3. 创建 downloads 和 uploads 目录文件

在用户目录/home/user1 下，创建 downloads 目录文件和 uploads 目录文件。命令如下：

```
[root@Fedora ~]# mkdir /home/user1/downloads /home/user1/uploads
```

4. 设置 uploads 目录权限

为了让用户具有上传功能的操作权限，需要修改目录文件/home/user1/uploads 的权限，命令如下：

```
[root@Fedora ~]# chmod 777 /home/user1/uploads
```

5. 重启 vsftpd 服务器

```
[root@Fedora ~]# service vsftpd restart
```

6. 用新账户登录 FTP 服务器

```
user@user-desktop:~$ ftp 192.168.101.110
Connected to 192.168.101.110.
220 Welcome to blah FTP service.
Name (192.168.101.110:user): user1
331 Please specify the password.
Password:
```

```
230 Login successful.
Remote system type is UNIX.
Using binary mode to transfer files.
ftp> ls
200 PORT command successful. Consider using PASV.
150 Here comes the directory listing.
drwxr-xr-x    2 0        0            4096 Jun 30 12:56 downloads
drwxrwxrwx    2 0        0            4096 Jun 30 12:33 uploads
226 Directory send OK.
ftp> cd downloads
250 Directory successfully changed.
ftp> get file.c
local: file.c remote: file.c
200 PORT command successful. Consider using PASV.
150 Opening BINARY mode data connection for file.c (200 bytes).
226 Transfer complete.
200 bytes received in 0.00 secs (653.2 kB/s)
ftp> cd ..
250 Directory successfully changed.
ftp> cd uploads
250 Directory successfully changed.
ftp> put 1.doc
local: 1.doc remote: 1.doc
200 PORT command successful. Consider using PASV.
150 Ok to send data.
226 Transfer complete.
22016 bytes sent in 0.03 secs (673.8 kB/s)
```

从上面的信息看出，新账户 user1 登录成功，并且能够下载或上传文件。

7. 限制用户访问目录

默认情况下，用户登录到 FTP 服务器后，可以访问除自己目录以外的其他文件。为了增强真实账号 FTP 服务器的安全性，应限制用户对 FTP 服务器目录的访问权限，这就需要在主配置文件/etc/vsftpd/vsftpd.conf 中添加下面的参数设置语句：

```
chroot_local_user=YES
```

添加完该参数配语句置后，保存并退出该文件，重新启动 vsftpd 服务器。

测试结果如下：

```
[root@Fedora ~]# ftp 192.168.101.110
Connected to 192.168.101.110 (192.168.101.110).
220 Welcome to blah FTP service.
Name (192.168.101.110:user): user1
331 Please specify the password.
Password:
230 Login successful.
Remote system type is UNIX.
Using binary mode to transfer files.
```

```
ftp> ls
227 Entering Passive Mode (192,168,101,110,35,147).
150 Here comes the directory listing.
drwxr-xr-x    2 0        0            4096 Jun 30 12:56 downloads
drwxrwxrwx    2 0        0            4096 Jul 01 01:24 uploads
226 Directory send OK.
ftp> cd downloads
250 Directory successfully changed.
ftp> get file.c
local: file.c remote: file.c
227 Entering Passive Mode (192,168,101,110,51,69).
150 Opening BINARY mode data connection for file.c (200 bytes).
226 Transfer complete.
200 bytes received in 6.6e-05 secs (3030.30 Kbytes/sec)
ftp> cd ..
250 Directory successfully changed.
ftp> cd uploads
250 Directory successfully changed.

ftp> put file.c
local: file.c remote: file.c
227 Entering Passive Mode (192,168,101,110,99,227).
150 Ok to send data.
226 Transfer complete.
200 bytes sent in 4.1e-05 secs (4878.05 Kbytes/sec)
ftp> cd /home
550 Failed to change directory.
ftp> cd /etc
550 Failed to change directory.
ftp> cd /var/
550 Failed to change directory.
```

从上面的测试结果可以看出，用户 usr1 只能在自己的目录下载/上传文件，而不能访问/etc、/home、/usr 等其他目录，这样就增强了服务器的安全性。

13.4 Linux 下使用图形工具访问 FTP 服务器

Linux 系统可以使用命令方式访问 FTP 服务器，还可以使用图形工具访问 FTP 服务器。而用户可以使用 gFTP 工具访问，也可以使用文件浏览器访问。

13.4.1 使用 gFTP 工具访问

gFTP 是 GNOME 桌面环境下一款优秀的 FTP 图形工具软件，其容量小，功能强大。它提供 FTP 服务器的所有典型特征。由于 gFTP 软件不是默认安装的软件，所以需要用户手动安装。安装命令如下：

```
[root@Fedora ~]# yum install gftp
```

安装完成后，单击“应用程序”→“Internet”→“gFTP”，打开 gFTP 工具窗口，该窗口左边为本地主机文件目录，右边为远程 FTP 服务器的文件目录。用户可以在主机文本框中输入 FTP 服务器的 IP 地址，例如 192.168.101.100。在“端口”文本框中输入 FTP 端口号，这里选择默认的端口号而不需要更改。如果是匿名登录，在“用户名”文本框中输入“anonymous”，如果是非匿名用户登录，则输入登录用户名，例如本书中的非匿名用户“user1”，在“密码”文本框中输入密码，并在后面的下拉列表中选择 FTP 选项，最后按回车键，登录 FTP 服务器，如图 13.2 所示。

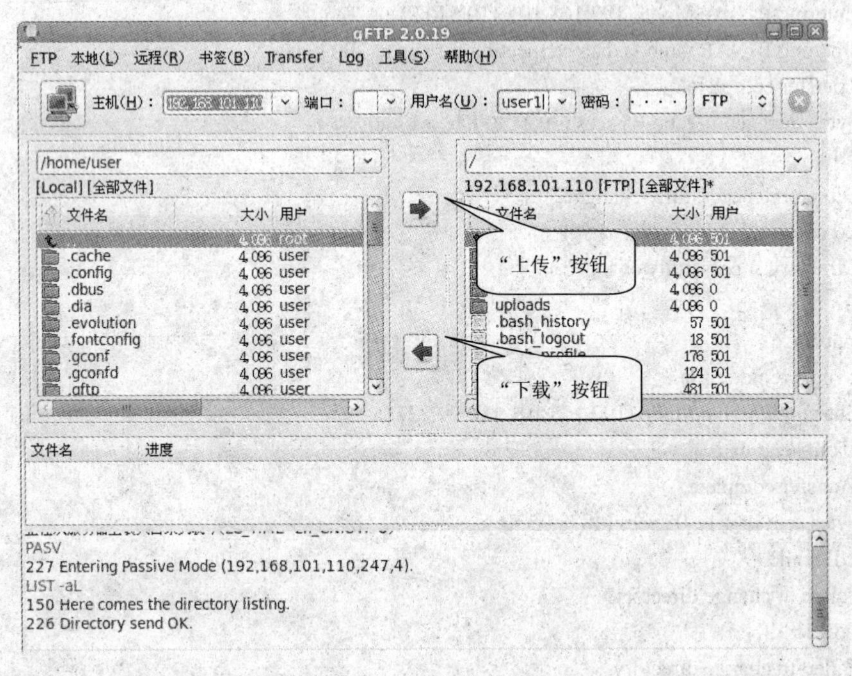

图 13.2 匿名用户登录成功

用户登录成功登录 FTP 服务器后，便可以看到 gFTP 工具窗口左侧显示的本地计算机中的目录内容，右侧显示的 FTP 服务器中的目录内容。用户可以通过单击本地目录和远程目录中间的两个按钮来上传和下载文件。如果选中本地计算机目录中的文件，然后单击“上传”按钮，该文件将上传到远程计算机的 uploads 目录文件中。同样，如果选中 FTP 服务器 downloads 目录文件下的文件，然后单击“下载”按钮，那么远程 FTP 服务器上的文件将下载到本地计算机的当前目录中。

13.4.2 使用文件浏览器访问 FTP 服务器

在 Linux 系统下，用户可以使用文件浏览器登录 FTP 服务器，选择“位置”→“计算机”选项，弹出“计算机-文件浏览器”窗口，在“位置”地址栏中，输入 FTP 服务器的 IP 地址或域名，弹出连接 FTP 服务器的对话框。如果是匿名登录，可直接选择“匿名连接”单选按钮，然后单击“连接”按钮，如图 13.3 所示。如果是非匿名登录，选择“连接为用户”单选按钮，输入用户名和密码，最后单击“连接”按钮，如图 13.4 所示。

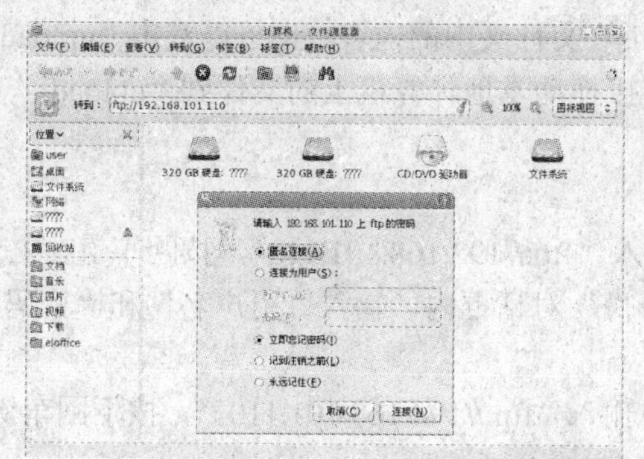

图 13.3　匿名登录 FTP 服务器

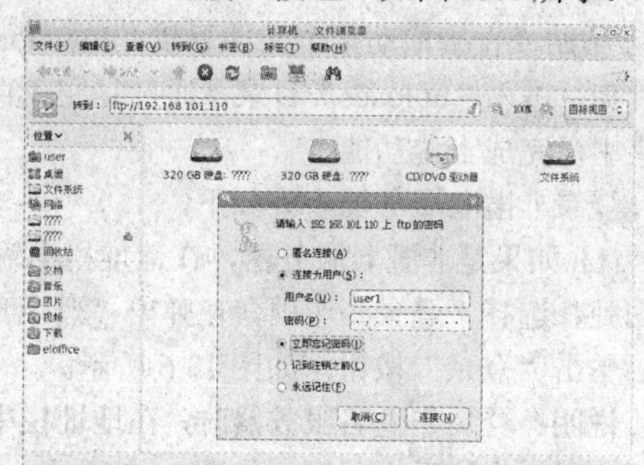

图 13.4　非匿名用户登录 FTP 服务器

说明：使用该方法访问 FTP 服务器，系统默认对这个连接产生一个快捷方式，如果不需要这个连接右击该快捷方式，选择“卸载”选项。

13.5　Windows 下访问 FTP 服务器

在 Windows 操作系统下，访问前面配置的 FTP 服务器最常用的两种方式是浏览器访问和 DOS 模式访问。

13.5.1　浏览器访问 FTP 服务器

Windows 系统下使用浏览器访问 Linux 系统下配置的 FTP 服务器，其界面简单直观，而且避免命令的使用，直接以图形方式显示，可以像操作 Windows 文件夹和文件一样操作 FTP 服务器上的内容。

登录匿名服务器步骤如下：

(1) 打开“我的电脑”（或者“网上邻居”），在地址栏中输入“ftp://192.168.101.110”即可登录 FTP 服务器（匿名服务器），如图 13.5 所示。

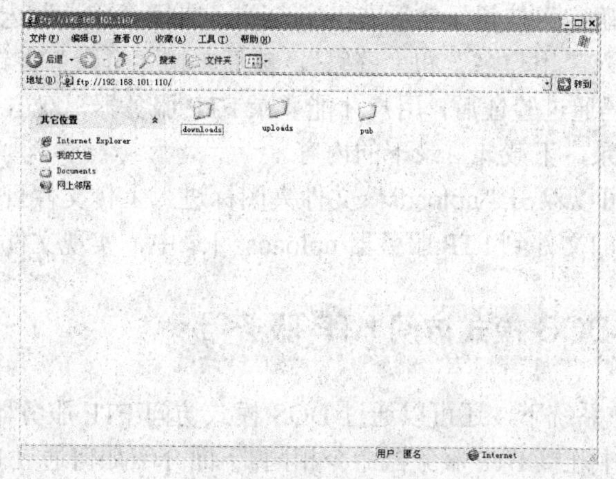

图 13.5　FTP 匿名服务器

(2) 进入匿名服务器后，双击“downloads”文件夹，进入“downloads”文件夹，通过复制/粘贴或直接拖动某个文件下载“downloads”文件夹中的内容；也可以双击“uploads”文件夹，进入“uploads”目录，通过复制或直接拖动本地计算机上的文件到“uploads”文件夹中，完成上传功能。

登录非匿名服务器步骤如下：

(1) 如果是非匿名服务器，在地址栏中输入“ftp://192.168.101.110”，按回车键，右击空白处，选择“登录”选项，在弹出“登录身份”对话框内，输入“用户名”和“密码”，然后单击“登录”按钮，如图 13.6 所示。

说明：登录非匿名服务器时，在地址栏中输入“ftp://192.168.101.110 ”，按下回车键，可能出现一个错误提示框，如图 13.7 所示。

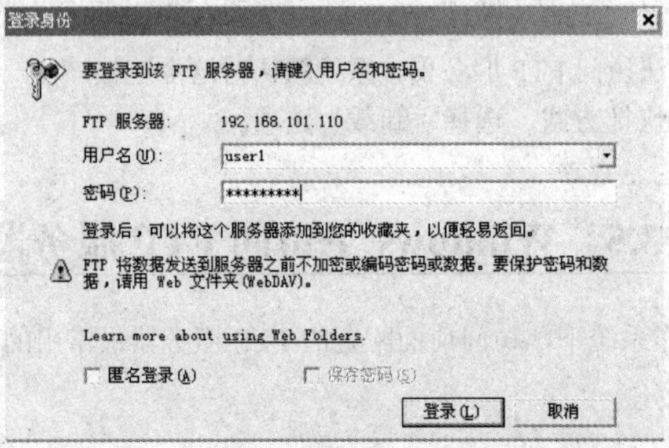

登录身份
要登录到该 FTP 服务器，请键入用户名和密码。
FTP 服务器: 192.168.101.110
用户名(U): user1
密码(P): *********
登录后，可以将这个服务器添加到您的收藏夹，以便轻易返回。
FTP 将数据发送到服务器之前不加密或编码密码或数据。要保护密码和数据，请用 Web 文件夹(WebDAV)。
Learn more about using Web Folders.
匿名登录(A) 保存密码(S)
登录(L) 取消

图 13.6 非匿名登录时输入用户名和密码

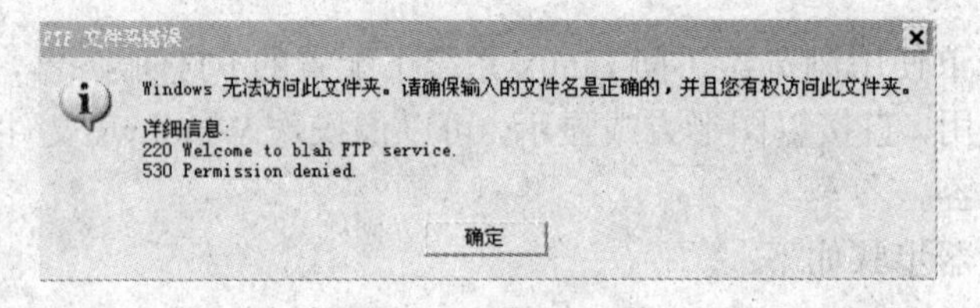

图 13.7 FTP 文件夹错误

用户只需单击“确定”按钮，然后右击空白处，选择“登录”选项，在弹出的“登录身份”对话框内，输入“用户名”和“密码”，然后单击“登录”按钮。

(2) 用户名和密码通过验证后，用户才能登录 FTP 服务器，双击“downloads”文件夹图标进入下载文件目录，下载此目录下的内容。

(3) 同样用户也可以双击“uploads”文件夹图标进入上传文件目录，直接拖动或复制本地计算机文件夹中的文件到 FTP 服务器 uploads 目录中，实现文件的上传。

13.5.2 通过 DOS 模式访问 FTP 服务器

在 Windows 操作系统下，还可以通过 DOS 模式访问 FTP 服务器。在 DOS 模式下具有与 Linux 操作系统中连接 FTP 服务器命令相同。下面介绍如何通过 DOS 模式实现对 FTP 服务器文件的上传和下载。

(1) 在 Windows 操作系统下，选择“开始”→“运行”命令，在弹出“运行”对话框中输入“cmd”命令，单击“确定”按钮后，系统弹出 DOS 窗口。

(2) 匿名登录 FTP 服务器，本例使用真实账户“user1”登录，命令及信息显示如下：

```
Microsoft Windows XP [版本 5.1.2600]
(C) 版权所有 1985-2001 Microsoft Corp.

C:\Documents and Settings\angela>ftp 192.168.101.110
Connected to 192.168.101.110.
220 Welcome to blah FTP service.
User (192.168.101.110:(none)): user1
331 Please specify the password.
Password:
230 Login successful.
使用 ls 命令查看 FTP 服务器中的内容：
ftp> ls
200 PORT command successful. Consider using PASV.
150 Here comes the directory listing.
downloads
uploads
226 Directory send OK.
ftp: 收到 27 字节，用时 0.00Seconds 27000.00Kbytes/sec.
```

从上面的信息可以看到 FTP 服务器中有两个目录文件：downloads 和 uploads，进入 downloads 目录，命令及信息显示如下：

```
ftp> cd downloads
250 Directory successfully changed.
ftp> get file.c
200 PORT command successful. Consider using PASV.
150 Opening BINARY mode data connection for file.c (200 bytes).
226 Transfer complete.
ftp: 收到 200 字节，用时 0.00Seconds 200000.00Kbytes/sec.
```

从上面的显示信息可以看出，下载文件“file.c”成功。文件下载到当前用户所在的目录，本例中，由于当前路径是 C:\Documents and Settings\Agela，所以文件下载到该目录下，可以使用“！dir”命令查看本地主目录下文件信息，命令及信息显示如下：

```
ftp> !dir
 驱动器 C 中的卷没有标签。
 卷的序列号是 A839-2625

 C:\Documents and Settings\angela 的目录

2010-07-01  13:44    <DIR>          .
2010-07-01  13:44    <DIR>          ..
2010-05-29  08:43    <DIR>          Application Data
2010-06-07  12:09    <DIR>          Favorites
2010-07-01  10:26               200 file.c
```

```
2010-07-01  10:29              1,064 file.txt
2010-07-01  13:44    <DIR>          My Documents
2010-04-30  10:23    <DIR>          「开始」菜单
2010-07-01  10:30    <DIR>          桌面
               2 个文件          1,264 字节
               7 个目录  5,673,062,400 可用字节
```

使用“cd ..”命令退回到上级目录，用户可以进入“uploads”目录文件，使用“put”命令上传文件“fiel.c”。命令及显示信息如下：

```
ftp> cd ..
250 Directory successfully changed.
ftp> cd uploads
250 Directory successfully changed.
ftp> put file.c
200 PORT command successful. Consider using PASV.
150 Ok to send data.
226 Transfer complete.
ftp: 发送 200 字节，用时 0.00Seconds 200000.00Kbytes/sec.
```

从上面的信息可知，file.c 文件已上传成功。

第 14 章

NFS 与 Samba 服务器

网络文件系统（Network File System，NFS）是一个远程过程调用（Remote Procedure Call，RPC）服务，主要实现了 Linux 系统之间的资源共享。它能够实现操作系统通过网络与他人共享目录和文件。通过使用 NFS，用户可以访问远程系统上的文件。而在网络环境中，Linux 系统与 Windows 系统是并存的，若要实现 Linux 和 Windows 系统之间互相访问，NFS 是难以实现的，此时可采用 Samba 服务器来实现。本章主要介绍 NFS 服务器和 Samba 服务器的配置与使用。

14.1 NFS 服务器概述

NFS 是一种分布式文件系统，采用典型的服务器/客户机工作模式。它是由 Sun 公司于 1984 年推出的。NFS 将某台 Linux 主机的若干目录共享，并交由其他 Linux 主机直接使用，这种共享的动作称为“导出（Export）”。任何一台 Linux 系统既可以作为 NFS 服务器，也可以作为 NFS 客户机。这取决于是“导出”共享资源，还是使用共享资源。也就是说，如果一个 Linux“导出”共享资源，那么它就是服务器；如果它使用共享资源，那么就是客户机。

使用 NFS，客户端可以透明地访问服务器中的文件系统，不同于提供文件传输的 FTP 协议。FTP 产生一个完整的副本文件，而 NFS 只访问一个进程引用文件，并且访问透明。

NFS 是一个使用 SunRPC 构造的客户端/服务器应用程序，其客户端通过向一台 NFS 服务器发送 RPC 请求，访问其中的文件。NFS 客户端和 NFS 服务器的典型结构如图 14.1 所示。

NFS 服务在数据传送过程中，使用远程过程调用（RPC）协议。客户机通过向 NFS 服务器发送 RPC 请求，访问 NFS 服务器上的文件。

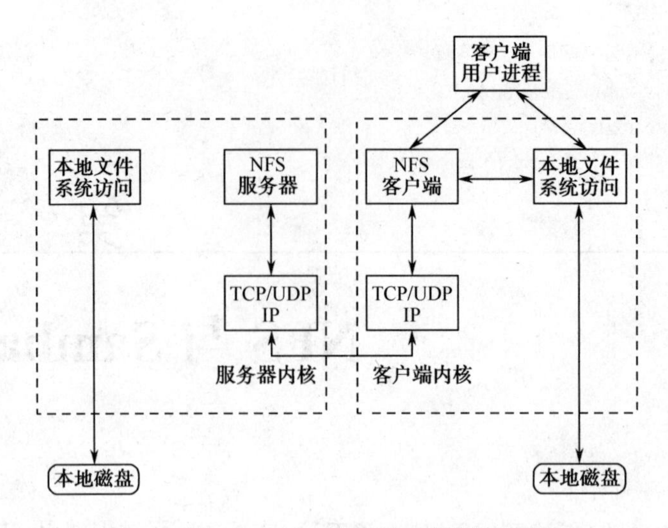

图 14.1 NFS 服务器和客户端结构

14.2 配置 NFS 服务器

在 Fedora 12 操作系统下配置 NFS 服务器很简单，首先需要安装两个软件：NFS 服务器软件 nfs-utils 和 NFS 服务器图形界面配置工具 system-config-nfs。

安装 NFS 服务器软件包：

(1) 安装前需要查询是否已安装了 NFS 服务器软件包，命令如下：

```
[root@Fedora ~]# rpm -qa | nfs
```

(2) 安装 NFS 服务器软件包 nfs-utils 命令及信息显示如下：

```
[root@Fedora ~]# yum install nfs-utils
已加载插件：presto, refresh-packagekit
设置安装进程
解决依赖关系
...
确定吗？[y/N]：y
...

已安装:
  nfs-utils.i686 1:1.2.1-5.fc12

作为依赖被安装:
  libgssglue.i686 0:0.1-8.fc12          libtirpc.i686 0:0.2.1-1.fc12          nfs-utils-lib.i686 0:1.1.4-8.fc12
  rpcbind.i686 0:0.2.0-4.fc12

完毕！
```

从上面的信息可以看出，软件包 nfs-utils.i686 1:1.2.1-5.fc12 已安装成功。

(3) 安装软件 yum install system-config-nfs，命令及结果显示如下：

```
[root@Fedora ~]# yum install system-config-nfs
已加载插件：presto, refresh-packagekit
设置安装进程
解决依赖关系
...
安装          1 软件包
更新          0 软件包
总下载量：139 k
确定吗？[y/N]：y
下载软件包：
Setting up and reading Presto delta metadata
Processing delta metadata
Package(s) data still to download: 139 k
system-config-nfs-1.3.49-1.fc12.noarch.rpm                    | 139 kB     00:00
运行 rpm_check_debug
执行事务测试
完成事务测试
事务测试成功
执行事务
正在安装:system-config-nfs-1.3.49-1.fc12.noarch                                1/1

已安装:
  system-config-nfs.noarch 0:1.3.49-1.fc12

完毕！
```

从上面的信息可以看出，软件包 system-config-nfs.noarch 0:1.3.49-1.fc12 已安装成功。

14.3　图形界面配置 NFS 服务器

“system-config-nfs”安装完毕后，使用图形界面配置 NFS 服务器，从桌面启动 NFS 服务器配置工具时，单击“系统”→“管理”→“NFS”，在弹出的“查询”对话框中输入正确的管理员密码，弹出“NFS 服务器配置方案”窗口，如图 14.2 所示。同时，也可以在终端窗口中输入“system-config-nfs”命令，打开“NFS 服务器配置方案”窗口。

要添加 NFS 共享文件夹，单击“添加”按钮，打开“共享”对话框，如图 14.3 所示。可以看出，“添加 NFS 共享文件夹”对话框包含 3 个标签页：“基本”标签页、“一般选项”标签页和“用户访问”标签页。

“基本”标签页中的信息解释如下：

(1) 目录：指定共享目录，例如/home。通过单击“浏览（O）”按钮，选择共享目录。

(2) 主机：指定共享目录的主机，例如，输入 IP 地址 192.168.101.0/24。

(3) 基本权限：指定目录拥有只读权限或读写权限。

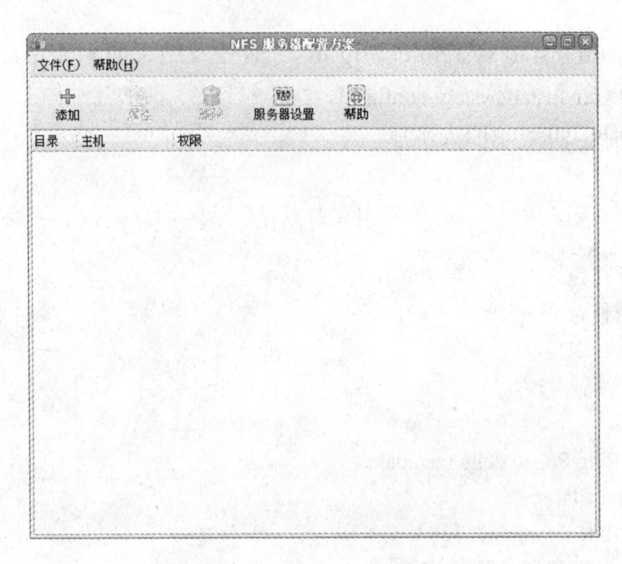

图 14.2 NFS 服务器配置窗口

“一般选项”标签页如图 14.4 所示。该标签页中各选项的解释如下：

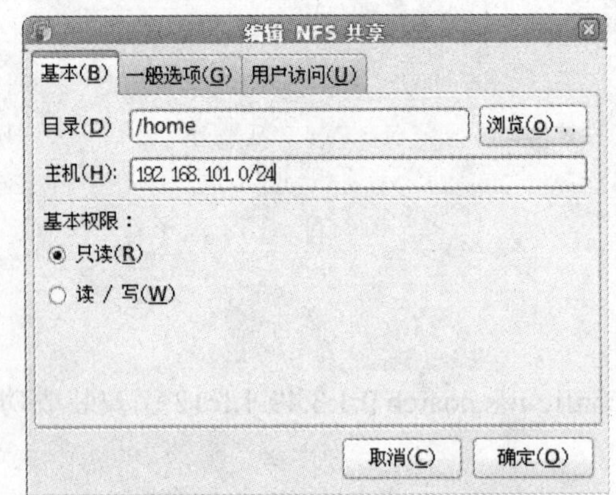

图 14.3 “基本”标签页

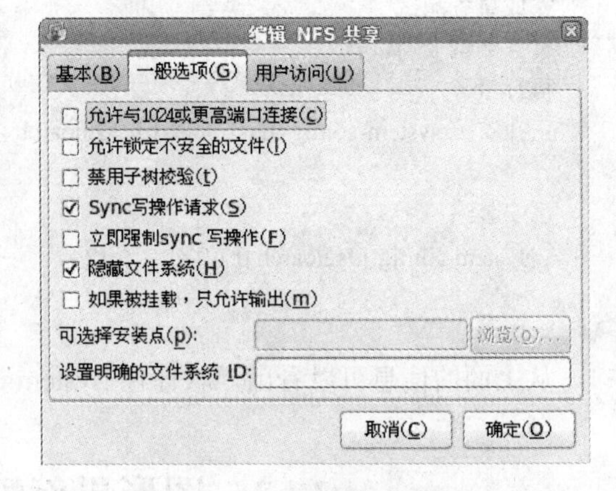

图 14.4 “一般选项”标签页

(1) 允许来自高于 1024 的端口的连接：在端号号小于 1024 的端口上，必须以超级用户身份启动服务，这意味着允许超级用户以外的用户启动 NFS 服务，该选项和 etc/exports 文件中的 insecure 相对应。

(2) 允许锁定不安全的文件：选择该选项可使系统锁定安全范围外的文件。

(3) 禁用子树检查：如果导出某文件系统的子目录，但没有导出整个文件系统，服务器检查所请求的文件是否在导出的子目录中，该检查叫做子树检查。选择这个选项可禁用子树检查。如果导出整个文件系统，选择该选项可提高传输率。

(4) Sync 写操作请求：系统默认启用该选项，表示不允许服务器在请求被写入磁盘前回复这些请求。

(5) 立即强制 Sync 写操作：表示不推迟写入磁盘的操作。

(6) 隐藏文件系统：选中该选项可隐藏文件系统。

(7) 如果被挂载，只允许输出：选中该选项后，如果文件系统被挂载，允许输出，不允许输入。

“用户访问”标签页如图 14.5 所示。该标签页中各选项的解释如下：

(1) 将远程根用户视为本地根目录用户：按照默认设置，超级用户（root）的用户 ID 和组群 ID 都是 0。

(2) 将所有客户端用户视为匿名用户：选中该选项表示所有用户和组群 ID 都会被映射为匿名用户。

(3) 匿名用户的本地用户 ID：如果选中“把所有客户端用户视为匿名用户”，该选项为匿名用户指定一个用户 ID。

(4) 匿名用户指定本地组群 ID：如果选中“把所有客户端用户视为匿名用户”，该选项会为匿名用户指定一个用户组群 ID。

添加完成后，在列表中会显示新添加的共享目录，如图 14.6 所示。

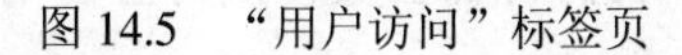

图 14.5 “用户访问”标签页

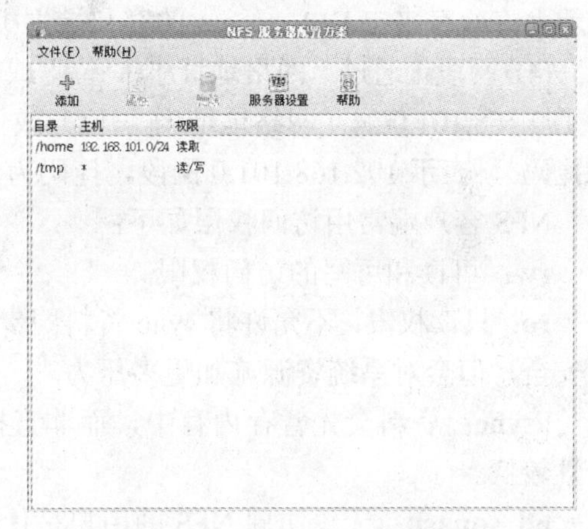

图 14.6 “添加”后列表信息

(1) /home 目录：通过 NFS 共享给 192.168.101.0/24 网络，并且将客户端主机权限设为“只读”权限。

(2) /tmp 目录：通过 NFS 共享给任意 IP 的客户端主机，并将它们客户端主机权限设为“可读可写”权限。

如果要编辑 NFS 共享，在列表中选择该共享目录，然后单击“属性”按钮即可。

如果要删除某个现存 NFS 共享，在列表中选择该共享目录，然后单击“删除”按钮。

从列表中添加、编辑或删除某个 NFS 共享后，单击“确定”按钮，修改立即生效。

重新启动服务器守护进程，原有的配置文件保存为/etc/exports.bak。新的配置信息写入配置文件/etc/exports。

14.4 字符界面配置 NFS 服务器

在 Linux 系统中，/etc/exports 是 NFS 服务器的全局和关键性的配置文件。除了通过图形工具间接修改配置文件/etc/exports 外，也可以把需要共享的文件系统直接编辑到/etc/exports 文件中，这样当重新启动 NFS 服务器时，系统就会自动读取/etc/exports 文件，从而告之内核要输出的文件系统和相关的存取权限。

该配置文件中设置每一条配置项为一行，指明网络中的“哪些客户端”可以共享服务器的“哪些目录资源”。

导出资源配置项格式：

```
服务器中导出共享资源路径　客户端主机（每个客户端主机的访问权限）
```

其中，“服务器中导出共享资源路径”必须是绝对路径名；而对于客户端主机，如果是多个客户端主机，使用空格隔开。一般有以下几种表达方式：

(1) 主机名：指定单一主机名称（能够被服务器解析）或 IP 地址。例如，Fedora，表示允许主机名称为 Fedora 的客户端。

(2) 组：使用“@组名称”格式指定允许连接 NFS 服务器的组。例如，@mygroup，表示允许组 mygroup 中所有的客户端主机连接 NFS 服务器。

(3) 通配符：使用“*”或“？”指定允许连接 NFS 服务器的客户端。例如，*. Fedora.com，表示允许所有来自 Fedora.com 的客户端主机连接服务器，包括 x.Fedora.com。

(4) 网段：通过“网络地址/掩码位”或“网络地址/子网掩码”的组合匹配。例如，使用 192.168.101.0/24（网络地址/掩码位）或使用 192.168.101.0/255.255.255.0（网络地址/子网掩码），表示 192.168.101.0 网段，掩码为 255.255.255.0 中的所有计算机。

NFS 客户端常用访问权限如下：

rw：可读和可写的访问权限。

ro：只读权限，不允许将 sync 资料同步写入内存和硬盘中。该选项能够保证写入数据更安全，但会对系统资源施加更多压力。

async：资料会先暂存内存中，而非直接写入硬盘，这样可以提高传输速度，但是安全性较低。

all_squash：无论访问 NFS 的用户是什么身份，其身份都会被转换为匿名用户。

no_all_squash：关闭 all_squash 功能。

root_squash：如果访问 NFS 主机使用共享目录的使用者是超级用户 root，那么该使用者的权限将转变为匿名使用者，相应的 UID 与 GID 也都会变成 nobody 身份。

no_root_squash：如果访问 NFS 主机使用共享目录的使用者是超级用户 root，那么这个使用者对该共享目录就有超级用户 root 的权限。这个方式极不安全，不建议使用。

insecure：允许从这台客户机上的非授权访问。

subtree_check：进行子树检查，对于只读导出的目录或文件不经常改名的目录，子树检查可以提高其可靠性。

no_subtree_check：关闭 subtree_check 功能。

修改配置文件/etc/exports，可以使用 vi、nano、gedit 等编辑工具打开该配置文件。这里使用 gedit 命令打开，命令如下：

```
[root@Fedora ~]# gedit /etc/exports
```

【例 14.1】 将/home 目录通过 NFS 共享给 192.168.101.0/24 网络，并且将客户端主机权限设为“可读可写权限”、“同步写入”、“允许从客户机上过来的非授权访问”、“关闭 subtree_check 功能”。

在/etc/exports 配置文件中加入如下语句：

```
/home    192.168.101.0/24(rw,sync,insecure,no_subtree_check)
```

【例 14.2】 将/tmp 目录设置为所有 IP 地址都可以对该目录进行“可读可写权限”、

“同步写入”访问，并且“允许从客户机上过来的非授权访问”。

在/etc/exports 配置文件添加如下语句：

```
/tmp    *(rw,sync,insecure,no_subtree_check)
```

配置完/etc/export 共享目录后，重新启动 NFS 服务。

由于系统管理员需要经常调整共享资源内容，要使修改的配置有效，需要经常重新启动 NFS 服务。

(1) 启动 NFS 服务，命令及信息显示如下：

```
[root@Fedora ~]# /etc/init.d/nfs start
启动 NFS 服务:                                    [确定]
关掉 NFS 配额:                                    [确定]
启动 NFS 守护进程:                                [确定]
启动 NFS mountd:                                  [确定]
```

(2) 关闭 NFS 服务，命令及信息显示如下：

```
[root@Fedora ~]# /etc/init.d/nfs stop
关闭 NFS mountd:                                  [确定]
关闭 NFS 守护进程:                                [确定]
关闭 NFS quotas:                                  [确定]
关闭 NFS 服务:                                    [确定]
```

(3) 重启 NFS 服务，命令及信息显示如下：

```
[root@Fedora ~]# /etc/init.d/nfs restart
关闭 NFS mountd:                                  [确定]
关闭 NFS 守护进程:                                [确定]
关闭 NFS quotas:                                  [确定]
关闭 NFS 服务:                                    [确定]
启动 NFS 服务:                                    [确定]
关掉 NFS 配额:                                    [确定]
启动 NFS 守护进程:                                [确定]
启动 NFS mountd:                                  [确定]
```

也可以使用 service nfs start/stop/restart 命令方法启动、关闭、重启 NFS 服务。

14.5 在 NFS 客户端测试

连接 NFS 服务器方法很简单，只需使用 mount 命令将 NFS 共享资源挂载到本地计算机，就可以访问网络中的共享资源。

1. 使用 showmount 命令查看共享资源

在客户主机连接 NFS 共享资源之前，通常需要查看 NFS 服务器的共享资源情况，了解是否有访问权限。在客户端可以使用 showmount 命令查看某 NFS 服务器，都有哪些 NFS 共享资源。使用 showmount 命令来实现，其命令格式如下：

 **格式**

```
showmount    [选项参数] NFS 服务器主机名/IP 地址
```

 **注意：** NFS服务器主机名需要能够被服务器解析，否则不能识别此服务器主机名。

常用选项参数

-a：显示客户主机名和挂载点目录。

-d：显示客户端所挂载的共享目录。

-e：显示NFS服务的导出共享目录列表。

说明： 在客户机测试之前，先关闭NFS服务器的防火墙，以免由于防火墙阻止访问NFS服务，而出现下面的错误：

```
Clnt_create: RPC:Port mapper failure - RPC:Unable to receive
```

关闭防火墙命令如下：

```
[root@Fedora ~]# service iptables stop
```

【例14.3】 在客户主机上，查看IP地址为192.168.101.110的NFS服务器的导出共享目录列表。

命令及结果显示如下：

```
[root@Client ~]# showmount -e 192.168.101.110
Exprot    list    for    192.168.101.110:
/tmp                    *
/home          192.168.101.0/24
```

从上面的信息可以看出，命令执行结果就是etc/export配置文件中相对应的共享资源目录。

2. 在客户机上挂载共享资源

查看NFS服务器共享资源后，便可在客户端使用mount命令挂载NFS共享资源。其命令格式如下：

格式

```
mount  NFS服务器名称/IP地址 ：/共享资源目录  /挂载点
```

下面将NFS服务器（192.168.101.110）的共享资源目录/home加载到本地主机/mnt目录中，命令及结果显示如下：

```
[root@Client ~]# mount 192.168.101.110：/home /mnt
[root@Client ~]# ls /mnt
ftp    user    user1    user2
```

从上面的命令及运行结果可以看出，NFS服务器的/home共享资源目录已成功加载到本地主机/mnt目录中。

3. 卸载共享资源

当使用NFS共享资源完毕后，需要使用umount命令卸载NFS共享目录。其命令格式如下：

格式

```
umount  挂载点
```

说明： 当用户正在使用某个已加载的共享目录上的文件时，则不能卸载该文件系统。因此，在卸载前要确认没有用户正在使用该共享资源。

如果要卸载上面实例中共享资源，命令及结果显示如下：

```
[root@Client ~]# ls /mnt
ftp    user    user1    user2
[root@Client ~]# umount /mnt
[root@Client ~]# ls /mnt
[root@Client ~]#
```

从上面命令执行结果可以看出，没有使用 umount 命令时，/mnt 目录下挂载着 NFS 服务器“192.168.101.110”下的内容，当使用 umount 命令卸载后，/mnt 目录为空，说明已成功卸载共享目录。

14.6　Samba 服务器概述

Samba 是一套 Microsoft 网络通信协议软件，其核心是 SMB（Server Message Block）协议。SMB 协议是客户端/服务器型协议，客户机通过该协议访问服务器的共享文件系统、打印机及其他资源。它可以使 Linux 系统成为一个文件服务器（File Server），并使整个局域网的 Windows 系统对 Linux 主机进行文件存取操作。不仅如此，Samba 也可以让 Linux 的打印机成为打印机服务器（Printer Server），也就是说 Samba 服务器能够实现跨平台的文件共享和打印机共享服务。

然而，Samba 并不能完全替换 NFS，这是因为 Samba 并不善于在大规模网络中实现共享，而 NFS 是完全基于 TCP/IP 协议的，可以实现整个网络的通信。所以，如果在大规模网络中仅是 Linux 系统间共享资源，还是建议使用 NFS。

1. Samba 的优点

(1) 用户不必让同样一份数据放置在不同的地方。比如使用 FTP，需要先下载文件，才能修改主机上的文件数据，如果修改了某个文件，却忘记将数据上传回主机，一段时间后，可能连用户自己都不知道哪个文件是最新的。而使用 Samba 就不会遇到这样的问题，用户可以直接在主机上修改文件。

(2) 有高性能。在相同的硬件上，Samba 的性能要高于 Windows Server。实验表明，在 Samba 作为文件服务器时，随着客户端数量的增加，与 Windows Server 2003 相比，Samba 的性能要高出很多。

2. Samba 服务器程序组件

了解 Samba 的组件，便于掌握 Samba 各个文件或目录的功能，方便找到相应的配置文件。Samba 服务器的组件如下：

(1) /usr/sbin/smbd：守护进程启动程序，该守护进程在配置文件/etc/samba/smb.conf 中描述，用于启动为 SMB 客户提供文件和打印服务。

(2) /etc/samba/smb.conf：Samba 服务器程序的主配置文件。

(3) /usr/sbin/nmbd：守护进程启动程序，用于提供 NetBIOS 名称服务和浏览支持的守护进程。

(4) /usr/bin/smbclient：SMB 的客户程序。

(5) /usr/bin/smbmount：SMB 加载程序，将 SMB 共享文件系统加载到 Linux 文件系统

当中。

(6) /usr/bin/testparm：/etc/smb.conf 配置文件语法检查工具。

(7) /usr/bin/smbstatus：SMB 服务器的状态查询工具。

(8) /usr/bin/smbtar：SMB 服务器数据资源备份工具。

14.7 配置 Samba 服务器

在 Fedora 12 操作系统中，配置 Samba 服务器很简单，首先需要安装两个软件：Samba 服务器软件 Samba 和 Samba 服务器图形界面配置工具 system-config-samba。

1. 安装 Samba 服务器软件包

安装 Samba 服务器软件包命令及信息显示如下：

```
[root@Fedora ~]# yum install samba
已加载插件：presto, refresh-packagekit
设置安装进程
解决依赖关系
...
已安装:
  samba.i686 0:3.4.7-58.fc12

作为依赖被安装:
  samba-common.i686 0:3.4.7-58.fc12

完毕!
                                        [ OK ]
```

从上面的安装信息可以看出，安装工具 yum 自动搜索并安装了最新软件包 samba.i686 0:3.4.7-58.fc12 和 samba-common.i686 0:3.4.7-58.fc12。安装完 Samba 程序后，创建/etc/samba 子目录，用于放置所有 Samba 服务器配置文件。

2. 安装 system–config–samba

安装软件 system-config-samba 的命令及信息显示如下：

```
[root@Fedora ~]# yum install    system-config-samba
已加载插件：presto, refresh-packagekit
设置安装进程
解决依赖关系
...
  正在安装          : system-config-samba-1.2.89-1.fc12.noarch                    1/1

已安装:
  system-config-samba.noarch 0:1.2.89-1.fc12

完毕!
```

从上面的安装信息可以看出，安装工具 yum 自动搜索并安装最新软件包 system-config-samba-1.2.89-1.fc12.noarch。

14.8　图形界面配置 Samba 服务器

同 NFS 服务器的配置一样，Samba 服务器也可以使用图形界面进行配置，图形界面配置的优点是配置直观，易于使用。

从桌面启动 Samba 服务器配置工具时，单击“系统”→“管理”→“Samba”，在“鉴定伪真”对话框中输入管理员密码后，弹出“Samba 服务器配置”窗口，如图 14.7 所示。同时，也可以在终端窗口中输入“system-config-samba”命令，打开“Samba 服务器配置”窗口。

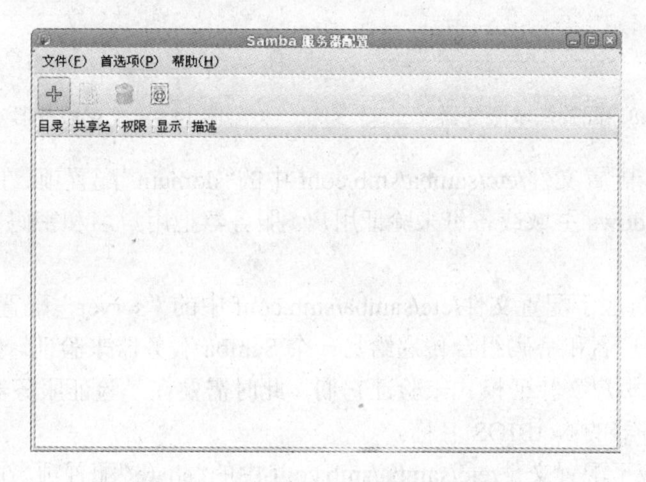

图 14.7　Samba 服务器配置窗口

14.8.1　配置服务器的设置

配置 Samba 服务器的第一步是配置服务器的基本设置和安全选项。在“Samba 服务器配置”窗口中，选择“首选项”→“服务器设置”，弹出“服务器设置”窗口，如图 14.8 所示。该窗口中包含“基本”和“安全性”两个标签页。

1. “基本”标签页

指定计算机所属的工作组以及对计算机的简单描述。设置计算机所属的工作组和对计算机的简单描述分别对应于配置文件/etc/samba/smb.conf 中的 workgroup 和 server string 配置项。

2. “安全性”标签页

设置 Samba 服务器的安全，如图 14.9 所示。

“安全性”标签页包含 5 个选项：验证模式、验证服务器、Kerberos 域、加密密码和来宾账号。其中，验证模式对应于配置文件/etc/samba/smb.conf 中的 security 配置项，主要有以下几种：

(1) ADS：Samba 服务器充当活跃目录域（ADS）中的一个成员，可以在/etc/samba/smb.conf 配置文件中通过设置“security=ads”和活动目录域

realm=YOUR.ACTIVE.DIRECTORY.NAME 实现。在该模式下无须考虑 Windows 操作系统的域控制器工作模式及功能级别。

图 14.8 配置基本服务器

图 14.9 配置服务器安全性

(2) 域：对应于配置文件/etc/samba/smb.conf 中的"domain"配置项。在该模式下，Samba 服务器依赖于 Windows 主域或备份来验证用户。服务器把用户名和密码传递给控制器，然后等待它们返回。

(3) 服务器：对应于配置文件/etc/samba/smb.conf 中的"server"配置项。在该模式下，Samba 服务器把用户名和密码组合传递给另一个 Samba 服务器来验证。如果无法校验，服务器会试图使用"用户"验证模式来验证它们，此时需要在"验证服务器"文本框中输入另一个 Samba 服务器的 NetBIOS 名称。

(4) 共享：对应于配置文件/etc/samba/smb.conf 中的"share"配置项。在该模式下，Samba 用户不必为每个 Samba 服务器都输入用户名和密码。只有在连接 Samba 服务器上的指定共享时才提示输入用户名和密码。

(5) 用户：对应于配置文件/etc/samba/smb.conf 中的"user"配置项。在该模式下，Samba 用户必须为每个 Samba 服务器提供一个有效的用户名和密码。

① 加密密码：对应于配置文件/etc/samba/smb.conf 中的"encrypted passwords"配置项。如果客户端用户从 Windows NT 4.0 或其他之前的 Microsoft Windows 版本的中连接 Samba 服务器，该选项必须启用。口令在服务器和客户间使用加密格式而非纯文本格式传输。

② 来宾账号：对应于配置文件/etc/samba/smb.conf 中的"guest account"配置项。当客户端用户要登录 Samba 服务器时，必须映射到服务器上的有效用户。选择系统上存在的用户名之一作为来宾的 Samba 账号。当用户使用来宾账号登录 Samba 服务器时，则拥有和该用户相同的权限。

服务器设置完成后，单击"确定"按钮，将所做的设置写入配置文件，重启守护进程，修改立即生效。

14.8.2 管理 Samba 用户

Samba 服务器配置工具要求在添加 Samba 用户之前，在充当 Samba 服务器的系统上必须存在一个活跃的用户账号。Sarnba 用户和这个现存的用户账号相关联。

选择“Samba 服务器配置”窗口（如图 14.7 所示）中的“首选项”→“Samba 用户”，弹出如图 14.10 所示的窗口。

单击“添加用户”按钮，弹出“创建新 Samba 用户”窗口，如图 14.11 所示。在本地 Linux 系统的用户列表中选择“UNIX 用户名”。如果用户在 Windows 系统上有一个不同的用户名，并将从 Windows 机器上登录 Samba 服务器，那么在“Windows 用户名”文本框中输入指定的 Windows 用户名。注意，必须将“首选项”→“服务器设置”中的“安全性”标签页上的“验证模式”设置为“用户”才能使该设置生效。

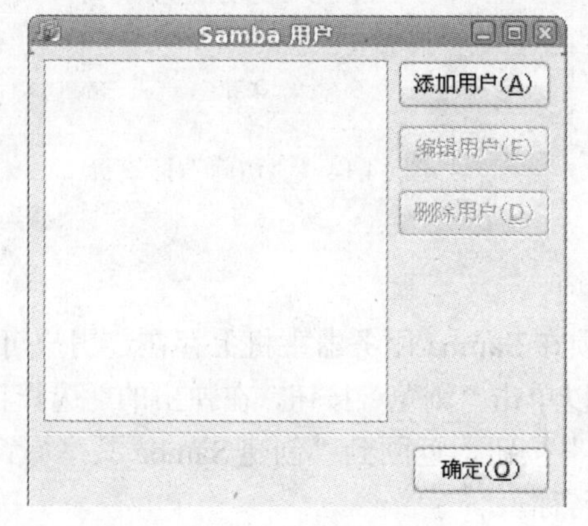

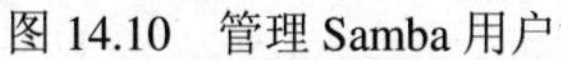

图 14.10　管理 Samba 用户　　图 14.11　创建新 Samba 用户

接着，需要为 Samba 用户设置 Samba 口令，并再次输入以确认该口令。创建完成后，单击“确定”按钮。这样在 Samba 用户列表中就增加了新创建的 Samba 用户。如图 14.12 所示。如果要编辑某个 Samba 用户，可以从列表中选择，然后单击“编辑用户”。若要删除某个现存的 Samba 用户，可以选择该用户，然后单击“删除用户”按钮。此时删除的是 Samba 用户而不会删除相关的用户账号。单击“确定”按钮后，修改立即生效。

图 14.12　Samba 用户列表

14.8.3　添加 Samba 共享文件夹

如果要添加共享，可以单击“Samba 服务器配置”窗口上的“添加”按钮，弹出如图 14.13 所示的窗口。该窗口中包含两个标签页：“基本”标签页和“访问”标签页，分别如图 14.13 和图 14.14 所示。

图 14.13 “基本”标签页

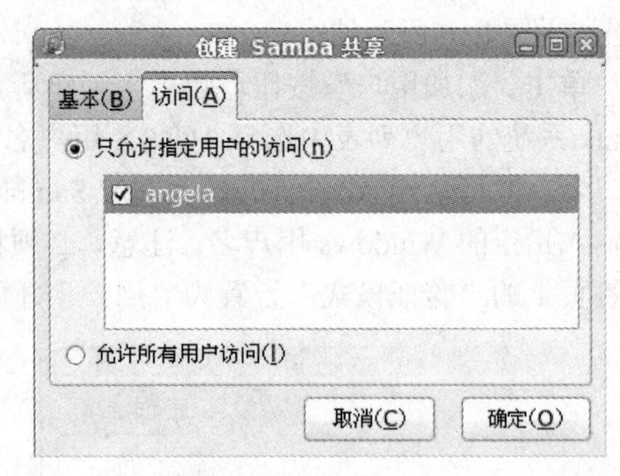

图 14.14 “访问”标签页

1. “基本”标签页

选择“基本”标签页主要用来配置以下选项：

(1) 目录：Samba 共享目录，这个目录必须在 Samba 服务器主机上存在。用户可以在该目录文本框中输入共享目录的路径名，也可以单击“浏览”按钮，在弹出的“选择目录”对话框中，选择相应的目录。最后单击“确定”按钮，返回到“创建 Samba 共享”窗口。

(2) 共享名：Samba 目录在网络上共享的名称。

(3) 描述：对该共享目录的简短描述。

(4) 权限复选框：包括“可擦写”和“显示”两个复选框。其中，“可擦写”复选框用于设置用户是否可以修改共享目录下的内容，而“显示”复选框用于设置该共享目录是否可见。本例中选中这两个复选框表示 Samba 用户可以修改该共享目录下的内容，

2. “访问”标签页

在“访问”标签页上包含“只允许指定用户的访问”或“允许所有用户访问”两个单选按钮。如果选择“只允许指定用户的访问”，那么从 Samba 用户列表中选择允许访问该共享目录的用户。也可以选择“允许所有用户访问”，使得所有用户能访问 Samba 共享目录。最后，单击“确定”按钮后，共享目录会立即被添加。本例中的共享结果列表如图 14.15 所示。

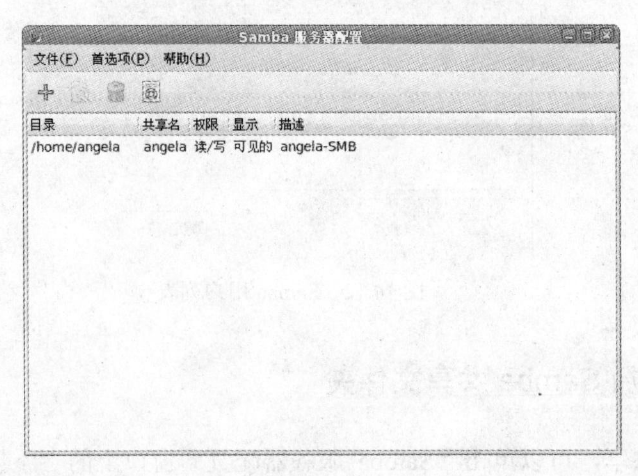

图 14.15 Samba 共享结果列表

14.9　字符界面配置 Samba 服务器

在 Fedora 12 系统中，也可以通过修改配置文件/etc/samba/smb.conf 对 Samba 服务器进行配置，该文件是配置 Samba 服务器的核心。

14.9.1　配置文件/etc/samba/smb.conf

配置文件/etc/samba/smb.conf 包含若干配置段，每节以“[配置段名称]”形式开头。该文件主要由 3 个系统配置段和几个自定义配置段组成。系统配置段包括：全局设置段[global]、用户目录段和打印机段[printers]。自定义配置段用于设置 Samba 服务器中的共享资源。

每个配置段又包含若干配置项。每个配置项可以看做是一个规则，以设定系统对外提供的 Samba 服务特性。Samba 服务器的系统配置段及其对应的配置项说明如下。

1. [global]全局设置段

[global]全局设置配置段包括下面几种配置项：

(1) workgroup：用于指定工作组，不超过 9 个字符、无空格，最好全部使用大写。默认值为 MSHOME。

(2) server string：用于设置计算机描述，在通过 Windows 网上邻居访问时，在备注中可以看到相应的注释。

(3) hosts allow：用于设置允许访问的网络和主机 IP 地址。如果是多个 IP 地址，使用空格隔开。

(4) load printers：用于设置是否允许自动共享打印机，默认值为 yes。

(5) printcap name：用于设置打印机配置文件路径，默认值为/etc/printcap。

(6) printing：用于设置打印机类型，可选项为 bsd、sysv、plp、lprng、aix、hpux、qnx 和 cups，默认值为 bsd。

(7) log file：用于设置 Samba 服务器日志文件路径，默认值为/var/log/samba/log.%m。

(8) max log size：用于设置日志文件的大小，单位是 KB，如果是 0，表示日志文件的大小无限制，默认值为 1000。

(9) security：用于设定 Samba 服务器的安全级别，有 4 个可选项：user 要求用户在访问共享资源之前必须提供用户名和密码进行验证；share 没有安全性级别，不要求用户名和密码，任何用户都可以访问 Samba 服务器上的共享资源；server 要求将用户名和密码提交到域名服务器验证；domain 要求网络中存在一台 Windows 的主域控制器，Samba 把用户名、密码提交到该计算机进行验证。

(10) wins support：用于设置 Samba 服务器是否用做 Windows WINS 服务器。WINS 是 Windows 名称解析系统的一部分，每个网络应该有一台 WINS 服务器，WINS 协议能把机器名转换为 IP，默认值为 yes。

2. 用户目录段

用户目录段主要用于设置 Samba 服务器的共享资源。该段中没有设置特定的内容，如路径和指令等。客户端主机向服务器发出请求时，在/etc/samba/smb.conf 配置文件中的其他部分查找有特定内容的服务，如果没有发现特定内容服务并且找到［homes］段，就搜索密码文件则得到用户的主目录。

［homes］段中可以有多个子段，如［share-folder］。［share-folder］是用户自定义的，实际上，它是共享目录名称，在 Windows 系统的客户端主机上看到的共享文件夹的名称。不论是［homes］配置段还是其子段，都可以使用下面的配置项。

(1) comment：在客户端用户界面显示的共享确认字符串，默认值为 Home Directories。

(2) browseable：设置是否允许在浏览器中显示共享，默认值为 no。

(3) writeable：设置共享资源是否可写，默认值为 no。

(4) path：指定 Samba 服务器上的共享路径。

(5) directory mode：设置目录属性，默认值为 0700。

(6) valid users：设置能够使用该资源的用户和组，如果存在多个用户组使用逗号隔开，默认值为%S。

3. [printers] 打印机配置段

(1) printable：设置该打印机资源是否可以用于打印。

(2) path：设置通过 Samba 进行打印请求时，使用脱机打印目录的路径，默认值为/var/spool/samba。

(3) create mode：设置所有文件生成时所具有的用户所有权限，默认值为 0700。

14.9.2 启动关闭 Samba 服务器

调整共享资源的内容，需要重新启动 Samba 服务，以便使修改的配置生效。

(1) 启动 Samba 服务

```
[root@Fedora ~]# /etc/init.d/smb start
启动 SMB 服务:                                            [确定]
```

(2) 关闭 Samba 服务

```
[root@Fedora ~]# /etc/init.d/smb stop
关闭 SMB 服务:                                            [确定]
```

(3) 重启 Samba 服务

```
[root@Fedora ~]# /etc/init.d/smb restart
关闭 SMB 服务:                                            [确定]
启动 SMB 服务:                                            [确定]
```

当然用户也可以用 service smb start/stop/restart 命令方法启动、关闭、重启 Samba。

14.9.3 Samba 配置介绍

下面通过修改配置文件/etc/samba/smb.conf 来配置 Samba 服务器。

为了方便理解，可以把原有的/etc/samba/smb.conf 备份，以备后用，然后使用 vi 或 gedit 命令创建并编辑配置文件/etc/samba/smb.conf，其命令如下：

```
[root@Fedora ~]#    mv /etc/samba/smb.conf /etc/samba/smb-back.conf
[root@Fedora ~]#    gedit /etc/samba/smb.conf
```

1. 简单 Samba 服务器配置

实现基本的共享文件夹资源，无须加安全设置及其他功能的 Samba 配置非常简单，下面以具体实例介绍这种简单 Samba 服务器的实现。

配置没有安全认证的共享资源，设置共享文件夹的路径，所有人都能访问到此共享文件夹。修改配置文件/etc/samba/smb.conf 的内容如下：

```
［global］
    security=share
[share-folder]
    path=/tmp
    public=yes
```

上面配置文件内容主要分为两个配置段：第 1 段为［global］全局设置段；第 2 段为［share-folder］共享文件夹设置。“share-folder”是管理员命名的，在 Windows 客户端中看到的共享文件夹的名称就是 share-folder。“security=share”表示采用的是“share”安全级别，这样的用户不需要经过密码认证；“path=/tmp”表明共享的文件夹的路径为/tmp；public=yes，表示为所有人公开访问；保存上面信息内容后，退出编辑。

配置文件修改完成后，使用 testparm 命令检查一下配置文件的语法，testparm 命令的格式如下：

```
testparm　smb.conf 的存放路径　samba 服务器主机名　samba 服务器 IP 地址
```

命令及显示结果如下：

```
[root@Fedora ~]# testparm /etc/samba/smb.conf Fedora 192.168.101.110
Load smb config files from /etc/samba/smb.conf
rlimit_max: rlimit_max (1024) below minimum Windows limit (16384)
params.c:Parameter() - Ignoring badly formed line in configuration file: ［global］
Processing section "[share-folder]"
Loaded services file OK.
Server role: ROLE_STANDALONE
Allow connection from Fedora (192.168.101.110) to share-folder
```

从上面的检查结果可以看出“Loaded services file OK.”，说明相关配置正确。

下面需要重启 Samba 服务，使配置文件的修改生效，其命令如下：

```
[root@Fedora ~]# /etc/init.d/smb restart
```

Samba 服务器重新启动后，在客户端 Winidows 系统上，单击“开始菜单”→“运行”，打开“运行”窗口，输入“\\192.168.101.110”，如图 14.16 所示。单击“确定”按钮后，此时用户看到名为“share-folder”的文件夹，如图 14.17 所示。客户端用户可以双击“share-folder”图标，打开该文件夹并访问其内容（本例中为服务器上/tmp 目录中的内容）。

说明：

(1) 如果服务器端的防火墙处于开启状态，并且 Samba 服务被认为是不可信任的服务。那么在客户端登录 Samba 服务器时，防火墙阻止该服务，弹出错误对话框。此时需要在服务器端将 Samba 服务设为可信服务。操作如下：

单击“系统”→“管理”→“防火墙”，弹出“防火墙配置”窗口，勾选 Samba 复选框。然后单击工具栏上的“应用”按钮，这样就可以将 Samba 服务定义为可信的服务。

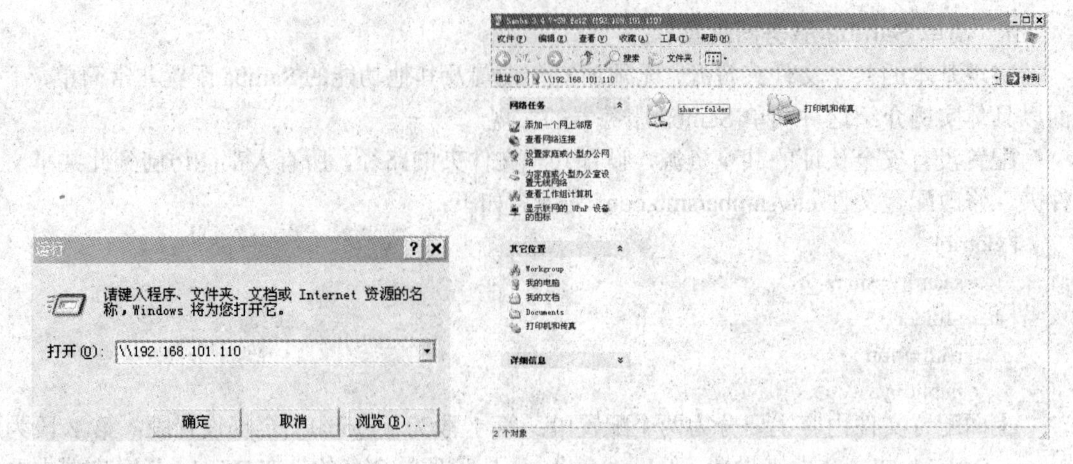

图 14.16　输入 Samba 服务器 IP　　　　图 14.17　登录到 Samba 服务器

(2) 本实例的配置存在着两个严重缺陷：

① 任何 Windows 用户都可以访问该共享文件夹，这就增加了不安全性。

② Windows 客户端用户对该共享文件夹内容没有修改权限。例如，打开共享文件夹 share-folder 后，如果客户端用户要在该文件夹下复制/粘贴文件 01.png，则无法复制，警告窗口如图 14.18 所示。

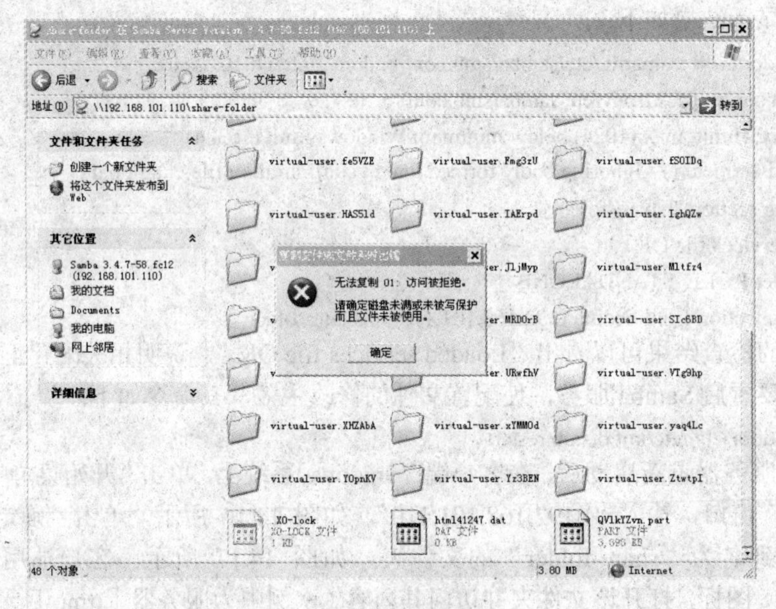

图 14.18　无法复制

2. 有安全认证和可写功能的 Samba 配置

Samba 可为用户提供 4 个安全认证等级：share，user，server 和 domain。它们分别代表的含义如下。

share：不需要输入用户名和密码。

user：Samba 服务器要对用户进行认证，需要输入用户名、密码。

server：认证的任务由另外一台 Samba 服务器或 Windows 服务器完成。

domain：指定一台 Windows 服务器来进行用户认证。

对于一般用户来说，user 级别用的最多，下面以 user 级别为例进行介绍。要想通过 Samba 的用户认证，大体需要 5 个步骤：

(1) 在 Linux 系统中创建用户，并设置密码；

(2) 对应修改配置文件/etc/samba/smb.conf 内容；

(3) 在 Samba 中创建该用户并设置相同的密码，并重启 Samba 服务；

(4) 在 Windows 系统中创建相同的用户，设置相同的密码；

(5) 在 Windows 客户端以相同的用户名登录，测试 Samba 服务器。

其具体实现步骤如下：

(1) 在 Fedora 系统中使用 adduser 命令添加要分享资源的新用户。例如，打算将共享资源分享给 angela 的用户并为其设置密码。其命令如下：

```
[root@Fedora ~]# adduser angela
[root@Fedora ~]# passwd angela
```

(2) 修改配置文件/etc/samba/smb.conf 该配置文件的内容如下：

```
[global]
        security=user
[share-folder]
        path=/tmp
        valid users=angela
        writeable=yes
        public=no
```

上面信息中，“security=user”是把安全认证的级别设置为“user”，即 Windows 客户端用户访问 Samba 共享文件夹时需要用户名和密码；同样，[share-folder]是 Samba 服务器管理员命名的，在 Windows 客户端中看到的共享文件夹的名称为该名称；“path=/tmp”表明共享的文件夹的路径为/tmp/share。“valid users=angela”表示可以访问该共享文件夹的用户为“angela”，“writeable=yes”使得用户“angela”具有写权限，这样该用户就可以对该共享文件夹进行修改操作。“public=no”表示不是所有的客户端用户都可以访问该共享文件夹的。

(3) 在 Samba 中创建用户和密码并重启 Samba 服务。要将资源共享给某个系统的用户，必须将该用户添加到 Samba 中。例如，如果将用户 angela 添加到 Samba 中，其命令及信息显示如下：

```
[root@Fedora ~]# smbpasswd -a angela
New SMB password:
Retype new SMB password:
Added user angela2.
```

这样，Samba 的用户 angela 密码认证信息就写入到 Samba 中。

重新启动 Samba 服务，命令如下：

```
[root@Fedora ~]# /etc/init.d/smb restart
```

(4) 在 Windows 端创建相同的用户。在 Windows 端创建相同的用户“angela”，并具有相同的密码，这样才能通过 Samba 的认证。

(5) 测试 Samba 服务器。在 Windows 客户端测试 Samba 服务器，单击“开始菜单”

→“运行”，打开“运行”窗口，输入“\\192.168.101.110”。单击“确定”按钮后，弹出Samba 服务器的认证对话框，在对话框中输入用户名，如“angela”及密码，如图 14.19 所示。

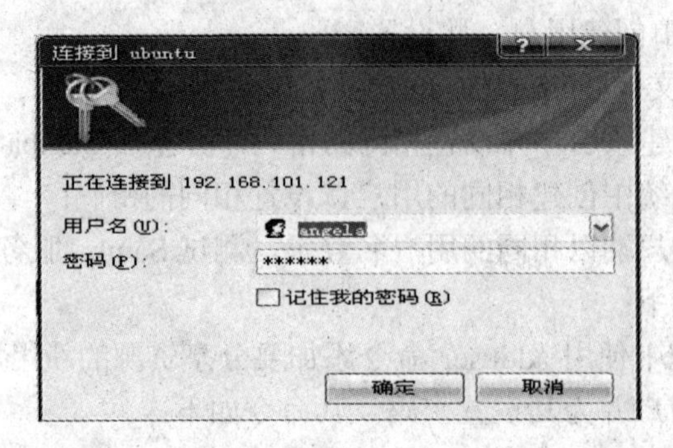

图 14.19 输入用户名和密码

输入正确的用户名和密码后，用户可以连接到 Samba 服务器，并且可以访问共享文件夹。双击并打开共享文件夹“share-folder”，复制文件“01.png”到该文件夹中，结果如图 14.20 所示。

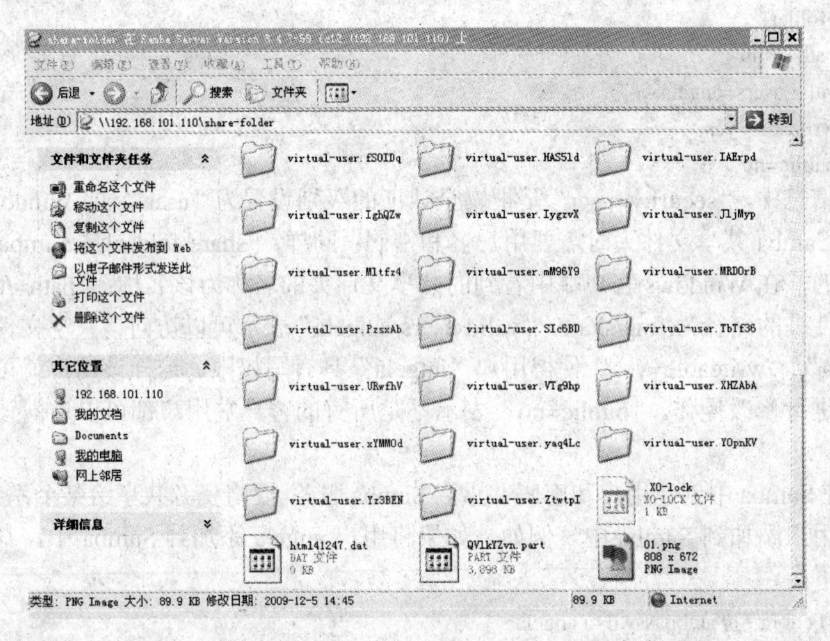

图 14.20 复制文件“01.png”到 Samba 共享文件夹

从复制文件的结果看，文件已经成功复制。客户端用户也可以对该共享文件夹的文件进行删除等操作。

14.10 Windows 客户端连接 Samba 服务器

在 Windows 客户端访问 Samba 服务器共享资源的方式，实际上，除了前面介绍的方式外（单击“开始菜单”→“运行”，然后在运行窗口输入 Samba 服务器地址），还有多种连接 Samba 服务器的方法，而且这些方法使用非常容易。下面具体介绍这些方式的使用。

1. 使用“网上邻居”

在 Windows 环境下，右击“网上邻居”图标，选择“搜索计算机”选项，打开“搜索结果-计算机”窗口。在“计算机名”搜索栏中输入 Samba 服务器的主机名或 IP 地址，然后单击“搜索”按钮。例如，这里输入 Samba 服务器的 IP 地址为“192.168.101.110”，找到目标主机，双击目标主机图标，打开“连接到 192.168.101.110”对话框，等待用户输入 Samba 服务器预先设定的用户名和密码，本例中用户名为“angela”，如图 14.21 所示。输入用户名和密码后，单击“确定”按钮，此时 Windows 客户端用户就能成功访问 Samba 服务器上的内容，如图 14.22 所示。

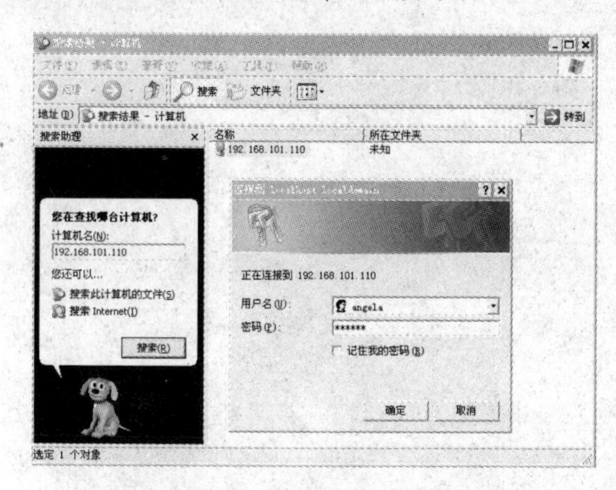

图 14.21　搜索并连接 Samba 服务器

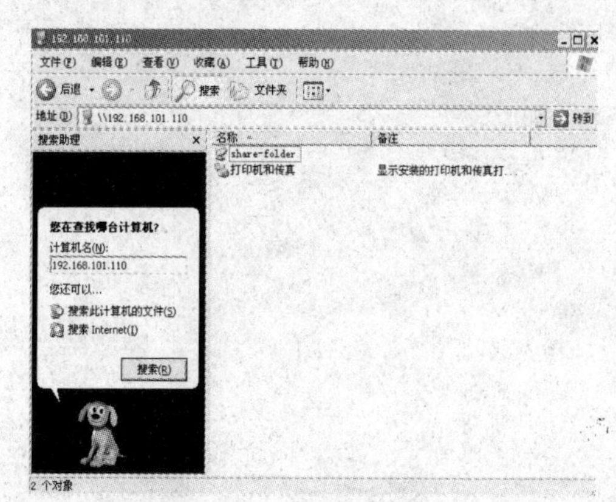

图 14.22　访问 Samba 服务器提供的共享文件夹

2. 使用 IE 浏览器或 Windows 资源管理器

在 Windows 平台上，使用 IE 浏览器和 Windows 资源管理器，同样可以访问到 Samba 服务器上的共享资源。在 IE 浏览器的地址栏中，输入\\服务器主机名或\\主机 IP 地址，能直接访问共享资源；还可以使用 Windows 资源管理器访问 Samba 服务器上的共享资源，通过双击“我的电脑”图标，打开 Windows 资源管理器，同样在其地址栏中输入\\服务器主机名或\\主机 IP 地址，也能直接访问共享资源，如图 14.22 所示。

3. 使用 DOS 命令访问

在 Windows 平台上，使用 DOS 命令同样可以访问 Samba 服务器。这种访问方式速度更快捷。使用“net view”命令用于查看 Samba 服务器中的共享资源，单独执行该命令则显示客户端所属工作组中存在的共享服务器列表。如图 14.23 所示。如果要查看 IP 地址为 192.168.101.110 的主机上的共享文件夹，其命令及结果如图 14.24 所示。

如果需要访问 Samba 服务器上的共享目录，则可以利用“net use”命令将 Samba 共享目录映射为一个本地驱动器。将 192.168.101.110 主机中的共享目录映射为驱动器（如 d 盘）之后，Windows 用户便可像访问本地目录一样访问 Samba 中的共享资源。

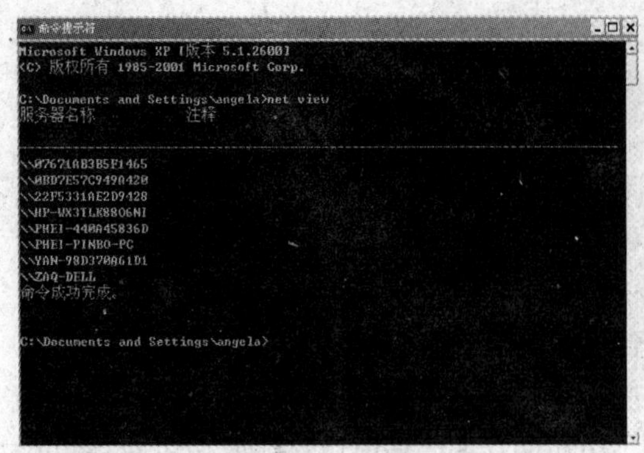

图 14.23 “workgroup”工作组中的服务器列表

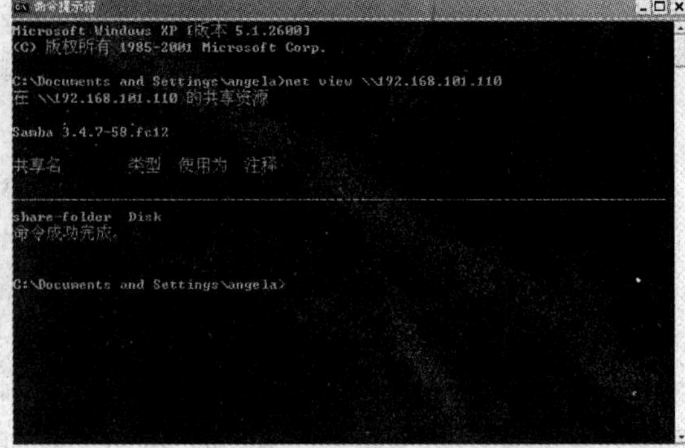

图 14.24 查看服务器上的共享文件夹

第 15 章

远程访问服务器

远程管理在 Linux 服务器管理方面很重要，网络管理员不可能总是在同一个机房内操作服务器，他们可以使用远程工具对 Linux 服务器进行操作，常用的远程管理服务工具有 telnet，SSH，VNC 等。本章主要介绍如何在 Fedora 12 系统中搭建 telnet、SSH、VNC 等 3 种远程访问服务器。

15.1 配置 telnet 服务器

telnet 协议是一种远程访问协议，是 TCP/IP 协议族中的一员。使用该协议可以远程登录计算机或网络设备，在 telnet 客户机使用 telnet 程序，以文本方式访问远程主机。下面介绍 telnet 服务器的配置。安装 telnet 服务器需要 telnet-server 软件包。

1. 检查系统中是否已安装了所需软件包

检查系统中是否已安装了 telnet-server 软件包，其命令如下：

```
[root@Fedora ~]# rpm -qa |grep telnet-server
```

2. 安装服务器软件包 telnet-server

安装命令及信息显示如下：

```
[root@Fedora ~]# yum install telnet-server-0.17-45.fc12
已加载插件：presto, refresh-packagekit
设置安装进程
解决依赖关系
--> 执行事务检查
---> 软件包 telnet-server.i686 1:0.17-45.fc12 将被升级
--> 处理依赖关系 xinetd，它被软件包 1:telnet-server-0.17-45.fc12.i686 需要
--> 执行事务检查
---> 软件包 xinetd.i686 2:2.3.14-31.fc12 将被升级
--> 完成依赖关系计算
...
确定吗？[y/N]：y
下载软件包：
Setting up and reading Presto delta metadata
```

```
updates/prestodelta                                        |  28 kB    00:00
Processing delta metadata
Package(s) data still to download: 156 k
(1/2): telnet-server-0.17-45.fc12.i686.rpm                 |  35 kB    00:00
(2/2): xinetd-2.3.14-31.fc12.i686.rpm                      | 121 kB    00:01
--------------------------------------------------------------------------------
总计                                              74 kB/s | 156 kB    00:02
运行 rpm_check_debug
执行事务测试
完成事务测试
事务测试成功
执行事务
  正在安装       : 2:xinetd-2.3.14-31.fc12.i686                          1/2
  正在安装       : 1:telnet-server-0.17-45.fc12.i686                     2/2

已安装:
  telnet-server.i686 1:0.17-45.fc12

作为依赖被安装:
  xinetd.i686 2:2.3.14-31.fc12
```

从上面的安装信息中可以看到，安装软件包 telnet-server.i686 1:0.17-45.fc12 需要安装软件包 xinetd.i686 2:2.3.14-31.fc12 作为依赖。

说明：在 Linux 系统中，一些长期不使用的服务未作为单独的守护进程在开机时启用，xinetd 进程作为一个独立的进程集中监听全部的 Linux 服务监听端口，当收到相应的客户端请求后，xinetd 进程就临时启动相应服务并把相应端口移交给相应服务，客户端断开之后，相应的服务进程结束，xinetd 继续监听。

3. 修改配置文件/etc/xinetd.d/telnet

以超级用户身份将配置文件/etc/xinetd.d/telnet 中的配置语句“disable = yes”，修改为“disable = no”，内容显示如下：

```
# default: on
# description: The telnet server serves telnet sessions; it uses \
#       unencrypted username/password pairs for authentication.
service telnet
{
        flags           = REUSE
        socket_type     = stream
        wait            = no
        user            = root
        server          = /usr/sbin/in.telnetd
        log_on_failure  += USERID
        disable         = no                    //将 yes 修改为 no
}
```

其中：

flags = REUSE：表示额外使用的参数。

socket_type = stream：表示使用 tcp 包的套接字类型为流套接字类型。

wait = no：表示当多个客户机请求连接时，是否等待，赋值为 no 表示无须等待。

user = root ：表示启动此服务的用户身份，此处设为超级用户。

server = /usr/sbin/in.telnetd：表示 telnet 服务程序的存放位置，此处设置为/usr/sbin/in.telnetd。

log_on_failure += USERID：表示登录失败时，日志记录内容，此处设定为记录用户 ID。

disable = no：表示 telnet 服务是否开启，默认为关闭状态，赋值为 no 表示开启服务。

4. 重启网络服务

telnet 是由 xined 进程启动的，需要重新启动 xinetd 服务，命令及信息显示如下：

```
[root@Fedora ~]# service xinetd restart
停止 xinetd：                                    [确定]
正在启动 xinetd：                                [确定]
```

5. 测试远程登录

只要有一个 telnet 远程主机的有效用户账号，便可以使用 telnet 命令启动登录远程主机。

在客户端需要安装 telnet 客户端程序。安装之前可以检测客户机上是否安装该软件包，其命令如下：

```
[root@Fedora ~]# rpm -qa | grep telnet
```

安装软件包 telnet 命令如下：

```
[root@Fedora ~]# yum install telnet-0.17-45.fc12
```

 **格式**

```
telnet ［选项参数］ 远程主机 IP 或主机名 ［端口号］
```

选项参数：telnet 命令常用选项参数为-a 和-l，-a 表示尝试自动登录；而-l 表示指定登录的用户；

端口号：telnet 服务器端口号默认为 23，管理员编辑/etc/services 文件，修改 telnet 端口号。

假设局域网中 IP 地址为 192.168.101.110 的主机开启 telnet 服务，那么在 Windows 或 Linux 客户端上登录该 telnet 服务器。用户可以在 Windows 下的“MS-DOS”下，或 Linux 命令终端，使用 telnet 命令在本地客户机上远程登录 telnet 服务器主机，命令如下：

```
telnet 192.168.101.110
```

输入该命令，按回车键后，如果连接正确，则信息显示如下：

```
Trying 192.168.101.110...
Connected to 192.168.101.110.
Escape character is '^]'.
Fedora release 12 (Constantine)
Kernel 2.6.31.5-127.fc12.i686 on an i686 (2)
login: user                              //输入远程 telnet 服务器上的用户名
Password:                                //输入远程 telnet 服务器上的密码
Last login: Wed Aug    4 13:50:37 from 192.168.101.110
[user@Fedora ~]$
```

从上面的显示信息可以看出，使用 telnet 192.168.101.110 命令将本地主机与远程主机 192.168.101.110 建立连接，输入合法用户名和密码后，本地用户便会登录到远程主机 Fedora 的用户（本例中为 user）目录下，直到用户输入“exit”或“logout”命令退出远程系统，返回本地主机系统。

注意： 如果在客户端输入上面的登录 telnet 服务器命令时，会出现下面的错误：

```
telnet: Unable to connect to remote host: No route to host
```

出现上述错误的原因是服务器端防火墙阻止登录，可以在服务器端暂时关闭防火墙，关闭防火墙的命令如下：

```
[root@Fedora ~]# service iptables stop
```

这样就解决了上述的问题。

6. 设置 telnet 服务器端口号

由于 telnet 服务器端口号默认为 23，则管理员可以编辑/etc/services 文件，修改 telnet 端口号。例如，要将端口号改为 1500，那么使用“gedit /etc/services”命令打开并编辑配置文件/etc/services，查找以下两行关于 telnet 端口号的内容：

```
telnet   23/tcp
telnet   23/udp
```

将上面一行修改为：

```
telnet   1500/tcp
telnet   1500/udp
```

修改完成后，重启 telnet 服务，此时就修改了 telnet 端口号。当在客户端登录该 telnet 服务器时，需要在其 IP 地址后添加端口号，其命令如下：

```
telnet 192.168.101.110 1500
```

输入上面一行命令，按回车键后，信息显示如下：

```
Trying 192.168.101.110...
Connected to 192.168.101.110.
Escape character is '^]'.
Fedora release 12 (Constantine)
Kernel 2.6.31.5-127.fc12.i686 on an i686 (1)
login: user
Password:
Last login: Wed Aug   4 14:00:06 from 192.168.101.111
```

由于 telnet 是用明文传送信息，安全性低，一般仅在局域网（LAN）内使用。

15.2 OpenSSH 远程登录服务

OpenSSH 跟 telnet 一样，也是一种文本远程登录方式，但区别于 telnet 的是，OpenSSH 采用加密技术，要比 telnet 安全得多。OpenSSH 是一款优秀的远程管理工具，是基于 SSH（Secure Shell）协议的软件。由于 SSH 协议内容涉及用户信息的认证、数据加密和网络上数据传输的完整性等，所以软件工具 OpenSSH 具备 SSH 协议的优点，它不仅能够实现远程登录功能，而且能够加密数据，实现安全登录。

1. 配置 OpenSSH 远程服务器

运行 OpenSSH 服务器，OpenSSH-server 软件包是必不可少的，它依赖于 OpenSSH 软件包是否安装，可以使用以下命令检查该软件包是否安装。

```
[root@Fedora ~]# rpm -qa |grep ssh
```

Fedora 12 系统默认安装有 OpenSSH 和 OpenSSH-server 等软件包，使用上述查询命令，其结果显示如下：

```
libssh2-1.2-2.fc12.i686
openssh-askpass-5.2p1-31.fc12.i686
openssh-server-5.2p1-31.fc12.i686
openssh-clients-5.2p1-31.fc12.i686
openssh-5.2p1-31.fc12.i686
```

如果系统未安装上述软件包，用户可以自行安装。

2. 启动 OpenSSH 服务

启动 OpenSSH 服务，命令及信息显示如下：

```
[root@Fedora ~]# service sshd start
生成 SSH1 RSA 主机键:                                    [确定]
生成 SSH2 RSA 主机键:                                    [确定]
正在生成 SSH2 DSA 主机键:                                [确定]
正在启动 sshd:                                           [确定]
```

其中，RSA 和 DSA 是应用最广泛的数字签名算法，要停止或重启 OpenSSH 服务器分别使用以下命令：

```
[root@Fedora ~]# service sshd stop
[root@Fedora ~]# service sshd restart
```

3. 在 Linux 客户端远程登录

目前，大多 Linux 系统都默认安装有 OpenSSH 客户端程序，所以用户可以直接在本地客户机登录远程主机，访问远程资源，其中传输数据都已加密。

(1) 使用 SSH 命令远程登录。

 **格式**

```
SSH    用户名@IP 地址 或主机名 [-p 端口号] [命令]
```

其中：

用户名：表示远程主机的有效的用户账户。

端口号：表示访问端口。

命令：SSH 命令可在远程机器上不经 shell 提示登录而执行。

注意： 如果本地主机登录该远程主机，并且在远程服务器重新安装系统，再次在本地主机登录到该远程主机后，会显示如下信息：

```
@@@@@@@@@@@@@@@@@@@@@@@@@@@@@@@@@@@@@@@@@@@
@      WARNING: REMOTE HOST IDENTIFICATION HAS CHANGED!      @
@@@@@@@@@@@@@@@@@@@@@@@@@@@@@@@@@@@@@@@@@@@
IT IS POSSIBLE THAT SOMEONE IS DOING SOMETHING NASTY!
Someone could be eavesdropping on you right now (man-in-the-middle attack)!
It is also possible that the RSA host key has just been changed.
```

```
The fingerprint for the RSA key sent by the remote host is
3b:6e:3d:1c:c8:54:66:1a:24:7b:69:a2:92:f2:bd:c6.
Please contact your system administrator.
Add correct host key in /home/user/.ssh/known_hosts to get rid of this message.
Offending key in /home/user/.ssh/known_hosts:3
RSA host key for 192.168.101.110 has changed and you have requested strict checking.
Host key verification failed.
```

出现上面信息的原因是，在重装系统前，本地主机登录过该远程主机，并且在本地主机的 known_hosts 文件中留下记录，但是远程主机重装系统后会为自己重新建立一组新的身份标识钥匙，因此用户会看到远程主机钥匙已变更的警告。

解决方法有两种。

方法一：在客户机上，进入~/.ssh/目录文件，直接删除文件 known_hosts。命令如下：

```
cd ~/.ssh/
rm known_hosts
```

方法二：使用文本编辑工具 vi 或 gedit 等，打开文件~/.ssh/known_hosts，找到并删除该远程主机的相关 rsa 的信息即可。例如删除远程主机 192.168.101.110 的相关信息：

```
192.168.101.110 ssh-rsa AAAAB3NzaC1yc2EAAAABIwAAAQEApRDKp2X0LrGpce6g8U69Z4Gn35lNGdDi
+JSF2BtM14BDJnSK8RLplDKlKVaURYyrAyvDpCi91RslFnnYK0UJ7QIOwulO1OU0j/zKsBOGitZv5TDqr1E
5/2O4FqtuihbAc7pv1BguiFbznhWvb33kTn8um7K/2ypCyJwzGbViIc8j8G+nsrVI/Wmt/bHbpttWg5J+HNDwG
At/5/vQFrfwwuFLBu2nP/g4u5/N0BkhEBIFbom0heQPAF7+tJVSd03f5frOY5ZefYxx2vd54FQWFYNjOaHeAV
XNiDrWu35Iib7B2Fe6vuHqpBGY+QXsuliTTpFk1isD1kMwdo9Q32E6fQ==
```

【例 15.1】 本地主机（IP 地址为 192.168.101.110）登录用户名为“user”，要求远程主机（IP 地址为 192.168.101.110，主机名为 Fedora）有一个有效用户账号为“user”，使用 SSH 命令以 user 用户账户远程登录主机。其命令如下：

```
$ ssh 192.168.101.110
```

如果是第一次使用 ssh 命令登录远程主机，则在客户端可以看到下列信息：

```
The authenticity of host '192.168.101.110 (192.168.101.110)' can't be established.
RSA key fingerprint is 3b:6e:3d:1c:c8:54:66:1a:24:7b:69:a2:92:f2:bd:c6.
Are you sure you want to continue connecting (yes/no)? yes   //输入“yes”表示同意连接
```

输入“yes”后，远程服务器会将本地主机添加到本地已知主机列表中，如以下警告信息所示：

```
Warning: Permanently added '192.168.101.110' (RSA) to the list of known hosts.
```

然后输入正确的登录密码：

```
user@192.168.101.110's password:
```

输入正确的登录密码后，就可以登录远程主机：

```
Last login: Thu Aug   5 09:36:21 2010 from 192.168.101.111
[user@Fedora ~]$
```

从上面的两行信息可以看出，本地主机已成功登录到远程主机 192.168.101.110。

该实例中，登录时没有指定用户名，这样本地客户机登录用户名会传递给远程机器，即以与本地登录用户名同名的用户登录远程主机。如果本地主机要以不同的用户名登录远程计算机，则使用如下命令：

```
$ ssh user2@192.168.101.110
```

【例 15.2】　以用户账号 hcq 登录 IP 地址为 192.168.101.110 的远程 ssh 计算机。

命令及信息显示如下：

```
$ ssh hcq@192.168.101.110
The authenticity of host '192.168.101.110 (192.168.101.110)' can't be established.
RSA key fingerprint is 3b:6e:3d:1c:c8:54:66:1a:24:7b:69:a2:92:f2:bd:c6.
Are you sure you want to continue connecting (yes/no)? yes
Warning: Permanently added '192.168.101.110' (RSA) to the list of known hosts.
hcq@192.168.101.110's password:                                    //输入密码
Last login: Thu Aug   5 10:23:08 2010 from 192.168.101.111
[hcq@Fedora ~]$
```

从最后两行信息可以看出，本地主机已成功登录到远程主机 192.168.101.110。

【例 15.3】　以用户账号 hcq 连接远程主机 192.168.101.110，并执行 pwd 命令。

```
$ ssh hcq@192.168.101.110 pwd
hcq@192.168.101.110's password:                          //输入密码
/home/hcq
```

从上面的命令及执行结果可以看出，执行 pwd 命令后，当前用户目录为“/home/hcq”。

（2）使用 scp 命令远程复制文件。

scp 命令可以通过安全、加密的连接方式实现两个 Linux 主机之间的文件或目录复制。

常用格式

```
scp  [选项参数] 本地文件或目录  [用户名@远程主机:/目标文件或目录]
或
scp  [选项参数] [用户名@远程主机:/源文件或目录]   本地文件或目录
```

选项参数

-r：如果源文件是一个目录文件，将递归复制该目录下的所有子目录和文件到目标目录。

-C：使能压缩选项。

-P port：选择端口。

-v：显示进度。可以查看连接、认证或配置错误。

-4：强行使用 IPv4 地址。

-6：强行使用 IPv6 地址。

【例 15.4】　在本地主机的 user 用户目录下，把当前用户目录下的文件 a 复制到远程主机 192.168.101.110 的//home/user/目录下，并查询复制结果。

命令及结果显示如下：

```
$ scp ./a user@192.168.101.110:/home/user
user@192.168.101.110's password:                       //输入密码
a                                                      100% 2680      2.6KB/s    00:00
$ ssh user@192.168.101.110 ls -l /home/user            //查询是否复制成功
user@192.168.101.110's password:                       //输入密码
总用量 76716
-rw-r—r—. 1 user user      2680   8 月   5 11:02 a      //可以看出文件复制成功
```

```
drwxrwxr-x. 7 user user        4096   7 月  27 16:13 EIOffice
...
```

【例 15.5】 通过用户 user 将远程主机 192.168.101.110 上的文件/home/user/a 复制到本地主机/home/user/文档目录下，并改名为 b，并查询复制结果。

命令及结果显示如下：

```
$ scp user@192.168.101.110:/home/user/a   /home/user/文档/b
user@192.168.101.110's password:                          //输入密码
a                                              100% 2680        2.6KB/s     00:00
$ ls -l /home/user/文档                                   //查询是否复制成功
总计  660
-rw-r--r—  1 user user     2680 2010-08-05 11:09 b        //可以看出文件复制成功
-rw-r--r-- 1 user user 665856 2009-11-17 15:10 KDE.png
```

【例 15.6】 把本地主机当前用户目录（/home/user）下的目录文件 aa 复制到远程主机 192.168.101.110 的//home/user/目录下，并查询复制结果。

命令及结果显示如下：

```
$ scp -r aa user@192.168.101.110:/home/user/
user@192.168.101.110's password:                          //输入密码
a3                                             100% 6718        6.6KB/s     00:00
c                                              100% 1141        1.1KB/s     00:00
a.x                                            100%     25       0.0KB/s     00:00
$ ssh user@192.168.101.110 ls -l                          //查询是否复制成功
user@192.168.101.110's password:
总用量  76772
-rw-r--r--. 1 user user        6337   8 月   5 11:15 a
drwxr-xr-x. 2 user user        4096   8 月   5 16:03 aa       //可以看出文件复制成功
...
```

(3) 使用 sftp 命令实现远程 FTP 会话。

sftp 工具用于打开安全、加密和互动的 FTP 会话，并使用与 ftp 相似的命令，如 put、get 等命令。

格式

```
sftp     [用户名@远程主机]
```

【例 15.7】 使用 sftp 命令建立本地主机和远程主机 192.168.101.110 之间的 FTP 会话，并分别使用 put、get 命令在本地主机和远程主机之间上传和下载文件。

命令及结果显示如下：

```
$ sftp user@192.168.101.110
Connecting to 192.168.101.110...
user@192.168.101.110's password:                          //输入密码
sftp> ls                                                  //显示远程主机当前用户目录下的内容
simsun.ttc                               times.ttf
timesbd.ttf                              tmp
下载                                     公共的
图片                                     文档
```

```
桌面                                      模板
视频                                      音乐
sftp> get times.ttf                          //从远程主机上下载文件 times.ttf 到本地主机
Fetching /home/user/times.ttf to times.ttf
/home/user/times.ttf                         100%   400KB 399.7KB/s    00:01
sftp> put a                                  //从本地主机上的文件 a 上传到远程主机
Uploading a to /home/user/a
a                                            100% 2680       2.6KB/s    00:00
sftp>
```

4. 在 Windows 客户机上测试

用户在 Windows 客户机上可以使用 PuTTY 客户端远程登录 ssh 服务器，PuTTY 是一套免费的 SSH/Telnet 程序，它可以连接上支持 SSH Telnet 联机的站台，并且可自动取得对方的系统指纹码（Fingerprint）。建立联机后，所有的通信内容都是以加密方式传输。Windows 用户可以到网上自行下载该软件。

打开 putty.exe 程序，在“Host Name or（IP address）”文本框中输入 SSH 服务器的主机名或 IP 地址，本例中 SSH 服务器的 IP 地址为 192.168.101.110。连接类型选择“SSH”连接类型，Port 默认值是根据连接类型变化的，只要选择相应的连接类型，Port 就会变化为相应的值，例如用户要测试 Telnet，可选择“Telnet”单选按钮，其 Port 值相应变化为 23，如图 15.1 所示，单击“Open”按钮。

说明：第一次使用 PuTTY 连接远程服务器时，PuTTY 弹出询问对话框，如图 15.2 所示。询问是否要将远程服务器的公钥保存到本地计算机的登录文件中，如果要保存该服务器的公钥，单击“是”按钮，如果只连接这一次，单击“否”按钮，如果不建立连接，那么单击“取消”按钮，如图 15.2 所示。

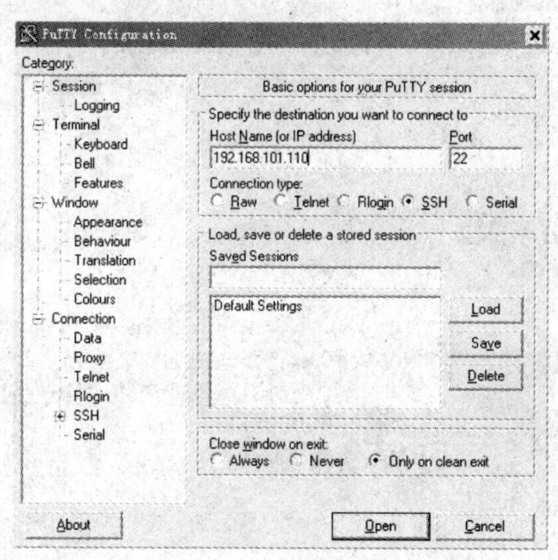

图 15.1　输入 ssh 服务器的 IP 地址

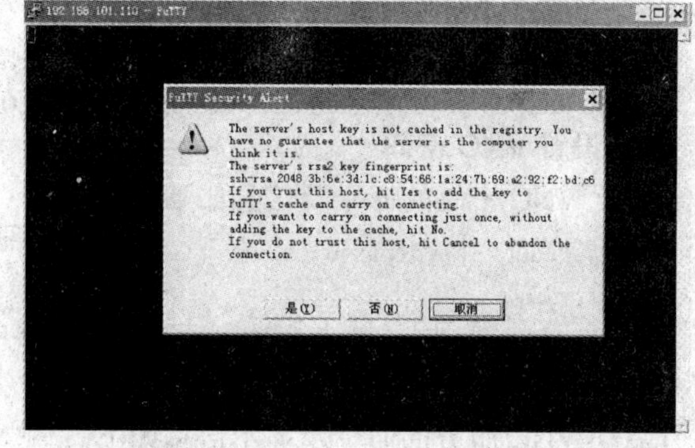

图 15.2　询问对话框

单击“是”按钮。在“login as:”后输入用户名，然后输入密码，即可进入远程服务器 192.168.101.110，如图 15.3 所示。

图 15.3 登录远程主机

15.3 VNC 远程登录服务

虽说 SSH 远程登录主机安全方便，但毕竟运行在文本模式下，有时用户程序需要在图形界面下运行。虚拟网络计算机 VNC（Virtual Network Computing）是一套远程控制程序，它由两个部分组成：一部分是客户端的应用程序 VNC Viewer；另一部分是服务器端的应用程序 VNC Server。任何安装客户端应用程序的 Linux 平台计算机都可以方便地与安装服务器端应用程序的计算机相连。下面介绍如何配置 VNC。

1. 检查系统中是否已安装所需软件包

检查系统中是否已安装 VNC 软件包，其命令如下：

```
[root@Fedora ~]# rpm -qa |grep vnc
```

Fedora 12 系统中默认安装 VNC 客户端程序“远程桌面查看器”，查询结果如下：

```
gtk-vnc-0.3.10-1.fc12.i686
```

2. 安装 VNC 服务器软件包

安装 vnc-server 软件包命令如下：

```
[root@Fedora ~]# yum install tigervnc-server.i686 0:1.0.1-1.fc12
```

3. 设置 VNC 密码

设置 VNC 密码的命令及信息如下：

```
[root@Fedora ~]# vncpasswd
Password:                                    //输入新密码
Verify:                                      //再次输入密码
```

4. 启动 VNC Server

启动 VNC 服务的命令及显示信息如下：

```
[root@Fedora ~]# vncserver

New 'Fedora:1 (root)' desktop is Fedora:1

Creating default startup script /home/user/.vnc/xstartup
Starting applications specified in /home/user/.vnc/xstartup
Log file is /home/user/.vnc/Fedora:1.log
```

其中：Fedora:1（root）中的 Fedora 是指主机名称，“1”指桌面编号。

5. 开放 VNC 服务

要使客户机远程访问到该 VNC 服务器主机，需要开放该服务。出于测试考虑，在这里用户可以暂时关闭 VNC 服务器主机上的防火墙。其命令及显示信息如下：

```
[root@Fedora ~]# service iptables stop
iptables：清除防火墙规则：                                    [确定]
iptables：将链设置为政策 ACCEPT：filter                       [确定]
iptables：正在卸载模块：                                      [确定]
```

如果没有开放 VNC 服务，客户机则无法访问该服务。

6. 测试客户端连接

Linux 中本地客户端远程登录 VNC 服务器一般有两种方法：一种是使用 vncviewer 工具；另一种则是使用 Fedora 系统自带的网络服务软件“远程桌面查看器”。下面分别介绍这两种方法。

方法一：使用 vncviewer 登录远程主机

(1) 使用 vncviewer 命令，安装软件包 tigervnc，命令及信息显示如下：

```
[root@Fedora ~]# yum install tigervnc
已加载插件：presto, refresh-packagekit
设置安装进程

...
总下载量：250 k
确定吗？[y/N]：y
下载软件包：
Setting up and reading Presto delta metadata
Processing delta metadata
Package(s) data still to download: 250 k
tigervnc-1.0.1-1.fc12.i686.rpm                          | 250 kB     00:00
运行 rpm_check_debug
执行事务测试
完成事务测试
事务测试成功
执行事务
  正在安装        : tigervnc-1.0.1-1.fc12.i686                          1/1

已安装:
  tigervnc.i686 0:1.0.1-1.fc12

完毕！
```

(2) 安装完成后，使用 vncviewer 命令连接远程主机。假设远程主机的 IP 地址为 192.168.101.110（主机名称为 Fedora），使用 vncviewer 命令访问该远程主机的命令及信息显示如下：

```
[root@Fedora ~]# vncviewer 192.168.101.110:1
TigerVNC Viewer for X version 1.0.1 - built Apr 14 2010 07:48:07
Copyright (C) 2002-2005 RealVNC Ltd.
```

```
Copyright (C) 2000-2006 TightVNC Group
Copyright (C) 2004-2009 Peter Astrand for Cendio AB
See http://www.tigervnc.org for information on TigerVNC.

Mon Aug 30 14:52:43 2010
 CConn:          connected to host 192.168.101.110 port 5901
 CConnection: Server supports RFB protocol version 3.8
 CConnection: Using RFB protocol version 3.8
```

说明：如果输入上述命令后，弹出如图 15.4 所示的错误对话框。

出现上面错误的原因是，服务器没有开放 VNC 服务，用户可以简单关闭服务器主机的防火墙解决该问题。

(3) 连接成功后，弹出登录对话框，如图 15.5 所示。输入前面已经设定好的 VNC 密码后，按回车键确认，随后便进入该远程主机桌面系统，如图 15.6 所示。

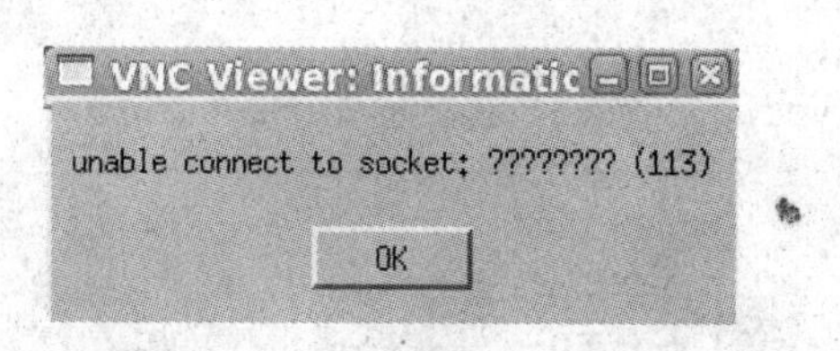

图 15.4　连接 VNC 错误

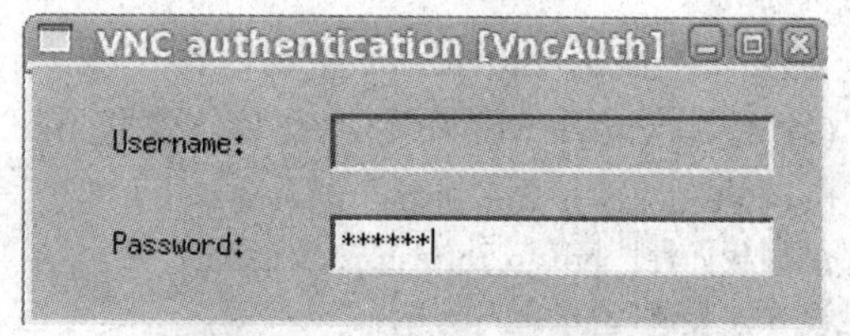

图 15.5　VNC 登录对话框

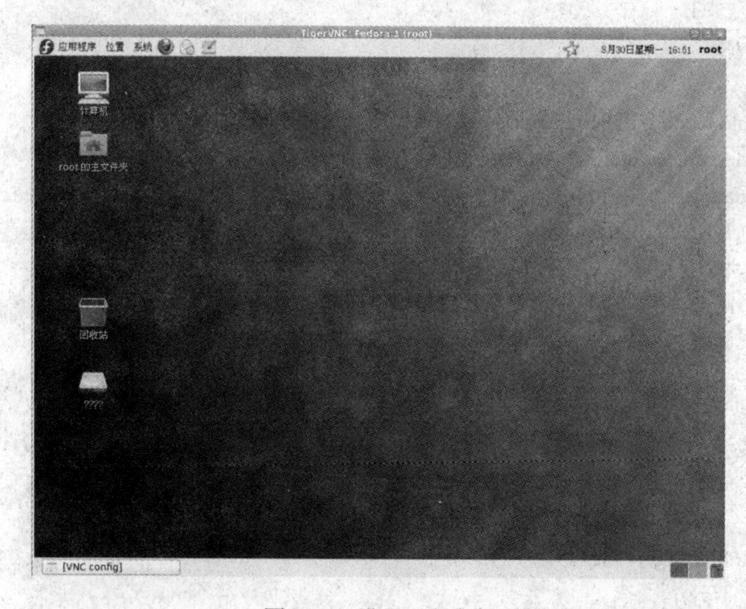

图 15.6　进入远程主机系统

方法二：使用“远程桌面查看器”登录远程桌面

本地客户机用户选择“应用程序”→“Internet”→“远程桌面查看器”，弹出“远程桌面查看器”窗口，如图 15.7 所示。

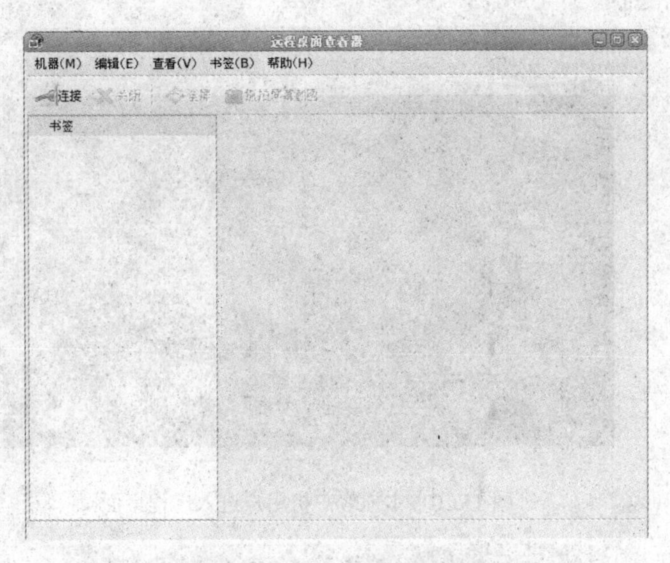

图 15.7 远程桌面查看器窗口

然后单击工具栏中的“连接”按钮，弹出“远程桌面查看器”验证对话框，如图 15.8 所示。本地客户机用户需要在“Protocol”组合框中选择“VNC”选项，主机文本框中输入远程主机 IP 地址或主机名称。本例中远程主机的 IP 地址为“192.168.101.110”。这里输入主机 IP 地址“192.168.101.110：1”，单击“连接”按钮，在该对话框中输入密码后，单击“验证”按钮，如图 15.9 所示。

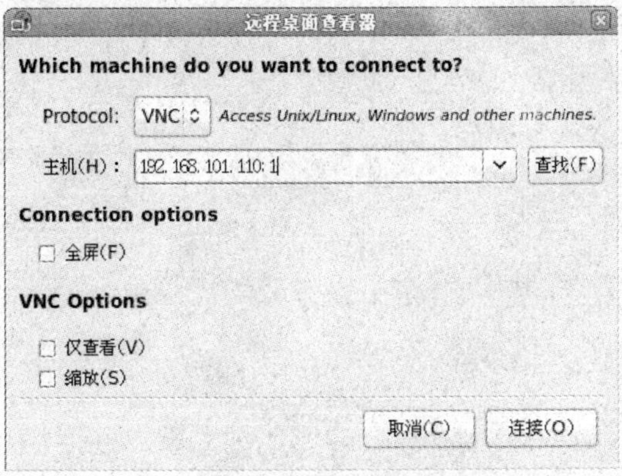

图 15.8 输入远程主机 IP 或网络中主机名称

图 15.9 输入 VNC 服务器密码

当输入正确的 VNC 服务器密码后，单击“验证”按钮，本地客户机便登录到远程 VNC 主机，如图 15.10 所示。

如果用户单击“全屏”按钮，则显示整个的远程主机桌面。该本地用户就可以直接像在本地机器上一样对远程主机进行图形化操作。

说明：如果单击图 15.8 中“连接”按钮，弹出如图 15.11 所示的错误对话框。出现错误的原因是，服务器没有开放 VNC 服务，用户可以暂时关闭服务器主机的防火墙来解决该问题。

图 15.10　本地客户机用户进入远程桌面

图 15.11　连接 VNC 错误

第 16 章

DHCP 和 DNS 服务器

DHCP 动态主机分配协议是一个简化主机 IP 地址分配管理的 TCP/IP 标准协议，DHCP 用于向客户端计算机自动提供 IP 地址、子网掩码和路由信息，而不需要客户端手动配置。

DNS 域名系统用于命名组织到域层次结构中的计算机和网络服务。人对数字毕竟不如文字来得敏感，而 IP 地址是不容易记住的数字。为了便于记忆就有了主机名称与 IP 地址的对应，而对应的协议就是 DNS。域名虽然便于记忆，但机器之间只能识别 IP 地址，它们之间的转换工作称为域名解析，域名解析需要由专门的域名解析服务器完成，DNS 就是进行域名解析的服务器。

Fedora 12 操作系统提供大量网络服务器的架设工具，其中包括 DHCP 服务器和 DNS 服务器。本章主要介绍 DHCP 和 DNS 服务器的架设，并以 Fedora 12 系统为例介绍如何配置 DHCP 和 DNS 服务器。

16.1 DHCP 概述

DHCP（Dynamic Host Configuration Protocol，动态主机配置协议）是一个局域网的网络协议，网络管理员通常分配某个范围的 IP 地址给局域网上的客户机。当客户端计算机接入局域网时，它们向 DHCP 服务器请求一个 IP 地址，然后 DHCP 服务器为每个请求的计算机分配一个地址，直到分配完该范围内的所有 IP 地址为止。

1. DHCP 的优点

(1) 减少人为配置管理。使用 DHCP 服务器可以大大降低用于配置和重新配置计算机的时间，尤其当局域网内的计算机数量很多时，如果没有 DHCP 服务器，管理员为每台计算机配置 IP 信息，其工作量非常大。

(2) 可靠配置。DHCP 避免了因手动在每台计算机上输入 IP 地址而引起的 IP 冲突。此外，使用 DHCP 新电脑也可以更容易连接到网络中。

2. DHCP 工作过程

启动一台 DHCP 客户机，需要与 DHCP 服务器通信获取 IP 地址。DHCP 客户机第一次启动登录网络时，通过以下 4 个阶段从 DHCP 服务器获取 IP 地址。

(1) IP 地址请求阶段。在 DHCP 客户机第一次启动登录网络时，先初始化一定版本的

TCP/IP，DHCP 客户机此时还不知道 DHCP 服务器的地址，所以会以广播方式在网络中发送一条 DHCPdiscover 信息，试图与网络中的 DHCP 服务器建立通信并请求一个 IP 地址。

(2) IP 地址提供阶段。客户机是以广播方式在整个网络中发送消息，如果网络中有多台 DHCP 服务器，所有的 DHCP 服务器都会接收到这一请求，当 DHCP 服务器接收到 DHCP 客户机的 DHCPdiscover 信息后，就会选择一个尚未租用的 IP 地址放在 DHCPoffer 信息中作为广播应答，该广播应答还包含发出请求的 DHCP 客户机的硬件地址（即 MAC 地址）、子网掩码、租用期长度、默认网关及服务器本身的 IP 地址等。但对于这些服务器的响应，DHCP 客户机只接收第一个 DHCPoffer 信息。

(3) IP 地址选择阶段。当 DHCP 客户机收到 DHCP 服务器的 DHCPoffer 信息后，利用广播方式发送一个 DHCPrequest 信息，通知所有的 DHCP 服务器，它将采用其中一个 DHCP 服务器提供的 IP 地址。该客户机在收到 DHCPoffer 数据包后，先通过网络中广播一个 ARPRequest 信息检查其中的 IP 地址，确定该地址是否已被其他客户机使用。如果返回信息是该地址已被其他计算机使用，则该客户机就会发送一个 DHCPdecline 信息给提供该 IP 地址的 DHCP 服务器，并重新进入请求阶段；如果返回的信息表明该地址空闲，则此客户机接收该 IP 地址，并且，其他服务器则收回先前提供的 IP 地址。

(4) IP 地址确认阶段。提供地址并被接收的 DHCP 服务器收到 DHCP 客户机的请求 IP 地址的 DHCPrequest 信息后，再向该客户机广播一个 DHCPack 应答信息。这个信息包括有效 IP 地址及其他 DHCP 客户机所需的配置信息。

后续重新启动登录时，DHCP 客户机不再广播发送 DHCPdiscover 信息，而是直接发送一个包含第一次启动登录时分配 IP 地址的 DHCPrequest 信息。如果该客户机请示的 IP 地址仍然有效，则 DHCP 服务器收到这个信息后，直接响应应答及更新 DHCPack 消息。

DHCP 客户机租用 IP 地址后，在一半租用期时候必须向服务器申请更新租用，如果过了这一期限，DHCP 服务器就会收回这个地址。

如果该客户机请求的 IP 地址已经无效或被其他计算机使用，则服务器就给客户机发送一个 DHCPnack 信息，客户机收到该 DHCPnack 信息后，重新开始广播 DHCPdiscover 信息。

3. DHCP 提供信息方法

DHCP 服务器可以通过两种方法向客户机提供配置信息：绑定 MAC 地址法和地址池法。

(1) MAC 地址绑定法。将客户机的 MAC 地址绑定到 DHCP 服务器上，这样客户机每次打算从 DHCP 服务器获取 IP 配置信息时，DHCP 都给客户机固定不变的配置。但是，由于 MAC 地址绑定法要将客户机的 MAC 地址写到 DHCP 服务器的配置文件中，这样比较费力。

(2) 地址池法。客户机从 DHCP 服务器提前准备好的一个地址池（一段 IP 地址）中申请 IP 地址配置，先来先分配 IP 地址。而且如果客户机离开网络后的一段特定时间，配置就会过期，DHCP 服务器将回收 IP 信息，以便分配给其他客户机。

由于地址池法比 MAC 地址绑定法有显著优点，所以一般采用地址池法提供 DHCP 服务。

16.2　配置 DHCP 服务器

在 Fedora 12 操作系统下，配置 DHCP 服务器很简单，只需安装 DHCP 服务器软件 dhcp 即可，在安装该软件前，先要确认该局域网内没有运行其他的 DHCP 服务，否则会造成冲突。由于现在大多数路由器都带有 DHCP 功能，因此需要先禁用正在运行的 DHCP 服务再进行安装 DHCP 服务器软件。

1. 安装 DHCP 服务器软件

安装 DHCP 服务器软件 dhcp 命令如下：

```
[root@Fedora ~]# yum install dhcp
```

如果在 Fedora 12 系统中安装 dhcp 软件包，则会出现下面错误：

```
事务测试出错：
file /usr/share/man/man5/dhcp-eval.5.gz from install of dhcp-12:4.1.1-17.P1.fc12.i686 conflicts with file from package dhclient-12:4.1.0p1-12.fc12.i686
file /usr/share/man/man5/dhcp-options.5.gz from install of dhcp-12:4.1.1-17.P1.fc12.i686 conflicts with file from package dhclient-12:4.1.0p1-12.fc12.i686

出错情况
-------------
```

从上面的错误信息可以看出，软件包 dhcp-12:4.1.1-17.P1.fc12.i686 与系统中安装的软件包 package dhclient-12:4.1.0p1-12.fc12.i686 发生冲突，此时只需更新软件包 dhclient 即可。更新命令如下：

```
[root@Fedora ~]# yum upgrade dhclient
```

更新完 dhcpclient 软件包后，需再使用“# yum install dhcp”命令重新安装 dhcp 软件包。

2. 修改 DHCP 配置文件 dhcpd.conf

```
# dhcpd.conf
#
# Sample configuration file for ISC dhcpd
#

# option definitions common to all supported networks...
option domain-name "example.org";
option domain-name-servers ns1.example.org, ns2.example.org;

default-lease-time 600;
max-lease-time 7200;

# Use this to enble / disable dynamic dns updates globally.
#ddns-update-style none;

# If this DHCP server is the official DHCP server for the local
```

```
# network, the authoritative directive should be uncommented.
#authoritative;

# Use this to send dhcp log messages to a different log file (you also
# have to hack syslog.conf to complete the redirection).
log-facility local7;

# No service will be given on this subnet, but declaring it helps the
# DHCP server to understand the network topology.

subnet 10.152.187.0 netmask 255.255.255.0 {
}

# This is a very basic subnet declaration.

subnet 10.254.239.0 netmask 255.255.255.224 {
  range 10.254.239.10 10.254.239.20;
  option routers rtr-239-0-1.example.org, rtr-239-0-2.example.org;
}

# This declaration allows BOOTP clients to get dynamic addresses,
# which we don't really recommend.

subnet 10.254.239.32 netmask 255.255.255.224 {
  range dynamic-bootp 10.254.239.40 10.254.239.60;
  option broadcast-address 10.254.239.31;
  option routers rtr-239-32-1.example.org;
}

# A slightly different configuration for an internal subnet.
subnet 10.5.5.0 netmask 255.255.255.224 {
  range 10.5.5.26 10.5.5.30;
  option domain-name-servers ns1.internal.example.org;
  option domain-name "internal.example.org";
  option routers 10.5.5.1;
  option broadcast-address 10.5.5.31;
  default-lease-time 600;
  max-lease-time 7200;
}

# Hosts which require special configuration options can be listed in
# host statements.   If no address is specified, the address will be
# allocated dynamically (if possible), but the host-specific information
# will still come from the host declaration.
```

```
host passacaglia {
   hardware ethernet 0:0:c0:5d:bd:95;
   filename "vmunix.passacaglia";
   server-name "toccata.fugue.com";
}

# Fixed IP addresses can also be specified for hosts.   These addresses
# should not also be listed as being available for dynamic assignment.
# Hosts for which fixed IP addresses have been specified can boot using
# BOOTP or DHCP.   Hosts for which no fixed address is specified can only
# be booted with DHCP, unless there is an address range on the subnet
# to which a BOOTP client is connected which has the dynamic-bootp flag
# set.
host fantasia {
   hardware ethernet 08:00:07:26:c0:a5;
   fixed-address fantasia.fugue.com;
}

# You can declare a class of clients and then do address allocation
# based on that.   The example below shows a case where all clients
# in a certain class get addresses on the 10.17.224/24 subnet, and all
# other clients get addresses on the 10.0.29/24 subnet.

class "foo" {
   match if substring (option vendor-class-identifier, 0, 4) = "SUNW";
}

shared-network 224-29 {
   subnet 10.17.224.0 netmask 255.255.255.0 {
      option routers rtr-224.example.org;
   }
   subnet 10.0.29.0 netmask 255.255.255.0 {
      option routers rtr-29.example.org;
   }
   pool {
      allow members of "foo";
      range 10.17.224.10 10.17.224.250;
   }
   pool {
      deny members of "foo";
      range 10.0.29.10 10.0.29.230;
   }
}
```

上面配置文件中包含 DHCP 服务器的配置信息，下面分别解释这些信息。

(1) 声明部分：主要用来描述网络布局、提供客户 IP 地址等。

shared-network：用来告知是否一些子网共享相同网络。

subnet：定义一个 IP 范围。使用 subnet 通知 DHCP 服务器，把服务器分配的 IP 地址范围限制在所规定的子网内，当客户端向 DHCP 服务器请求 IP 地址时，DHCP 服务器可以从该 IP 地址范围内选择尚未分配的 IP 地址。

range 起始 IP 终止 IP：提供动态分配 IP 地址的范围，即定义地址池。这里可以设置多个 IP 地址范围。例如：

```
range 192.168.101.3 192.168.101.40;
range 192.168.101.104 192.168.101.140;
```

host 主机名称：参考指定主机。

filename：启动文件的名称，应用于无盘工作站。

(2) 参数部分。表示是否执行任务，如何执行任务，将哪些网络配置选项发给客户端等。

ddns-update-style：用于配置 DHCP-DNS 互动更新模式。

default-lease-time：默认租期，单位为秒。在此时间段内客户机使用 DHCP 服务器为其分配地址。

max-lease-time：指定最大租用时间长度，即 IP 地址必须更新的时间，单位为秒。

hardware：指定网卡接口类型和 MAC 地址。

server-name：通知客户端 DHCP 服务器名称。

(3) 选项部分。用于配置 DHCP 可选参数，是以 **option** 关键字开头。

domain-name：DHCP 服务器指定 DNS 服务器地址。

domain-name-servers：为客户端设定 DNS 服务器 IP 地址。

routers：为客户端设定路由器的地址。

broadcast-address：为客户端设定广播地址。

如果要配置一个简单的 DHCP 服务器，可以修改配置文件/etc/dhcp/dhcpd.conf 的内容：

```
default-lease-time    36000;
max-lease-time 72000;

option subnet-mask 255.255.255.0;
option broadcast-address 192.168.101.255;
option routers 192.168.101.1;
option domain-name-servers 218.2.135.1;

subnet 192.168.101.0    netmask 255.255.255.0{
range 192.168.101.30 192.168.101.50;
range 192.168.101.111 192.168.101.140;
}
```

从上面的配置信息可以看出：

(1) 客户机使用 DHCP 服务器为其分配的地址租期为 36 000 秒。

(2) IP 地址必须更新的时间为 72 000 秒。

(3) 以 option 关键字开头的语句分别设置子网掩码、广播地址、网关地址、DNS 服务器地址。

(4)该服务器上定义了两个地址池，分别提供从 192.168.101.30 到 192.168.101.50 的 IP 地址和从 192.168.101.111 到 19 2.168.101.140 的 IP 地址。

3. 启动 DHCP 服务

启动 DHCP 服务，命令如下：

```
[root@Fedora ~]# service dhcpd start
```

无论是 Linux 客户机还是 Windows 客户机都可以从该 DHCP 服务器获取 IP 配置信息。

4. 在客户机上测试

在 Windows 客户机上动态连接 DHCP 服务器，获取 IP 地址简单。这里只介绍在 Linux 客户机上的测试。

(1)采用图形界面方法配置网络。单击“系统”→“首选项”→“网络连接”选项，在弹出的“网络连接”对话框中，根据实际情况选择“有线”、“无线”等标签页，然后选择需要编辑的网络连接选择“自动（DHCP）”连接选项。

(2) 重启客户机网络。在客户机上重新启动网络，命令如下：

```
$ sudo /etc/init.d/network restart
```

(3) 查看客户机被分配 IP 信息。如果正常，该客户机从 192.168.101.110 机器上获取 IP 信息，用户可以在该客户机上使用 ifconfig 命令查看 IP 配置信息情况，例如要查看以太网卡 eth0 的 IP 配置信息，命令及结果显示如下：

```
$ ifconfig eth0
eth0 Link encap:以太网  硬件地址   00:23:ae:70:4e:07
 inet  地址:192.168.101.113    广播:192.168.101.255  掩码:255.255.255.0
...
```

从上面的信息可以看出，分配客户机以太网卡 eth0 的 IP 地址为 192.168.101.113，在 DHCP 设置的 IP 地址池（IP 地址从 192.168.101.111 到 192.168.101.140）所指定的范围内。

16.3 DNS 概述

Internet 中的应用系统，例如 WWW、FTP、E-mail 等都使用 TCP/IP 协议，用户通过 IP 地址与应用程序之间进行数据通信。但 IP 地址难以记忆，而使用名字记忆就比较容易。由于网络上的计算机采用 IP 地址，而人们习惯用名字称呼，这就需要采用 DNS。

域名系统 DNS（Domain Name System）是 Internet 上的核心服务。大多数 Internet 服务器依赖 DNS 工作，一旦 DNS 出错，就无法连接 Internet。

Internet 采用层次结构命名树作为主机的名字，并使用分布式的域名系统。Internet 的域名系统设计为一个联机分布式数据库系统，并采用客户-服务器的方式。DNS 大多数名字都在本地解析，仅少量的解析需要在 Internet 上通信，因此系统效率较高。由于 DNS 是分布式系统，即使单个服务器出现问题，也不会影响整个系统的正常运行。

1. 域

域表示一个范围，域内可以容纳许多主机，并非每一台接入 Internet 的主机都必须具有一个域名地址，但是每一台主机都必须属于某个域，通过该域的域名服务器可以查询和访问到这一台主机。

域名采用层次命名结构：域.子域（.子域 （.子域）），它体现了一种隶属关系。例如：

edu.cn 中国.教育科研网，xhu.edu.cn 中国.教育科研网.星海大学网。它唯一标识 Internet 中的一台设备。例如：星海大学的 Web 服务器名为 www，它的域名为 xhu.edu.cn，则该服务器的域名地址为 www.xhu.edu.cn。域名的层次结构示意图如图 16.1 所示。

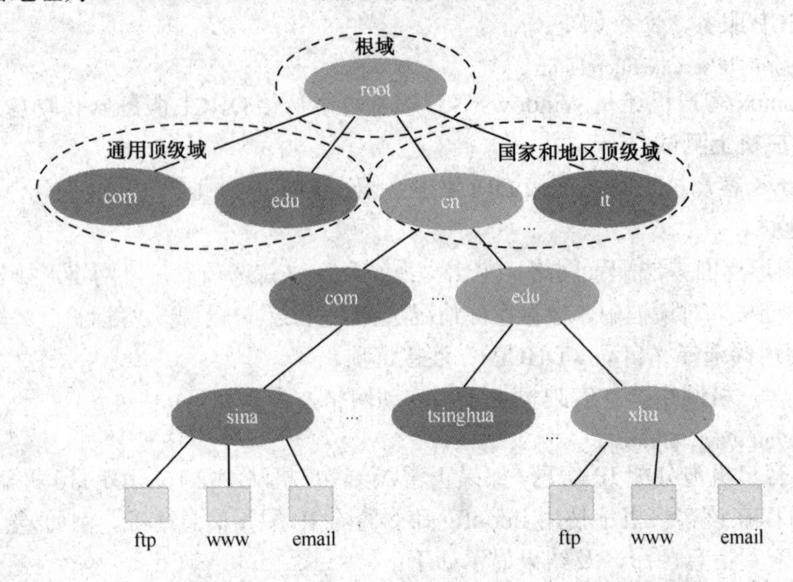

图 16.1　域名的层次结构示意图

2. 域名服务器

域名服务器实现域名地址与 IP 地址的映射。Internet 中设置一系列的域名服务器，域名服务器数据库记录本域内的主机名和 IP 地址的映射信息，以及上一级域名服务器的 IP 地址等，并以客户-服务器模式（C/S 模式）响应客户端的请求。客户端向服务器发出查询请求，等待服务器数据库做出应答，并且解释服务器端给出答案，然后将所得的信息传送给请求的程序。

3. DNS 的工作过程

星海大学校园网如图 16.2 所示。

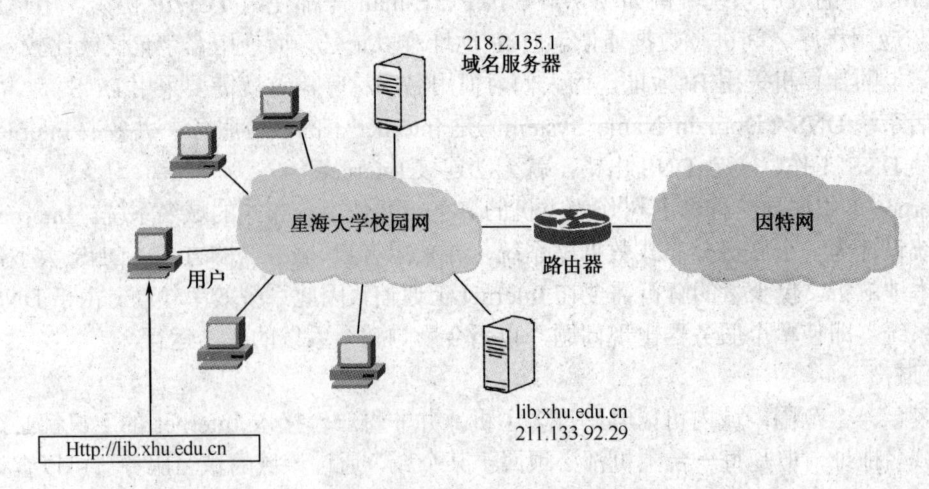

图 16.2　访问星海大学图书馆主页

如果用户 IE 浏览器地址栏中输入 http://lib.xhu.edu.cn，客户端发送请求到本地的 DNS 服务器（211.133.92.29），询问 http://lib.xhu.edu.cn 的 IP 地址。本地的 DNS 服务器查看是否在域名 IP 地址表中，如果是，就回复应答；如果不是，就从上一级查起。上一级 DNS 服务器中如果没有，再向上一级 DNS 服务器查询。

4. DNS 服务器种类

DNS 定义多种类型的服务器，每种服务器在域名服务系统中所起的作用也不一样，基本上可以分为：DNS 主服务器、DNS 从服务器、DNS 缓存服务器和转发服务器。

(1) 主服务器（master server）。每个网络中至少有一台主服务器解析网络上的域名请求，通过本地维护更新有关服务器授权管理域的最精确度信息。主服务器具有最权威的回答机制，能够完成任何关于授权管理域的查询。

(2) 从服务器（slave server）。在一个比较大的网络中，为了确保主服务器的可用性，最好是架设几台从服务器，这样一旦主服务器不能工作时，还有从服务器工作。另一个优点是从服务器可以分担负载，以确保所有的主机都有比较靠近的域名服务器，方便访问。

(3) 缓存服务器（cache server）。缓存服务器没有任何域名数据库文件，记录发送到主服务器之前的查询结果，一旦获得答案，该服务器就将答案缓存起来以免将来对同一信息查询。任何重复的请求都可以由缓存服务器应答，不必再查询主服务器或者从服务器。

(4) 转发服务器（forward server）。当 DNS server 不能解析相关 DNS 请求时会被转送到 Internet 特定的服务器上，用户可以设置网络中的 DNS 服务器——转发服务器来完成此功能。转发服务器将要解析的 DNS 请求转发到网络以外的服务器。

16.4　使用 BIND 搭建 DNS 服务器

BIND（Berkeley Internet Name Domain），是由加州大学伯克莱分校所研发出来的 BSD Unix 中的一部分，现在由 ISC 组织负责维护与发展。伯克莱 Internet 域名是一种使用最广的域名系统。

BIND 的域名服务器可以作为区域的主服务器、从服务器或者缓存服务器。虽然主服务器和缓存服务器在逻辑上是不同的，但是可以放在不同的服务器上运行的。主服务器只为本地客户提供递归查询则不需要暴露在互联网上，因而可以放在防火墙后面。

BIND 是现在互联网上被广泛使用的 DNS 服务器软件，它提供了强大及稳定的域名服务，目前最新的版本是 bind9。

下面将介绍一下如何用 bind 搭建 DNS 服务器，包括安装 bind，启动关闭 bind 的服务。

16.4.1　安装 bind

在 Fedora 12 系统中，要实现 DNS 服务器功能，安装 bind 相关软件包即可。首先查看系统中是否已安装 bind，其命令如下：

```
[root@Fedora ~]# rpm -qa  |  grep bind
```

如果没有安装，则使用以下命令安装：

```
[root@Fedora ~]# yum install bind
```

安装过程的最后信息显示如下：

```
...
已安装:
  bind.i686 32:9.6.2-5.P2.fc12

作为依赖被升级:
  bind-libs.i686 32:9.6.2-5.P2.fc12          bind-utils.i686 32:9.6.2-5.P2.fc12

完毕!
```

从上面的信息可以看出，已安装 bind.i686-9.6.2-5.P2.fc12 软件包，并且作为该软件包的依赖，升级了软件包 bind-libs.i686-9.6.2-5.P2.fc12 和 bind-utils.i686 -9.6.2-5.P2.fc12。

16.4.2 bind 配置文件

当安装 bind.i686-9.6.2-5.P2.fc12 软件包后，管理 DNS 的主要配置文件有 6 个，它们分别是：/etc/named.conf、/etc//named.rfc1912.zones、/var/named/named.localhost、/var/named/named.loopback、/var/named/named.local、/var/named/named.ca。其中，文件/etc/named.conf 和/etc//named.rfc1912.zones 共同组成 bind 的主配置文件，但并不包含 DNS 数据。它们的作用是设置全局参数，调配正向数据库文件和反向数据库文件。

1. 主配置文件/etc/named.conf

设置 namedconf 配置文件的目的在于定义 named 服务进程管理和维护的所有配置文件，使 named 服务进程能够知道其维护的每一个域和区配置文件的名字和其目录位置。

主配置文件/etc/named.conf 内容如下：

```
options {
listen-on port 53 { 127.0.0.1; };
listen-on-v6 port 53 { ::1; };
directory     "/var/named";
dump-file   "/var/named/data/cache_dump.db";
        statistics-file "/var/named/data/named_stats.txt";
        memstatistics-file "/var/named/data/named_mem_stats.txt";
allow-query       { localhost; };
recursion yes;
forwarders {218.2.135.1;};
};
logging {
          channel default_debug {
                    file "data/named.run";
                    severity dynamic;
          };
};
zone "." IN {
      type hint;
      file "named.ca";
```

```
};
include "/etc/named.rfc1912.zones";
```

配置文件中的各配置语句及选项解释如下：

(1) options 语句块。

全局服务器配置的选项和其他语句的默认值。文件/etc/named.conf 包含与配置命令相关联的配置块——opitons 语句块。每个配置块使用大括号“{}”括起来，其一般语法形式为：

```
options {
选项;
选项;
...};
```

options 语句块中常用的选项如下。

listen-on：该选项用于指定 named 监听的网络接口和端口号。如果没有指定端口号，则默认监听 53 号端口。同样，如果省略了 listen-on 选项，服务器监听所有网络接口的 53 号端口。

directory：用于指明区域文件的目录。例如：

```
directory "/var/named"
```

该配置语句告知 named，到/var/named 目录下寻找数据文件。用户在创建自己的域名信息时，也要将文件写在该目录下。

dump-file：用于设置域名缓存文件的保存位置和文件名。

statistics-file：设定域名服务器的统计信息文件。

bind 在主配置文件中使用 zone 关键字定义一些“区域”，这些区域的解析资料放在由 file 关键字指定的文件中。

allow-query：指明允许哪台机器提出询问。

根服务器线索文件/etc/bind/db.root 配置 DNS 根服务的信息。bind 在进行域名解析时，如果本服务器找不到解析资料，那么到根服务器上查找解析资料。

query-source：如果当前的服务器不知道 DNS 查询请求的答案，需要查询其他域名服务器，可以使用 query-source 选项指定查询其他域名服务器时使用的 IP 地址或端口号。

forwards：options 语句块中有一个常用的全局选项 forwarders，其语法格式为：

```
forwards {其他 DNS 服务器的 IP 地址，...}
```

forwarders 选项列出主机请求将要被转发的 DNS 服务器。

port：指定域名服务器接收和发送 DNS 协议分组数据时使用 UDP/TCP 端口。默认值为 53。设置该选项的主要目的是测试域名服务器。如果需要设定，应把 port 选项放到配置语句块前面，位于涉及 IP 地址或端口号的任何选项之前，确保设置的端口号能够发生作用。

allow-transfer：指定哪一些从服务器能够以批量传输的方式接收主服务器中的区配置数据，也可以在 zone 语句中指定 allow-transfer，以取代 options 语句中的 allow-transfer 设置。如果未指定，默认处理方式为允许所有的从服务器以批量传输方式获取区配置数据副本。

allow-source：在从服务器的配置中，指定从哪一个源 IP 地址（或端口）中执行区域配置数据传输，获取配置数据副本。这个选项应与主服务器中的 allow-transfer 选项相互对应。

recursion：指定当前递归查询是否由服务器替代客户机执行。recursion 默认值为 yes。

如果设置为 yes，域名服务器将尝试执行递归查询，直至获取最终的查询结果。如果设置为 no，当域名服务器不知道查询答案时，域名服务器只会返回一个线索信息。注意：将 recursion 设置为 no，只是禁止服务器执行新查询，并不妨碍 DNS 客户机从域名服务器的缓冲数据中获取答案。

allow-recursion：使用该选项，可以更细化地控制域名服务器的递归查询。仅当匹配指定的地址列表，当前的域名服务器才会替代客户机执行递归查询。如果未指定，则意味着服务器能够替代所有客户机进行递归查询。注意：禁止递归查询并不能防止客户机获取已经位于域名服务器缓冲区中的数据。

(2) zone 语句块。

用于定义一个区域。在域名服务器中，对于管理与维护的每个区（域），都需要使用 zone 语句做出详细定义，包括域的名字。默认情况下，zone 语句后面的名字即域的名字。

例如：

```
zone "." IN {
        type hint;                    //当前的服务器为根域名服务器
        file "named.ca";              //域名服务器使用的区配置文件名
};
```

zone 语句块中常用选项说明如下。

file：指明区域文件，该选项也是 zone 语句块的必选选项。

type：定义域名服务器的类型和角色，该选项是 zone 语句块的必选选项。type 为枚举选项，常用枚举值有以下几种：

① master：主 DNS 区域，指明该区域保存的是主服务器信息，并有操作该信息的权力。

② slave：从 DNS 区域，指明从主域名服务器定期更新数据的区域，如果该域名服务器作为另一个主 DNS 服务器的从服务器，则使用此选项。

③ stub：存根区域，与从区域类似，但只保存 DNS 服务器的名字。

④ forward：转发区域，把所有查询重定向到转发语句所定义的转发服务器。

⑤ hint：线索区域，指明所有 Internet DNS 服务器使用的根名称服务器。

named.conf 文件中，除了系统提供的各种默认的区域配置外，通常至少需要定义两个区域解析文件：正向解析文件和反向解析文件。前者用于指定包含域名到 IP 地址映射关系的数据库文件，后者用于指定包含 IP 地址到域名映射关系的数据库文件。

allow-update：指定允许哪一些主机向主域名服务器提交按区进行的动态 DNS 数据更新。默认值是拒绝接收来自所有主机的 DNS 更新数据。

(3) view 语句块。

视图是 bind9 的一个新特性。利用 view 语句针对特定子网的主机定义不同的区配置文件，从而提供不同的域名解析信息。不同的 view 语句，zone 语句定义的区可以采用相同的名字，但可以引用不同的配置文件，因而可以引用不同的域名地址数据。这意味着 DNS 服务器能够使用两组不同的区配置文件分别处理来自外部网络和内部网路的 DNS 查询。把同名的、但引用不同的配置数据的区置于多个视图中，这样不同的客户机可以访问不同的数据。

match-clients：用来控制客户机是否能够访问当前的视图。只有匹配该选项中列举的

IP 地址，DNS 客户机才能查询当前视图中的域名解析数据。

(4) include 语句块。

include 语句用于组合指定的配置，在 include 后面插入指定的文件。该语句块可以提高配置文件的模块化。例如：

include "/etc/named.rfc1912.zones";

(5) acl 语句块。

acl 语句块用于定义访问控制表（Access Control List，ACL），便于在其他语句或选项中直接引用。该语句块中包含的 IP 地址，用于控制 DNS 客户机访问 DNS 服务器权限。可以在 allow-query、allow-recursion 或 allow-transfer 等配置语句中，使用 acl 语句限制客户机的使用权限。

2. DNS 资源记录

DNS 区域文件是由若干 DNS 资源记录组成的。可用的标准资源记录包括 SOA、NS、A、PTR 和 CNAME 等。这些资源记录确定了域名服务器的性质，给出了域名服务器维护的数据、域和区的定义等。

(1) SOA 记录。SOA（start of authority）记录是区域文件中的第一个资源记录。该记录定义了 DNS 授权区域的起始点。每个 zone 文件只能有一个 SOA，而且必须是第一个记录。

(2) A 记录。该记录是最常用的 DNS 记录类型，它将主机名映射为 IP 地址。

例如：

```
wwwIN    A      192.168.101.110
```

A 记录定义了 DNS 域名对应的 IP 地址（IPv4）信息。如果要表示 IPv6 地址信息，可以使用 AAAA，例如：

```
AAAA     ::1
```

该语句表示该域名的 IPv6 地址为::1。

(3) CNAME 记录。CNAME 用来给现有的 A 记录定义一个别名。

例如：

```
wwwIN    A      192.168.101.110
fedora      IN     CNAME    www
```

注意：CNAME 只能给 A 记录定义别名，不可以再给 CNAME 记录定义别名。

(4) NS 记录。用来定义 DNS 从服务器。NS 指向 A 记录，不能指向 CNAME。

(5) MX 记录。用来定义邮件的目的地。MX 也是指向 A 记录，不能指向 CNAME。

(6) PTR pointer 记录。用于实现 in-addr.arpa 域中从 IP 地址到域名的映射。域名服务器中的反向解析文件必须包含一个 PTR 记录。

3. 正向解析文件

正向 zone 文件是用于正向解析的。正向解析就是把域名解析为 IP 地址的过程，其保存目录为/var/named。Fedora 12 系统中默认的正向解析文件为/var/named/named.localhost，打开该文件可以看到如下内容：

```
$TTL 1D
@      IN SOA     @ rname.invalid. (
                                 0       ; serial
                                 1D      ; refresh
```

```
                    1H    ; retry
                    1W    ; expire
                    3H )  ; minimum
        NS    @
        A     127.0.0.1
        AAAA  ::1
```

上面信息中的分号“;”表示注释（comment）。文中不带注释的部分是配置信息。

下面分别介绍各行配置语句的含义。

```
$TTL 1D
```

将 TTL 设置为 1 天，表示该文件中的记录在 DNS 缓存服务器上的生存周期（存活时间）是 1 天，用户可以根据自己的实际需要缩短或延长 TTL 的值。

```
@    IN SOA    @ rname.invalid. (
                    0     ; serial
                    1D    ; refresh
                    1H    ; retry
                    1W    ; expire
                    3H )  ; minimum
```

此段信息设置了一个 SOA 记录。句首的字符“@”表示该条记录的来源。注意：@ 前面不能有空格。IN 表明这条记录是 Internet 类型。NS 指明了该区域名字服务器的名字，会继承前面的 SOA 记录的@值。A 表示地址记录。它定义了 DNS 域名对应的 IP 地址（IPv4）信息。SOA 记录定义了 DNS 授权区域的起始点。这里“rname.invalid.”是该记录的来源。注意：“rname.invalid.”末尾的点要保留。后面括号“( )”之间的 5 行数字，主要是用于和从服务器同步。这 5 行数字中的单位分别为：H 表示小时，D 表示天，W 表示星期。每行“;”后的内容为注释内容。

```
0       ; serial
```

serial：更新序号。当 DNS 从服务器要进行数据同步时，会比较这个号码，如果发现主服务器的序号比该号码大，就会更新，否则忽略。所以每次修改 zone 文件时，必须增大序列号的值。

```
1D   ; refresh
```

refresh：当主服务器上的 serial 值大于从服务的序号值时，从服务器更新数据，需要跟主服务器同步，refresh 的值是告知从服务器每次数据同步的间隔。

```
1H   ; retry
```

retry：从服务器同步失败后，重试的时间间隔。

```
1W   ; expire
```

expire：过期的时间。如果从服务器重试多次后仍然无法连接到主服务器，那么此时间段后就不再重试。

```
3H   ; minimum
```

minimum：默认的最小 TTL 值。如果前面没有定义 TTL 值，就以此值为准。

4. 反向解析文件

反向文件是用于反向解析。反向解析就是把 IP 地址解析为域名。例如，文件 /var/named/named.loopback 就是一个 Fedora 12 系统中默认的反向解析文件，其内容如下：

```
$TTL 1D
@    IN SOA    @ rname.invalid. (
                    0    ; serial
                    1D   ; refresh
                    1H   ; retry
                    1W   ; expire
                    3H ); minimum
NS   @
PTR  localhost.
```

从上面的文件内容可以看出，反向解析文件与正向解析文件基本相同。其中，PTR 记录用于完成 IP 地址到主机的映射。该记录只能保存在反向解析文件中，PTR 记录与之前的 A 资源记录正好相反。

16.4.3　配置 DNS 缓存服务器

在默认情况下，如果要将 Fedora Linux 配置成一个简单的 DNS 服务器，至少需要配置一个缓存服务器。

(1) 修改配置文件/etc/resolv.conf，让本服务器的 DNS 指向自身（本例中，待配置服务器的 IP 地址为 192.168.101.110），打开文件的命令如下：

```
[root@Fedora ~]# gedit /etc/resolv.conf
```

将其内容修改如下：

```
nameserver 192.168.101.110
```

说明：此处也可以使用 localhost 和 127.0.0.1 替换自身 IP 地址 192.168.101.110。但是如果要让该局域网内的客户机访问到该服务器，需要使用其自身 IP 地址 192.168.101.110。

(2) 打开并修改/etc/ named.conf 文件，修改 options 语句块的内容，命令如下：

```
[root@Fedora ~]# gedit /etc/named.conf
```

将 options 语句块中选项语句：

```
listen-on port 53 { 127.0.0.1; };
```

修改为：

```
listen-on port 53 { 192.168.101.110; };
```

使上面选项语句中的 IP 地址与前面文件/etc/resolv.conf 中“nameserver”的 IP 地址相对应。

将 options 语句块中选项语句：

```
allow-query     { localhost; };
```

使用“//”注释：

```
//allow-query     { localhost; };
```

(3) 启动 DNS 域名服务器。

启动命令及信息显示如下：

```
[root@Fedora ~]# service named start
启动 named：                                        [确定]
```

(4) 测试。

使用 dig 工具测试 baidu.com 的解析情况如下：

```
[root@Fedora ~]# dig baidu.com
; <<>> DiG 9.6.2-P2-RedHat-9.6.2-5.P2.fc12 <<>> baidu.com
;; global options: +cmd
;; Got answer:
;; ->>HEADER<<- opcode: QUERY, status: NOERROR, id: 11765
;; flags: qr rd ra; QUERY: 1, ANSWER: 3, AUTHORITY: 4, ADDITIONAL: 0

;; QUESTION SECTION:
;baidu.com.                IN   A

;; ANSWER SECTION:
baidu.com.      199   IN   A    220.181.6.81
baidu.com.      199   IN   A    220.181.6.184
baidu.com.      199   IN   A    61.135.163.94

;; AUTHORITY SECTION:
baidu.com.      86010     IN   NS   ns4.baidu.com.
baidu.com.      86010     IN   NS   ns2.baidu.com.
baidu.com.      86010     IN   NS   ns3.baidu.com.
baidu.com.      86010     IN   NS   dns.baidu.com.

;; Query time: 1 msec
;; SERVER: 192.168.101.110#53(192.168.101.110)
;; WHEN: Thu Aug 12 14:22:21 2010
;; MSG SIZE  rcvd: 147
```

从上面的信息可以看出解析成功。后 4 行信息为统计信息，包括查询时间、所使用的 DNS 服务器地址以及收到信息的大小等。DNS 缓存服务器在获取某个域名的资料后，会将这些信息缓存到自己的服务器上一段时间，等下次用户查询时，就直接从缓存中取数据，这样就加快了获取查询速度，保存域名资料的时间是由 TTL 值确定的。如果 TTL 的值为 2 天，那么域名资料就缓存 2 天。

16.4.4 配置主 DNS 服务器

下面介绍如何通过修改配置文件来配置 DNS 主服务器。以 hancuiqing.com 为域，主机 IP 地址为 192.168.101.110，主域名为 www.hancuiqing.com，并设置 mail.hancuiqing.cn 对应的 IP 地址 192.168.101.111，vip.hancuiqing.cn 对应的 IP 地址 192.168.101.112。

在上述配置缓存服务器的基础上，配置主服务器。

1. 修改主配置文件

在主配置文件中添加相关区域，使其分别指向解析文件和反向解析文件，打开配置文件/etc/named.conf，添加以下 2 段区域：

```
zone "hancuiqing.com"{
type master;
file "db.hancuiqing.com";                //定义正向区域文件
};
```

上面添加的 zone 语句块，添加了一个 hancuiqing.com 的域，并定义其正向解析数据库文件为 db.hancuiqing.com。

```
zone "101.168.192.in-addr.arpa"{
type master;
file "db.192.168.101";                    //定义反向区域文件
};
```

上面添加的 zone 语句块，添加了反向解析区域，并指向其反向解析数据库文件为 db.192.168.101。

2. 创建正向 zone 文件

(1) 正向配置文件 db.hancuiqing.com 需要用户手动创建，默认文件路径是/var/named。为了方便修改文件，复制一个模板，命令如下：

```
[root@Fedora ~]# cp /var/named/named.localhost /var/named/db.hancuiqing.com
```

打开并修改文件/var/named/db.hancuiqing.com，内容修改如下：

```
$TTL 1D
@    IN    SOA hancuiqing.com. root.hancuiqing.com.(
                         0      ; serial
                         1D     ; refresh
                         1H     ; retry
                         1W     ; expire
                         3H )   ; minimum
     IN    NS    hancuiqing.com.
@    IN    A     192.168.101.110
www  IN    A     192.168.101.110
ns   IN    CNAME    www
mail IN    A     192.168.101.111
vip  IN    A     192.168.101.112
```

注意：

(1) 下面的配置语句前都不能加空格。

```
$TTL 1D
@    IN    SOA hancuiqing.com. root.hancuiqing.com. (
...)
```

和

```
@    IN    A     192.168.101.110
www  IN    A     192.168.101.110
ns   IN    CNAME    www
mail IN    A     192.168.101.111
vip  IN    A     192.168.101.112"
```

(2) 下面的配置语句前必须加空格。

```
IN    NS    hancuiqing.com.
```

3. 创建反向 zone 文件

反向配置文件 db.192.168.101 也需要用户手动创建，默认文件路径是/var/named。为了方便修改文件，也可以复制一个模板，命令如下：

```
[root@Fedora ~]# cp /var/named/named.loopback /var/named/db.192.168.101
```

(1) 打开/var/named/db.192.168.101 文件命令如下：

```
[root@Fedora ~]#  gedit /var/named/db.192.168.101
```

修改文件 db.192.168.101，内容如下：

```
$TTL 1D
@    IN   SOA hancuiqing.com. root.hancuiqing.com. (
                        0    ; serial
                        1D   ; refresh
                        1H   ; retry
                        1W   ; expire
                        3H ) ; minimum
     IN   NS   hancuiqing.com.
110  IN   PTR  ns.hancuiqing.com.
110  IN   PTR  www.hancuiqing.com.
111  IN   PTR mail.hancuiqing.com.
112  IN   PTR  vip.hancuiqing.com.
```

从上面的信息可以看出，反向解析文件中的记录是与正向解析文件中的数据反向对应的。

注意：

(1) 与正向解析文件相同，以“$”和“@”开头的语句前不能加空格。

(2) 配置语句“IN NS hancuiqing.com.”前必须加空格。

4. 修改/var/named 访问权限

在 Fedora Linux 系统中，named 服务进程是以 named 用户身份运行的。在完成上面的配置后，必须确保目录/var/named 中的新建文件的所有组都是 named。其命令如下：

```
[root@Fedora ~]# chgrp -R named /var/named
```

5. 重启 DNS 域名服务器

启动命令及信息显示如下：

```
[root@Fedora ~]# service named restart
停止 named:                                        [确定]
启动 named:                                        [确定]
```

在设置和维护 DNS 服务器时，可以使用以下命令随时启动、停止、重启 named 后台服务进程：

```
[root@Fedora ~]# service named start
[root@Fedora ~]# service named stop
[root@Fedora ~]# service named restart
```

6. 测试 DNS 服务器

在测试之前，先要确认该机器的域名服务器（DNS）为 192.168.101.110，即为前面配置的主服务器的 IP 地址。如果参与测试的客户机是 Linux 系统，可以直接将文件/etc/resolv.conf 中的 nameserver 指向 192.168.101.110。

(1) 在本服务器上 ping 主机的命令及显示信息如下：

```
[root@Fedora ~]# ping www.hancuiqing.com
PING hancuiqing.com (192.168.101.110) 56(84) bytes of data.
64 bytes from www.hancuiqing.com (192.168.101.110): icmp_seq=1 ttl=64 time=0.029 ms
64 bytes from www.hancuiqing.com (192.168.101.110): icmp_seq=2 ttl=64 time=0.035 ms
64 bytes from www.hancuiqing.com (192.168.101.110): icmp_seq=3 ttl=64 time=0.043 ms
64 bytes from www.hancuiqing.com (192.168.101.110): icmp_seq=4 ttl=64 time=0.042 ms
```

当关闭 named 服务后，命令及信息显示如下所示：

```
[root@Fedora ~]# service named stop
停止 named:                                                    [确定]
[root@Fedora ~]# ping www.hancuiqing.com
ping: unknown host www.hancuiqing.com
```

从上面信息可以看出，当开启 named 服务时，能够 ping 通 www.hancuiqing.com。而关闭 named 服务后，则不能识别主机名 www.hancuiqing.com。这说明 DNS 服务器配置成功。

(2) 除了使用 ping 命令测试 DNS 服务器，还可以使用 nslookup 命令。IP 地址为 192.168.101.111 使用 nslookup 命令，测试 DNS 服务器，其命令及结果如图 16.3 所示。

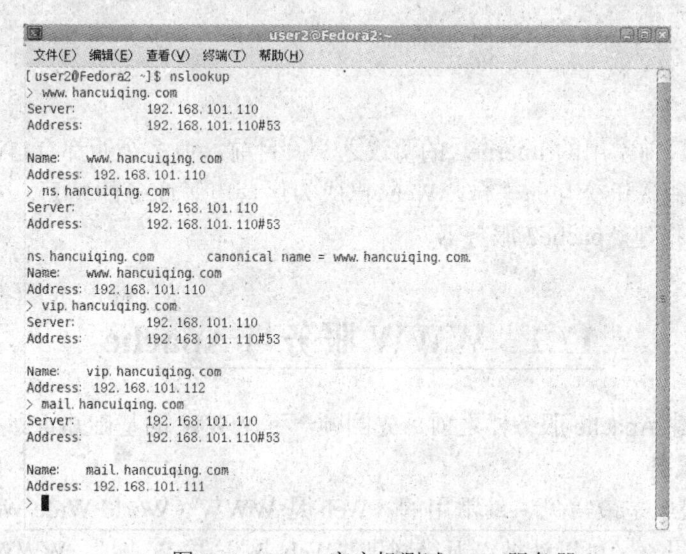

图 16.3　Linux 客户机测试 DNS 服务器

(3) 在 Windows 客户机上测试，选择“开始”→“运行”命令，弹出“运行”对话框中，输入 cmd 命令，然后单击“确定”按钮，弹出 DOS 窗口，在 DOS 窗口内输入 nslookup 命令行后，信息显示如图 16.4 所示。

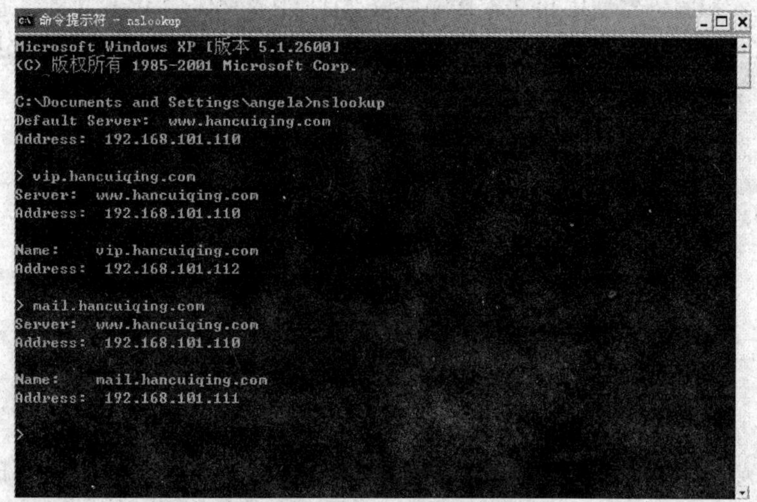

图 16.4　DOS 环境下测试 DNS 服务器

第 17 章

Web 服务器 Apache2

Web 协议是目前常用的 Internet 的协议之一。目前，很多企业都有自己的主页，为客户提供网页浏览和资讯交互的平台，Web 已成为运营电子商务的基石。本章主要介绍在 Fedora 12 中如何搭建 Apache2 服务器。

17.1 WWW 服务与 Apache

在安装和搭建 Apache 服务器之前，先回顾一下 WWW 的基础知识。

1. WWW 服务

架设 Web 网站是最常见、最常用的。Web 是 WWW（World Wide Web）的简称，全球信息广播的意思，又可以译做“万维网”、“Web 网”、“3W 网”。WWW 的出现加快了 Internet 的普及速度，它是 Internet 上最方便、最受欢迎的信息服务类型。Internet 包含成千上万个 WWW 服务器，它集中了全球的信息资源，是存储和发布信息的地方，也是查询信息的场所。

Web 浏览器和服务器使用超文本传输协议（HTTP）来传输 Web 文档，通过统一资源定位符（URL）标识文档在网络上服务器的位置及服务器的路径，Web 文档用 HTML 进行描述。传输 Web 文档的过程如图 17.1 所示。

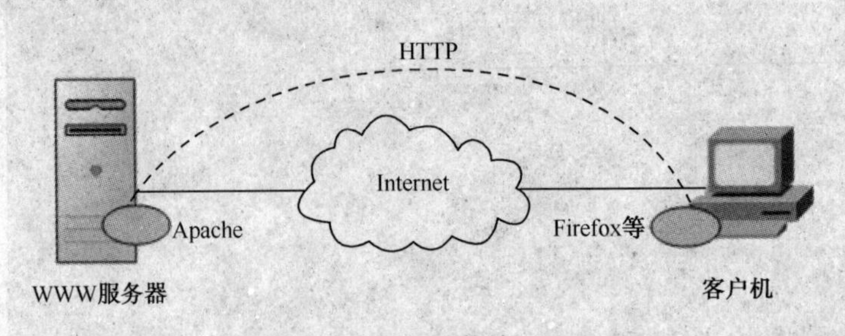

图 17.1　传输 Web 文档

目前，WWW 服务器主要分为两大阵营，分别是 UNIX-Like（类 UNIX）的 Apache 与 Windows 的 IIS，Linux 的 Apache 是免费的，其可靠、快速以及优良的可扩展性已经远远超过了 Microsoft IIS。

2. Apache 简介

Apache 是世界排名第一的 Web 服务器，最早的 Apache（0.6.2 版）由 Apache Group1995 年 4 月，公布发行。Apache Group 是完全通过 Internet 运作的非营利机构，并决定 Apache Web 服务器的标准发行版内容。

Apache 遵循 GPL 协议，由全球志愿者开发和维护。它支持最新的 HTTP 协议；支持安全 Socket 层；集成了 Perl 脚本编程语言；支持 SSI 和虚拟主机；实现动态共享对象，允许在运行时动态装载功能模块；具有安全、稳定的工作性能；支持功能扩展。

Apache 服务软件的开发版本逐渐分为两支：Apache1.x 版本和 Apache2.x 版本。在 Apache1.x 版本基础上，Apache2.x 版本添加了很多新的功能模块，能够支持所有多线程处理平台。

17.2 Apache 服务器的安装与测试

在 Fedora 12 操作系统下，配置 Apache 服务器很简单，该操作系统默认安装有 Apache 服务器，其名称为 httpd，通过以下的命令查看系统中是否已安装 Apache 服务器：

```
[root@Fedora ~]# rpm -qa |grep httpd
httpd-2.2.13-4.fc12.i686
httpd-tools-2.2.13-4.fc12.i686
```

从上面的信息可以看到，系统中已安装 Apache 服务器，其版本为 httpd-2.2.13-4。如果命令执行后没有显示相关软件包，则表示该系统中没有安装，则需要用户自行安装。

1. 安装 Apache 服务器

在线安装最新版本的 Apache 服务器软件包，命令如下：

```
[root@Fedora ~]# yum install httpd
```

2. 启动 Apache 服务

启动 Apache2 服务器的命令及信息如下：

```
[root@Fedora ~]# service httpd start
正在启动 httpd:                                    [确定]
```

从上面的信息可以看出，启动 Apache2 服务器成功。在设置和维护 Apache 服务器时，可以使用下面的命令随时启动、停止、重启 httpd 后台服务进程：

```
[root@Fedora ~]# service httpd start
[root@Fedora ~]# service httpd stop
[root@Fedora ~]# service httpd restart
```

3. 查看 Apache 进程

在测试 Apache 服务器之前，使用“ps aux”命令查看进程是否已经打开，由于 Web 访问的连接可能会较多，所以 Apache 同时启动多个进程响应访问请求。其命令及其执行结果如下：

```
[root@Fedora ~]# ps aux |grep httpd
root     2671  0.0  0.1  12460  3352 ?    Ss   14:33   0:00 /usr/sbin/httpd
apache   2674  0.0  0.1  12460  2140 ?    S    14:33   0:00 /usr/sbin/httpd
apache   2675  0.0  0.1  12460  2140 ?    S    14:33   0:00 /usr/sbin/httpd
apache   2676  0.0  0.1  12460  2140 ?    S    14:33   0:00 /usr/sbin/httpd
```

```
apache    2677  0.0  0.1   12460   2140 ?       S     14:33    0:00 /usr/sbin/httpd
apache    2678  0.0  0.1   12460   2140 ?       S     14:33    0:00 /usr/sbin/httpd
apache    2679  0.0  0.1   12460   2140 ?       S     14:33    0:00 /usr/sbin/httpd
apache    2680  0.0  0.1   12460   2140 ?       S     14:33    0:00 /usr/sbin/httpd
apache    2681  0.0  0.1   12460   2140 ?       S     14:33    0:00 /usr/sbin/httpd
root      2694  0.0  0.0    5812    688 pts/1   R+    14:37    0:00 grep httpd
```

从上面的信息可以看到，Apache 服务开启了 9 个进程，并且除了一个以超级用户 root 的身份启动外，其他均以 Apache 身份运行。

4. 开放 Web 服务器

单击“系统”→“管理”→“防火墙”，弹出“防火墙配置”窗口，勾选 WWW(HTTP) 复选框。单击工具栏中的“应用”按钮，这样 Web 服务器可以向公众开放，允许客户机访问 Web 网页。

5. Apache 默认测试页

(1) 确认服务器已启动，在本服务器的 Firefox 浏览器地址栏中输入本服务器主机的 IP 地址（本例中 Apache 服务器的 IP 地址为 192.168.101.110）或输入“http://localhost”，便可看到 Apache 默认的测试页，分别如图 17.2 和图 17.3 所示。

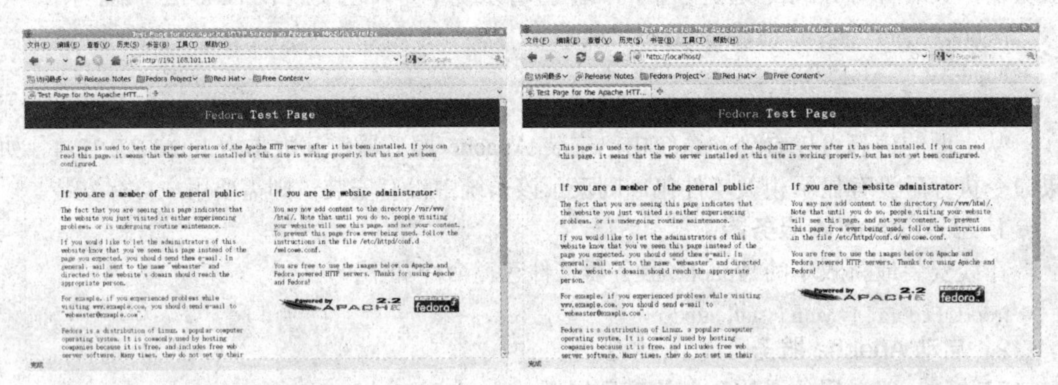

图 17.2　浏览 Apache 默认测试页 1　　　　图 17.3　浏览 Apache 默认测试页 2

(2) 在客户机上，在网页浏览器地址栏中输入 Apache 服务器的 IP 地址或域名，也可以访问到 Apache 服务器默认的测试页。

6. Apache 网页文件存放位置

默认情况下，Apache 把网站文件放在/var/www 目录下。在配置文件中，通过 DocumentRoot 命令设置网页文件的根目录，但并不建议用户修改该目录。下面的实例是一个简单的 HTML 页面部署 Web 服务器。

(1) 创建并编辑 HTML 文件。

以管理员身份，使用 vi 或 gedit 等文本编辑工具，创建并编辑/var/www/index.html 网页文件，例如将其内容编辑如下：

```
<html>
<head>
</head>
<body>
<h1>Hello!</h1>
```

```
<h1>welcome to the home of Linux!</h1>
</body>
</html>
```

(2) 在客户机上访问 Web 服务器发出的网页。

网络中任何一个可以访问到 Web 服务器的客户机上，使用 Firefox 浏览器（或其他的浏览器如 IE 浏览器），在地址栏中输入 Web 站点的 URL 地址，此处使用目标主机 IP 地址 192.168.101.110，则在浏览器中会立即显示 Web 服务器的首页面，如图 17.4 所示。

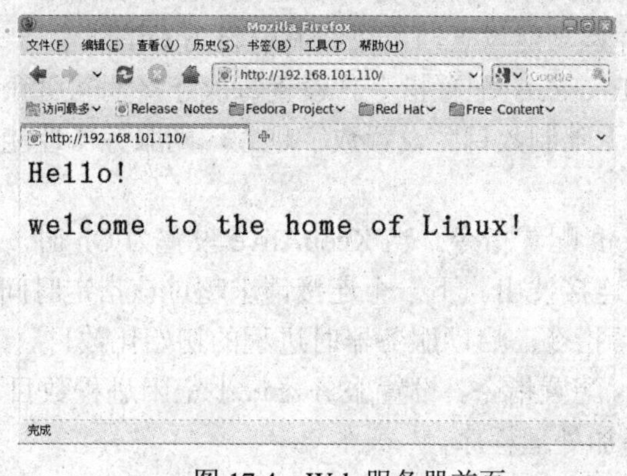

图 17.4 Web 服务器首页

17.3 httpd.conf 配置文件

httpd.conf 文件是 Apache 服务器的主配置文件，位于目录/etc/httpd/conf/下。每当启动 httpd 服务时，都会读取该配置文件。主配置文件 httpd.conf 是一个长普通文本文件，其中包含大量的注释行（以“#”为起始字符的文本行为注释行，用于解释和说明。）httpd.conf 文件中能够设置或修改的各种配置指令，注释行下面是 Apache 的常用配置指令及其设置。每一行只能包含一个配置指令。如果配置指令太长，可以在行尾加反斜杠“\”延续符转到下一行。

httpd.conf 配置文件主要包含 3 个部分：

(1) Global Environment：全局配置设置，用于控制 Apache 的全局特性。

(2) Main Server：主服务器设置，用于设置主服务器或默认服务器的特性。

(3) Virtual Hosts：虚拟主机设置，用于添加和设置虚拟主机的特性。

17.3.1 配置指令

Apache 配置文件中的配置指令可以分为全局配置指令、主服务器配置指令以及虚拟主机配置指令等。

1. 全局配置指令

全局配置指令适用于整个服务器，因而至关重要。常用的全局配置指令如下：

(1) ServerRoot 配置指令。指定 Apache 服务器的根目录，用于存放配置、出错记录、日志文件，分别存储在相应的子目录下面。如果其他配置指令（如 Include）采用相对路径名，则意味着是相对于这个目录而言的。

(2) PidFile 配置指令。指定存放服务器进程 PID 的文件名及路径，例如：PidFile run/httpd.pid

(3) Timeout 配置指令。设置超时时间，如果远程客户端超过限定的秒数还没有连上 Apache 服务器，或者 Apache 2 服务器超过限定的秒数没有传送字节给客户端，就立即断开连接。

(4) KeepAlive 配置指令。是否允许建立长连接（客户端的同一连接有多个请求)，其默认值为 On。如果要关掉该功能设置，可以将其值设为 Off。

(5) MaxKeepAliveRequests 配置指令。设置每次连接期间所允许的最大请求数目，设置值为 0 时，表示允许无限制数目。设置数字越大，则服务器性能越高，所以建议将此值设置大一些。

(6) KeepAliveTimeout 配置指令。当 KeepAlive 设置为 On 时，该配置项用于设置等待同一个客户端的同一个连接发出。下一个连接请求超过该指定时间就断线。

(7) StartServers 配置指令。启动服务器时进程的初始化数目。

(8) MinSpareServers 配置指令。设置服务器最小空闲进程数目。如果实际数目小于该最小数目值，将允许添加处理程序。

(9) MaxSpareServers 配置指令。设置服务器最大空闲进程数目。如果实际数目大于该最大数目值，那么多余的进程将被取消。

(10) MaxClients 配置指令。设置支持同时连接的最大客户端数目。如果实际客户数目大于该最大数值，那么就拒绝新来的客户。

(11) MaxRequestsPerChild 配置指令。设置浏览器连接网页后，每个子程序在终止前所能提出的请求数目，设为 0 表示不限制。

(12) Listen 配置指令。设置 Apache 监听的连接端口或 IP 地址及端口，默认监听 80 号端口。

(13) Include 配置指令。Include 配置指令用于包括其他配置文件，以增加和整合其他配置指令，或用于修改 httpd 服务器的默认配置。指定的配置文件可以是绝对路径名，也可以是相对于 ServerRoot 指定目录的相对路径名。

(14) User 和 Group 配置指令。用于指定用户和用户组的名字（或 ID)，表示以哪一个用户或用户组的身份运行 httpd 服务进程。这是两个配置指令对于服务器系统安全非常重要。在 Fedora Linux 系统中，Apache 的用户与用户组预置为“apache”，其配置示例如下：

```
User apache
Group     apache
```

2. 主服务器配置指令

主服务器配置命令主要用于配置主服务器的行为特性，也为所有虚拟主机提供默认的参数设置。在全局配置中，很多设置直接影响主服务器配置。Apache 能够自动检测各配置项之间的依存关系。主服务器常用的配置指令如下：

(1) Port 配置指令。如果在全局设置中，Listen 没有指定端口号，那么该指令用于指定服务器监听连接的端口，默认端口号为 80。

(2) ServerAdmin 配置指令。用于指定 Web 管理员的 E-mail 地址。如果用户访问该网站时，遇到错误，Apache 将显示该 E-mail 地址，用户可以借此和管理员取得联系。

(3) ServerName 配置指令。用于设置 Apache 服务器的主机名和端口号。如果未用 ServerName 配置指令指定主机名，Apache 则尝试从 IP 地址判断 ServerName。如果 ServerName 配置指令中未指定端口，服务器将使用来自访问请求的端口号。

(4) DocumentRoot 配置指令。用于设置 Apache 提供的 HTML 文档根目录，以便对外提供网页服务。浏览器指定的 URL 地址就是相对于这个文档根目录的访问地址。

格式

```
DocumentRoot 网站根目录
```

如果 Apache 服务器的域名为 www.hancuiqing.com。DocumentRoot 设置为/var/www/html，把文件 index.html 保存到 var/www/html 目录之后，访问 index.html 文件的 URL 地址就是 http：//www.hancuiqing.com。DocumentRoot 的默认设置为：

```
DocumentRoot "/var/www/html"
```

(5) <Directory/> </Directory>指令。用于指定 Apache 服务器能够访问的每个目录及其子目录（也即浏览器能够访问的目录），使其中的配置指令的作用范围仅限于指定的目录及其子目录。指定的目录可以是一个绝对路径名，也可以包含 Shell 通配符。在 httpd.conf 文件中，每个目录的配置指令均以起始标记符“<Directory　目录名>”开始，以结束标记符</Directory>结束。

格式

```
<Directory 指定目录>
    ...
</Directory>
```

例如：

```
<Directory    /var/www/test>
    ...
</Directory>
```

此外，这里的目录还支持通配符和正则表达式，用于匹配很多目录。

(6) AccessFileName 配置指令。每个目录中用于控制访问信息的文件名。

(7) DefaultType 配置指令。如果 Apache 不能识别此文件类型时，则按照预设的格式显示，一般以文本文件显示。

(8) <IfModule></ifModule>配置指令。用于包含一组配置指令，适用于装载指定模块。

(9) ErrorLog 配置指令。用于指定 Apache 使用的错误日志文件的位置。通常情况下，只需要写明日志文件的路径即可。如果指定的文件名不是绝对路径名，则是相对于 ServerRoot 指定目录的相对路径名。

(10) LogLevel 配置指令。指定日志记录的详细程度的级别，从详细到简略，有 8 个等级。

debug：显示调试信息。

info：显示普通信息。

notice：显示一般重要情况。

warn：显示警告情况。

error：显示错误情况。

crit：显示致命情况。

alert：显示必须立即采取措施的情况。

emerg：显示紧急情况。

注意：每个级别所输出的信息都包含其下一级别的信息，例如：如果设置为 LogLevel notice，那么所有 warn 和 error 级别的信息也会被记录。

(11) LogFormat 配置指令。定义 Apache 在访问日志中记录消息的格式。

(12) CustomLog 配置指令。为没有确定日志文件的虚拟主机定义一个访问日志。

(13) ServerSignature 配置指令。如果设置为 On，当 Apache 产生错误时，就在网页上显示 Apache 的版本信息、主机名称、端口等一行信息；如果设置为 Off，则不显示相关的信息。如果设为 EMail 时，就显示管理员的邮件地址给客户端。

(14) Alias 配置指令。将相对于 DocumentRoot 指定的目录链接到 ServerRoot 以外的文件系统目录。该指令功能很像 Linux 的 ln 命令，它提供路径别名，即使某个目录（或文件）不在 DocumentRoot 所设置的路径下，使用 Alias 指令也可以令其可以访问。

(15) ScriptAlias 配置指令。和 Alias 类似，设置服务器脚本目录。应该强制性使用 ScriptAlias 命令，限定 CGI 程序位于某个或者某几个特定的位置，一般可以设置多个 ScriptAlias。

(16) LoadModule 配置指令。用于动态加载辅助的功能模块，以扩展 Apache 服务器的功能。

Apache 提供大量辅助模块。例如，为了加载 CGI 支持模块 mod_auth_basic.so，可以使用下列配置指令（其中的 modules/mod_cgi.so 文件是相对于 ServerRoot 定义的相对路径名/etc/httpd）：

```
LoadModule auth_basic_module modules/mod_auth_basic.so
```

(17) Options 配置指令。用于配置指定目录的特性，比如是否允许该目录下有符号链接、是否使用 CGI 等，Options 指令指定的目录特性如表 17.1 所示。

表 17.1 Options 指令指定的目录特性表

目录特性	特性含义
All	除 MultiViews 之外的所有特性（默认设置）
ExecCGI	允许该目录通过 mod_cgi 运行 CGI 脚本
FollowSymLinks	允许在该目录中使用符号链接
Includes	允许在该目录中使用 mod_include 进行服务器端包含
Indexes	允许列目录，如果某个被访问的目录中没有 DirectoryIndex 指定的文件（如 index.html），服务器将生成并显示目录列表
MultiViews	允许“内容协商”的“多重视图”，“内容协商”由 mod_negotiation 模块生成
SymLinksIfOwnerMatch	只允许使用这样的符号链接：这些符号链接与目标目录（或文件）的拥有者具有相同的 UserID

(18) AllowOverride 配置指令。AllowOverride 指令是针对“*.htaccess”文件的；可允许该文件的全部或某些类型的指令，也可禁止全部的指令。

格式

```
AllowOverride All | None | directive-type [directive type] ...
```

其中，dirctive-type（指令类型）包括 AuthConfig、FileInfo、Indexes 和 Limit。

(19) Order 配置指令。用于控制默认访问权限，以及 Allow 和 Deny 指令的生效顺序。该指令格式如下：

```
Order allow,deny | deny,allow
```

其中：

Deny,Allow：表示 Deny 指令在 Allow 指令之前被评估；默认允许所有访问。任何不匹配 Deny 指令或者匹配 Allow 指令的访问者都允许被访问。注意：“allow”和“deny”两个关键字之间使用逗号隔开，不允许用空格。

Allow,Deny：表示 Allow 指令在 Deny 指令之前被评估；默认拒绝所有访问。任何不匹配 Allow 指令或者匹配 Deny 指令的访问者都将被禁止访问。参考下面指令(10)Allow 和指令(11)Deny 的解释来理解 Order 指令。

(20) Allow 指令。用于设置哪些主机可以访问该 Web 服务器，可以根据主机名、IP 地址、IP 范围或其他环境变量的定义来进行控制。

格式

```
Allow from all | host | env=env-variable [host | env=env-variable]...
```

其中，from 参数是固定的。例如 “Allow from all”，则表示允许所有主机访问该 Web 服务器。

如果只允许某些特定的主机访问，可以用如下形式来设置：

使用一个或部分域名确定被允许访问的主机，例如，

```
Allow from .Fedora.com
```

使用完整的 IP 地址确定被允许访问的主机，例如，

```
Allow from 192.168.101.122
Allow from 192.168.101.155 192.168.101.200
```

使用网络地址/子网掩码来确定被允许访问的主机，例如，

```
Allow from 192.168.101.0/255.255.255.0
```

(21) Deny 指令。用于设置禁止哪些主机可以访问该 Web 服务器，可以根据主机名、IP 地址、IP 范围或其他环境变量的定义进行控制。其格式与 Allow 指令完全相同。

3. 虚拟主机配置指令

Apache 能够同时支持多个不同的网站，这种功能称作虚拟主机。虚拟主机由<VirtualHost> </VirtualHost>配置指令定义，而位于<VirtualHost>配置块中的配置指令，其作用范围也仅限于访问特定的虚拟主机。虚拟主机配置指令如下：

(1) <VirtualHost> </VirtualHost>配置指令。<VirtualHost>和</VirtualHost>指令之间包含了一组其他指令，这些指令用于定义和配置使用指定 IP 地址的虚拟主机。

格式

```
<VirtualHost   IP 地址［:端口号］>
...
</VirtualHost>
```

其中，IP 地址也可以用“*”表示本机所有的 IP 地址。

(2) Name VirtualHost 配置指令。为基于名称的虚拟主机定义 IP 地址（或者加上端口号）。

格式

```
NameVirtualHost IP 地址［：端口号］
```

例如：

```
NameVirtualHost 192.168.101.110：80
```

这条指令用处很大，当服务器有多块网卡、多条线路时，可以通过设置某个网站只能从某块网卡进行，这对大型网站的部署很有帮助。

注意： 整个系统中，该 NameVirtualHost 指令只要有一个即可，所以 Web 管理员可以只保留 default 虚拟主机的 Name VirtualHost 指令，其他虚拟主机全部删除该指令。

虚拟主机除了自己特有的配置指令外，也可以使用前面已介绍的 Servername、ServerAdmin、DocumentRoot、<Directory></Directory>、ScriptAlias、AllowOverride、Options、Order、Allow、Deny、ErrorLog、LogLevel、CustomLog、Alias 等配置指令。

17.3.2 虚拟主机配置

虚拟主机概念是 Apache 的重要特点。如果 Web 管理员想在同一台服务器主机上建立多个网站，这些不同的网站具有不同的域名，不同的域名可以访问不同的网页信息，那么此时就可以使用 Apache 提供的虚拟主机服务解决这个问题。所谓虚拟主机是指一台物理服务器主机支持多个站点的 Web 服务，而且各个服务之间又不相互干扰。

Apache 虚拟主机的实现方式有 3 种：

① 基于域名的虚拟主机；

② 基于 IP 地址的虚拟主机；

③ 基于端口的虚拟主机。

其中，基于域名的虚拟主机是最为常用的虚拟服务器类型，这样很多不同的网站可以使用同一个 IP 地址，缓解 IP 地址不足的问题。从客户端看来，不同的域名就好像是多台服务器在运行。

1. 配置基于域名的虚拟主机

基于域名的虚拟方式可以实现一个 IP 地址响应多个域名服务的功能。该方式的配置步骤如下。

(1) 本机器要有多个域名。例如本例中 Web 服务器的 IP 地址为 192.168.101.110，其域名分别为 www.hancuiqing.com 和 apache.hancuiqing.com，并且要求这两个不同的域名对应不同的网站。

如果 Web 管理员只是想在局域网内为 Web 服务器创建一个域名的话，只需要 DNS 服务器，具体的实现步骤读者可以参考 16.4 节。

(2) 修改配置文件/etc/httpd/conf/httpd.conf，在其后面添加如下内容：

```
NameVirtualHost 192.168.101.110
<VirtualHost 192.168.101.110>
    ServerName www.hancuiqing.com
    DocumentRoot /var/www/test1/
</VirtualHost>

<VirtualHost 192.168.101.110>
    ServerName apache.hancuiqing.com
    DocumentRoot /var/www/test2/
</VirtualHost>
```

当接收访问请求时，服务器首先会检测其 IP 地址是否匹配 NameVirtualHost。如果匹配，则接检测匹配的 IP 地址<VirtualHost>配置块，找出匹配访问请求的主机名（ServerName 或 ServerAlias）。如果找到匹配的虚拟主机，则使用该虚拟主机的配置处理访问请求。如果找不到则使用 NameVirtualHost 指定的 IP 地址后的第一个虚拟主机作为服务器。

实际上，上面的配置为：

```
<VirtualHost 192.168.101.110>
    ServerName www.hancuiqing.com
    ...
<VirtualHost 192.168.101.110>
    ServerName apache.hancuiqing.com
    ...
```

也可以替换为：

```
<VirtualHost www.hancuiqing.com>
...
<VirtualHost apache.hancuiqing.com>
...
```

说明：上述配置命令是配置虚拟主机所需的最基本的配置指令。实际上，用户可以在<VirtualHost> </VirtualHost>配置块中，使用大多数的配置指令，完成相关虚拟主机的配置属性。仅当虚拟主机中设置的配置指令没有强制修改时，主服务器环境中设置的配置指令才能继续发挥作用。在实际的虚拟主机配置中，可以使用多个配置指令完成实际的虚拟主机的配置属性。例如，如果要将错误日志写入指定文件，可以在<VirtualHost> </VirtualHost>配置块中添加以下配置信息：

```
ErrorLog /var/log/httpd/error_log
```

修改内容的重点将 DocumentRoot 的路径和<Directory /var/www/>分别修改为各域名对应网页的路径/var/www/test1/和/var/www/test2/。下面分别创建文件目录/var/www/test1/和/var/www/test2/。

(3) 创建/var/www/test1 目录和/var/www/test2 目录存放两个不同域名的网站对应的网页，并写入 index.html 文件。创建两个目录的命令如下：

```
[root@Fedora ~]# mkdir /var/www/test1 /var/www/test2
```

分别在两个目录下，新建 index.html 文件：

```
[root@Fedora ~]# touch /var/www/test1/index.html /var/www/test2/index.html
```

编辑文件/var/www/test1/index.html 的内容如下：

```
<html>
<head>
</head>
<body>
<h1>************************************</h1>
<h1>***Welcome to the home of Linux!***</h1>
<h1>************************************</h1>
</body>
</html>
```

编辑文件/var/www/test2/index.html 的内容如下：

```
<html>
<head>
</head>
<body>
<h1>##################################</h1>
<h1>####Welcome to the Linux World!###</h1>
<h1>##################################</h1>
</body>
</html>
```

(4) 启动 DNS 域名服务器，命令及信息显示如下：

```
[root@Fedora ~]# service httpd start
正在启动 httpd:                                    [确定]
```

在设置和维护 DNS 服务器时，可以使用以下命令随时启动、停止、重启 named 后台服务进程：

```
[root@Fedora ~]# service httpd start
[root@Fedora ~]# service httpd stop
[root@Fedora ~]# service httpd restart
```

(5) 测试虚拟主机。在网络中的任何一个可以访问到 Web 服务器的客户机上，使用 Firefox 浏览器（或其他的浏览器如 IE 浏览器），测试新建基于两个不同域名的虚拟主机。在 Firefox 地址栏中输入网址：“http://www.hancuiqing.com/”后，结果如图 17.5 所示。

在 Firefox 地址栏中输入网址：“http://apache.hancuiqing.com/”后，结果如图 17.6 所示。

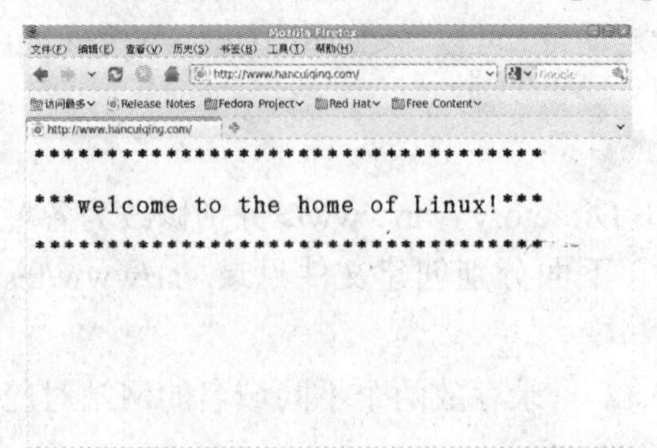

图 17.5 测试域名“www.hancuiqing.com”

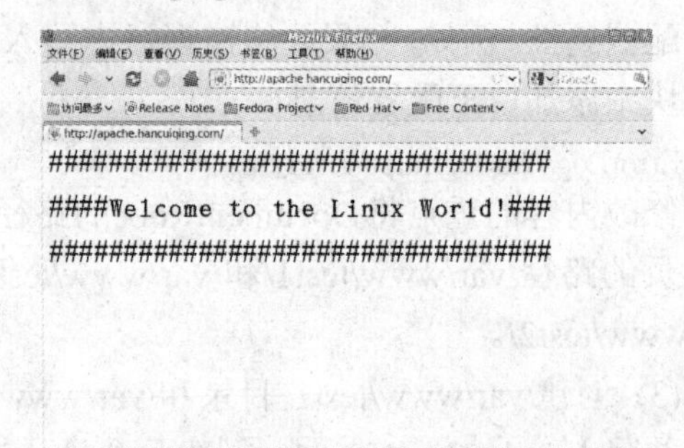

图 17.6 测试域名“apache.hancuiqing.com”

2. 配置基于 IP 的虚拟主机

Apache 也支持基于 IP 的虚拟主机，基于 IP 的虚拟主机是利用一个网卡绑定多个 IP 地址的方式，Web 服务器根据 IP 地址响应用户请求。这样用户可以通过访问不同的 IP 地址，访问不同的网页，就好像是访问不同的 Web 服务器一样。下面介绍架设这种方式的具体步骤。

假设服务器具有两个 IP 地址，分别为 192.168.101.110 和 192.168.101.111。

(1) 假设当前服务器的 IP 地址为 192.168.101.110，将另一个 IP 地址 192.168.101.111 捆绑到该服务器的网卡上，命令如下：

```
[root@Fedora ~]# ifconfig eth0:0 192.168.101.111
```

上面命令是绑定有线网卡（以太网卡）IP 地址，如果是无线网卡绑定命令中就可以将网卡 eth 替换为 wlan。用户可以通过命令 ifconfig 确定具体网卡标识。

这样，通过上面的命令，该服务器就有两个 IP 地址。

(2) 修改配置文件/etc/httpd/conf/httpd.conf，在其后面添加如下内容：

```
NameVirtualHost 192.168.101.110
NameVirtualHost 192.168.101.111

<VirtualHost 192.168.101.110>
    DocumentRoot /var/www/test1/
</VirtualHost>

<VirtualHost 192.168.101.111>
    DocumentRoot /var/www/test2/
</VirtualHost>
```

步骤(3)和步骤(4)同于基于“**1. 配置基于域名的虚拟主机**”中的步骤(3)和步骤(4)。

(3) 测试虚拟主机。在网络中的任何一个可以访问到 Web 服务器的客户机上，使用 Firefox 浏览器（或其他的浏览器如 IE 浏览器），测试新建基于两个不同域名的虚拟主机。在 Firefox 地址栏中输入网址：“http://192.168.101.110/”后，结果如图 17.7 所示。

在 Firefox 地址栏中输入网址：“http://192.168.101.111/”后，结果如图 17.8 所示。

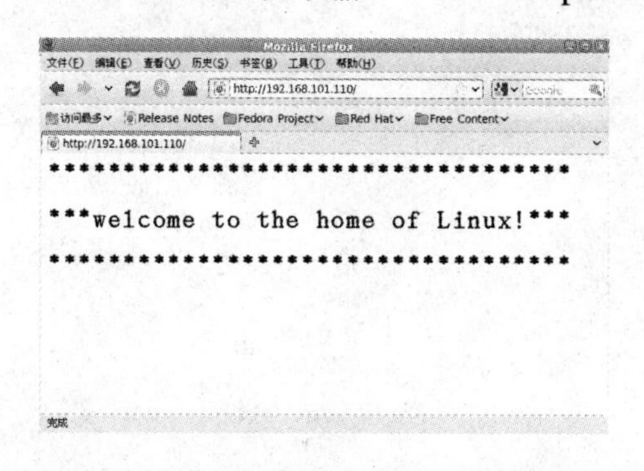

图 17.7 测试 IP 地址“192.168.101.110”

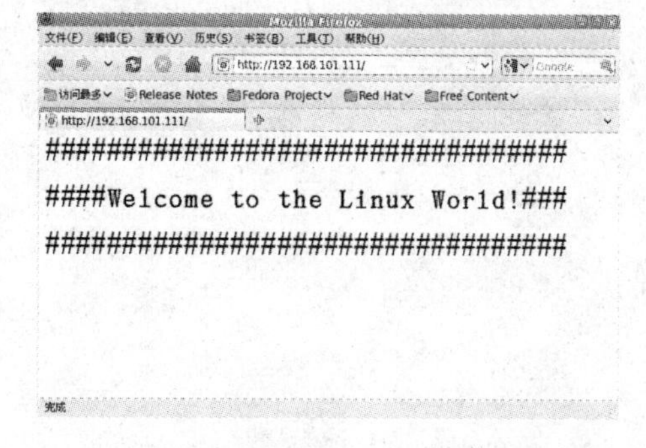

图 17.8 测试 IP 地址“192.168.101.111”

3. 配置基于端口的虚拟主机

对于同一个 IP 地址对应两个不同的网站服务，除了配置基于不同域名的虚拟主机外，还可以配置两个基于不同端口的虚拟主机。例如，服务器的 IP 地址为 192.168.101.110，分别访问 80 和 8080 端口，那么配置步骤如下。

(1) 修改配置文件/etc/httpd/conf/httpd.conf，在其后面添加如下内容：

```
Listen 80
Listen 8080
NameVirtualHost 192.168.101.110:80
NameVirtualHost 192.168.101.110:8080

<VirtualHost 192.168.101.110:80>
    DocumentRoot /var/www/test1/
</VirtualHost>

<VirtualHost 192.168.101.110:8080>
    DocumentRoot /var/www/test2/
</VirtualHost>
```

步骤(2)、步骤(3)步骤(4)可以参考基于“**1. 配置基于域名的虚拟主机**”中的步骤(3)、(4)、(5)。

注意：如果在启动或重启 Apache 服务器时，出现下面的错误：

```
正在启动 httpd：(98)Address already in use: make_sock: could not bind to address [::]:80
(98)Address already in use: make_sock: could not bind to address 0.0.0.0:8080
no listening sockets available, shutting down
Unable to open logs
                                                            [失败]
```

上面要监听的端口号为 80，在配置文件上述配置中已经被监听，也就是说在配置文件中已经含有“Listen 80”的配置语句。所以用户只需去掉其中的一个“Listen 80”即可。

第 18 章

Mail 服务器配置

电子邮件（E-mail）服务是 Internet 和企业内部网络提供的一项最基本的服务，也是一种用户使用最频繁、最便捷的服务。它是网上的邮政系统，是一种以计算机网络为载体的信息传输方式。

E-mail 通信使用标准的 TCP/IP 协议族，该协议族规定了电子邮件的格式和在邮局间交换电子邮件的协议。每个电子邮件由邮件头和邮件内容两部分组成。而邮件头又由发送者电子邮件地址和接收者电子邮件地址两部分组成。

目前，一般有两种发送和接收电子邮件的方式：Web 邮箱模式和邮件客户端。

(1) Web 邮箱模式。对于习惯网络浏览的用户来说，使用 Web 邮箱模式发送邮件较为频繁，该模式以页面形式建立电子邮箱，如大型网站中提供的电子邮箱：gmail、126 信箱等。

(2) 邮件客户端。邮件客户端是运行在计算机操作系统中的客户端程序，最常用的有 Microsoft Outlook Express、Netscape 和 Foxmail 等。但从根本上说，它们完成的功能是完全相同的。

本章主要介绍电子邮件系统的基础知识及 Fedora 12 系统中 Mail 服务器的配置。

18.1 电子邮件服务

电子邮件系统应该具有 3 个主要组成构件：用户代理、邮件服务器、邮件发送协议（如 SMTP）和邮件读取协议（如 POP3）。发信人调用邮件用户代理（MUA）编辑要发送的邮件，用户代理采用 SMTP 协议将邮件发送到发送邮件服务器，发送方邮件服务器采用 SMTP 协议向接收方邮件服务器传送邮件，接收方邮件服务器将收到邮件，放入收信人的邮箱中，收信人通过用户代理使用 POP3 协议（或 IMAP 协议）从邮箱取回邮件。邮件的整个传输过程，如图 18.1 所示。

1. 用户代理 UA

用户代理 UA（User Agent）是用户与电子邮件系统的接口。从用户看来，UA 是用来阅读和撰写邮件的程序。它可以向用户提供一个友好的接口来发送和接收邮件。发送和接收邮件的方式可以参考 18.1.1 节内容。Fedora 12 操作系统下，提供多种 MUA，如 Evolution、

Balsa、mutt 和 mailx 等。

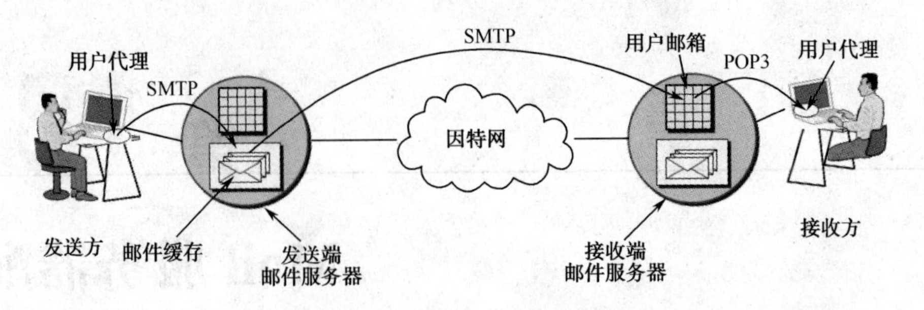

图 18.1 电子邮件服务

实际上，用户代理 UA 除了具有阅读和撰写邮件的功能外还具有通信功能。即发信人在撰写完邮件后，利用邮件发送协议（如 SMTP）发送到用户所使用的邮件服务器。收件人在接收邮件时，要使用邮件接收协议（如 POP3）从本地邮件服务器接收邮件。

2. 邮件服务器

Internet 有许多邮件服务器可供用户选用，如 gmail、126 等信箱。邮件服务器的功能是发送和接收邮件。而实现邮件的发送和接收需要使用两种不同的协议：一种协议用于用户代理向邮件服务器发送邮件或在邮件服务器之间发送邮件，如 SMTP 协议；另一种协议则是用于用户代理从邮件服务器读取邮件，如 POP3 协议和 IMAP 协议。

Fedora 12 系统提供了两个 Mail 服务器软件：sendmail 和 Postfix。Fedora 12 默认安装并启用了 sendmail 服务。

3. 邮件发送、读取协议

电子邮件在传送时一般使用的协议主要有：SMTP 协议、POP 协议和 IMAP 协议。

(1) 邮件发送协议 SMTP。简单邮件传输协议 SMTP（Simple Mail Transfer Protocol）是最早应用的 Internet 邮件服务协议。该协议是一组用于由源地址到目的地址传送邮件的规则，由它控制信件的中转方式。SMTP 协议属于 TCP/IP 协议族，它帮助每台计算机在发送或中转邮件时找到下一个目的地。通过 SMTP 协议所指定的服务器，用户就可以把 E-mail 寄到收信人的服务器上，整个过程只有几分钟。SMTP 服务器则是遵循 SMTP 协议的发送邮件服务器，用来发送或中转用户发出的电子邮件。

(2) 邮件读取协议 POP3 和 IMAP。现在常用的邮件读取协议有两个：即邮局协议 POP 的第 3 个版本 POP3 和网际报文存取协议 IMAP。这两个协议都是用户代理从接收方邮件服务器上读取邮件所使用的协议。

邮局协议 POP（Post Office Protocol）是一个非常简单，但功能有限的邮件读取协议。大多数的 ISP 都支持 POP。POP3 简称为 POP。POP3 协议的一个特点就是只要用户从 POP 服务器读取邮件，POP 服务器就删除该邮件。这在某些情况下就不够方便。为了解决这一问题，POP3 扩充了一些功能，包括让用户能够事先设置邮件读取后仍然存放在 POP 服务器中的时间。

网际报文存取协议 IMAP（Internet Message Access Protocol）比 POP3 复杂的多。IMAP 和 POP 都按客户-服务器方式工作，但差别很大。

使用 IMAP 时，在 PC 机上运行 IMAP 客户程序，然后与接收方邮件服务器上的 IMAP

服务器程序建立 TCP 连接。在 PC 机上就可以操作邮件服务器的邮箱，因此 IMAP 是一个联机协议。当用户 PC 机上的 IMAP 客户程序打开 IMAP 服务器的邮箱时，用户就可看到邮件的首部。若用户需要打开某个邮件，则该邮件才传到用户的计算机上。同 POP3 协议相比，IMAP 协议提供的邮件摘要浏览方式极大地提高了邮件浏览速度。用户建立 IMAP 账号后，可以指定显示和隐藏具体的文件夹，以及利用 IMAP 协议提供的摘要浏览功能使用户在阅读完所有邮件的到达时间、发件人、主题、大小等信息后，才决定是否下载，同时还可以享受选择性下载附件的服务，从而节省了大量的宝贵时间，避免使用 POP3 方式收信时必须将邮件全部收到本地后，才能进行判断的被动状态。

IMAP 最大好处是用户可以在不同的地方使用不同的计算机随时上网阅读和处理自己的邮件。

IMAP 的缺点是如果用户没有将邮件复制到自己的 PC 机上，则邮件一直存放在 IMAP 服务器上。因此，用户需要经常与 IMAP 服务器建立连接发件人的用户代理向发送方邮件服务器发送邮件，以及发送方邮件服务器向接收方邮件服务器发送邮件。

18.2 配置 Mail 服务器

Fedora 12 操作系统默认安装了 sendmail 服务，通过进一步配置完成基本的 Mail 服务器功能。下面具体介绍如何使用 sendmail 配置 Mail 服务器。

18.2.1 sendmail 的安装与启动

sendmail 是 Internet 标准的邮件处理系统，在后台运行，是管理所有用户邮件的主服务器引擎。在 Fedora 12 操作系统下配置 Mail 服务器很简单，该操作系统默认安装有 Mail 服务器，其名称为 sendmail，可以通过以下命令查看系统中是否已安装 sendmail：

```
[root@Fedora ~]# rpm -qa | grep sendmail
sendmail-8.14.4-3.fc12.i686
sendmail-cf-8.14.4-3.fc12.noarch
```

从上面的信息可以看到，系统中已安装 sendmail 服务器，其版本为 sendmail-8.14.4-3。如果执行命令后没有显示相关软件包，则表示该系统没有安装该 sendmail 服务器，需要用户自行安装。

1. 安装 sendmail 服务器

在线安装最新版本的 sendmail 服务器软件包，其命令如下：

```
[root@Fedora ~]# yum install sendmail
```

另外，在实际的 Mail 服务器配置时，还需要安装软件包 sendmail-cf，安装命令如下：

```
[root@Fedora ~]# yum install sendmail-cf
```

2. 重启 sendmail 服务

启动 sendmail 服务器的命令及信息如下：

```
[root@Fedora ~]# service sendmail restart
关闭 sm-client:                                    [确定]
关闭 sendmail:                                     [确定]
```

```
正在启动 sendmail:                                    [确定]
启动 sm-client:                                       [确定]
```

从上面的信息可以看出，重启 sendmail 服务器成功。在设置和维护 sendmail 服务器时，可以使用以下命令随时启动、停止、重启 sendmail 后台服务进程：

```
[root@Fedora ~]# service sendmail start
[root@Fedora ~]# service sendmail stop
[root@Fedora ~]# service sendmail restart
```

18.2.2 sendmail 配置文件

sendmail 安装完毕后，具有多个配置文件。所有文件都放置在/etc/mail 目录下。其中，主配置文件为/etc/mail/sendmail.cf，与其存放在同一目录下的许多文件都具有重要功能，如下所示：

(1) /etc/mail/sendmail.cf、/etc/mail/sendmail.mc：sendmail 主配置文件。

(2) /etc/mail/submit.cf、/etc/mail/submit.mc：sendmail 辅助配置文件。

(3) /etc/mail/access：sendmail 访问数据库文件。

(4) /etc/mailf/ocal-host-names：sendmail 接收邮件主机列表。

(5) /etc/aliases：邮箱别名。

(6) /etc/mail/mailertable：邮件分发列表。

(7) /etc/mail/virtusertable：虚拟用户和域列表。

1. /etc/mail/sendmail.mc 配置文件

sendmail.cf 是 sendmail 的主配置文件，该配置文件的内容决定了 sendmail 的属性。其他文件配置都由 sendmail.cf 文件处理。但是 sendmail.cf 配置文件语法模糊，普通用户不容易理解和掌握。

为了简化 sendmail 的配置，引入了相应模板，可以通过 sendmail.mc 文件配置 sendmail 各选项。配置完成后使用 m4 宏处理器来编译 sendmail.mc 文件，生成主配置文件/etc/mail/sendmail.cf，并且查看出 sendmail 的一些错误设置和漏洞。

打开/etc/mail/sendmail.mc 配置文件发现该文件内容众多，配置项较为复杂。而在本实例的 Mail 服务器的配置中，只需修改/etc/mail/sendmail.mc 配置文件中的很少部分就能实现，这里简单介绍配置文件。

(1) dnl

/etc/mail/sendmail.mc 配置文件中有很多个配置语句使用 dnl，用于注释各项。例如，

```
dnl #
dnl # This is the sendmail macro config file for m4. If you make changes to
dnl # /etc/mail/sendmail.mc, you will need to regenerate the
dnl # /etc/mail/sendmail.cf file by confirming that the sendmail-cf package is
dnl # installed and then performing a
dnl #
dnl #       /etc/mail/make
...
```

dnl 还用于标识一个命令的结束，也就是说每一个配置项的结尾都以 dnl 结束，例如，

```
divert(-1)dnl
```

其中，divert（-1）放置在文件首行，其目的是让 m4 程序输出时更精简。

(2) include

```
include(`/usr/share/sendmail-cf/m4/cf.m4')dnl
```

include 用来指定文件中包含哪个文件，上面语句表示包含/usr/share/sendmail-cf/cf.m4 文件，括号中的内容以一个反撇号“`”开始，而使用单引号“'”结束。这种写法是使用 m4 处理的结果，即配置文件的语法结构。

(3) VERSIONID 和 OSTYPE

VERSIONID 用来指定版本信息，而 OSTYPE 用来指定操作系统类型。例如，

```
VERSIONID(`setup for linux')dnl
OSTYPE(`linux')dnl
```

(4) define

define 用来定义一个配置项。例如：

```
define(`confDEF_USER_ID', "8:12")dnl
```

上面语句使用 define 定义了用户号和组号，括号中有两个参数：confDEF_USER_ID 和 8:12。其中，“8:12”中的数字 8 代表用户 ID，数字 12 代表用户组 ID。

(5) FEATURE

利用 FEATURE 宏可以包括来自于 feature 目录的 m4 文件，从而启用多个常见选项。

FEATURE 宏的格式如下：

```
FEATURE(keyword, arg1, arg2, …)
```

其中，keyword 对应于 cf/feature 目录下的文件 keyword.m4，后面的参数 arg1、arg2 将传递给它。下面通过实例介绍 FEATURE 宏的用法。

```
FEATURE(`mailertable', `hash -o /etc/mail/mailertable.db')dnl
```

此语句定义了邮件发送数据的存放位置。

```
FEATURE(`virtusertable', `hash -o /etc/mail/virtusertable.db')dnl
```

该语句定义了虚拟邮件的存放位置。

```
FEATURE(always_add_domain)dnl
```

该语句表示添加主机名到所有本地发送的邮件。

```
FEATURE(use_cw_file)dnl
```

该语句表示装载/etc/mail/local-host-domain 文件中定义的主机名。

(6) DAEMON_OPTIONS

```
DAEMON_OPTIONS(`Port=smtp,Addr=127.0.0.1, Name=MTA')dnl
```

该语句设置了 sendmail 的参数，如果参数中 Addr 为 127.0.0.1，表示只允许在本机中发送邮件，如果改成外网 IP 地址则允许通过网络连接 sendmail。

(7) 编译/etc/mail/sendmail.mc 配置文件

配置并保存配置文件**/etc/mail/sendmail.mc** 后，需要在终端窗口中编译 sendmail.mc 文件，生成所需要的 sendmail.cf 配置文件。编译命令如下：

```
[root@Fedora ~]# m4 /etc/mail/sendmail.mc > /etc/mail/sendmail.cf
```

如果在编译过程中如果遇到下面的错误信息：

```
m4:/etc/mail/sendmail.mc:10: cannot open `/usr/share/sendmail-cf/m4/cf.m4': No such file or directory
```

上面的信息说明系统中没有安装 sendmail-cf 软件包，安装该软件包后就不再出现上面的错误。

2. etc/mail/access 配置文件

etc/mail/access 文件保存了访问数据库定义的可访问本地邮件服务器的域名或 IP 地址，还可以设置这些域名或 IP 地址的访问类型。

打开该配置文件后，可以看到如下信息：

```
# Check the /usr/share/doc/sendmail/README.cf file for a description
# of the format of this file. (search for access_db in that file)
# The /usr/share/doc/sendmail/README.cf is part of the sendmail-doc
# package.
#
# If you want to use AuthInfo with "M:PLAIN LOGIN", make sure to have the
# cyrus-sasl-plain package installed.
#
# By default we allow relaying from localhost...
Connect:localhost.localdomain          RELAY
Connect:localhost                      RELAY
Connect:127.0.0.1                      RELAY
```

上面信息中，最后 3 行为配置文件，其他为注释语句。从该信息中可以看到，关键字“RELAY”是主机设置的一种方式，表示允许主机通过该邮件服务器发送邮件到任何地址。除了“RELAY”，主机设置方式还有 OK、REJECT 和 DISCARD 等 3 种方式 。其中：

OK：表示允许传送邮件到本地主机，由于该方式会覆盖所有其他已建立的检查，所以实际设置中，除非对该用户是绝对信任，否则最好不要这种设置；

REJECT：表示拒绝来访地址，即不容许该地址与用户的邮件服务器进行连接通信。

DISCARD：表示在接收到传输的邮件消息后将其丢弃。从发送者来看，该邮件已被接收，但实际上发送的目的地址并接收到该邮件。

用户可以在该文件中类似地添加域，例如：

```
hancq.com RELAY
192.168.101.0 RELAY
```

第 1 句表示允许域为 hancq.com 的所有计算机发送邮件，第 2 句表示允许 192.168.101.0 网段内的所有计算机发送邮件。

该文件配置好后，还需要对其进行编译，其命令如下：

```
[root@Fedora ~]# cd /etc/mail
[root@Fedora mail]# makemap hash access.db<access
```

3. /etc/mail/local-host-name 配置文件

/etc/mail/local-host-name 可以实现虚拟域名或多域名支持。如果在 sendmail.mc 配置文件中启用以下配置语句：

```
FEATURE(use_cw_file)dnl
```

表示 sendmail 将用本地主机名作为本地别名。用户可以在该文件中添加适当的内容：

```
hancq.com
mail.hancq.com
```

```
vip.hancq.com
```

18.2.3　sendmail 存放邮件目录

/var/spool/mail 目录和 /var/spool/mqueue 目录都是 sendmail 存放邮件的目录，但这 2 个目录的功能不同。

1. /var/spool/mail 目录

/var/spool/mail 目录用于存放 sendmail 邮件服务器中所有用户的邮件，并且每个用户都有一个与账号同名的文件来存储邮件，进入该文件查看目录中的信息如下所示：

```
[user@Fedora ~]$ cd /var/spool/mail
[user@Fedora mail]$ ls -l
总用量 72
-rw-rw----. 1 angela        mail   3275   9 月  15 17:41 angela
-rw-rw----. 1 hancuiqing mail        0   9 月   8 14:10 hancuiqing
-rw-------. 1 root           root 51025   9 月  16 08:30 root
-rw-rw----. 1 user           mail   7163   9 月  16 12:19 user
-rw-rw----. 1 user2          mail    815   9 月  16 11:16 user2
```

超级用户可以使用 more 命令查看上述用户邮件内容，其命令如下：

```
[root@Fedora mail]# more angela
```

2. /var/spool/mqueue 目录

/var/spool/mqueue 目录用于存放由于某些网络问题而造成用户邮件未发送出去的邮件。可以使用 mailq 命令查看该目录下的内容，其命令如下：

```
[root@Fedora ~]# mailq
```

如果没有未发出的邮件，则信息显示如下：

```
/var/spool/mqueue is empty
        Total requests: 0
```

如果服务器中存在未发送邮件，则会有相应未发送的邮件信息。发送邮件停留在发送队列中等待发送，如果邮件一直都无法发送，服务器就会通知发信人，而无法发送出去的邮件都存储在/var/spool/mqueue 目录下。

18.2.4　使用 sendmail 配置 Mail 服务器

下面介绍使用 sendmail 配置 Mail 服务器的步骤。

1. 为 Mail 服务器配置设置域名

如果要在局域网内为 Mail 服务器创建一个域名，只需配置 DNS 服务器即可。本实例中设置 Mail 服务器的域名为 mail.hancq.com。

2. 为新用户开设电子邮件账号

为新用户开设一个电子邮件账号非常简单，只需在 Linux 操作系统中新增一个用户即可，其操作与之前介绍的添加新用户相同。

假设这里添加了两个新用户名为 user 和 angela 并为该用户创建密码。其命令如下：

```
[root@Fedora ~]# useradd user                  //添加用户 user
[root@Fedora ~]# useradd angela                //添加用户 angela
```

```
[root@Fedora ~]# passwd user                  //设置用户 user 的登录密码
[root@Fedora ~]# passwd angela                //设置用户 angela 的登录密码
```

当这 2 个用户创建完毕后，分别拥有邮件地址 user@mail.hancq.com 和 angela@mail.hancq.com，这里 mail.hancq.com 表示 Mail 服务器的域名。

3. 修改配置文件/etc/mail/sendmail.mc

修改配置语句：

```
DAEMON_OPTIONS(`Port=smtp,Addr=127.0.0.1, Name=MTA')dnl
```

该语句中的“Addr=127.0.0.1”表示 sendmail 只监听 IPv4 的回环地址 127.0.0.1，而不监听任何其他网络设备。这里应该删除回环地址限制，以接收来自 Internet 或 Intranet 电子邮件。

将上面配置语句修改为：

```
DAEMON_OPTIONS(`Port=smtp,Addr=0.0.0.0, Name=MTA')dnl
```

将“Addr=127.0.0.1”修改为“Addr=0.0.0.0”，即由只监听回环地址修改为全段监听。

接下来，可以在终端窗口中编译 sendmail.mc 文件，以生成所需的 sendmail.cf 配置文件。编译时可以使用以下命令：

```
[root@Fedora ~]# m4 /etc/mail/sendmail.mc > /etc/mail/sendmail.cf
```

在编译过程中如果遇到以下错误信息：

```
m4:/etc/mail/sendmail.mc:10: cannot open `/usr/share/sendmail-cf/m4/cf.m4': No such file or directory
```

说明系统中没有安装 sendmail-cf 软件包，安装该软件包之后就不再出现上面的错误信息。

4. 修改配置文件/etc/mail/access

用户可以在该配置文件中添加域，如下所示：

```
hancq.com RELAY
192.168.101.0 RELAY
```

第 1 句表示域为 hancq.com 的所有计算机发送邮件，第 2 句表示在 192.168.101.0 网段内的所有计算机都可以发送邮件。该文件配置好时，需要对 access 文件进行编译，其命令如下：

```
[root@Fedora ~]# cd /etc/mail
[root@Fedora mail]# makemap hash access.db<access
```

5. 修改配置文件/etc/mail/local-host-name

在 sendmail.mc 配置文件中，启用以下配置语句：

```
FEATURE(use_cw_file)dnl
```

用户可以在该文件中添加适当的内容（初始状态下 local-host-name 文件中不包含内容）：

```
hancq.com
mail.hancq.com
vip.hancq.com
```

如果文件中存在这些主机列表，表示 sendmail 允许接收这些主机发送的邮件。

6. 重启 sendmail 服务

重启 sendmail 服务，使上述设置有效。重启命令如下：

```
[root@Fedora ~]# service sendmail restart
```

18.3　测试

Linux 系统中有两种类型的电子邮件系统：一是行显示邮件系统，如 mail；二是全屏电子邮件系统，如 Evolution、K-mail 等。本节主要介绍如何使用 mail 程序操作邮件，并利用 mail 程序对上面配置的 Mail 服务器进行测试。

18.3.1　mail 程序

mail 是 Linux 操作系统中最简单、速度最快的电子邮件程序，mail 本身就是一个命令，使用 mail 命令可以轻松查看用户邮箱中的邮件信息。

在使用 mail 命令之前，需要安装 mailx 软件包，安装命令如下：

```
[root@Fedora ~]# yum install mailx
```

1. mail 命令

mail 命令格式如下：

```
mail [选项参数]
```

例如，如果要显示用户 user 邮箱中的所有邮件信息。如果该用户邮箱中没有邮件，使用 mail 命令，显示信息如下：

```
[user@Fedora ~]$ mail
No mail for user
```

如果该用户信箱中有邮件，那么命令及信息显示如下：

```
[user@Fedora ~]$ mail
Heirloom Mail version 12.4 7/29/08.   Type ? for help.
"/var/spool/mail/user": 4 messages 4 new
>N  1 hcq                      Wed Sep 15 14:32   23/999    "test1"
 N  2 angela@localhost6.lo     Wed Sep 15 14:33   20/806    "test2"
 N  3 hcq                      Wed Sep 15 14:35   20/804    "test3"
 N  4 angela@localhost6.lo     Wed Sep 15 15:31   20/806    "test4"
```

从上面的显示信息可以看出，mail 命令执行后，终端窗口中提示符会变为“&”，在该提示符下用户可以使用 mail 下的各种命令，常用命令如下。

(1) &？**或 help**：问号表示帮助符，显示所有命令的简短描述。

(2) &**r**：使用 r 命令回复邮件，r 命令后可跟的参数可以是邮件名，也可以或是邮件列表中的数字编号。

(3) &**d**：使用 d 命令删除邮件，d 命令后可跟的参数可以是邮件名，也可以是邮件列表中的数字编号。例如，命令“&d 10”表示删除数字编号为 10 的邮件信息。命令“&d 10-40”表示删除数字编号为 10 到 40 的邮件信息。

(4) &**t**：显示邮件信息。例如，显示数字编号为 3 的邮件。命令及信息显示如下：

```
& t 3
Message   3:
From user@localhost6.localdomain6   Wed Sep 15 14:35:10 2010
Return-Path: <user@localhost6.localdomain6>
From: hcq <user@localhost6.localdomain6>
```

```
Date: Wed, 15 Sep 2010 14:35:09 +0800
To: user@mail.hancq.com
Subject: test3
User-Agent: Heirloom mailx 12.4 7/29/08
Content-Type: text/plain; charset=us-ascii
Status: R

this is test3        //本行信息为邮件的内容。
```

还可以使用同样方法查看其他邮件信息。

从上面的信息可以看到，关于该邮件的关键词 From、To、Subject 和 Date 分别表示发送邮件的源地址或用户名、邮件目的地址、邮件主题和邮件发送时的详细时间。

(5) **&s:** 保存邮件到相应的文件中。例如，将数字编号为 3 的邮件保存到文件/home/user/下载/mail-back.txt 文件中，命令及信息显示如下：

```
& s 3 /home/user/下载/mail-back.txt
"/home/user/下载/mail-back.txt" [New file] 22/824
```

(6) & **top**：显示当前指针所在的邮件的邮件头。

(7) & **file**：显示系统邮件所在的文件，以及邮件总数等信息。

(8) & **x**：退出 mail 程序，但不保存之前的操作，比如，删除邮件等操作。

(9) & **q**：退出 mail 程序，并保存之前的操作，比如，删除已用的邮件等操作。

2. 发送邮件

用户可以使用 mail 命令发送邮件，使用 mail 命令发送邮件有两种方式：一种是在终端窗口中输入 mail 命令加目的地址或别名；另一种是在 mail 命令的&提示符后使用 mail 命令，然后根据提示命令发送邮件。

(1) 在终端窗口中输入 mail 命令加目的地址或别名，命令如下：

```
# mail user@mail.hancq.com
```

该命令表示发送邮件到邮件地址 user@mail.han.com 中，命令执行后出现下面的信息：

```
Subject: test5
```

其中，Subject 表示需要输入邮件主题，本实例中输入“test5”，按下回车键，进入邮件正文编辑区域编写邮件内容。例如，这里输入如下邮件内容：

```
hello，this is test5.
```

邮件编写完毕后，按下快捷键“Ctrl+D” 发送邮件，此时会出现如下信息：

```
EOT
```

(2) 在 mail 命令的&提示符后使用 mail 命令，然后根据提示命令发送邮件。其命令如下：

```
[user@Fedora ~]$ mail
Heirloom Mail version 12.4 7/29/08.   Type ? for help.
"/var/spool/mail/user": 6 messages 1 new 6 unread
 U   1 hcq                        Wed Sep 15 14:32    24/1009    "test1"
...
& mail                            //输入 mail 命令后按下回车键
To: user2@vip.hancq.com           //在 To：后输入邮件目的地址
Subject: test-han                 //在 Subject：后输入邮件主题
```

```
this is test from han                //邮件内容
EOT                                  //按下"Ctrl+D"键发送邮件
&
```

18.3.2 使用 mail 程序测试

使用 mail 程序来测试上述配置的 Mail 服务器，具体的测试方法有两种：一种是邮箱用户与相同服务器上的用户之间，进行邮件传输；另一种是与局域网中的其他服务器上的用户进行邮件传输。

1. 相同服务器上用户之间的邮件传输

前面配置的域名为 mail.hancq.com 的 Mail 服务器（主机名 Fedora）创建了 user 和 angela 两个用户，在这两个用户之间互相发送邮件实现步骤如下。

首先，用户 user 发送邮件到用户 angela，命令及信息显示如下：

```
[angela@Fedora ~]$ mail user@mail.hancq.com
Subject: test-a
Hello, this is a test from angela.
EOT              //按下快捷键 Ctrl+D 进行邮件的发送
You have mail in /var/spool/mail/user
```

邮件用户编写一个主题为 test-a，内容为"hello, this is a test from angela"的邮件给用户 user。登录到用户 user，使用 mail 命令查看是否接收到该邮件，其信息如下：

```
[user@Fedora ~]$ mail
Heirloom Mail version 12.4 7/29/08.  Type ? for help.
"/var/spool/mail/user": 5 messages 5 unread
>U  1 hcq                      Wed Sep 15 14:32   24/1009   "test1"
 U  2 angela@localhost6.lo     Wed Sep 15 14:33   21/816    "test2"
 U  3 hcq                      Wed Sep 15 14:35   21/814    "test3"
 U  4 angela@localhost6.lo     Wed Sep 15 15:31   21/816    "test4"
 U  5 angela@localhost6.lo     Thu Sep 16 09:19   21/837    "test-a"
& t 5                          //显示第 5 封（邮件数字编号为 5）邮件信息
Message   5:
From angela@localhost6.localdomain6   Thu Sep 16 09:19:35 2010
Return-Path: <angela@localhost6.localdomain6>
From: angela@localhost6.localdomain6
Date: Thu, 16 Sep 2010 09:19:35 +0800
To: user@mail.hancq.com
Subject: test-a
User-Agent: Heirloom mailx 12.4 7/29/08
Content-Type: text/plain; charset=us-ascii
Status: RO

Hello, this is a test from angela

New mail has arrived.
Loaded 1 new message
```

```
 N   6 angela@localhost6.lo    Thu Sep 16 09:36   20/827    "test-a"
```

从上面的信息可以看到，user 用户接收到主题为“test-a”的邮件，其数字编号为 5。

2. 与局域网内其他服务器用户之间的邮件传输

前面配置了域名为 mail.hancq.com 的 Mail 服务器 1（主机名 Fedora），并且在该服务器上创建了用户 user。在服务器所在局域网内，以相同的方法创建另一台 Mail 服务器 2（主机名 Fedora2），其域名为 vip.hancq.com，在该服务器上创建用户 user2。在 user2@vip.hancq.com 和 user@mail.hancq.com 之间进行邮件传输测试步骤如下。

首先，在 Mail 服务器 2（主机名 Fedora2，登录用户名为 hcq2）上以用户 user2 的名义，发送邮件到 Mail 服务器 1 的用户 user（主机名 Fedora），邮件主题为“test-u2”，内容为“This is a test from user2 of Mail2.”。其命令及信息显示如下：

```
[user2@Fedora2 ~]$ mail user@mail.hancq.com
Subject: test-u2
This is a test from user2 of Mail2.
EOT           //按下快捷键 Ctrl+D 进行邮件的发送
```

在 Mail 服务器 1 上登录到用户 user，使用 mail 命令查看是否接收到该邮件，其信息如下：

```
[user@Fedora ~]$ mail
Heirloom Mail version 12.4 7/29/08.  Type ? for help.
"/var/spool/mail/user": 7 messages 2 new 7 unread
 U   1 hcq                     Wed Sep 15 14:32   24/1009   "test1"
 U   2 angela@localhost6.lo    Wed Sep 15 14:33   21/816    "test2"
 U   3 hcq                     Wed Sep 15 14:35   21/814    "test3"
 U   4 angela@localhost6.lo    Wed Sep 15 15:31   21/816    "test4"
 U   5 angela@localhost6.lo    Thu Sep 16 09:19   21/837    "test-a"
>N   6 angela@localhost6.lo    Thu Sep 16 09:36   20/827    "test-a"
 N   7 hcq2                    Thu Sep 16 11:26   23/1022   "test-u2"
& t 7                          //显示第 7 封（邮件数字编号为 7）邮件信息
Message  7:
From user2@localhost.localdomain  Thu Sep 16 11:26:59 2010
Return-Path: <user2@localhost.localdomain>
From: hcq2 <user2@localhost.localdomain>
Date: Thu, 16 Sep 2010 19:27:12 +0800
To: user@mail.hancq.com
Subject: test-u2
User-Agent: Heirloom mailx 12.4 7/29/08
Content-Type: text/plain; charset=us-ascii
Status: R

This is a test from user2 of Mail2.          //邮件内容


&
```

从上面的信息可以看到，Mail 服务器 1 上的用户 user 接收到来自 Mail 服务器 2 的用户 user2 发送的主题为“test-u2”的邮件，其数字编号为 7。

《Fedora 12 Linux 应用基础》读者意见反馈表

尊敬的读者：

感谢您购买本书。为了能为您提供更优秀的教材，请您抽出宝贵的时间，将您的意见以下表的方式（可从 http://www.hxedu.com.cn 下载本调查表）及时告知我们，以改进我们的服务。对采用您的意见进行修订的教材，我们将在该书的前言中进行说明并赠送您样书。

姓名：________________ 电话：________________

职业：________________ E-mail：________________

邮编：________________ 通信地址：________________

1．您对本书的总体看法是：

□很满意 □比较满意 □尚可 □不太满意 □不满意

2．您对本书的结构（章节）：□满意 □不满意 改进意见________________

3．您对本书的例题： □满意 □不满意 改进意见________________

4．您对本书的习题： □满意 □不满意 改进意见________________

5．您对本书的实训： □满意 □不满意 改进意见________________

6．您对本书其他的改进意见：

7．您感兴趣或希望增加的教材选题是：

请寄：100036 北京万寿路 173 信箱职业教育分社 收

电话：010-88254565 E-mail：gaozhi@phei.com.cn

反侵权盗版声明

举报电话：（010）88254396；（010）88258888
传　　真：（010）88254397
E-mail：　dbqq@phei.com.cn
通信地址：北京市万寿路 173 信箱
　　　　　电子工业出版社总编办公室
邮　　编：100036